Selected Papers of J. L. Koszul

Published by

World Scientific Publishing Co. Pte. Ltd.
P O Box 128, Farrer Road, Singapore 9128
USA office: Suite 1B, 1060 Main Street, River Edge, NJ 07661
UK office: 73 Lynton Mead, Totteridge, London N20 8DH

SELECTED PAPERS OF J. L. KOSZUL

ISBN 981-02-1395-6

Printed in Singapore by Utopia Press.

Series in Pure Mathematics – Volume 17

Selected Papers of J. L. Koszul

World Scientific
Singapore • New Jersey • London • Hong Kong

Avant-Propos

L'ordre des textes est chronologique. Les premiers se rattachent directement à des travaux d'E. Cartan sur la topologie des groupes de Lie datant de 1929. E. Cartan avait alors montré que la cohomologie à coefficients réels des groupes compacts et de leurs espaces homogènes était donnée par des complexes de formes différentielles invariantes qui peuvent se construire en partant des algèbres de Lie. On peut voir là une première apparition de la notion de cohomologie (ou de cohomologie relative) d'une algèbre de Lie à coefficients triviaux. L'extension à des coefficients dans un module de représentation et à un corps de base de caractéristique $\neq 0$ quelconque a été faite par C. Chevalley et S. Eilenberg en 1948. La méthode avait donné notamment les nombres de Betti des groupes compacts classiques. Avec les travaux de H. Hopf (1939–40), ce sont des procédés tout à fait différents qui entrent en jeu et qui permettent d'élucider la structure multiplicative. Vers 1946, G. de Rham avait suggéré que le produit de Pontrjagin, qui joue un rôle capital chez Hopf, devait pouvoir s'interpréter comme produit extérieur de tenseurs invariants antisymétriques sur l'algèbre de Lie. C'était là une raison pour s'intéresser au complexe algèbre extérieure d'une algèbre de Lie et à son homologie en parallèle avec le complexe dual utilisé par E. Cartan. Une autre raison, de nature technique, allait encourager à suivre cette voie : le rôle important joué par les produits intérieurs par des p-vecteurs [3].

Ce sont les problèmes posés par la cohomologie des espaces homogènes qui ont été à l'origine d'une mise au point de la technique des suites spectrales et du théorème de transgression de [3]. Dans [2], j'avais montré qu'il convenait de voir dans l'"anneau spectral" de J. Leray une suite de complexes dont chaque terme est l'homologie de son prédécesseur. C'est H. Cartan qui m'avait fait remarquer que la situation d'un complexe filtré, sans bigraduation sous-jacente, était le cadre normal de la construction. En 1950, A. Weil avait vu que le théorème de transgression de [3] était en rapport avec la théorie des classes caractéristiques de S.S. Chern et qu'il fallait le déduire d'un résultat général sur le complexe "algèbre de Weil" d'une algèbre de Lie semi-simple. Dans cette nouvelle perspective, des résultats beaucoup plus complets sur la cohomologie des espaces homogènes allaient être obtenus par H. Cartan et C. Chevalley. On rencontrait là souvent une situation qui m'a conduit à utiliser des résolutions libres de modules sur une algèbre symétrique faisant intervenir une algèbre extérieure. C'est à cette construction (et à ses avatars) qu'à été donné le nom de "complexe de Koszul". Le procédé s'étend aux modules sur une algèbre enveloppante d'algèbre de Lie et réalise la jonction entre la cohomologie de Hochschild et la cohomologie de Chevalley-Eilenberg.

On pourra trouver des précisions sur le contexte dans lequel les travaux qui précèdent ont vu le jour et sur leur incidence dans deux articles parus aux Annales de l'Institut Fourier en 1987 (t. 37, 4) : A. Haefliger, *Des espaces homogènes à la résolution de Koszul*, 1–13 et S. Halperin, *Le complexe de Koszul en algèbre et topologie*, 77–97.

L'article [6] a pour origine une interprétation cohomologique d'une démonstration du théorème d'Ado. On y introduit la notion de classe effaçable en cohomologie de Chevalley-Eilenberg.

Dans [5], on décrit le voisinage d'une trajectoire dans une action différentiable de groupe compact au moyen d'une fibration équivariante ; les fibres sont ce que D. Montgomery et H. Samelson ont appelé des "slices".

Dans les articles [9], [10], [11], l'idée au départ était d'obtenir une théorie des classes caractéristiques ne faisant pas appel à la notion d'espace classifiant ; en un sens, c'est ce que réalisait déjà la théorie de Chern-Weil pour les classes réelles. Les espaces simpliciaux jouent ici un rôle primordial.

C'est au problème de la détermination des domaines bornés homogènes posé par E. Cartan vers 1935 que se rattache [7]. L'idée d'aborder la question par les biais des formes hermitiennes invariantes apparaît déjà explicitement chez Cartan. Cela conduit à une approche algébrique qui constitue l'essentiel de [7] et qui, avec les J-algèbres de Lie, a été poussée beaucoup plus loin par l'École russe. Ce sont les travaux de Piatetski Shapiro sur les domaines de Siegel, puis ceux de E.B. Vinberg sur les cônes homogènes qui m'ont amené à l'étude des groupes de transformations affines des variétés localement plates et en particulier aux critères de convexité liés aux formes invariantes ([12] à [19]).

Les autres textes sont sans rapport direct avec les thèmes qui précèdent. Dans [24] cependant, on revient sur l'opérateur bord du complexe donnant l'homologie d'une algèbre de Lie et sur certaines formules qui jouent un rôle important dans [3]. Les articles [20] et [21] se rattachent à la cohomologie de Gelfand-Fucks.

Grenoble, le 8 décembre 1993

J.L. KOSZUL

Contents

Selected Papers of J. L. Koszul

ALGÈBRE. — *Sur le troisième nombre de Betti des espaces de groupes de Lie compacts.* Note ([1]) de M. **Jean-Louis Koszul**, présentée par M. Élie Cartan.

Théorème. — *Le troisième nombre de Betti d'un groupe de Lie simple compact est égal à* 1 ([2]).

1. On désigne par $\mathcal{L}$ l'algèbre de Grassmann des formes différentielles invariantes à gauche d'un groupe de Lie compact G, et par $\mathcal{L}^p$ le sous-espace des formes de $\mathcal{L}$ de dim. p. Par le choix, dans G, d'une métrique riemannienne biinvariante (c'est-à-dire invariante à droite et à gauche), on définit un produit scalaire dans $\mathcal{L}$; l'anneau des formes harmoniques $\mathcal{H}$, qui est isomorphe à l'anneau de cohomologie à coefficients réels, s'obtient comme espace des zéros de l'opérateur $\Delta = (D + D^\star)^2$ ([3]), défini dans $\mathcal{L}$ par l'opérateur de différentiation D et son adjoint $D^\star$ ([4]).

Une forme de $\mathcal{H}$ est dite *primitive* si elle est perpendiculaire à $\mathcal{L}^0$ et à toutes les formes $\omega \wedge \varpi$ avec $\omega, \varpi \in \mathcal{H}$ et dim. ω, dim. $\varpi \neq 0$ ([5]). $\omega_1, \omega_2, \ldots, \omega_n$ étant une base orthonormale de $\mathcal{L}^1$, la forme $\eta = \frac{1}{3} \sum_i \omega_i \wedge (D . \omega_i)$ de $\mathcal{L}^3$ est harmonique, primitive et ne dépend que de la métrique. D'autre part, toute forme $\omega \in \mathcal{L}$ peut être considérée comme un opérateur linéaire dans $\mathcal{L}$, transformant la forme ϖ en $\omega \wedge \varpi$, et, à ce titre, possède un adjoint $\omega^\star$. Des propriétés des constantes de structure d'un groupe de Lie compact, on déduit que, $\omega_1, \omega_2, \ldots, \omega_n$ étant une base orthonormale de $\mathcal{L}^1$, $D = \sum_i \omega_i^\star \eta \omega_i^\star$.

2. Inversement, soit $\mathfrak{A} = \mathfrak{A}^0 \oplus \mathfrak{A}^1 \oplus \ldots \oplus \mathfrak{A}^n$ une algèbre de Grassman sur le corps des nombres réels, où un produit scalaire a été défini à partir d'un produit scalaire dans l'espace vectoriel à n dimensions $\mathfrak{A}^1$. Tout élément $x \in \mathfrak{A}$, considéré comme opérateur transformant y en $x \wedge y$, possède un adjoint $x^\star$.

([1]) Séance du 20 janvier 1947.

([2]) Ce résultat est connu pour les groupes des classes A, B, C, D et le groupe exceptionnel G : Cf. E. Cartan, *Ann. Soc. Pol. Math.*, **8**, 1929, pp. 181-225.

([3]) Notations : $T.\omega$ = transformée de ω par l'opérateur T; TU = composé des opérateurs U et T; $TU.\omega = T.(U.\omega) = (TU).\omega$.

([4]) Cf. G. de Rahm, *Abh. Math. Sem. Hans. Univ.*, **12**, 1938, pp. 330.

([5]) Ces formes sont des « cycles hypermaximaux » au sens de J. Leray (*Journ. Math. pures et appl.*, **24**, 1946, p. 132), et correspondent aux « éléments minimaux » du groupe d'homologie au sens de H. Hopf (*Ann. of Math.*, **42**, 1941, p. 48).

Ω étant un opérateur linéaire dans $\mathfrak{A}$ et $\alpha_1, \alpha_2, \ldots, \alpha_n$ une base orthonormale de $\mathfrak{A}^1$, on désigne par $\Omega^{\bigcirc}$ l'opérateur $\sum_i \alpha_i^\star \Omega \alpha_i^\star$. Par ce procédé, tout élément $a \in \mathfrak{A}^3$ définit un opérateur linéaire $a^{\bigcirc}$ qui jouit des propriétés

$$(1) \qquad a^{\bigcirc}.\mathfrak{A}^p \subset \mathfrak{A}^{p+1},$$

$$(2) \qquad a^{\bigcirc}.(x \wedge y) = (a^{\bigcirc}.x) \wedge y + (-1)^p x \wedge (a^{\bigcirc}.y) \qquad \text{pour } x \in \mathfrak{A}^p,$$

$$(3) \qquad \alpha^\star a^{\bigcirc}.\alpha = 0 \qquad \text{pour } \alpha \in \mathfrak{A}^1.$$

Si, de plus, il vérifie

$$(4) \qquad (a^{\bigcirc})^2 = 0, \qquad \text{ce qui équivaut à } a^{\bigcirc}.a = 0,$$

on démontre que $\mathfrak{A}$ peut être identifiée à l'algèbre des formes diff. inv. à gauche d'un groupe de Lie compact à n paramètres G, $a^{\bigcirc}$ étant l'opérateur de différentiation extérieure et le produit scalaire étant associé à une métrique biinvariante. La structure du noyau de G est entièrement déterminée par a, et toute structure de noyau de groupe de Lie admettant une réalisation compacte peut être obtenue ainsi.

Soit $\mathfrak{G}$ l'ensemble des $a \in \mathfrak{A}^3$ pour lesquels $a^{\bigcirc}$ vérifie (4). A tout $a \in \mathfrak{G}$ on associe la sous-algèbre $\mathcal{H}(a)$ des zéros de l'opérateur $\Delta(a) = [a^{\bigcirc} + (a^{\bigcirc})^\star]^2$. $\mathcal{H}(a)$ est l'espace des zéros communs à $a^{\bigcirc}$ et $a^{\bigcirc\bigcirc} = (a^{\bigcirc})^{\bigcirc}$, car $(a^{\bigcirc})^{\bigcirc} = -2(a^{\bigcirc})^\star$. Le sous-espace $\mathfrak{P}(a)$ des éléments primitifs de $\mathcal{H}(a)$ se définit comme plus haut. On pose $\mathfrak{P}^r(a) = \mathfrak{P}(a) \cap \mathfrak{A}^r$.

A tout élément $x \in \mathfrak{A}$ perpendiculaire à $\mathfrak{A}^0$ correspond un plus petit sous-espace $\mathcal{F}(x)$ de $\mathfrak{A}^1$ engendrant une sous-algèbre contenant x; x et y sont dits *fondamentalement orthogonaux* si $\mathcal{F}(x)$ et $\mathcal{F}(y)$ sont perpendiculaires. Pour que la structure définie par $a \in \mathfrak{G}$ soit celle d'un noyau de groupe semi-simple, il faut et il suffit que $\mathcal{F}(a) = \mathfrak{A}^1$. Un $a \in \mathfrak{A}$ tel que $\mathcal{F}(a) = \mathfrak{A}^1$ est dit *simple* s'il n'est pas somme de deux éléments fondamentalement orthogonaux et non nuls. On démontre le

Lemme I. — *Pour que la structure définie par $a \in \mathfrak{G}$ soit celle d'un noyau de groupe simple, il faut et il suffit que a soit simple.*

3. On définit dans $\mathfrak{G}$ une relation d'ordre en posant $a \prec b$ lorsque $\mathcal{H}(a) \supset \mathcal{H}(b)$. On démontre que ceci est équivalent à $a \in \mathfrak{P}^3(b)$, et que, si $x \in \mathfrak{G}$, $\mathfrak{P}^3(x) \subset \mathfrak{G}$. Si $a \prec b$, $a \in \mathfrak{P}(b) \subset \mathcal{H}(b)$, donc $b \in \mathcal{H}(a)$, car $a^{\bigcirc}.b = b^{\bigcirc}.a$ et $a^{\bigcirc\bigcirc}.b = -b^{\bigcirc\bigcirc}.a$. Si de plus $b \not\prec a$, c'est que $b \neq b_1$, projection de b sur $\mathfrak{P}(a)$. On démontre alors, en s'appuyant sur le fait que $\mathfrak{P}^2(a) = 0$, que b_1 et $b_2 = b - b_1$ sont fondamentalement orthogonaux, et non nuls si $a \neq 0$, ce qui conduit au

Lemme II. — *Pour que b soit simple, il est nécessaire que $a \prec b$ entraîne $b \prec a$ ou $a = 0$.*

Si $b \in \mathfrak{G}$, $b \neq 0$ et $a \prec b$, on peut définir un opérateur linéaire Ω dans le sous-espace $\mathfrak{N} \subset \mathfrak{A}^1$ perpendiculaire aux zéros de b°, par la condition $b^\circ \Omega = a^\circ$; on montre que Ω est self-adjoint, ce qui prouve l'existence d'un λ réel tel que $a^\circ - \lambda b^\circ = (a - \lambda b)^\circ$ admette un zéro propre dans $\mathfrak{N}$. Or dans $\mathfrak{A}^1$, les zéros de $\Delta(x)$ sont ceux de x° ; compte tenu du lemme II, on en déduit le

LEMME III. — *Si b est simple et $a \prec b$, on a $a = \lambda b$.*

Soit alors un groupe de Lie simple compact dont la structure est définie par l'élément simple $h \in \mathfrak{G}$; $\mathfrak{L}^3(h)$ n'a, d'après le lemme III, qu'une dimension. Or $\mathcal{H}^3(h) = \mathfrak{L}^3(h)$, donc le troisième nombre de Betti, qui est le nombre de dimensions de $\mathcal{H}^3(h)$, est égal à 1.

(Extrait des *Comptes rendus des séances de l'Académie des Sciences*, t. 224, pp. 251-253, séance du 27 janvier 1947.)

GAUTHIER-VILLARS, IMPRIMEUR-LIBRAIRE DES COMPTES RENDUS DES SÉANCES DE L'ACADÉMIE DES SCIENCES.
125572-47 Paris. — Quai des Grands-Augustins, 55.

ALGÈBRE. — *Sur les opérateurs de dérivation dans un anneau.*

Note ([1]) de M. **Jean-Louis Koszul**, présentée par M. Élie Cartan.

La structure algébrique de l'anneau d'homologie d'une représentation, défini et étudié par M. J. Leray ([2]), peut être rattachée à l'étude de l'homologie définie par certains opérateurs de dérivation dans un anneau. Nous donnons ici ce point de vue qui sera utilisé dans une Note ultérieure sur l'homologie des espaces homogènes.

Notations : par opérateur dans un anneau $\mathcal{A}$, on entend un opérateur pour sa structure de groupe abélien; $T.x$ désigne le transformé de $x \in \mathcal{A}$ par l'opérateur T.

1. *Anneau à dérivation supérieure.* — *Définition :* un anneau à dérivation supérieure est un anneau $\mathcal{A}$ où sont définis :

1° une suite d'idéaux bilatères $\mathcal{B}^p$ (p entier) tels que $\mathcal{B}^p \supset \mathcal{B}^{p+1}$, $\mathcal{B}^p\mathcal{B}^q \subset \mathcal{B}^{p+q}$, $\bigcup_p \mathcal{B}^p = \mathcal{A}$, $\bigcap_p \mathcal{B}^p = \{0\}$;

2° un automorphisme involutif T de l'anneau $\mathcal{A}$ tel que $T.\mathcal{B}^p = \mathcal{B}^p$ (on pose $T.x = \bar{x}$);

3° Un opérateur de dérivation D tel que

(D, 1)	$D^2 = 0$,
(D, 2)	$D.\mathcal{B}^p \subset \mathcal{B}^p$ (pour tout p),
(D, 3)	$D.xy = (D.x)y + \bar{x}(D.y)$,
(D, 4)	$DT + TD = 0$ ([3]).

En général, on disposera dans $\mathcal{A}$ d'une notion de degré ([4]), c'est-à-dire d'une suite de projecteurs L^p transformant chaque $x \in \mathcal{A}$ en sa composante de degré p, et $\mathcal{B}^p$ sera somme des sous-groupes $L^{p+r}.\mathcal{A}$ où $r \geq 0$ ([5]).

2. *Suite d'homologies d'un anneau à dérivation supérieure.* — Soient $\mathcal{C}_r^p$ le

([1]) Séance du 21 juillet 1947.

([2]) *Comptes rendus*, 222, 1946, pp. 1419-1422.

([3]) Lorsque $\mathcal{A}$ est une algèbre, on parlera d'algèbre à dérivation supérieure si les opérateurs T et D sont en outre linéaires.

([4]) M. H. Cartan m'a indiqué les avantages qu'il y avait parfois à ne pas utiliser cette particularité.

([5]) Les anneaux de cochaines de la théorie de la cohomologie sont des anneaux à dérivation supérieure pour lesquels $\mathcal{B}^0 = \mathcal{A}$, $T = \sum_p (-1)^p L^p$ et $L^{p+1}D = DL^p$.

sous-anneau des $x \in \mathcal{B}^p$ tels que $D.x \in \mathcal{B}^{p+r}$, et $\mathcal{C}^p$ le sous-anneau des zéros de D dans $\mathcal{B}^p$. On pose

$$\mathcal{D}^p_r = D.\mathcal{C}^{p-r}_r, \qquad \mathcal{D}^p = D.\mathcal{A} \cap \mathcal{B}^p.$$

Des relations d'inclusion des $\mathcal{B}^p$ résulte, pour chaque p,

$$\ldots \supset \mathcal{C}^p_r \supset \mathcal{C}^p_{r+1} \supset \ldots \mathcal{C}^p \supset \mathcal{D}^p \ldots \supset \mathcal{D}^p_{s+1} \supset \mathcal{D}^p_s \supset \ldots.$$

Par ailleurs,

$$\mathcal{C}^{p+1}_{r-1} = \mathcal{C}^p_r \cap \mathcal{B}^{p+1} \subset \mathcal{C}^p_r, \qquad \mathcal{C}^{p+1} = \mathcal{C}^p \cap \mathcal{B}^{p+1} \subset \mathcal{C}^p.$$

On pose $\mathcal{E}^p_r = \mathcal{C}^p_r / (\mathcal{D}^p_{r-1} + \mathcal{C}^{p+1}_{r-1}$, $\mathcal{E}^p = \mathcal{C}^p/(\mathcal{D}^p + \mathcal{C}^{p+1})$ et l'on désigne par η^p_r la représentation canonique de $\mathcal{C}^p_r$ sur $\mathcal{E}^p_r$.

Les propriétés des $\mathcal{C}^p_r$ et $\mathcal{D}^p_r$ vis-à-vis de la loi de multiplication et des opérateurs T et D permettent de définir dans la somme directe $\mathcal{E}_r = \sum_p \mathcal{E}^p_r$:

1° une structure d'anneau, en posant, pour $x \in \mathcal{C}^p_r$ et $y \in \mathcal{C}^p_r$,

$$(\eta^p_r . x)(\eta^q_r . y) = \eta^{p+q}_r . xy;$$

2° un automorphisme involutif θ_r, en posant $\theta_r \eta^p_r = \eta^p_r \mathrm{T}$ sur $\mathcal{C}^p_r$;

3° un opérateur de dérivation δ_r, en posant $\delta_r \eta^p_r = \eta^p_r \mathrm{D}$ sur $\mathcal{C}^p_r$.

Les projecteurs λ^p, transforment chaque $x \in \mathcal{E}_r$ en sa composante (de degré p) dans $\mathcal{E}^p_r$, et les opérateurs θ_r et δ_r définissent dans $\mathcal{E}_r$ une structure d'anneau à dérivation supérieure pour laquelle (D, 2) prend la forme restrictive $\delta_r . \mathcal{E}^p_r \subset \mathcal{E}^{p+r}_r$. La suite d'anneaux $\ldots, \mathcal{E}_r, \mathcal{E}_{r+1}, \ldots$ est appelée *suite d'homologies* de $\mathcal{A}$. On constate aisément que la restriction de η^p_r à $\mathcal{C}^p_{r+1} \subset \mathcal{C}^p_r$ définit un isomorphisme canonique de $\mathcal{E}_{r+1}$ sur l'anneau d'homologie défini par δ_r dans $\mathcal{E}_r$. Ainsi chaque terme de la suite est anneau d'homologie du précédent.

On définit de même dans $\mathcal{E} = \sum_p \mathcal{E}^p$ une structure d'anneau à dérivation pour laquelle l'opérateur de dérivation est nul. On sera souvent dans le cas où, pour r assez grand, $\mathcal{C}^p_r = \mathcal{C}^p$, $\mathcal{D}^p_r = \mathcal{D}^p$ quel que soit p, c'est-à-dire que tous les termes de la suite d'homologies seront, à partir d'un certain rang, identiques à $\mathcal{E}$. Il existe d'étroites relations entre $\mathcal{E}$ et l'anneau d'homologie $\mathcal{H}$ défini par D dans $\mathcal{A}$: soit $\mathcal{H}^p \subset \mathcal{H}$ l'idéal bilatère des classes d'homologie contenant un zéro de D dans $\mathcal{B}^p$; on a $\mathcal{E}^p \cong \mathcal{H}^p/\mathcal{H}^{p+1}$ et, si $\bar{\eta}^p$ est la représentation canonique de $\mathcal{H}^p$ sur $\mathcal{E}^p$, $(\bar{\eta}^p . u)(\bar{\eta}^q . v) = \bar{\eta}^{p+q} . uv$ pour $u \in \mathcal{H}^p$ et $v \in \mathcal{H}^q$.

3. *Représentations d'anneaux à dérivation supérieure.* — Soient $\mathcal{A}$ et $\mathcal{A}'$ deux anneaux à dérivation supérieure; on utilise les mêmes symboles T, D, θ_r, δ_r, η^p_r, $\bar{\eta}^p$, définis plus haut, pour les deux anneaux. Soit g une représentation (pour les structures d'anneaux) de $\mathcal{A}$ dans $\mathcal{A}'$; on suppose

$$g . \mathcal{B}^p \subset \mathcal{B}'^p, \qquad g\mathrm{T} = \mathrm{T}g, \qquad g\mathrm{D} = \mathrm{D}g.$$

Dans ces conditions, $g . \mathcal{C}^p_r \subset \mathcal{C}'^p_r$, $g . \mathcal{D}^p_r \subset \mathcal{D}'^p_r$, $g . \mathcal{C}^p \subset \mathcal{C}'^p$ et $g . \mathcal{D}^p \subset \mathcal{D}'^p$; on définit donc, pour chaque r, une représentation γ_r de $\mathcal{E}_r$ dans $\mathcal{E}'_r$ en posant $\gamma_r \eta_r^p = \eta_r^p g$ sur $\mathcal{C}_r^p$. Les γ_r sont des représentations pour les structures d'anneaux qui vérifient :

$$\gamma_r . \mathcal{E}_r^p \subset \mathcal{E}'^{\,p}_r, \qquad \gamma_r \theta_r = \theta_r \gamma_r, \qquad \gamma_r \delta_r = \delta_r \gamma_r.$$

Si pour un entier s déterminé γ_s est un isomorphisme de $\mathcal{E}_s$ sur $\mathcal{E}'_s$, γ_r est un isomorphisme de $\mathcal{E}_r$ sur $\mathcal{E}'_r$ pour tout $r \geqq s$.

La représentation g définit de même une représentation γ de $\mathcal{E}$ dans $\mathcal{E}'$; $\mathcal{H}$ et $\mathcal{H}'$ étant les anneaux d'homologie de $\mathcal{A}$ et $\mathcal{A}'$, si $\tilde{g}$ désigne la représentation de $\mathcal{H}$ dans $\mathcal{H}'$ définie par g, on a, sur chaque $\mathcal{H}^p$,

$$\gamma \tilde{\eta}^p = \tilde{\eta}^p \tilde{g}.$$

(Extrait des *Comptes rendus des séances de l'Académie des Sciences*, t. 225, pp. 217-219, séance du 28 juillet 1947.)

GAUTHIER-VILLARS, IMPRIMEUR-LIBRAIRE DES COMPTES RENDUS DES SÉANCES DE L'ACADÉMIE DES SCIENCES.
127032-47 Paris. — Quai des Grands-Augustins, 55.

HOMOLOGIE ET COHOMOLOGIE DES ALGÈBRES DE LIE;

PAR M. JEAN-LOUIS KOSZUL.

INTRODUCTION.

Les questions traitées dans ce travail tirent leur origine des Mémoires de M. Élie Cartan sur la topologie des espaces de groupes et des espaces homogènes [1] (*). En s'appuyant sur des théorèmes établis par M. de Rham, M. É. Cartan y a montré notamment que les nombres de Betti d'un espace homogène compact peuvent, en principe, se calculer directement à partir des algèbres de Lie du groupe transitif et du sous-groupe laissant un point invariant. Ces résultats ouvraient une voie d'accès purement algébrique aux invariants d'homologie des espaces homogènes, et en particulier aux nombres de Betti des groupes compacts.

En fait, les progrès considérables qui furent accomplis depuis dans ce domaine, principalement par MM. Hopf [2], Samelson [3] et Leray [4] (**), reposent sur des démonstrations essentiellement topologiques qui débordent souvent largement le cadre des espaces homogènes. Cependant, les travaux de MM. Eilenberg et Hochschild montraient plus récemment l'intérêt des théories cohomologiques que l'on peut greffer sur certaines structures algébriques. Dans cette direction, les résultats de M. E. Cartan conduisent à attacher à une algèbre de Lie *quelconque* des êtres algébriques de nature cohomologique qui, dans le cas d'une algèbre de Lie de groupe compact, coïncident avec les invariants de cohomologie topologique. Dans une publication de 1948, MM. Chevalley et Eilenberg ont développé cette théorie et ont montré ses applications à l'étude des représentations linéaires. Mon travail reprend certaines parties de leur Mémoire pour en donner un développement autonome. J'ai cherché en particulier à obtenir des résultats qui, appliqués au cas compact, redonnent les principaux théorèmes de Hopf et de Samelson. On verra qu'à cet égard, mes démonstrations se réduisent le plus souvent à reconstituer par des moyens algébriques une situation à laquelle conduisaient des considérations topologiques et à en tirer les conséquences en suivant de très près les voies tracées (§ 10, 13 et 17). Si cet objectif n'a pas été entière-

(*) On renvoie aux paragraphes du texte par des numéros entre parenthèses ( ) et à la bibliographie qui suit cette introduction par des numéros entre crochets [ ].

(**) Pour s'en tenir aux travaux les plus généraux

ment atteint, j'ai par contre obtenu avec ces procédés algébriques d'autres résultats qui n'avaient pas été obtenus dans le cas compact par des méthodes topologiques (§ 11 et 18).

J'utilise presque exclusivement les tenseurs antisymétriques des algèbres de Lie et certaines propriétés des algèbres extérieures (§ 2) sont constamment appliquées au cours des démonstrations. Néanmoins, les formes quadratiques invariantes interviennent dans l'étude des classes de cohomologie de degré 3 d'une algèbre de Lie simple (§ 11). Le point de vue de la cohomologie a du être complété par celui de l'homologie qui, dans ces questions, dépasse de beaucoup le simple point de vue dual, du fait que l'espace des chaînes d'une algèbre de Lie possède une structure multiplicative (§ 4 et 8). Je montre du reste (§ 13) que dans le cas compact, cette structure multiplicative se rattache au produit de Pontrjagin dont on connaît le rôle dans l'étude topologique de ces problèmes. Pour tirer parti de cette structure, on est conduit à faire certaines restrictions quant à la nature des algèbres de Lie étudiées. Ainsi, les théorèmes de Hopf et de Samelson supposent vérifiées certaines conditions de semi-simplicité (§ 10).

La donnée d'une sous-algèbre $\mathfrak{b}$ dans une algèbre de Lie $\mathfrak{a}$ conduit à définir une « algèbre de cohomologie relative » qui, dans le cas compact, est celle d'un espace homogène (§ 12) (*). J'étudie en particulier l'interdépendance de l'algèbre de cohomologie relative et des algèbres de cohomologie de $\mathfrak{a}$ et de $\mathfrak{b}$. Ce problème, semblable à celui que l'on rencontre dans l'étude des espaces fibrés, est abordé ici par un procédé analogue à celui qu'a introduit M. Leray dans sa *Théorie de l'anneau d'homologie d'une application* [4]. Il consiste à définir une suite d'algèbres qui, au départ, ne dépendent que de la cohomologie relative et de la cohomologie de $\mathfrak{b}$ et qui aboutissent par étapes à la cohomologie de $\mathfrak{a}$ (§ 14 et 15). Cette méthode est pleinement efficace lorsque la sous-algèbre $\mathfrak{b}$ est « non-homologue à zéro » et permet de retrouver les théorèmes de M. Samelson qui correspondent à ce cas (§ 17). Lorsqu'il n'en est plus ainsi, les résultats que l'on obtient (§ 18) permettent de déduire de la « position homologique de $\mathfrak{b}$ dans $\mathfrak{a}$ » l'existence de certains générateurs de degré pair dans l'algèbre de cohomologie relative. Ces propriétés sont étroitement liées aux notions que l'on rencontre dans les travaux de M. Hirsch [6].

Une des imperfections de la théorie telle que je la présente est son impuissance à aborder les propriétés homologiques liées aux questions de rang. En particulier, il y aurait intérêt à obtenir une démonstration purement algébrique de l'égalité du rang et du nombre des classes de cohomologie primitives linéairement indépendantes qui a été démontrée pour les algèbres de Lie de groupes compacts.

J'exprime ma très grande reconnaissance à M. H. Cartan qui a présidé à l'élaboration de ce travail et en a revu les rédactions avec une inlassable patience. Sur bien des points, je lui suis redevable de fructueuses améliorations et si j'ai pu parfois échapper à des complications inutiles, c'est aussi à lui que le dois.

(*) On trouvera une récapitulation des propriétés homologiques des espaces homogènes obtenues antérieurement à 1940 dans H. Hopf et H. Samelson, *Ein Satz über die Wirkungsraüme geschlossener Liescher Gruppen* (*Comm. Math. Helv.*, t. 13, 1940, p. 240-251).

J'ai de plus bénéficié des conseils (et de l'exemple) de M. C. Chevalley qui m'a beaucoup aidé à situer ce travail dans le cadre algébrique où je l'expose ici. Je lui en exprime ma gratitude et remercie également MM. A. Denjoy, J. Leray et P. Dubreil qui ont bien voulu se joindre à M. Cartan pour constituer le jury auquel je soumets cette Thèse.

BIBLIOGRAPHIE.

[1] É. Cartan, *Sur les invariants intégraux de certains espaces homogènes clos* (*Ann. Société Pol. de Math.*, vol. 8, 1929, p. 181-225).

[2] H. Hopf. *Ueber die Topologie der Gruppen-Mannigfaltigkeiten und ihre Verallgemeinerungen* (*Ann. of Math.*, vol. 42, 1941, p. 22-52).

[3] H. Samelson, *Beiträge zur Topologie der Gruppen-Mannigfaltigkeiten* (*Ann. of Math.*, vol. 42, 1941, p. 1091-1137).

[4] J. Leray, *L'anneau d'homologie d'une représentation* (*C. R. Acad. Sc.*, t. 222, 1946, p. 1366-1368); *Structure de l'anneau d'homologie d'une représentation* (*ibid.*, p. 1419-1422).

[5] C. Chevalley et S. Eilenberg, *Cohomology Theory of Lie groups and Lie algebras* (*Trans. of Amer, Math. Soc.*, vol. 63, 1948, p. 85-124).

[6] N. Bourbaki. *Algèbre multilinéaire*, Paris, 1948.

[7] G. Hirsch, *Un isomorphisme attaché aux structures fibrées* (*C. R. Acad. Sc.*, t. 227, 1948, p. 1328-1330).

INDEX DES DÉFINITIONS.

CHAPITRE I.

Nomenclature et notions préliminaires.

Notations. — Soient V et V′ des espaces vectoriels sur un corps K ([1]) et γ une application linéaire de V dans V′. On désignera par $\gamma . e$ l'image par γ d'un élément $e \in V$. Si U est un sous-espace de V, $\gamma . U$ désignera son image par γ dans V′.

([1]) On n'envisagera que des espaces vectoriels de dimension finie. Sauf restriction explicite, le corps de base sera un corps commutatif dont on suppose seulement la caractéristique $\neq 2$.

Soit γ' une application linéaire de V' dans un espace vectoriel V''; on désignera par $\gamma'\gamma$ l'application linéaire composée de γ et de γ' qui applique un élément $e \in V$ en $\gamma'\gamma . e = \gamma'.(\gamma . e) \in V''$.

1. Dérivations, antidérivations et algèbres graduées. — Soit A une algèbre et soit ω un automorphisme involutif de A.

Une *dérivation* θ de A (relativement à ω) est un endomorphisme linéaire de A tel que

$$\theta\omega - \omega\theta = 0 \quad \text{et} \quad \theta.(ab) = (\theta.a)b + a(\theta.b),$$

quels que soient $a, b \in A$.

Une *antidérivation* $\bar\theta$ de A (relativement à ω) est un endomorphisme linéaire de A tel que

$$\bar\theta\omega + \omega\bar\theta = 0 \quad \text{et} \quad \bar\theta.(ab) = (\bar\theta.a)b + (\omega.a)(\bar\theta.b),$$

quels que soient $a, b \in A$.

Si A possède une unité e, on remarque (en posant $a = b = e$) que e est un zéro de toutes les dérivations et antidérivations de A. On vérifie par ailleurs que

(1.1) *si θ_1 et θ_2 sont des dérivations de* A, *leur crochet* $[\theta_1, \theta_2] = \theta_1\theta_2 - \theta_2\theta_1$ *est encore une dérivation;*

(1.2) *le crochet d'une dérivation et d'une antidérivation de* A *est une antidérivation;*

(1.3) *si $\bar\theta_1$ et $\bar\theta_2$ sont des antidérivations de* A, *alors* $\bar\theta_1\bar\theta_2 + \bar\theta_2\bar\theta_1$ *est une dérivation;*

(1.4) *si $\bar\theta$ est une antidérivation, alors* $\bar\theta^2 = \bar\theta\,\bar\theta$ *est une dérivation.*

Structure d'algèbre graduée [2]. — Une *algèbre graduée* est une algèbre A où l'on a défini une famille de sous-espaces A^p (l'indice p prenant toutes les valeurs entières ≥ 0 et ≤ 0) vérifiant les conditions : 1° l'espace de A est somme directe des sous-espaces A^p; 2° le produit d'un élément de A^p par un élément de A^q est dans A^{p+q}. Un élément de A^p sera dit *de degré p;* on dira qu'il est *homogène* si l'on veut exprimer qu'il appartient à l'un des sous-espaces A^p sans préciser lequel.

Les algèbres graduées qui interviendront dans la suite vérifieront généralement la loi de commutation

(1.5) $$ab = (-1)^{pq}ba$$

pour a et b de degrés respectifs p et q. Par ailleurs, on sera toujours dans le cas où $A^p = \{0\}$ pour tout $p < 0$.

Soient A et B deux algèbres sur un même corps K graduées respectivement par des sous-espaces A^p et B^p. Leur *produit tensoriel* $A \otimes B$ est l'algèbre graduée obtenue en adoptant dans l'espace produit tensoriel [3] de A et de B.

---

[2] La notion d'algèbre graduée et différentes autres notions algébriques adaptées à l'étude de l'homologie ont été utilisées ces dernières années par MM. J. Leray, H. Cartan et nous même. On s'efforcera ici de respecter la nomenclature indiquée par H. Cartan, *Sur la cohomologie des espaces où opère un groupe. Notions algébriques préliminaires* (*C. R. Acad. Sc.*, t. 226, 1948, p. 148-150).

1° le produit que définit la condition

(1.6) $$(a \otimes b)(a' \otimes b') = (-1)^{pq}(aa' \otimes bb'),$$

pour $a \in A$, $a' \in A^p$, $b \in B^q$ et $b' \in B$;

2° la structure graduée que définissent les sous-espaces

$$C^r = \sum^{p+q=r} A^p \otimes B^q \subset A \otimes B.$$

Grâce à ces conventions, si deux algèbres graduées vérifient la condition (1.5), leur produit tensoriel la vérifie aussi.

Lorsqu'il sera question de dérivations ou d'antidérivations d'une algèbre graduée A, il s'agira, sauf mention contraire, de dérivations ou d'antidérivations relatives à l'automorphisme involutif ω de A, tel que $\omega . u = (-1)^p u$ pour tout élément u de degré p. *On notera $\bar{u}$ l'image de u par ω.*

2. **Quelques propriétés des algèbres extérieures.** — Soit E un espace vectoriel. On désigne par $\wedge(E)$ son algèbre extérieure et par $\wedge^p(E)$ le sous-espace de ses p-vecteurs (4); on pose $\wedge^p(E) = \{0\}$ pour $p < 0$. Les $\wedge^p(E)$ définissent dans $\wedge(E)$ une structure d'algèbre graduée vérifiant la condition (1.5); le produit extérieur aura pour symbole $\wedge$. On désigne par E^* l'espace dual de E.

L'usage des algèbres extérieures conduit à faire un certain nombre d'*identifications* que l'on explicitera ici et qui resteront implicites dans la suite.

(2.1) *On identifie* $\wedge^1(E)$ *avec* E *et* $\wedge^0(E)$ *avec le corps de base* K dont l'unité devient ainsi l'unité de l'algèbre $\wedge(E)$ et sera notée I. Les éléments de $\wedge^0(E)$ seront appelés les scalaires de $\wedge(E)$.

(2.2) *L'espace de* $\wedge(E^*)$ *s'identifie au dual de l'espace de* $\wedge(E)$ (5); la fonction bilinéaire de dualité se définit par la condition

$$\langle x^1 \wedge \ldots x^i \wedge \ldots x^p, f^1 \wedge \ldots f^j \wedge \ldots f^p \rangle = \det \| \langle x^i, f^j \rangle \|,$$

lorsque $x^1, \ldots, x^i, \ldots, x^p \in E$ et $f^1, \ldots, f^j, \ldots, f^p \in E^*$.

Soient E_1 et E_2 deux espaces vectoriels sur un corps K. Toute application linéaire $\gamma : E_1 \to E_2$ se *prolonge* d'une manière et d'une seule en un *homomorphisme* de l'algèbre $\wedge(E_1)$ dans l'algèbre $\wedge(E_2)$. Cet homomorphisme que l'on désignera encore par γ conserve les degrés (on dira en ce sens que c'est un *homomorphisme d'algèbres graduées*). Si $\gamma : E_1 \to E_2$ est un isomorphisme, alors son prolongement est aussi un isomorphisme. Par suite de l'identification (2.2),

(2.3) *l'application linéaire transposée du prolongement de* γ *à* $\wedge(E_1)$ *est le prolongement à* $\wedge(E_2^*)$ *de l'application linéaire* ${}^t\gamma : E_2^* \to E_1^*$ *transposée de* $\gamma : E_1 \to E_2$.

---

(3) *Cf.* N. Bourbaki [6], p. 3-5.

(4) Pour tout ce qui concerne les algèbres extérieures, on se reportera à l'Ouvrage de N. Bourbaki [6] dont on respectera ici les notations.

(5) *Cf.* Bourbaki [6], p. 101.

Soit E un espace vectoriel somme directe de deux sous-espaces E_1 et E_2. Les isomorphismes identiques de E_1 et E_2 dans E se prolongent en des isomorphismes $\nu_1 : \wedge(E_1) \to \wedge(E)$ et $\nu_2 : \wedge(E_2) \to \wedge(E)$. L'application linéaire du produit tensoriel $\wedge(E_1) \otimes \wedge(E_2)$ dans $\wedge(E)$ qui transforme un élément

$$u \otimes v \in \wedge(E_1) \otimes \wedge(E_2) \quad \text{en} \quad (\nu_1 . u) \wedge (\nu_2 . v)$$

est un *isomorphisme* de l'algèbre graduée $\wedge(E_1) \otimes \wedge(E_2)$ *sur* l'algèbre graduée $\wedge(E)$, grâce auquel

$$(2.4) \qquad \wedge(E_1 + E_2) \textit{ s'identifie à } \wedge(E_1) \otimes \wedge(E_2).$$

De même,

$$(2.4') \qquad \wedge(E_1^* + E_2^*) \textit{ s'identifie à } \wedge(E_1^*) \otimes \wedge(E_2^*).$$

Compte tenu de (2.2), on peut définir une relation de dualité entre les espaces $\wedge(E_1) \otimes \wedge(E_2)$ et $\wedge(E_1^*) \otimes \wedge(E_2^*)$ en posant

$$\langle u \otimes v, a \otimes b \rangle = \langle u, a \rangle \langle v, b \rangle$$

pour $u \in \wedge(E_1)$, $v \in \wedge(E_2)$, $a \in \wedge(E_1^*)$ et $b \in \wedge(E_2^*)$. La dualité des espaces $\wedge(E_1 + E_2)$ et $\wedge(E_1^* + E_2^*)$ qu'on obtient ainsi est celle qui résulte par ailleurs de (2.2) et de l'identification évidente de $E_1^* + E_2^*$ avec $(E_1 + E_2)^*$.

Avec l'identification (2.4), on a

$$(2.5) \qquad \nu_1 . u = u \otimes 1 \quad \text{pour tout } u \in \wedge(E_1).$$

Par suite, si $a \in \wedge(E_1^*)$ et $b \in \wedge(E_2^*)$, on a d'après (2.4)

$$(2.5') \qquad {}^t\nu_1 . (a \otimes b) = b_0 a,$$

où b_0 désigne la composante scalaire de b et ${}^t\nu_1$ le transposé de ν_1.

On aura par la suite à utiliser une propriété caractéristique de la structure multiplicative que l'identification (2.2) définit dans l'espace dual d'une algèbre extérieure :

LEMME. 2.1. — *Soit* φ *l'isomorphisme de* $\wedge(E)$ *dans* $\wedge(E + E)$ *qui prolonge l'isomorphisme de* E *sur la diagonale de* E + E. *Son transposé* ${}^t\varphi$ *transforme un élément* $a \otimes b$ *de* $\wedge(E^*) \otimes \wedge(E^*)$ *en* $a \wedge b$.

Démonstration. — D'après (2.3), ${}^t\varphi : \wedge(E^*) \otimes \wedge(E^*) \to \wedge(E^*)$ est un homomorphisme d'algèbres; on a donc

$${}^t\varphi . (a \otimes b) = {}^t\varphi . ((a \otimes 1) \wedge (1 \otimes b)) = {}^t\varphi . ((a \otimes 1)) \wedge ({}^t\varphi . (1 \otimes b)).$$

En composant φ avec les projections de E + E sur les sous-espaces composants E, on obtient l'isomorphisme identique de E. Compte tenu de (2.5), on en déduit que

$${}^t\varphi . (a \otimes 1) = a \quad \text{et} \quad {}^t\varphi . (1 \otimes b) = b.$$

Par suite, on a bien

$${}^t\varphi . (a \otimes b) = a \wedge b.$$

Les dérivations prolongeant des endomorphismes. — Soit η un endomorphisme de l'espace vectoriel E. Il existe une dérivation et une seule de l'algebre graduée $\wedge(E)$ qui coïncide avec η sur $E = \wedge^1(E)$. Elle se définit par la formule

$$(2.6) \qquad \eta'.(x^1\wedge\ldots x^i\wedge\ldots x^p) = \sum_{i=1}^{i=p} x^1\wedge\ldots(\eta.x^i)\wedge\ldots x^p,$$

lorsque $x^1, \ldots, x^i, \ldots, x^p \in E$.

Par suite de l'identification (2.2),

(2.7) *l'endomorphisme linéaire transposé de la dérivation η' qui prolonge η est la dérivation de $\wedge(E^*)$ qui prolonge l'endomorphisme ${}^t\eta$ de E^* transposé de η.*

En effet, si $x^1, \ldots, x^i, \ldots, x^p \in E$ et $f^1, \ldots, f^i, \ldots, f^p \in E^*$, on a, en désignant par Δ^{ij} le mineur relatif à la ligne i et à la colonne j de $\det \| \langle x^i. f^j \rangle \|$,

$$\langle x^1\wedge\ldots x^i\wedge\ldots x^p,\ {}^t(\eta').(f^1\wedge\ldots f^j\wedge\ldots f^p)\rangle = \langle \eta'.(x^1\wedge\ldots x^i\wedge\ldots x^p), f^1\wedge\ldots f^j\wedge\ldots f^p\rangle$$

$$= \sum_{i,j} \langle \eta.x^i, f^j\rangle \Delta^{ij} = \sum_{i,j} \langle x^i, {}^t\eta.f^j\rangle \Delta^{ij} = \sum_{j} \langle x^1\wedge\ldots x^i\wedge\ldots x^p, f^1\wedge\ldots({}^t\eta.f^j), \ldots f^p\rangle.$$

Si n est la dimension de E, alors $\wedge^n(E)$ a pour dimension 1.

(2.8) *Pour tout $u \in \wedge^n(E)$, on a $\eta'.u = \lambda u$ où λ désigne la trace de l'endomorphisme η de E.*

En effet, si $\{x^i\}$ $(1 \leq i \leq n)$ est une base de E et $\{f^j\}$ $(1 \leq j \leq n)$ la base duale de E^*, c'est-à-dire la base de E^* définie par les conditions $\langle x^i, f^j\rangle = \delta^{ij}$ (indice de Kronecker), on a

$$\langle x^1\wedge\ldots, x^i\wedge\ldots x^n, f^1\wedge\ldots f^j\wedge\ldots f^n\rangle = 1$$

et

$$\langle \eta'.(x^1\wedge\ldots x^i\wedge\ldots x^n), f^1\wedge\ldots f^j\wedge\ldots f^n\rangle = \sum_{i=1}^{i=n} \langle x^1\wedge\ldots(\eta.x^i)\wedge\ldots x^n, f^1\wedge\ldots f^j\wedge\ldots f^n\rangle$$

$$= \sum_{i=1}^{i=n} \langle \eta.x^i, f^i\rangle = \text{trace de } \eta.$$

Les endomorphismes définis par le produit intérieur. — Soit E un espace vectoriel; on désignera par $\varepsilon(u)$ l'endomorphisme linéaire de $\wedge(E)$ adjoint à l'élément $u \in \wedge(E)$, c'est-à-dire l'endomorphisme qui transforme tout $v \in \wedge(E)$ en $\varepsilon(u).v = u\wedge v$. Le transposé de $\varepsilon(u)$ qui, d'après (2.2), est un endomorphisme linéaire de $\wedge(E^*)$ sera désigné par $\iota(u)$. L'image par $\iota(u)$ d'un $a \in \wedge(E^*)$ est le *produit intérieur* gauche [6] de u et de a. Si u et a sont de degrés respectifs p et q, $\iota(u).a$ est alors de degré $q - p$; en particulier, si $p = q$, alors

$$\iota(u).a = \langle u, a\rangle \in \wedge^0(E).$$

Notons que, par suite de l'associativité du produit extérieur, on a

$$\varepsilon(u)\varepsilon(v) = \varepsilon(u\wedge v)$$

et par conséquent $\iota(u\wedge v) = \iota(v)\,\iota(u)$ quels que soient $u, v \in \wedge(E)$.

---

(6) *Cf.* BOURBAKI [6], p. 105.

Lorsque $u \in \mathrm{E}$, l'endomorphisme $\iota(u)$ s'explicite simplement. Supposons que $f^1, \ldots, f^j, \ldots, f^p \in \mathrm{E}$ et que $y \in \mathrm{E}$. Pour tout élément $v \in \wedge^{p-1}(\mathrm{E})$ décomposable en $v = x^2 \wedge \ldots x^i \wedge \ldots x^p$, on a, en posant $x^1 = y$,

$$\langle v, \iota(y).(f^1 \wedge \ldots f^j \wedge \ldots f^p) \rangle = \det \| \langle x^i, f^j \rangle \|.$$

En développant ce déterminant par rapport aux éléments de la ligne $i = 1$, on obtient ([7])

$$\langle v, \iota(y).(f^1 \wedge \ldots f^j \wedge \ldots f^p) \rangle = \sum_{j=1}^{j=p} (-1)^{j+1} \langle x^1, f^j \rangle \langle v, f^1 \wedge \ldots \hat{f}^j \ldots f^p \rangle.$$

Il en résulte que

$$(2.9) \qquad \iota(y).(f^1 \wedge \ldots f^j \wedge \ldots f^p) = \sum_j (-1)^{j+1} \langle y, f^j \rangle f^1 \wedge \ldots \hat{f}^j \wedge \ldots f^p.$$

Puisque $\iota(y)$ abaisse le degré d'une unité, on a

$$\iota(y)\omega + \omega\,\iota(y) = 0;$$

avec la relation (2,9), ceci prouve que $\iota(y)$ *est une antidérivation de l'algèbre graduée* $\wedge(\mathrm{E}^*)$.

Soient V^* un sous-espace de E^* et ${}^t\gamma$ l'application linéaire de E sur le dual V de V^* transposée de l'isomorphisme identique $\gamma : \mathrm{V}^* \to \mathrm{E}^*$. Puisque γ se prolonge en un homomorphisme ${}^t\gamma : \wedge(\mathrm{E}) \to \wedge(\mathrm{V})$, on a, pour tout $u \in \wedge(\mathrm{E})$,

$${}^t\gamma\,\varepsilon(u) = \varepsilon({}^t\gamma.u)\,{}^t\gamma$$

et donc, en passant aux transposés,

$$\iota(u)\gamma = \gamma\,\iota({}^t\gamma.u).$$

Ceci montre que l'image de l'homomorphisme $\gamma : \wedge(\mathrm{V}^*) \to \wedge(\mathrm{E}^*)$ est stable par tous les endomorphismes $\iota(u)$. Or cette image est la sous-algèbre de $\wedge(\mathrm{E}^*)$ engendrée par l'unité et le sous-espace V^*. On voit donc que :

(2.10) *Toute sous-algèbre de* $\wedge(\mathrm{E}^*)$ *qui est engendrée par l'unité et un sous-espace* $\mathrm{V}^* \subset \mathrm{E}^*$ *est stable par les endomorphismes* $\iota(u)(u \in \wedge(\mathrm{E}))$; *le sous-espace orthogonal à cette sous-algèbre est l'idéal de* $\wedge(\mathrm{E})$ *engendré par les éléments de* E *orthogonaux à* V^*.

Réciproquement,

Lemme 2.2. — *Si* $\mathfrak{A}$ *est une sous-algèbre de* $\wedge(\mathrm{E}^*)$ *différente de* $\{0\}$ *et stable par les endomorphismes* $\iota(u)\,(u \in \wedge(\mathrm{E}))$, *elle est engendrée par l'unité et un sous-espace de* E^*.

Démonstration. — Soit $a \neq 0$ un élément de $\mathfrak{A}$ dont on désignera par a_r la composante de degré r. Soit p l'entier tel que $a_p \neq 0$ et $a_r = 0$ pour $r > p$. Il

([7]) Le « chapeau » $\wedge$ sur f indique que le facteur f doit être omis.

existe un élément $u \in \wedge^p(E)$ tel que $\langle u, a_p \rangle = 1$. Puisque $\mathfrak{A}$ est stable par $\iota(u)$ et que $\iota(u).a_r$ est de degré $r-p$, on a

$$\iota(u).a = \iota(u).a_p = \langle u, a_p \rangle \in \mathfrak{A};$$

par conséquent, $\mathfrak{A}$ contient l'unité.

Posons $V^* = \mathfrak{A} \cap \wedge^1(E^*)$, et désignons par $\mathfrak{A}'$ la sous-algèbre $\wedge(E^*)$ engendrée par l'unité et le sous-espace V^*. On a $\mathfrak{A}' \subset \mathfrak{A}$. Inversement montrons que tout élément b de $\mathfrak{A}$ est dans $\mathfrak{A}'$. Dans le cas contraire b posséderait des composantes homogènes étrangères à $\mathfrak{A}'$. En supposant l'entier q choisi de telle sorte que la composante b_r de degré r soit dans $\mathfrak{A}'$ pour $r \geqq q$ [8] et que $b_q \in \mathfrak{A}'$, on aurait $\sum^{r \leqq q} b_r$ et donc, $\sum^{r \leqq q} \iota(u).b_r \in \mathfrak{A}$ quel que soit $u \in \wedge^{q-1}(E)$. Or

$$\iota(u).b_r \in \wedge^{r-p+1}(E),$$

donc $\iota(u).b_r = 0$ pour $r < q-1$ et $\iota(u).b_{q-1} = \langle u, b_{q-1} \rangle \in \mathfrak{A}$. On aurait donc

$$\iota(u).b_q \in \mathfrak{A} \cap \wedge^1(E^*) = V^*.$$

Par suite,

$$\langle u \wedge x, b_q \rangle = \langle x, \iota(u).b_q \rangle = 0$$

pour tout x appartenant au sous-espace V' de E orthogonal à V^*. Ceci prouverait que b_q est orthogonal à l'idéal de $\wedge(E)$ engendré par V', donc, d'après (2.10), que $b_q \in \mathfrak{A}'$, contrairement à l'hypothèse.

PREMIÈRE PARTIE.

L'algèbre de cohomologie attachée à une algèbre de Lie.

CHAPITRE II.

Propriétés générales.

3. Définitions [9]. — Soit $\mathfrak{a}$ une algèbre de Lie sur un corps K de caractéristique différente de 2. On désignera provisoirement par E l'espace vectoriel des éléments de $\mathfrak{a}$ et par $\mathrm{ad}(x)$ l'endomorphisme de E adjoint à un élément $x \in E$ qui transforme tout $y \in E$ en $\mathrm{ad}(x).y = [x, y]$. Soit $\theta(x)$ la *dérivation* de l'algèbre extérieure $\wedge(E)$ qui prolonge $\mathrm{ad}(x)$. On désignera par $\theta^*(x)$ le transposé de $-\theta(x)$; c'est une *dérivation* de $\wedge(E^*)$ (2.7).

Soit ∂ l'endomorphisme linéaire de $\wedge(E)$ tel que $\partial.\wedge^p(E) = \{0\}$ pour $p \leqq 1$ et

$$(3.1) \qquad \partial.(x^1 \wedge \ldots x^i \wedge \ldots x^j \wedge \ldots x^p) = \sum^{i<j} (-1)^{i+j+1} [x^i, x^j] \wedge x^1 \wedge \ldots \hat{x}^i \wedge \ldots \hat{x}^j \wedge \ldots x^p$$

---

[8] On a $b_r = 0$ pour r assez grand.

[9] Une algèbre de Lie est une algèbre anticommutative qui vérifie l'identité de Jacobi. La notion de cohomologie telle qu'elle est définie ici est équivalente à celle qu'ont introduite Chevalley et Eilenberg [5].

lorsque $p > 1$ et $x^1, \ldots, x^i, \ldots, x^j, \ldots, x^p \in E$. Le second membre de (3.1) étant fonction alternée des $x^1, x^2, \ldots, x^p$, il définit bien, pour tout $p > 1$, une application linéaire de $\wedge^p(E)$ dans $\wedge^{p-1}(E)$ et donc, par linéarité, un endomorphisme de $\wedge(E)$ qui abaisse le degré d'une unité.

On peut exprimer ∂ au moyen des dérivations $\theta(x)$. Soient en effet $\{y^s\}(s = 1, 2, \ldots, n)$ une base de E, (n étant la dimension de l'algèbre $\mathfrak{a}$) et $\{g^k\}(k = 1, 2, \ldots, n)$ la base duale de E. Si $x^1, \ldots, x^i, \ldots, x^j, \ldots, x^p \in E$, alors, d'après (2.9).

$$\sum_{s=1}^{s=n} \theta(y^s)\,\iota(g^s).(x^1 \wedge x^2 \wedge \ldots x^p)$$

$$= \sum_{s=1}^{s=n} \sum^{i} (-1)^{i+1} \langle x^i, g^s \rangle \theta(y^s).(x^1 \wedge \ldots \hat{x}^i \wedge \ldots x^p)$$

$$= 2 \sum_{s=1}^{s=n} \sum^{i<j} (-1)^{i+j+1} \langle x^i, g^s \rangle [y^s, x^j] \wedge x^1 \wedge \ldots \hat{x}^i \wedge \ldots \hat{x}^j \wedge \ldots x^p.$$

Or,

$$\sum_{s=1}^{s=n} \langle x^i, g^s \rangle y^s = x^i;$$

on obtient donc,

$$\sum_{s=1}^{s=n} \theta(y^s)\,\iota(g^s).(x^1 \wedge x^2 \wedge \ldots x^p) = 2\,\partial.(x^1 \wedge x^2 \wedge \ldots x^p).$$

Tous les éléments de $\wedge(E)$ décomposables en produit d'éléments de E sont donc des zéros de l'endomorphisme $2\partial - \sum^{s} \theta(y)\,\iota(g^s)$. Cet endomorphisme est donc nul sur tous les sous-espaces $\wedge^p(E)$ d'indice $p > 0$; comme il est par ailleurs nul sur $\wedge^0(E)$, il en résulte que

$$2\,\partial = \sum_{s=1}^{s=n} \theta(y^s)\,\iota(g^s). \tag{3.2}$$

Soit δ le transposé de $-\partial$. C'est un endomorphisme linéaire de $\wedge(E^*)$ qui élève le degré d'une unité; par suite

$$\delta\omega + \omega\,\delta = 0. \tag{3.3}$$

D'après (3.2), on a, en passant aux transposés

$$2\,\delta = \sum_{s=1}^{s=n} \varepsilon(g^s)\,\theta^*(y^s). \tag{3.4}$$

Or, quels que soient a, $b \in \wedge(E^*)$, $g \in E^*$ et $y \in E$, on a

$$\varepsilon(g)\theta^*(y).(a\wedge b) = g\wedge(\theta^*(y).a)\wedge b + g\wedge a\wedge(\theta^*(y).b)$$
$$= (\varepsilon(g)\theta^*(y).a)\wedge b + \overline{a}\wedge(\varepsilon(g)\theta^*(y).b),$$

car $\theta^*(y)$ est une dérivation. Puisque le corps de base est supposé de caractéristique $\neq 2$, il en résulte que

$$(3.5) \qquad \delta.(a\wedge b) = (\delta.a)\wedge b + \overline{a}\wedge(\delta.b).$$

Les relations (3.3) et (3.5) montrent que δ est une *antidérivation* de $\wedge(E^*)$. Par conséquent (1.4), δ^2 est une dérivation de $\wedge(E^*)$ qui élève le degré de deux unités et applique en particulier $\wedge^1(E^*)$ dans $\wedge^3(E^*)$. Supposons x^1, x^2, $x^3 \in E$ et $f \in E^*$; en vertu de (3.1) et de l'identité de Jacobi, on a

$$\langle x^1\wedge x^2\wedge x^3, \delta^2.f\rangle = \langle \partial^2.(x^1\wedge x^2\wedge x^3), f\rangle$$
$$= \langle [[x^1, x^2], x^3] + [[x^2, x^3], x^1] + [[x^3, x^1], x^2], f\rangle = 0.$$

Il en résulte que δ_2 est nul sur E^* et donc, puisque c'est une dérivation, que

$$(3.6) \qquad \delta^2 = 0.$$

Les relations (3.3), (3.5) et (3.6) prouvent que l'algèbre graduée $\wedge(E^*)$ munie de la loi externe δ est une *algèbre différentielle graduée* ([10]) que l'on désignera par $C^*(\mathfrak{a})$; δ en est l'*opérateur différentiel*. Les éléments de $C^*(\mathfrak{a})$ seront appelés des *cochaînes* de $\mathfrak{a}$ et des *p-cochaînes* s'ils sont dans le sous-espace $C^p(\mathfrak{a}) = \wedge^p(E^*)$. Les zéros de δ seront appelés des *cocycles* de $\mathfrak{a}$. L'*algèbre de cohomologie* de $C^*(\mathfrak{a})$ [quotient de la sous-algèbre des cocycles par $\delta.C^*(\mathfrak{a})$] sera appelée l'*algèbre de cohomologie* de l'algèbre de Lie $\mathfrak{a}$ et notée $H^*(\mathfrak{a})$. Le produit y aura pour symbole $\smile$. Les classes de cohomologie des p-cocycles de $\mathfrak{a}$ constituent des sous-espaces $H^p(\mathfrak{a})$ qui définissent dans $H^*(\mathfrak{a})$ une structure d'algèbre graduée.

De la même manière, $\wedge(E)$ munie de la loi externe ∂ sera désignée par $C(\mathfrak{a})$; ses éléments seront appelés des *chaînes* de $\mathfrak{a}$ et des *p-chaînes* s'ils sont dans $C_p(\mathfrak{a}) = \wedge^p(E)$. Les zéros de ∂ seront appelés des *cycles* de $\mathfrak{a}$. On définit de la manière habituelle des classes d'homologie dont l'espace sera désigné par $H(\mathfrak{a})$ et appelé *espace d'homologie* de $\mathfrak{a}$. On notera que, exception faite de cas triviaux, l'*opérateur différentiel* ∂ n'est pas une antidérivation de $\wedge(E)$; la structure multiplicative de $C(\mathfrak{a})$ ne se retrouve donc pas, en général, dans $H(\mathfrak{a})$ (*cf.* Chap. IV).

La dualité des espaces $C(\mathfrak{a})$ et $C^*(\mathfrak{a})$ se traduit par la dualité de $H(\mathfrak{a})$ et de l'espace de $H^*(\mathfrak{a})$. Le sous-espace $H_p(\mathfrak{a}) \subset H(\mathfrak{a})$ orthogonal à $\sum^{p\neq q} H^q(\mathfrak{a})$ est constitué par les classes d'homologie des p-cycles de $\mathfrak{a}$; $H(\mathfrak{a})$ est somme directe des $H_p(\mathfrak{a})$. On désignera indistinctement par I la classe d'homologie ou la classe

([10]) Plus précisément, c'est une « algèbre différentielle graduée normale »; *cf.* H. Cartan, *loc. cit.*, note ([2]).

de cohomologie du scalaire unité qui, d'après (2.1), peut être considéré comme un o-cycle ou comme un o-cocycle de $\mathfrak{a}$. La classe de cohomologie $\mathbf{1}$ est l'unité de l'algèbre $H^*(\mathfrak{a})$.

Si $\mathfrak{a}$ est l'algèbre de Lie d'un groupe compact connexe G (le corps de base étant alors celui des réels), on peut identifier $C^*(\mathfrak{a})$ avec l'algèbre des formes différentielles extérieures de l'espace G invariantes par les translations à gauche de G. L'opérateur δ coïncide alors avec l'opérateur de différentiation extérieure et $H^*(\mathfrak{a})$ est isomorphe à l'anneau de cohomologie à coefficients réels de l'espace G ([11]). Dans ce cadre, les dérivations $\theta^*(x)$ s'interprètent comme les transformations infinitésimales du groupe des translations à droite.

Revenant au cas général, on va exprimer les dérivations $\theta(x)$ et $\theta^*(x)$ au moyen des opérateurs ∂ et δ. Quel que soit $x \in \mathfrak{a}$, on a

$$\theta^*(x) = \iota(x)\,\delta + \delta\,\iota(x). \tag{3.7}$$

En effet, l'égalité a lieu sur E^*, car, quels que soient $y \in E$ et $f \in E^*$, on a

$$\begin{aligned}\langle y,\ \iota(x)\delta.f\rangle &= \langle x\wedge y,\ \delta.f\rangle = -\langle \partial.(x\wedge y),\ f\rangle \\ &= -\langle [x, y],\ f\rangle = -\langle \theta(x).y,\ f\rangle = \langle y,\ \theta^*(x).f\rangle,\end{aligned}$$

et par ailleurs,

$$\langle y,\ \delta\,\iota(x).f\rangle = -\langle \partial.y,\ \iota(x).f\rangle = 0,$$

puisque $\partial.\wedge^1(E) = \{0\}$. D'après (2.9), $\iota(x)$ est une antidérivation de $\wedge(E^*)$ ainsi que δ; par suite, (1.3), $\iota(x)\,\delta + \delta\,\iota(x)$ est une dérivation de $\wedge(E^*)$. Puisque les deux membres de (3.7) sont des dérivations, leur égalité sur E^* entraîne bien leur égalité sur $\wedge(E^*)$.

On obtient une expression analogue pour $\theta(x) = -{}^t\theta^*(x)$ en égalant les transposés des deux membres de (3.7) :

$$\theta(x) = \varepsilon(x)\,\partial + \partial\,\varepsilon(x). \tag{3.7'}$$

Homomorphismes d'algèbres de Lie. — Soient $\mathfrak{a}$ et $\mathfrak{b}$ deux algèbres de Lie sur un même corps de base et φ un homomorphisme de $\mathfrak{b}$ dans $\mathfrak{a}$. En désignant encore par φ l'homomorphisme d'algèbres extérieures qui prolonge φ à $C(\mathfrak{b})$ (*cf.* § 2), on a, d'après (3.1),

$$\varphi\,\partial = \partial\,\varphi \tag{3.8}$$

et donc, si ${}^t\varphi : C^*(\mathfrak{a}) \to C^*(\mathfrak{b})$ est l'homomorphisme transposé de φ,

$$ {}^t\varphi\,\delta = \delta\,{}^t\varphi \quad ([12]). \tag{3.8'}$$

Par suite, φ induit une *application linéaire* $\tilde{\varphi} : H(\mathfrak{b}) \to H(\mathfrak{a})$ des espaces d'homologie. L'application linéaire transposée ${}^t\tilde{\varphi} : H^*(\mathfrak{a}) \to H^*(\mathfrak{b})$ est induite par l'*homomorphisme* ${}^t\varphi$; c'est donc un *homomorphisme* des algèbres de cohomologie.

([11]) Pour tout ce qui concerne l'interprétation topologique des résultats dans le cas où $\mathfrak{a}$ est l'algèbre de Lie d'un groupe compact, on se reportera au Mémoire de Chevalley et Eilenberg [5].

([12]) On désigne par le même symbole δ (ou ∂) les opérateurs différentiels attachés à différentes algèbres de Lie.

On vérifie enfin aisément que, quel que soit $y \in \mathfrak{b}$.

(3.9) $$\varphi\, \theta(y) = \theta(\varphi . y)\varphi.$$

4. Éléments invariants. Propriétés de l'opérateur différentiel des chaînes. — On conserve les notations du paragraphe précédent. Quels que soient $x, y \in \mathfrak{a}$, on a

$$\operatorname{ad}(x)\operatorname{ad}(y) - \operatorname{ad}(y)\operatorname{ad}(x) = \operatorname{ad}([x, y]),$$

d'après l'identité de Jacobi. Par suite, $\theta(x)\,\theta(y) - \theta(y)\,\theta(x)$ [qui est une dérivation d'après (1.1)] coïncide sur E, et donc sur $\wedge(E)$, avec la dérivation $\theta([x, y])$:

(4.1) $$\theta(x)\,\theta(y) - \theta(y)\,\theta(x) = \theta([x, y]).$$

On a de même, quels que soient $x, y \in \mathfrak{a}$,

(4.1') $$\theta^*(x)\,\theta^*(y) - \theta^*(y)\,\theta^*(x) = \theta^*([x, y]).$$

Les dérivations $\theta(x)$ et $\theta^*(x)$ réalisent donc des *représentations linéaires* de l'algèbre Lie $\mathfrak{a}$ dans les espaces $C(\mathfrak{a})$ et $C^*(\mathfrak{a})$.

Définition. — Soit $\mathfrak{b}$ une sous-algèbre de l'algèbre de Lie $\mathfrak{a}$; une chaîne (respectivement une cochaîne) de $\mathfrak{a}$ sera dite *invariante par* $\mathfrak{b}$ si c'est un zéro de toutes les dérivations $\theta(x)$ ($\theta^*(x)$) lorsque x parcourt $\mathfrak{b}$. Les chaînes ou cochaînes invariantes par $\mathfrak{a}$ (considérée comme sa propre sous-algèbre) seront simplement qualifiées d'*invariantes*. On dira qu'un sous-espace de $C(\mathfrak{a})$ [resp. $C^*(\mathfrak{a})$] est *stable par* $\mathfrak{b}$ s'il est stable par toutes les dérivations $\theta(x)$ [$\theta^*(x)$] lorsque x parcourt $\mathfrak{b}$.

Les chaînes de $\mathfrak{a}$ invariantes par $\mathfrak{b} \subset \mathfrak{a}$ constituent une *sous-algèbre* de l'algèbre extérieure $C(\mathfrak{a})$ car les $\theta(x)$ sont des dérivations. Cette sous-algèbre est stable par l'opérateur ∂ car, des relations (3.6) et (3.7'), on déduit que

(4.2) $$\theta(x)\,\partial = \partial\,\theta(x)$$

quel que soit $x \in \mathfrak{a}$ [13].

Les sous-espaces de cochaînes de $\mathfrak{a}$ invariantes par des sous-algèbres de $\mathfrak{a}$ possèdent des propriétés analogues.

De l'expression (3.4) de δ résulte le

Théorème 4.1. — *Toute cochaîne invariante est un cocycle.*

On a observé que ∂ n'était pas une antidérivation de l'algèbre des chaînes. Vis-à-vis de certains couples de chaînes, cet opérateur se comporte néanmoins comme une antidérivation :

---

[13] Les dérivations $\theta(x)$ sont donc des « chain transformations » au sens de Eilenberg [cf. *Singular Homology Theory* (*Ann. of. Math.*, vol. 45, 1944, p. 411)]. L'expression (3.7') montre qu'elles sont « chain homotopic » à l'endomorphisme nul.

LEMME 4.1. — *Soient* $\{x^i\}$ ($1 \leq i \leq n$) *une base de l'algèbre de Lie* $\mathfrak{a}$ *et* $\{f^i\}$ *la base duale de ses* 1-*cochaînes. Pour toute chaîne u de* $\mathfrak{a}$ *on a*

$$(4.3) \qquad \partial\varepsilon(u) - \varepsilon(\overline{u})\partial - \varepsilon(\partial . u) - \sum_{i=1}^{i=n} \varepsilon(\iota(f^i).u)\,\theta(x^i) = 0.$$

Démonstration. — En désignant par $\alpha(u)$ le premier membre de (4.3) et en tenant compte de la relation $\theta(x) = \varepsilon(x)\,\partial + \partial\,\varepsilon(x)$, on a

$$\alpha(x \wedge u) + \sum_{i=1}^{i=n} \varepsilon(\iota(f^i).(x \wedge u))\theta(x^i) = -\varepsilon(x)\,(\partial\,\varepsilon(u) - \varepsilon(\overline{u})\,\partial - \varepsilon(\partial.u)) + \theta(x)\,\varepsilon(u) - \varepsilon(\theta(x).u)$$

quels que soient $x \in \mathfrak{a}$ et $u \in C(\mathfrak{a})$. Pour toute valeur de i, $\iota(f^i)$ est une antidérivation et par suite

$$\iota(f^i).(x \wedge u) = \langle x, f^i \rangle u - x \wedge (\iota(f^i).u)$$

par ailleurs,

$$\sum_{i=1}^{i=n} \langle x, f^i \rangle x^i = x.$$

On obtient donc

$$\alpha(x \wedge u) = -\varepsilon(x)\,\alpha(u) + \theta(x)\,\varepsilon(u) - \varepsilon(u)\,\theta(x) - \varepsilon(\theta(x).u).$$

Or $\theta(x)$ est une dérivation; par conséquent, $\alpha(x \wedge u) = -\varepsilon(x)\,\alpha(u)$. Puisque l'algèbre des chaînes de $\mathfrak{a}$ est engendrée par l'unité et les éléments de $\mathfrak{a}$, ceci prouve que l'ensemble des chaînes u telles que $\alpha(u) = 0$; constitue un *idéal* de $C(\mathfrak{a})$. Or on a trivialement $\alpha(I) = 0$; par suite cet idéal coïncide avec $C(\mathfrak{a})$.

De la relation (4.3) résulte immédiatement que

(4.4) *Si* v *est une chaîne invariante de* $\mathfrak{a}$, *alors*

$$\partial.(u \wedge v) = (\partial.u) \wedge v + \overline{u} \wedge (\partial.v)$$

pour toute chaîne u *de* $\mathfrak{a}$.

Ceci montre en particulier que la restriction de ∂ à la sous-algèbre des chaînes invariantes est une antidérivation. On observera que la relation (4.4) reste exacte si l'on y intervertit les chaînes u et v.

Le Lemme 4.1 sera renforcé par le

LEMME 4.2. — *Soient* $\mathfrak{b}$ *une sous-algèbre de l'algèbre de Lie* $\mathfrak{a}$ *et* φ *l'isomorphisme qui prolonge l'isomorphisme identique de* $\mathfrak{b}$ *dans* $\mathfrak{a}$. *Si* $\{y^i\}$ ($1 \leq i \leq m$) *est une base de* $\mathfrak{b}$ *et si* $\{g^i\}$ *est la base duale de ses* 1-*cochaînes, alors, pour toute chaîne* v *de* $\mathfrak{b}$, *on a*

$$(4.5) \qquad \partial\varepsilon(\varphi.v) - \varepsilon(\varphi.\overline{v})\partial - \varepsilon(\partial\varphi.v) = \sum_{i=1}^{i=m} \varepsilon(\varphi\iota(g^i).v)\theta\,(\varphi.y^i),$$

$$(4.6) \qquad \iota(\varphi.v)\,\delta - \delta\iota(\varphi.\overline{v}) - \iota(\partial\varphi.v) = \sum_{i=1}^{i=m} \iota(\varphi\iota(g^i).v)\theta^*(\varphi.y^i).$$

Démonstration. — Soit $\{x^i\}(1 \leq i \leq n)$ une base de $\mathfrak{a}$ telle que $x^i = \varphi.y^i$ pour $1 \leq i \leq m$ et soit $\{f^i\}$ la base duale des 1-cochaînes de $\mathfrak{a}$; on a ${}^t\varphi.f^i = g^i$ pour $1 \leq i \leq m$ et ${}^t\varphi.f^i = 0$ pour $m < i \leq n$. D'autre part, $\iota(f^i)\varphi = \varphi\iota({}^t\varphi.f^i)$ pour tout i, car ${}^t\varphi$ est un homomorphisme. Avec ces bases, et pour $u = \varphi.v$, la relation (4.3) donne donc (4.5). Puisque les $\theta(\varphi.y^i)$ sont des dérivations, le second membre de (4.5) se met sous la forme

$$\sum_{i=n}^{i=m} [\theta(\varphi.y^i)\varepsilon(\varphi\iota(g^i).v) - \varepsilon(\theta(\varphi.y^i)\varphi\iota(g^i).v)].$$

Or, pour tout i,

$$\theta(\varphi.y^i)\varphi = \varphi\theta(y^i)$$

et d'autre part (3.2),

$$\sum_{i=1}^{i=m} \theta(y^i)\iota(g^i).v = 2\partial.v.$$

On obtient donc la relation

$$\partial\varepsilon(\varphi.v) - \varepsilon(\varphi.\bar{v})\partial + \varepsilon(\partial\varphi.v) = \sum_{i=1}^{i=m} \theta(\varphi.y^i)\varepsilon(\varphi\iota(g^i).v),$$

dont on déduit (4.6) en prenant les transposés des deux membres.

Puisque les images des dérivations $\theta(\varphi.y^i)$ sont orthogonales à toutes les cochaînes de $\mathfrak{a}$ invariantes par $\mathfrak{b}$, on voit que, avec les hypothèses du lemme 4.2,

(4.7) *Quelles que soient $u \in C(\mathfrak{a})$ et $v \in C(\mathfrak{b})$, la chaîne*

$$\partial.((\varphi.v) \wedge u) - (\varphi.\bar{v}) \wedge (\partial.u) + (\partial\varphi.v) \wedge u$$

est orthogonale aux cochaînes de $\mathfrak{a}$ invariantes par $\mathfrak{b}$.

Les propriétés précédentes qui permettent d'exploiter la structure multiplicative de l'espace des chaînes joueront un rôle essentiel dans la suite.

5. **La cohomologie du produit direct de deux algèbres de Lie.** — Soient $\mathfrak{a}$ et $\mathfrak{b}$ deux algèbres de Lie sur un même corps de base. On désignera par $\mathfrak{a} \times \mathfrak{b}$ leur produit direct, c'est-à-dire l'algèbre de Lie dont l'espace est somme directe des espaces de $\mathfrak{a}$ et de $\mathfrak{b}$ et dont la loi de composition est définie par

$$[(x \times y), (x' \times y')] = [x, x'] \times [y, y'],$$

lorsque $x, x' \in \mathfrak{a}$ et $y, y' \in \mathfrak{b}$. Ainsi qu'on l'a remarqué plus haut (2.4), l'algèbre extérieure $C(\mathfrak{a} \times \mathfrak{b})$ des chaînes de $\mathfrak{a} \times \mathfrak{b}$ s'identifie au produit tensoriel des algèbres graduées $C(\mathfrak{a})$ et $C(\mathfrak{b})$. De même, $C^*(\mathfrak{a} \times \mathfrak{b})$ s'identifie à $C^*(\mathfrak{a}) \otimes C^*(\mathfrak{b})$.

Soit μ l'homomorphisme de $\mathfrak{a} \times \mathfrak{b}$ sur $\mathfrak{a}$ tel que $\mu.(x \times y) = x$ quel que soit $x \times y \in \mathfrak{a} \times \mathfrak{b}$. Il lui correspond un isomorphisme ${}^t\mu : C^*(\mathfrak{a}) \to C^*(\mathfrak{a} \times \mathfrak{b})$ qui commute avec δ (3.8′) et transforme toute cochaîne a de $\mathfrak{a}$ en ${}^t\mu.a = a \otimes I$ (2.5). On a donc

$$\delta.(a \otimes I) = (\delta.a) \otimes I.$$

De même.

$$\delta.(\mathrm{I} \otimes b) = \mathrm{I} \otimes (\delta.b)$$

pour toute cochaîne b de $\mathfrak{b}$. Puisque δ est une antidérivation, il résulte de (1.6) que

$$\delta.(a \otimes b) = \delta.((a \otimes \mathrm{I}) \wedge (\mathrm{I} \otimes b)) = (\delta.(a \otimes \mathrm{I})) \wedge (\mathrm{I} \otimes b) + (\overline{a \otimes \mathrm{I}}) \wedge (\delta.(\mathrm{I} \otimes b)).$$

Or $\overline{a \otimes \mathrm{I}} = \overline{a} \otimes \mathrm{I}$; on a donc

$$\delta.(a \otimes b) = (\delta.a) \otimes b + \overline{a} \otimes (\delta.b), \tag{5.1}$$

quels que soient $a \in C^*(\mathfrak{a})$ et $b \in C^*(\mathfrak{b})$.

Par dualité, on exprime de même l'opérateur différentiel des chaînes de $\mathfrak{a} \times \mathfrak{b}$ au moyen des opérateurs différentiels des chaînes de $\mathfrak{a}$ et de $\mathfrak{b}$:

$$\partial.(u \otimes v) = (\partial.u) \otimes v + \overline{u} \otimes (\partial.v), \tag{5.2}$$

quels que soient $u \in C(\mathfrak{a})$ et $v \in C(\mathfrak{b})$.

Associons à un cocycle a de $\mathfrak{a}$ et un cocycle b de $\mathfrak{b}$ la cochaîne $a \otimes b$ de $\mathfrak{a} \times \mathfrak{b}$. La relation (5.1) montre que $a \otimes b$ est un cocycle dont la classe de cohomologie ne dépend que des classes de cohomologie des cocycles a et b. On définit ainsi une application linéaire de l'espace $H^*(\mathfrak{a}) \otimes H^*(\mathfrak{b})$ dans $H^*(\mathfrak{a} \times \mathfrak{b})$. Cette application est visiblement compatible avec les structures d'algèbres graduées de ces espaces. On vérifie par le même raisonnement que celui qui conduit au classique théorème de Künneth que c'est un *isomorphisme* de $H^*(\mathfrak{a}) \otimes H^*(\mathfrak{b})$ *sur* $H^*(\mathfrak{a} \times \mathfrak{b})$ grâce auquel on pourra *identifier* dans la suite ces deux algèbres. Ceci conduit par dualité à *identifier* $H(\mathfrak{a} \times \mathfrak{b})$ et $H(\mathfrak{a}) \otimes H(\mathfrak{b})$. La classe d'homologie du produit tensoriel d'un cycle u de $\mathfrak{a}$ et d'un cycle v de $\mathfrak{b}$ est ainsi le produit tensoriel des classes d'homologie de u et de v.

CHAPITRE III.

Propriétés homologiques des algèbres de Lie unimodulaires.

6. Le 1-cocycle défini par la trace des endomorphismes adjoints. — Soient $\mathfrak{a}$ une algèbre de Lie et $J(\mathfrak{a})$ la sous-algèbre de ses chaînes invariantes qui est graduée par les sous-espaces $J(\mathfrak{a}) \cap C_p(\mathfrak{a})$. D'après (4.5), la restriction de l'opérateur ∂ à $J(\mathfrak{a})$ est une *anti-dérivation* de cette algèbre. On va expliciter cette restriction. Les dérivations $\theta^*(y)$ vérifient la relation de commutation

$$\theta^*(y)\varepsilon(g) - \varepsilon(g)\theta^*(y) = \varepsilon(\theta^*(y).g),$$

(où g désigne une cochaîne de $\mathfrak{a}$) qui n'est autre que la traduction, en termes d'endomorphismes, de la définition d'une dérivation. L'expression (3.4) de δ peut donc se mettre sous la forme

$$2\delta = \sum^{s} \theta^*(y^s)\varepsilon(g^s) - \sum^{s} \varepsilon(\theta^*(y^s).g^s),$$

les sommations portant sur l'indice s d'une base $\{y^s\}$ de $\mathfrak{a} = C_1(\mathfrak{a})$ et de la base duale $\{g^s\}$ de $C^1(\mathfrak{a})$. On désignera par f_t la 1-cochaîne $\sum^s \theta^*(y^s).g^s$. En passant aux transposés, on obtient

$$(6.1) \qquad 2\partial = \sum^s \iota(g^s)\theta(y^s) - \iota(f_t).$$

Sur $J(\mathfrak{a})$, on a donc $2\partial = -\iota(f_t)$ (qui est bien une antidérivation *cf.* § 2).

La 1-cochaîne f_t ne dépend évidemment pas du choix de la base $\{y^s\}$. Pour tout $x \in \mathfrak{a}$, on a

$$\langle x, f_t\rangle = \sum^s \langle x, \theta^*(y^s).g^s\rangle = -\sum^s \langle \theta(y^s).x, g^s\rangle = \sum^s \langle [x, y^s], g^s\rangle = \textit{trace de } \mathrm{ad}(x).$$

Une algèbre de Lie sera dite *unimodulaire* si ses endomorphismes adjoints sont de trace 0, c'est-à-dire, si $f_t = 0$. De la relation (6.1) résulte le

THÉORÈME 6.1. — *Si $\mathfrak{a}$ est une algèbre de Lie unimodulaire, ses chaînes invariantes sont des cycles.*

Notons que f_t est une *cochaîne invariante*. En effet, si $x, y \in \mathfrak{a}$, on a

$$\langle x, \theta^*(y).f_t\rangle = \langle [x, y], f_t\rangle = \text{trace de } \mathrm{ad}([x, y]) = 0,$$

puisque

$$\mathrm{ad}([x, y]) = \mathrm{ad}(x)\,\mathrm{ad}(y) - \mathrm{ad}(y)\,\mathrm{ad}(x).$$

D'après le théorème 4.1, f_t est donc un *cocycle* de $\mathfrak{a}$.

Soit n la dimension de $\mathfrak{a}$. Puisque les $\theta(x)$ sont les dérivations de l'algèbre extérieure $C(\mathfrak{a})$ qui prolongent les endomorphismes adjoints, on a [d'après (2.8)],

$$\theta(x).u = (\text{trace de } \mathrm{ad}(x)).u$$

pour toute n-chaîne u de $\mathfrak{a}$ [14]. En conséquence,

(6.2) *pour qu'une algèbre de Lie de dimension n soit unimodulaire, il faut et il suffit que ses n-chaînes soient invariantes.*

D'après le théorème 6.1, si $\mathfrak{a}$ est unimodulaire et de dimension n, ses n-chaînes sont donc des cycles. Réciproquement, si $\mathfrak{a}$ est de dimension n et si ses n-chaînes sont des cycles, ce sont des cycles invariants. Pour tout $x \in \mathfrak{a}$, on a en effet

$$\varepsilon(x).C_n(\mathfrak{a}) \subset C_{n+1}(\mathfrak{a}) = \{0\}$$

et par suite

$$\theta(x).C_n(\mathfrak{a}) = (\varepsilon(x)\partial + \partial\varepsilon(x)).C_n(\mathfrak{a}) = \{0\}.$$

En conséquence,

(6.3) *pour qu'une algèbre de Lie de dimension n soit unimodulaire, il faut et il suffit que ses n-chaînes soient des cycles.*

(14) Les n-chaînes (ainsi que les n-cochaînes) constituent un sous-espace de dimension 1.

Les n-cycles ne pouvant être homologues à zéro sans être nuls, on voit qu'une autre condition nécessaire et suffisante pour que $\mathfrak{a}$ soit unimodulaire est que $H_n(\mathfrak{a})$ ait pour dimension 1.

Puisque les restrictions des $\theta^*(x)$ à $C^n(\mathfrak{a})$ sont les transposées des restrictions des $-\theta(x)$ à $C_n(\mathfrak{a})$, on déduit de (6.2) que

(6.4) *pour qu'une algèbre de Lie de dimension n soit unimodulaire il faut et il suffit que ses n-cochaînes soient invariantes* [15].

7. La dualité de Poincaré. — Lorsque $\mathfrak{a}$ est l'algèbre de Lie d'un groupe compact G, le théorème de dualité de Poincaré pour les variétés orientables s'applique à la cohomologie de G et donc à $H^*(\mathfrak{a})$. On montrera dans la suite que les propriétés de $H^*(\mathfrak{a})$ qui en résultent sont encore vérifiées lorsque, plus généralement, l'algèbre de Lie $\mathfrak{a}$ est supposée unimodulaire.

Soit $\mathfrak{a}$ une algèbre de Lie de dimension n. On définit un isomorphisme ρ de l'espace $C^*(\mathfrak{a})$ sur l'espace $C(\mathfrak{a})$ en choisissant une n-chaîne w non nulle et en posant $\rho.a = \iota(a).w \in C(\mathfrak{a})$ pour toute cochaîne a de $\mathfrak{a}$. L'image par ρ d'une p-cochaîne est une $(n-p)$-chaîne de $\mathfrak{a}$. Puisque δ est une antidérivation, on a $\delta\varepsilon(a) - \varepsilon(\overline{a})\delta = \varepsilon(\delta.a)$ et donc, en passant aux transposés, $\iota(a)\partial - \partial\iota(\overline{a}) = -\iota(\delta.a)$. Supposons $\mathfrak{a}$ unimodulaire, d'après (6.3) on a alors $\partial.w = 0$ et par suite $\partial\iota(\overline{a}).w = \iota(\delta.a).w$, c'est-à-dire que

$$\partial\rho\omega = \rho\delta. \tag{7.1}$$

L'isomorphisme ρ induit donc un *isomorphisme* $\tilde{\rho}$ de l'espace $H^*(\mathfrak{a})$ sur $H(\mathfrak{a})$ qui applique la classe de cohomologie d'un p-cocycle a sur la classe d'homologie du $(n-p)$-cycle $\iota(a).w$.

Par ailleurs, tout idéal engendré par un élément de $H^*(\mathfrak{a})$ différent de 0 contient le sous-espace (de dimension 1) $H^n(\mathfrak{a})$. Supposons en effet que l'idéal à droite engendré par la classe de cohomologie de a ne contienne pas $H^n(\mathfrak{a})$. Pour tout $(n-p)$-cocycle b, le n-cocycle $a \wedge b$ est alors cohomologue à zéro. Or, $\mathfrak{a}$ étant unimodulaire, $H^n(\mathfrak{a}) \cong C^n(\mathfrak{a})$; par suite $a \wedge b = 0$. On a donc

$$\langle \rho.a, b\rangle = \langle \iota(a).w, b\rangle = \langle w, a \wedge b\rangle = 0$$

pour tout $(n-p)$-cocycle b. La $(n-p)$-chaîne $\rho.a$ qui, d'après (7.1) est un $(n-p)$-cycle est donc orthogonale à tous les $(n-p)$-cocycles, c'est-à-dire qu'elle est homologue à zéro. La même relation (7.1) montre alors que a est cohomologue à zéro. On aboutirait à la même conclusion en envisageant des idéaux à gauche et en partant d'un cocycle a non homogène.

En résumé :

THÉORÈME 7.1. — *Si $\mathfrak{a}$ est une algèbre de Lie unimodulaire de dimension n, il existe un isomorphisme de l'espace $H^*(\mathfrak{a})$ sur $H(\mathfrak{a})$ qui applique chaque*

[15] Si $\mathfrak{a}$ est l'algèbre de Lie d'un groupe compact connexe G, le corps de base étant alors celui des réels, les n-cochaînes de $\mathfrak{a}$ s'interprètent comme les mesures de Haar invariantes à gauehe de G. Dire qu'elles sont *invariantes* revient donc à dire que les mesures de Haar invariantes à gauche sont invariantes à droite, c'est-à-dire que le *groupe* G est *unimodulaire*.

sous-espace $H^p(\mathfrak{a})$ *sur le sous-espace* $H_{n-p}(\mathfrak{a})$. *Tout idéal différent de* $\{0\}$ *dans* $H^*(\mathfrak{a})$ *contient le sous-espace* $H^n(\mathfrak{a})$.

Remarquons enfin que, si $\mathfrak{a}$ est unimodulaire, alors

$$(7.2) \qquad \theta(x)\rho = \rho\theta^*(x)$$

pour tout $x \in \mathfrak{a}$. En effet, pour $x \in \mathfrak{a}$ et $a \in C^*(\mathfrak{a})$, on a

$$\rho\theta^*(x).a = \iota(\theta^*(x).a).w.$$

Or, $\theta^*(x)$ étant une dérivation, on a

$$\varepsilon(\theta^*(x).a) = \theta^*(x)\varepsilon(a) - \varepsilon(a)\theta^*(x)$$

et donc, en passant aux transposés

$$\iota(\theta^*(x).a) = \theta(x)\iota(a) - \iota(a)\theta(x).$$

Par conséquent,

$$\rho\theta^*(x).a = -\iota(a)\theta(x).w + \theta(x)\iota(a).w.$$

Puisque $\mathfrak{a}$ est unimodulaire, on a $\theta(x).w = 0$ d'après (6.2) et par suite

$$\rho\theta^*(x).a = \theta(x)\,\iota(a).w = \theta(x)\rho.a.$$

Cette relation montre que ρ applique le sous-espace des p-cochaînes invariantes sur le sous-espace des $(n-p)$-chaînes invariantes de $\mathfrak{a}$.

CHAPITRE IV.

Propriétés homologiques en rapport avec des hypothèses de semi-simplicité.

8. **Structure multiplicative dans l'espace d'homologie.** — On étudiera dans ce paragraphe l'homologie des algèbres de Lie satisfaisant à la condition :

(P) *Toute classe d'homologie contient au moins un cycle invariant.*

Comme on le montrera dans le paragraphe suivant, cette condition est en particulier satisfaite par les algèbres de Lie semi-simples et les algèbres de Lie des groupes compacts.

(8.1) *Toute algèbre de Lie satisfaisant à la condition* (P) *est unimodulaire.*

En effet, tout 1-cycle invariant d'une algèbre de Lie $\mathfrak{a}$ est un élément du centre de $\mathfrak{a}$. Il est donc orthogonal au 1-cocycle f_t défini par la trace des endomorphismes adjoints (*cf.* § 6). Si donc $\mathfrak{a}$ satisfait à la condition (P), le 1-cocycle f_t est orthogonal à tous les 1-cycles de $\mathfrak{a}$, c'est-à-dire à $C_1(\mathfrak{a})$; on a donc $f_t = 0$, ce qui prouve que $\mathfrak{a}$ est unimodulaire.

(8.2) *Si l'algèbre de Lie* $\mathfrak{a}$ *satisfait à la condition* (P), *toute classe de cohomologie de* $\mathfrak{a}$ *contient au moins un cocycle invariant* [16].

---

[16] Cette propriété est moins restrictive que la propriété exprimée par la condition (P) : *si par exemple* $\mathfrak{a}$ *est une algèbre de Lie non unimodulaire de dimension* 2, *toute classe de cohomologie de* $\mathfrak{a}$ *contient un cocycle invariant.*

En effet, puisque $\mathfrak{a}$ est unimodulaire, l'isomorphisme $\rho : C^*(\mathfrak{a}) \to C(\mathfrak{a})$ introduit au paragraphe 7 applique [d'après (7.1)] une classe de cohomologie **a** de $\mathfrak{a}$ sur la classe d'homologie $\tilde{\rho}.\mathbf{a}$. D'après (7.2), l'image inverse d'un cycle invariant de la classe $\tilde{\rho}.\mathbf{a}$ est un cocycle invariant de la classe **a**.

Lemme 8.1. — *Soit* $\mathfrak{a}$ *une algèbre de Lie satisfaisant à la condition* (P) *et soient* **u** *et* **v** *deux classes d'homologie de* $\mathfrak{a}$. *Il existe des cycles* u *et* v *appartenant respectivement aux classes* **u**, **v** *et tels que la chaîne* $u \wedge v$ *soit un cycle. La classe d'homologie de ce cycle ne dépend que des classes d'homologie de* u *et* v.

Démonstration. — Choisissons d'abord pour u et v des cycles invariants. Alors, d'après (4.4), $u \wedge v$ est bien un cycle de $\mathfrak{a}$. Soient u' et v' des cycles homologues respectivement à u et v, c'est-à-dire de la forme $u' = u + \partial.u''$, $v' = v + \partial.v''$. On a

$$u' \wedge v' = (u + \partial.u'')(v + \partial.v'') = u \wedge v + (\partial.u'') \wedge v + u' \wedge (\partial.v'').$$

D'après le lemme 4.1,

$$\partial.(u'' \wedge v) = (\partial.u'') \wedge v + \overline{u}'' \wedge (\partial.v) = (\partial.u'') \wedge v,$$

car v est un *cycle invariant* (par $\mathfrak{a}$).

Par ailleurs, d'après (4.7), la chaîne

$$w = \partial.(\overline{u}' \wedge v'') + (\partial.\overline{u}') \wedge v'' - u' \wedge (\partial.v'')$$

est orthogonale aux cochaînes invariantes de $\mathfrak{a}$. Or $\overline{u}'$ est, comme u', un cycle de $\mathfrak{a}$; on a donc

$$w = \partial.(\overline{u}' \wedge v'') - u' \wedge (\partial.v'').$$

On obtient finalement

$$u' \wedge v' - u \wedge v - \partial.(u'' \wedge v) - \partial.(\overline{u}' \wedge v'') = - w.$$

Si u' et v' ont été choisis de telle sorte que $u' \wedge v'$ soit un cycle, la chaîne w est alors un cycle. Or elle est orthogonale à toutes les cochaînes invariantes : d'après (8.2) c'est donc un cycle homologue à zéro. Par suite $u' \wedge v'$ est homologue à $u \wedge v$, ce qui achève la démonstration.

Ce résultat permet de définir, lorsque l'algèbre de Lie $\mathfrak{a}$ satisfait à la condition (P), le *produit* $\mathbf{u} \smile \mathbf{v}$ *de deux classes d'homologie* **u**, **v** *de* $\mathfrak{a}$: *c'est la classe d'homologie du produit de deux cycles* u *et* v *appartenant respectivement aux classes* **u**, **v** *et choisis de telle sorte que* $u \wedge v$ *soit un cycle*. Ce produit définit dans l'espace d'homologie $H(\mathfrak{a})$ une structure d'algèbre. Cette *algèbre d'homologie* que l'on désignera par $H_*(\mathfrak{a})$ est graduée par les sous-espaces $H_p(\mathfrak{a})$ et vérifie la loi de commutation (1.5). Elle possède une unité qui est la classe d'homologie du scalaire unité.

On montrera plus loin que, si $\mathfrak{a}$ est l'algèbre de Lie d'un groupe compact, cette structure multiplicative de $H_*(\mathfrak{a})$ coïncide avec celle du produit de Pontrjagin (*cf.* § 13).

THÉORÈME 8. 1. — *Soient $\mathfrak{a}$ et $\mathfrak{b}$ deux algèbres de Lie sur un même corps de base satisfaisant toutes deux à la condition* (P). *Si φ est un homomorphisme de $\mathfrak{b}$ dans $\mathfrak{a}$, l'application linéaire $\tilde{\varphi}$ des espaces d'homologie induite par φ est un homomorphisme de l'algèbre* $H_*(\mathfrak{b})$ *dans l'algèbre* $H_*(\mathfrak{a})$.

Démonstration. — Soient $\mathbf{u}$ et $\mathbf{v}$ deux classes d'homologie de $\mathfrak{b}$. Choisissons dans ces classes des cycles u et v tels que $u \wedge v$ soit encore un cycle. Par définition, la classe d'homologie de $u \wedge v$ est alors $\mathbf{u} \smile \mathbf{v}$. Par ailleurs, puisque φ est un homomorphisme de $C(\mathfrak{b})$ dans $C(\mathfrak{a})$, on a

$$\varphi.(u \wedge v) = (\varphi.u) \wedge (\varphi.v).$$

D'après (3.8) les chaînes $\varphi.(u \wedge v)$, $\varphi.u$ et $\varphi.v$ sont des cycles. Elles appartiennent respectivement aux classes $\tilde{\varphi}.(\mathbf{u} \smile \mathbf{v})$, $\tilde{\varphi}.\mathbf{u}$ et $\tilde{\varphi}.\mathbf{v}$. On a donc bien

$$\tilde{\varphi}.(\mathbf{u} \smile \mathbf{v}) = (\tilde{\varphi}.\mathbf{u}) \smile (\tilde{\varphi}.\mathbf{v}).$$

Ce théorème jouera un rôle essentiel dans le paragraphe 10. On aura aussi à utiliser le

LEMME 8. 1. — *Soient $\mathfrak{a}$ et $\mathfrak{b}$ deux algèbres de Lie sur un même corps de base satisfaisant toutes deux à la condition* (P). *Leur produit direct satisfait encore à la condition* (P).

Démonstration. — Soit $\mathbf{u} \otimes \mathbf{v}$ un élément de $H(\mathfrak{a} \times \mathfrak{b}) = H(\mathfrak{a}) \otimes H(\mathfrak{b})$, (*cf.* § 5), et soient u et v des cycles invariants appartenant respectivement aux classes d'homologies $\mathbf{u} \in H(\mathfrak{a})$ et $\mathbf{v} \in H(\mathfrak{b})$. Le produit tensoriel $u \otimes v$ est un cycle de $\mathfrak{a} \times \mathfrak{b}$ d'après la relation (5.2). C'est même un cycle invariant car, pour tout $x \in \mathfrak{a}$,

$$\theta(x \times 0).(u \otimes v) = (\theta(x).u) \otimes v = 0$$

et de même, pour tout $y \in \mathfrak{b}$,

$$\theta(0 \times y).(u \otimes v) = u \otimes (\theta(y).v) = 0.$$

La classe d'homologie $\mathbf{u} \otimes \mathbf{v}$ contient donc un cycle invariant. Il en est de même de toutes les classes d'homologie de $\mathfrak{a} \times \mathfrak{b}$ puisque l'espace $H(\mathfrak{a} \times \mathfrak{b})$ est engendré par les éléments de la forme $\mathbf{u} \otimes \mathbf{v}$.

Avec les hypothèses du lemme précédent, les *algèbres d'homologie* $H_*(\mathfrak{a})$, $H_*(\mathfrak{b})$ et $H_*(\mathfrak{a} \times \mathfrak{b})$ sont donc définies. On vérifie que la structure multiplicative de $H_*(\mathfrak{a} \times \mathfrak{b})$ est celle qui résulte de son identification avec le produit tensoriel d'algèbres graduées $H_*(\mathfrak{a}) \otimes H_*(\mathfrak{b})$. En effet, si u, u' et v, v' sont respectivement des cycles invariants de $\mathfrak{a}$ et $\mathfrak{b}$, v et u' étant de degrés respectifs p et q, on a

$$(u \otimes v) \wedge (u' \otimes v') = (-1)^{pq} (u \wedge u') \otimes (v \wedge v').$$

Or, d'après (5.2), $u \otimes v$, $u' \otimes v'$ et $(u \wedge u') \otimes (v \wedge v')$ sont des cycles. On voit donc que, si $\mathbf{u}$, $\mathbf{u}'$, $\mathbf{v}$ et $\mathbf{v}'$ désignent respectivement les classes d'homologie de u, u' v, v',

(8.3) $$(\mathbf{u} \otimes \mathbf{v}) \smile (\mathbf{u}' \otimes \mathbf{v}') = (-1)^{pq} (\mathbf{u} \smile \mathbf{u}') \otimes (\mathbf{v} \smile \mathbf{v}').$$

9. Les algèbres de Lie réductives. — *Définitions.* — Soit $\mathfrak{b}$ une sous-algèbre de l'algèbre de Lie $\mathfrak{a}$. Les dérivations $\theta(x)$ associées aux $x \in \mathfrak{b}$ réalisent une représentation linéaire de $\mathfrak{b}$ dans l'espace des chaînes de $\mathfrak{a}$. Si cette représentation est complètement réductible, on dira que $\mathfrak{b}$ est une sous-algèbre *réductive dans* $\mathfrak{a}$. Une algèbre de Lie $\mathfrak{a}$ sera dite *réductive* si, considérée comme sa propre sous-algèbre, elle est réductive dans $\mathfrak{a}$.

Soient $\mathfrak{b}$ une sous-algèbre réductive dans $\mathfrak{a}$ et $\mathfrak{c}$ une sous-algèbre de $\mathfrak{a}$ contenant $\mathfrak{b}$. Le prolongement $\varphi : C(\mathfrak{c}) \to C(\mathfrak{a})$ de l'isomorphisme identique de $\mathfrak{c}$ dans $\mathfrak{a}$ vérifie pour tout $x \in \mathfrak{b}$ la relation (3.9)

$$\varphi\,\theta(x) = \theta(\varphi.x)\varphi.$$

Puisque φ est un isomorphisme, ceci prouve que l'image inverse par φ d'un sous-espace de chaînes de $\mathfrak{a}$ stable par $\mathfrak{b}$ et irréductible est un sous-espace de chaînes de $\mathfrak{c}$ stable par $\mathfrak{b}$ et irréductible. Il en résulte que $\mathfrak{b}$ est réductive dans $\mathfrak{c}$. En particulier,

(9.1) *Si* $\mathfrak{b}$ *est une sous-algèbre réductive dans* $\mathfrak{a}$, *c'est une algèbre réductive.*

Soit $\mathfrak{a}$ l'algèbre de Lie d'un groupe compact, le corps de base étant alors celui des réels. On sait que $\mathfrak{a}$ est le produit direct d'une algèbre de Lie abélienne et d'une algèbre de Lie semi-simple dont la forme bilinéaire fondamentale (— trace de $\mathrm{ad}(x)\ \mathrm{ad}(y)$) est définie positive. Il existe donc sur $\mathfrak{a}$ des produits scalaires invariants; on en obtient en composant la forme bilinéaire fondamentale de la composante semi-simple avec un produit scalaire arbitraire de la composante abélienne. A un tel produit scalaire correspond un isomorphisme de $C_1(\mathfrak{a})$ sur l'espace dual $C^1(\mathfrak{a})$ qui se prolonge en un isomorphisme de l'algèbre extérieure $C(\mathfrak{a})$ sur l'algèbre extérieure duale $C^*(\mathfrak{a})$. Ce prolongement définit un produit scalaire invariant [par les dérivations $\theta(x)$] dans l'espace des chaînes de $\mathfrak{a}$. Par conséquent, si V est un sous-espace de $C(\mathfrak{a})$ stable par une sous-algèbre $\mathfrak{b}$, le sous-espace de $C(\mathfrak{a})$ orthogonal à V est un sous-espace supplémentaire de V et stable par $\mathfrak{b}$ La famille des endomorphismes linéaires $\theta(x)$ $(x \in \mathfrak{b})$ est donc complètement réductible. Par suite,

Théorème 9.1. — *Si* $\mathfrak{a}$ *est l'algèbre de Lie d'un groupe compact, toute sous-algèbre de* $\mathfrak{a}$ *est réductive dans* $\mathfrak{a}$; *en particulier,* $\mathfrak{a}$ *est une algèbre réductive.*

Si $\mathfrak{a}$ est une algèbre de Lie réductive, les endomorphismes $\mathrm{ad}(x)$ qui sont les restrictions à $C_1(\mathfrak{a})$ des dérivations $\theta(x)$, réalisent une représentation linéaire complètement réductible de $\mathfrak{a}$. Les sous-espaces de $C_1(\mathfrak{a})$ stables par $\mathfrak{a}$ sont les idéaux de $\mathfrak{a}$. Soit $\mathfrak{a}'$ l'idéal dérivé de $\mathfrak{a}$ [17]. La complète réductibilité de la représentation $x \to \mathrm{ad}(x)$ entraîne que $\mathfrak{a}$ est produit direct de $\mathfrak{a}'$ et d'un idéal $\mathfrak{c}$ supplémentaire de $\mathfrak{a}'$ qui appartient évidemment au centre de $\mathfrak{a}$. Soit $\mathfrak{k}$ le radical de $\mathfrak{a}'$; c'est aussi un idéal de $\mathfrak{a}$ et il lui correspond donc un idéal supplémentaire dans $\mathfrak{a}$.

(17) Par idéal dérivé d'une algèbre de Lie $\mathfrak{a}$, on entend l'idéal que constitue le sous-espace engendré par $[x, y]$ lorsque x et y parcourent $\mathfrak{a}$.

Par suite l'idéal dérivé $\mathfrak{f}'$ de $\mathfrak{f}$ est l'intersection de $\mathfrak{f}$ avec l'idéal $\mathfrak{a}'$ dérivé de $\mathfrak{a}$. On a donc $\mathfrak{f}'=\mathfrak{f}$, ce qui entraîne $\mathfrak{f}=\{0\}$ puisque $\mathfrak{f}$ est résoluble. Par conséquent $\mathfrak{a}'$ est semi-simple et $\mathfrak{c}$ est le centre de $\mathfrak{a}$. Ainsi,

(9.2) *toute algèbre de Lie réductive est produit direct d'une algèbre de Lie semi-simple (c'est-à-dire de radical $\{0\}$) et d'une algèbre de Lie abélienne.*

Inversement,

(9.3) *si le corps de base est de caractéristique o, une algèbre de Lie qui est produit direct d'une algèbre semi-simple et d'une algèbre abélienne est une algèbre de Lie réductive.*

En effet, les endomorphismes $\theta(x)$ réalisent, lorsque x parcourt l'algèbre de Lie $\mathfrak{a}$, une représentation linéaire de la composante semi-simple, car $\theta(x)=0$ lorsque x est dans la composante abélienne. Puisque le corps de base est supposé de caractéristique o, toute représentation linéaire de cette composante semi-simple est complètement réductible ([18]).

Les propriétés homologiques liées à ces notions d'algèbres et de sous-algèbres réductives proviennent de ce que, si $\mathfrak{b}$ est une sous-algèbre réductive dans $\mathfrak{a}$, on peut se limiter aux cochaînes de $\mathfrak{a}$ invariantes par $\mathfrak{b}$ pour calculer l'algèbre de cohomologie de $\mathfrak{a}$.

Lemme 9.1. — *Si $\mathfrak{b}$ est une sous-algèbre réductive dans $\mathfrak{a}$: 1° l'espace des cochaînes de $\mathfrak{a}$ est somme directe du sous-espace des cochaînes invariantes par $\mathfrak{b}$ et du sous-espace engendré par $\theta^*(x).C^*(\mathfrak{a})$ lorsque x parcourt $\mathfrak{b}$; 2° tout cocycle de $\mathfrak{a}$ invariant par $\mathfrak{b}$ et cohomologue à zéro est l'image par δ d'une cochaîne invariante par $\mathfrak{b}$; 3° toute classe de cohomologie de $\mathfrak{a}$ contient un cocycle invariant par $\mathfrak{b}$* ([19]).

Démonstration. — Puisque la représentation linéaire $x\rightarrow\theta(x)$ de $\mathfrak{b}$ dans l'espace des chaînes de $\mathfrak{a}$ est complètement réductible, il en est de même de la représentation réalisée par les endomorphismes $\theta^*(x)=-{}^t\theta(x)$ lorsque x parcourt $\mathfrak{b}$. Soit T le sous-espace des cochaînes de $\mathfrak{a}$ engendré par $\theta^*(x).C^*(\mathfrak{a})$ lorsque x parcourt $\mathfrak{b}$. C'est un sous-espace stable par $\mathfrak{b}$; il existe donc un sous-espace $J\subset C^*(\mathfrak{a})$ stable par $\mathfrak{b}$ et supplémentaire de T. Toute cochaîne $a\in J$ est invariante par $\mathfrak{b}$, car, pour tout $x\in\mathfrak{b}$, on a

$$\theta^*(x).a\in T\cap J=\{0\}.$$

Inversement, toute cochaîne invariante par $\mathfrak{b}$ est dans J. Soit en effet N le sous-espace des cochaînes appartenant à T et invariantes par $\mathfrak{b}$. C'est un sous-espace stable par $\mathfrak{b}$ et il possède donc un supplémentaire dans $C^*(\mathfrak{a})$ également stable par $\mathfrak{b}$. Puisque $N\subset T$, ceci prouve que N est engendré par $\theta^*(x).N$ lorsque x

([18]) *Cf.* J. H. C. Whitehead, *Certain equations in the algebra of a semi-simple infinitesimal group* (*Quart. J. Math.*, Oxford, ser. 8, 1937, p. 220-237).

([19]) La démonstration de ce lemme est calquée sur celle du théorème 19.1 de Chevalley et Eilenberg [5].

parcourt $\mathfrak{b}$; or on a $\theta^*(x).N = \{o\}$ pour tout $x \in \mathfrak{b}$; par conséquent $N = \{o\}$. Ainsi, $C^*(\mathfrak{a})$ *est somme directe de* T *et du sous-espace* J *des cochaînes invariantes par* $\mathfrak{b}$. Ces sous-espaces T et J sont stables par δ car $\theta^*(x)\delta = \delta\theta^*(x)$ quel que soit $x \in \mathfrak{a}$. Par conséquent, *tout cocycle dans* J *cohomologue à zéro est dans* δ.J. Soit par ailleurs D le sous-espace des cocycles appartenant à T. Il est stable par $\mathfrak{b}$ et il est donc engendré par $\theta^*(x).D$ lorsque x parcourt $\mathfrak{b}$. Or, pour tout cocycle a de $\mathfrak{a}$, on a

$$\theta^*(x).a = \delta\,\iota(x).a + \iota(x)\,\delta.a = \delta\,\iota(x).a.$$

Tous les éléments de D sont donc cohomologues à zéro. Puisque T et J sont stables par δ, les composantes d'un cocycle dans ces deux sous-espaces sont encore des cocycles. On voit donc que *tout cocycle est cohomologue à sa composante dans* J, ce qui achève la démonstration.

Appliqué au cas où $\mathfrak{b} = \mathfrak{a}$, c'est-à-dire au cas où $\mathfrak{a}$ est une algèbre de Lie réductive, ce lemme conduit au

THÉORÈME 9.2. — *Si* $\mathfrak{a}$ *est une algèbre de Lie réductive, son algèbre de cohomologie est isomorphe à la sous-algèbre de ses cochaînes invariantes.*

Puisque toute cochaîne invariante est un cocycle (théorème 4.1), le lemme 9.1 montre en effet que toute classe de cohomologie de $\mathfrak{a}$ contient une cochaîne invariante et *une seule*.

D'après (9.2), si $\mathfrak{a}$ est une algèbre de Lie réductive, c'est une algèbre unimodulaire. L'isomorphisme $\rho : C^*(\mathfrak{a}) \to C(\mathfrak{a})$ introduit au paragraphe 7 vérifie donc les relations (7.1) et (7.2). Il en résulte que toute classe d'homologie de $\mathfrak{a}$ contient un cycle invariant et un seul. Compte tenu des résultats du paragraphe 8, on en déduit le

THÉORÈME 9.3. — *Si* $\mathfrak{a}$ *est une algèbre de Lie réductive, elle satisfait à la condition* (P); *son algèbre d'homologie est isomorphe à la sous-algèbre de ses chaînes invariantes.*

Soit $\varphi : C(\mathfrak{b}) \to C(\mathfrak{a})$ l'isomorphisme qui prolonge l'isomorphisme identique de la sous-algèbre $\mathfrak{b} \subset \mathfrak{a}$ dans $\mathfrak{a}$. Lorsque l'on suppose que $\mathfrak{a}$ et $\mathfrak{b}$ sont des algèbres réductives, le théorème 8.1 montre que $\tilde{\varphi} : H_*(\mathfrak{b}) \to H_*(\mathfrak{a})$ est un homomorphisme. Lorsque l'on ne fait plus de restriction sur $\mathfrak{a}$, l'algèbre $H_*(\mathfrak{a})$ n'est plus définie; néanmoins on a le

THÉORÈME 9.4. — *Si* $\mathfrak{b}$ *est une sous-algèbre réductive dans* $\mathfrak{a}$, *le sous-espace des zéros de* $\tilde{\varphi} : H_*(\mathfrak{b}) \to H(\mathfrak{a})$ *est un idéal bilatère.*

Démonstration. — Soient $\mathbf{v} \in H_*(\mathfrak{b})$ un zéro de $\tilde{\varphi}$ et v un cycle dans la classe $\mathbf{v}$; il existe une chaîne u de $\mathfrak{a}$ telle que $\varphi.v = \partial.u$. Soient d'autre part une classe quelconque $\mathbf{v}' \in H_*(\mathfrak{b})$ et v' un cycle invariant dans la classe $\mathbf{v}'$. D'après (4.4), la chaîne $v' \wedge v$ est alors un cycle dans la classe $\mathbf{v}' \smile \mathbf{v}$. On a

$$\varphi.(v' \wedge v) = (\varphi.v') \wedge (\partial.u).$$

Or, d'après (4.7),

$$(\varphi.v')\wedge(\partial.u) - \partial.((\varphi.\bar{v}')\wedge u) - (\partial\varphi.\bar{v}')\wedge u = (\varphi.v')\wedge(\partial.u) - \partial.((\varphi.\bar{v})\wedge u)$$

est orthogonal à toutes les cochaînes de $\mathfrak{a}$ invariantes par $\mathfrak{b}$. Compte tenu du lemme 9.1, ceci prouve que $\varphi.(v'\wedge v)$ est homologue à zéro et donc que $\tilde{\varphi}.(\mathbf{v}'\smile\mathbf{v})=0$. Les zéros de $\tilde{\varphi}$ constituent donc un idéal, qui est bilatère car il contient visiblement les composantes homogènes de ses éléments.

10. Structure de l'algèbre de cohomologie d'une algèbre de Lie réductive. — On sait que l'anneau de cohomologie à coefficients réels d'un groupe de Lie compact est isomorphe à l'anneau de cohomologie d'un produit direct de sphères de dimensions impaires ([20]). Ce théorème de Hopf précise la structure de l'algèbre de cohomologie d'une algèbre de Lie de groupe compact. Le but de ce paragraphe est de démontrer que la cohomologie de toute algèbre de Lie réductive possède une structure analogue, du moins si le corps de base est de caractéristique o. On peut obtenir cette généralisation par un procédé transcendant utilisant le résultat de Hopf ([21]). On en donnera ici une démonstration algébrique directe. La seule particularité des algèbres de Lie réductives qui interviendra est la propriété (P) ([22]).

Soit G un groupe de Lie compact et soit q l'application continue du produit direct $G\times G$ sur G définie par $q(\xi\times\xi')=\xi\xi'$ pour $\xi, \xi'\in G$. A cette application correspond un homomorphisme $\chi^{\sim}$ de l'anneau de cohomologie de G dans celui de $G\times G$ dont les propriétés sont à la base de la démonstration de Hopf. On utilisera dans la suite une situation algébrique analogue obtenue en partant de l'isomorphisme d'une algèbre de Lie $\mathfrak{a}$ sur la diagonale de $\mathfrak{a}\times\mathfrak{a}$; si $\mathfrak{a}$ est réductive, il lui correspond un *homomorphisme de l'algèbre d'homologie de* $\mathfrak{a}$ *dans l'algèbre d'homologie de* $\mathfrak{a}\times\mathfrak{a}$ qui possède des propriétés semblables à celles de $\chi^{\sim}$ et permet d'aboutir par des raisonnements très voisins de ceux de Hopf.

Notion d'élément primitif ([23]). — Soit $\mathfrak{a}$ une algèbre de Lie quelconque. On désignera par $D^*(\mathfrak{a})$ le sous-espace de $H^*(\mathfrak{a})$ engendré par les éléments de la forme $\mathbf{a}\smile\mathbf{b}$, $\mathbf{a}$ et $\mathbf{b}$ étant des éléments de degré >0 dans $H^*(\mathfrak{a})$. C'est un idéal bilatère de $H^*(\mathfrak{a})$ qui est somme directe des intersections $D^p(\mathfrak{a}) = D^*(\mathfrak{a})\cap H^p(\mathfrak{a})$. Un élément de l'espace d'homologie $H(\mathfrak{a})$ sera dit *primitif* s'il est orthogonal à $D^*(\mathfrak{a})$ *et au sous-espace* $H^0(\mathfrak{a})$. Les éléments primitifs constituent un sous-espace $P(\mathfrak{a})$ qui est somme directe des intersections $P_q(\mathfrak{a}) = P(\mathfrak{a})\cap H_q(\mathfrak{a})$; on a

$$P_0(\mathfrak{a}) = \{0\}.$$

([20]) *Cf.* H. Hopf, [2], Satz I.

([21]) *Cf.* Chevalley-Eilenberg [5], theorem 18.1.

([22]) Les algèbres de Lie satisfaisant à la condition (P) que nous connaissons sont des algèbres de Lie réductives.

([23]) Les éléments primitifs définis ici correspondent aux classes d'homologie des cycles minimaux au sens de H. Hopf ([2], p. 48).

Si φ est un homorphisme de l'algèbre de Lie $\mathfrak{b}$ dans $\mathfrak{a}$, l'homomorphisme d'algèbres graduées ${}^t\bar{\varphi} : H^*(\mathfrak{a}) \to H^*(\mathfrak{b})$ applique $D^*(\mathfrak{a})$ dans $D^*(\mathfrak{b})$. Par suite

$$\bar{\varphi}.P(\mathfrak{b}) \subset P(\mathfrak{a}). \tag{10.1}$$

Envisageons maintenant le produit direct de deux algèbres de Lie $\mathfrak{a}$ et $\mathfrak{b}$. Comme on l'a vu au paragraphe 5,

$$H^*(\mathfrak{a} \times \mathfrak{b}) = H^*(\mathfrak{a}) \otimes H^*(\mathfrak{b}).$$

Tout élément $\mathbf{a} \otimes \mathbf{b} \in H^*(\mathfrak{a}) \otimes H^*(\mathfrak{b})$ s'écrivant $\mathbf{a} \otimes \mathbf{b} = (\mathbf{a} \otimes I) \smile (I \otimes \mathbf{b})$, on a

$$\sum^{p,q>0} H^p(\mathfrak{a}) \otimes H^q(\mathfrak{b}) \subset D^*(\mathfrak{a} \times \mathfrak{b}).$$

Plus précisément,

$$D^*(\mathfrak{a} \times \mathfrak{b}) = \sum^{p,q>0} H^p(\mathfrak{a}) \otimes H^q(\mathfrak{b}) + D^*(\mathfrak{a}) \otimes I + I \otimes D^*(\mathfrak{b}).$$

Par conséquent, en identifiant $H(\mathfrak{a} \times \mathfrak{b})$ et $H(\mathfrak{a}) \otimes H(\mathfrak{b})$, on a

$$P(\mathfrak{a} \times \mathfrak{b}) = P(\mathfrak{a}) \otimes I + I \otimes P(\mathfrak{b}). \tag{10.2}$$

Soient $\mathfrak{a} \times \mathfrak{a}$ le produit direct de deux algèbres de Lie isomorphes à $\mathfrak{a}$ et φ l'isomorphisme de $\mathfrak{a}$ sur la diagonale de $\mathfrak{a} \times \mathfrak{a}$, c'est-à-dire l'isomorphisme qui transforme un élément $x \in \mathfrak{a}$ en $x \times x \in \mathfrak{a} \times \mathfrak{a}$. Compte tenu de (10.1) et (10.2), on a

$$\bar{\varphi}.\mathbf{u} \in P(\mathfrak{a}) \otimes I + I \otimes P(\mathfrak{a})$$

pour tout élément primitif $\mathbf{u} \in H(\mathfrak{a})$. Or, en composant φ avec la projection canonique μ de $\mathfrak{a} \times \mathfrak{a}$ sur la première composante de $\mathfrak{a} \times \mathfrak{a}$ isomorphe à $\mathfrak{a}$, on obtient l'isomorphisme identique de $\mathfrak{a}$. Cette projection induit une application linéaire $\mu : H(\mathfrak{a} \times \mathfrak{a}) \to H(\mathfrak{a})$ qui, d'après (2.5′), transforme un élément $\mathbf{u} \otimes \mathbf{v}' \in H(\mathfrak{a}) \otimes H(\mathfrak{a})$ en $\mathbf{v}'_0 \mathbf{v}$ ($\mathbf{v}'_0$ désignant la composante de degré o de $\mathbf{v}'$). Puisque $P_0(\mathfrak{a}) = \{0\}$, ceci prouve que la composante de $\bar{\varphi}.\mathbf{u}$ dans $P(\mathfrak{a}) \otimes I$ est $\mathbf{u} \otimes I$. On démontre de même que sa composante dans $I \otimes P(\mathfrak{a})$ est $I \otimes \mathbf{u}$. Ainsi,

Lemme 10.1. — *Si* $\mathbf{u}$ *est un élément primitif de* $H(\mathfrak{a})$, *alors*

$$\bar{\varphi}.\mathbf{u} = \mathbf{u} \otimes I + I \otimes \mathbf{u}. \tag{10.3}$$

On en déduit le

Théorème 10.1. — *Si* $\mathfrak{a}$ *est une algèbre de Lie réductive sur un corps de caractéristique* o, *tout élément primitif homogène de* $H_*(\mathfrak{a})$ *est de degré impair* ([24]).

Démonstration. — D'après le théorème 9.3, l'*algèbre* d'homologie $H_*(\mathfrak{a})$ est définie et il en est de même de l'algèbre $H_*(\mathfrak{a} \times \mathfrak{a})$ d'après le lemme 8.1. Soit $\mathbf{u}$

([24]) Nous ne faisons que reproduire ici la démonstration de Hopf [2], p. 42.

un élément primitif homogène de $H_*(\mathfrak{a})$ différent de o. Son degré s est $>$ o car $P_0(\mathfrak{a}) = \{o\}$. Puisque $H_r(\mathfrak{a}) = \{o\}$ lorsque r est supérieur à la dimension de $\mathfrak{a}$, il existe un entier $p > 1$ tel que $(\mathbf{u})^{p-1} \neq o$ et $(\mathbf{u})^p = o$ [25]. Or le théorème 8.1 a montré que $\tilde{\varphi} : H_*(\mathfrak{a}) \to H_*(\mathfrak{a} \times \mathfrak{a})$ était un homomorphisme; compte tenu du lemme 10.1, on a donc

$$(\mathbf{u} \otimes 1 + 1 \otimes \mathbf{u})^p = (\tilde{\varphi}.\mathbf{u})^p = \tilde{\varphi}.(\mathbf{u})^p = o.$$

En particulier la composante de $(\mathbf{u} \otimes 1 + 1 \otimes \mathbf{u})^p$ dans le sous-espace $H_*(\mathfrak{a}) \otimes H_s(\mathfrak{a})$ est nulle. Or, d'après la formule (8.3), si s était pair, cette composante serait égale à $p(\mathbf{u})^{p-1} \otimes \mathbf{u}$. Puisque le corps de base est supposé de caractéristique o et que $\mathbf{u} \neq o$, il en résulterait que $(\mathbf{u})^{p-1} = o$ contrairement à la définition de p. Par conséquent s est impair (et donc $p = 2$).

On supposera vérifiées dans la suite les conditions de ce théorème et l'on étudiera les propriétés que possèdent les éléments primitifs vis-à-vis de la structure multiplicative de $H_*(\mathfrak{a})$.

Lemme 10.2. — *Soit $\mathcal{A}$ une algèbre graduée possédant une unité et vérifiant la loi de commutation* (1.5). *Si γ est une application linéaire d'un espace vectoriel* V *dans le sous-espace engendré par les éléments de degré impair de $\mathcal{A}$, il existe un homomorphisme $\bar{\gamma} : \bigwedge(V) \to \mathcal{A}$ prolongeant $\gamma : V = \bigwedge^1(V) \to \mathcal{A}$.*

Démonstration. — Soit T(V) l'algèbre tensorielle de V [26]. L'application linéaire γ se prolonge en un homomorphisme $\gamma' : T(V) \to \mathcal{A}$ qui transforme l'unité de T(V) en l'unité de $\mathcal{A}$ et un tenseur $e^1 \otimes e^2 \otimes \ldots e^p (e^1, e^2, \ldots, e^p \in V)$ en $(\gamma.e^1)(\gamma.e^2)\ldots(\gamma.e^p) \in \mathcal{A}$. Puisque, pour tout $e \in V$, les composantes de degré pair de $\gamma.e$ sont nulles, la relation (1.5) montre que

$$\gamma'.(e \otimes e) = ee = -ee = o.$$

Par suite γ' est nul sur l'idéal bilatère $N \subset T(V)$ qu'engendrent les tenseurs de la forme $e \otimes e$. Il en résulte que γ' induit un homomorphisme $\bar{\gamma}$ du quotient $T(V)/N$, c'est-à-dire de l'algèbre extérieure $\bigwedge(V)$, sur la sous-algèbre de $\mathcal{A}$ engendrée par $\gamma.V$ et l'unité. La restriction de $\bar{\gamma}$ à $\bigwedge^1(V)$ coïncide avec γ.

En appliquant ceci à l'isomorphisme identique σ du sous-espace $P(\mathfrak{a})$ dans $H_*(\mathfrak{a})$ on obtient un *homomorphisme* σ de $\bigwedge(P(\mathfrak{a}))$ *sur la sous-algèbre de* $H_*(\mathfrak{a})$ *engendrée par l'unité et les éléments primitifs.*

Lemme 10.3. — *L'homomorphisme* $\sigma : \bigwedge(P(\mathfrak{a})) \to H_*(\mathfrak{a})$ *est un isomorphisme.*

Démonstration. — Soit $\{\mathbf{u}^i\}$ $(1 \leq i \leq l)$ une base de $P(\mathfrak{a})$ constituée par des éléments homogènes (donc de degrés impairs, d'après le théorème 10.1), les

[25] On désigne par $(\mathbf{u})^p$ le produit $\mathbf{u} \smile \mathbf{u} \smile \ldots \mathbf{u}$ de p facteurs égaux à $\mathbf{u}$.

[26] *Cf.* Bourbaki [6], p. 50.

indices i étant affectés de telle sorte que le degré de $\mathbf{u}^i$ ne dépasse pas le degré de $\mathbf{u}^{i+1}$. On va démonter que

$$\mathbf{u}^1 \smile \mathbf{u}^2 \smile \ldots \mathbf{u}^l = \bar{\sigma}.(\mathbf{u}^1 \wedge \mathbf{u}^2 \wedge \ldots \mathbf{u}^l) \neq 0,$$

ce qui prouvera le lemme puisque tout idéal de l'algèbre extérieure $\bigwedge(P(\mathfrak{a}))$ contient $\bigwedge^l(P(\mathfrak{a}))$ ou se réduit à $\{0\}$. Par définition, $\mathbf{u}^l \neq 0$; si donc l'on avait

$$\mathbf{u}^1 \smile \mathbf{u}^2 \smile \ldots \mathbf{u}^l = 0,$$

il existerait un entier $s \geqq 1$ et $< l$ tel que

$$\mathbf{u}^s \smile \mathbf{u}^{s+1} \smile \ldots \mathbf{u}^l = 0 \qquad \text{et} \qquad \mathbf{u}^{s+1} \smile \mathbf{u}^{s+2} \smile \ldots \mathbf{u}^l \neq 0.$$

Soit p le degré de $\mathbf{u}^s$. Compte tenu de (10.3) et du fait que $\tilde{\varphi}$ est un homomorphisme, en annulant la composante de $\tilde{\varphi}.(\mathbf{u}^s \smile \mathbf{u}^{s+1} \smile \ldots \mathbf{u}^l) \in H_*(\mathfrak{a} \times \mathfrak{a})$ dans $H_p(\mathfrak{a}) \otimes H_*(\mathfrak{a})$, on obtiendrait

$$\Sigma(-1)^{s+i}\mathbf{u}^i \otimes (\mathbf{u}^s \smile \mathbf{u}^{s+1} \smile \ldots \hat{\mathbf{u}}^i \smile \ldots \mathbf{u}^l) = 0,$$

la somme étant étendue aux valeurs de $i \geqq s$ pour lesquelles $\mathbf{u}^i$ est de degré p. Puisque les $\mathbf{u}^i$ sont linéairement indépendants, il en réulterait que

$$\mathbf{u}^s \otimes (\mathbf{u}^{s+1} \smile \mathbf{u}^{s+2} \smile \ldots \mathbf{u}^l) = 0$$

et donc

$$\mathbf{u}^{s+1} \smile \mathbf{u}^{s+2} \smile \ldots \mathbf{u}^l = 0,$$

contrairement à l'hypothèse.

LEMME 10.4. — *L'isomorphisme σ applique $\bigwedge(P(\mathfrak{a}))$ sur $H_*(\mathfrak{a})$.*

Démonstration. — Soit $\{\mathbf{a}^i\}$ une base minimale de générateurs homogènes de l'algèbre de cohomologie $H^*(\mathfrak{a})$. Elle comporte pour tout entier p un nombre d'éléments de degré p égal à la dimension de $H^p(\mathfrak{a})/D^p(\mathfrak{a})$ c'est-à-dire égal à la dimension de $P_p(\mathfrak{a})$ pour $p > 0$ et égal à 1 pour $p = 0$. D'après le théorème 10.1, la base $\{\mathbf{a}^i\}$ ne comporte, en plus de l'unité, que des générateurs de degré impair lesquels engendrent un sous-espace $V \subset H^*(\mathfrak{a})$ ayant même dimension que $P(\mathfrak{a})$. On peut donc définir un isomorphisme de $P(\mathfrak{a})$ sur V qui, d'après le lemme 10.2, se prolonge en un homomorphisme de $\bigwedge(P(\mathfrak{a}))$ sur la sous-algèbre engendrée par V et l'unité de $H^*(\mathfrak{a})$ c'est-à-dire *sur* $H^*(\mathfrak{a})$. Par suite, la dimension de $H_*(\mathfrak{a})$ qui est égale à la dimension de $H^*(\mathfrak{a})$ n'excède pas celle de $\bigwedge(P(\mathfrak{a}))$. Compte tenu du lemme 10.3, ceci prouve que l'isomorphisme σ applique $\bigwedge(P(\mathfrak{a}))$ *sur* $H_*(\mathfrak{a})$.

Soient $P^*(\mathfrak{a})$ l'espace dual de $P(\mathfrak{a})$ et ${}^t\sigma$ l'isomorphisme de l'*espace* $H^*(\mathfrak{a})$ sur l'*espace* $\bigwedge(P^*(\mathfrak{a}))$ transposé de σ.

LEMME 10.5. — *L'isomorphisme ${}^t\sigma$ est un isomorphisme d'algèbres.*

Démonstration. — Soit

$$\gamma : \bigwedge(P(\mathfrak{a})) \to \bigwedge(P(\mathfrak{a})) \otimes \bigwedge(P(\mathfrak{a}),$$

l'isomorphisme prolongeant l'isomorphisme de $P(\mathfrak{a})$ sur la diagonale de

$$P(\mathfrak{a}) + P(\mathfrak{a}).$$

Soit $\sigma \otimes \sigma$ l'isomorphisme de $\wedge(P(\mathfrak{a})) \otimes \wedge(P(\mathfrak{a}))$ sur $H_*(\mathfrak{a}) \otimes H_*(\mathfrak{a})$ qui transforme un élément $e \otimes e'$ en $(\sigma.e) \otimes (\sigma.e')$. On a, pour tout $e \in P(\mathfrak{a})$,

$$(\sigma \otimes \sigma)\gamma.e = (\sigma.e) \otimes I + I \otimes (\sigma.e).$$

D'autre part (10.3),

$$\tilde{\varphi}\sigma.e = (\sigma.e) \otimes I + I \otimes (\sigma.e).$$

Il en résulte que $(\sigma \otimes \sigma)\gamma = \tilde{\varphi}\sigma$ et donc, en passant aux transposés, ${}^t\gamma^t(\sigma \otimes \sigma) = {}^t\sigma^t\tilde{\varphi}$. Or, si $\mathbf{a}, \mathbf{b} \in H^*(\mathfrak{a})$, alors

$${}^t(\sigma \otimes \sigma).(\mathbf{a} \otimes \mathbf{b}) = ({}^t\sigma.\mathbf{a}) \otimes ({}^t\sigma.\mathbf{b})$$

et donc, d'après le lemme 2.1,

$${}^t\gamma^t(\sigma \otimes \sigma).(\mathbf{a} \otimes \mathbf{b}) = ({}^t\sigma.\mathbf{a}) \wedge ({}^t\sigma.\mathbf{b}).$$

Par ailleurs, si a et b sont des cocycles appartenant respectivement aux classes $\mathbf{a}$ et $\mathbf{b}$, ${}^t\tilde{\varphi}.(\mathbf{a} \otimes \mathbf{b})$ est la classe du cocycle ${}^t\varphi.(a \otimes b)$. Mais φ est le prolongement de l'isomorphisme de $\mathfrak{a}$ sur la diagonale de $\mathfrak{a} \times \mathfrak{a}$. Par conséquent (lemme 2.1) ${}^t\varphi.(a \otimes b) = a \wedge b$. On a donc

$${}^t\tilde{\varphi}.(\mathbf{a} \otimes \mathbf{b}) = \mathbf{a} \smile \mathbf{b}$$

et par suite

$${}^t\sigma.(\mathbf{a} \smile \mathbf{b}) = {}^t\sigma\,{}^t\tilde{\varphi}.(\mathbf{a} \otimes \mathbf{b}) = {}^t\gamma^t(\sigma \otimes \sigma).(\mathbf{a} \otimes \mathbf{b}) = ({}^t\sigma.\mathbf{a}) \wedge ({}^t\sigma.\mathbf{b}),$$

ce qui prouve le lemme.

En résumé,

THÉORÈME 10.2. — *Si $\mathfrak{a}$ est une algèbre de Lie réductive sur un corps de caractéristique* 0, *l'application identique dans* $H_*(\mathfrak{a})$ *du sous-espace* $P(\mathfrak{a})$ *des éléments primitifs de* $H_*(\mathfrak{a})$ *se prolonge en un isomorphisme de l'algèbre extérieure* $\wedge(P(\mathfrak{a}))$ *sur* $H_*(\mathfrak{a})$. *L'application linéaire transposée est un isomorphisme de l'algèbre* $H^*(\mathfrak{a})$ *sur l'algèbre extérieure duale* $\wedge(P^*(\mathfrak{a}))$ (27).

Les éléments primitifs de l'algèbre de cohomologie. — Soit $D(\mathfrak{a})$ le sous-espace de $H_*(\mathfrak{a})$ engendré par des éléments de la forme $\mathbf{u} \smile \mathbf{v}$, $\mathbf{u}$ et $\mathbf{v}$ étant de degré > 0 dans $H^*(\mathfrak{a})$. Un élément de $H^*(\mathfrak{a})$ sera dit *primitif* s'il est orthogonal à $D(\mathfrak{a})$ et au sous-espace $H_0(\mathfrak{a})$. On notera que cette définition repose sur la structure multiplicative de $H_*(\mathfrak{a})$ et suppose donc que $\mathfrak{a}$ vérifie la condition (P). Avec les hypothèses du théorème précédent, les éléments primitifs de $H^*(\mathfrak{a})$ sont les éléments que l'isomorphisme ${}^t\sigma$ applique dans $P^*(\mathfrak{a})$. Toute base du sous-espace des éléments primitifs de $H^*(\mathfrak{a})$ constitue donc, avec l'unité, une base

(27) Ce résultat, combiné avec le théorème 10.1 et appliqué au cas d'une algèbre de Lie de groupe compact, donne le théorème de Hopf ([2], Satz I). Compte tenu de l'interprétation du produit de Pontrjagin qui sera donnée au paragraphe 13, il englobe un théorème de Samelson ([3], Satz I').

minimale de générateurs pour l'algèbre $H^*(\mathfrak{a})$. On identifiera désormais $H_*(\mathfrak{a})$ et $H^*(\mathfrak{a})$ avec les algèbres extérieures duales $\wedge(P(\mathfrak{a}))$ et $\wedge(P^*(\mathfrak{a}))$. Ceci revient à identifier $P^*(\mathfrak{a})$ avec le sous-espace des éléments primitifs de $H^*(\mathfrak{a})$.

Théorème 10.3. — *Soient $\mathfrak{a}$ et $\mathfrak{b}$ deux algèbres de Lie réductives sur un corps de caractéristique* o. *Si φ est un homomorphisme de $\mathfrak{b}$ dans $\mathfrak{a}$, l'image de $\tilde{\varphi} : H_*(\mathfrak{b}) \to H_*(\mathfrak{a})$ est une sous-algèbre engendrée par l'unité et un sous-espace de $P(\mathfrak{a})$; l'image de ${}^t\tilde{\varphi} : H^*(\mathfrak{a}) \to H^*(\mathfrak{b})$ est une sous-algèbre engendrée par l'unité et un sous-espace de $P^*(\mathfrak{b})$* (28).

En effet, d'après (10.1), $\tilde{\varphi}.P(\mathfrak{b}) \subset P(\mathfrak{a})$; puisque $H_*(\mathfrak{b}) = \wedge(P(\mathfrak{b}))$, ceci prouve la première partie du théorème. Puisque $\tilde{\varphi}$ est le prolongement à $\wedge P(\mathfrak{b})$ de sa restriction à $P(\mathfrak{b})$, on sait d'après (2.3) que ${}^t\tilde{\varphi}$ est le prolongement à $\wedge P^*(\mathfrak{a})$, de sa restricton à $P^*(\mathfrak{a})$ c'est-à-dire que ${}^t\tilde{\varphi}.P^*(\mathfrak{a}) \subset P^*(\mathfrak{b})$. Puisque $H^*(\mathfrak{a}) = \wedge(P^*(\mathfrak{a}))$ ceci prouve la seconde partie.

11. Les classes de cohomologie de degré 3. — Soient $\mathfrak{g}$ une algèbre de Lie et $Q(\mathfrak{a})$ l'espace des formes bilinéaires symétriques et invariantes de $\mathfrak{a}$. On étudiera dans ce paragraphe les rapports existant entre $Q(\mathfrak{a})$ et le sous-espace $H^3(\mathfrak{a})$ de l'algèbre de cohomologie de $\mathfrak{a}$. Si la forme bilinéaire $q(x, y)$ appartient à $Q(\mathfrak{a})$, c'est que

$$q(x, y) = q(y, x) \quad \text{et} \quad q([z, x], y) + q(x, [z, y]) = 0,$$

quels que soient $x, y, z \in \mathfrak{a}$. Par conséquent, la fonction $q([x, y], z)$ est une fonction linéaire alternée des variables $x, y, z \in \mathfrak{a}$. Il lui correspond donc une 3-cochaîne $c(q)$ de $\mathfrak{a}$ bien définie par la condition

$$\text{(11.1)} \qquad \langle x \wedge y \wedge z,\ c(q)\rangle = q([x, y], z),$$

quels que soient $x, y, z \in \mathfrak{a}$ (29).

La cochaîne $c(q)$ est invariante car, quels que soient $x, y, z, t \in \mathfrak{a}$, on a

$$\begin{aligned}\langle x \wedge y \wedge z,\ \theta^*(t).c(q)\rangle &= -\langle \theta(t).(x \wedge y \wedge z),\ c(q)\\ &= -q([[t, x], y], z) - q([x, [t, y]], z) - q([x, y], [t, z])\\ &= -q([t, [x, y]], z) - q([x, y], [t, z]) = 0.\end{aligned}$$

(11.2) *Pour que l'application linéaire $q \to c(q)$ de l'espace $Q(\mathfrak{a})$ dans l'espace des 3-cochaînes invariantes soit un isomorphisme, il suffit que* $H^1(\mathfrak{a}) = \{0\}$.

En effet, d'après (3.1), pour qu'une 1-chaîne de $\mathfrak{a}$ (qui est toujours un cycle) soit homologue à zéro, il faut et il suffit qu'elle soit dans l'idéal dérivé $\mathfrak{a}'$ de $\mathfrak{a}$. Par conséquent, pour que $H_1(\mathfrak{a}) = \{0\}$, ou encore pour que $H^1(\mathfrak{a}) = (H^1(\mathfrak{a}))^* = \{0\}$, il faut et il suffit que $\mathfrak{a}' = \mathfrak{a}$. Si donc $H^1(\mathfrak{a}) = 0$ et si $c(q) = 0$, c'est-à-dire d'après (11.1) si $q([x, y], z) = 0$ quels que soient $x, y, z \in \mathfrak{a}$, on a bien $q(x, y) = 0$ quels que soient $x, y \in \mathfrak{a} = \mathfrak{a}'$.

(28) *Cf.* H. Samelson [3], Satz III.

(29) *Cf.* Chevalley-Eilenberg [5], p. 113.

LEMME 11.1. — *Pour que l'application linéaire $q \to c(q)$ soit un isomorphisme de $Q(\mathfrak{a})$ sur le sous-espace des 3-cochaînes invariantes, il suffit que* $H^2(\mathfrak{a}) = H^1(\mathfrak{a}) = \{0\}$.

Démonstration. — Soit c une 3-cochaîne invariante de $\mathfrak{a}$. D'après le théorème 4.1, $\delta.c = 0$ donc

$$\delta\iota(x).c = \delta\iota(x).c + \iota(x)\delta.c = \theta^*(x).c = 0$$

pour tout $x \in \mathfrak{a}$. Si l'on suppose $H^2(\mathfrak{a}) = \{0\}$, le 2-cocycle $\iota(x).c$ est cohomologue à zéro, c'est-à-dire qu'il existe une 1-cochaîne $f(x)$ telle que

$$\delta.f(x) = \iota(x).c,$$

Si l'on suppose de plus que $H^1(\mathfrak{a}) = \{0\}$, il n'existe pas de 1-cocycle différent de 0 et la 1-cochaîne $f(x)$ est alors une fonction linéaire de $x \in \mathfrak{a}$ bien déterminée par la condition $\delta.f(x) = \iota(x).c$. Quels que soient x, $z \in \mathfrak{a}$, on a

$$\delta\theta^*(z).f(x) = \theta^*(z)\delta.f(x) = \theta^*(z)\iota(x).c = \iota(\theta(z).x).c - \iota(x)\theta^*(z).c,$$

car $\theta(z)$ est une dérivation. Or c est invariante ; on a donc

$$\delta\theta^*(z).f(x) = \delta.f([z, x]).$$

Puisque tout 1-cocycle est nul, il en résulte que

$$\theta^*(z).f(x) = f([z, x]).$$

Par suite, quels que soient x, y, $z \in \mathfrak{a}$, on a

$$\langle \theta(z).x, f(y) \rangle = -\langle x, \theta^*(z).f(y) \rangle = -\langle x, f(\theta(z).y) \rangle,$$

ce qui prouve que la *fonction bilinéaire* $q(x, y) = -\langle x, f(y) \rangle$ *est invariante*.
De l'invariance de $q(x, y)$ résulte que

$$\begin{aligned} q([z, x], y) &= -q(x, [z, y]) = q(x, [y, z]) = -q([y, x], z) \\ &= q([x, y], z) = -q(y, [x, z]) = q(y, [z, x]), \end{aligned}$$

quels que soient x, y, $z \in \mathfrak{a}$. Puisque $H^1(\mathfrak{a}) = 0$, on a $\mathfrak{a} = \mathfrak{a}'$ (idéal dérivé de $\mathfrak{a}$) et ceci prouve donc que $q(x, y)$ est une fonction bilinéaire *symétrique*. La 3-cochaîne $c(q)$ que la formule (11.1) lui fait correspondre n'est autre que c ; on a en effet

$$\begin{aligned} &\langle x \wedge y \wedge z, c(q) \rangle = q([x, y], z) = -\langle [x, y], f(z) \rangle \\ &= -\langle \delta.(x \wedge y), f(z) \rangle = \langle x \wedge y, \delta.f(z) \rangle = \langle x \wedge y, \iota(z).c \rangle = \langle x \wedge y \wedge z, c \rangle, \end{aligned}$$

quels que soient x, y, $z \in \mathfrak{a}$. On voit donc que toute 3-cochaîne invariante est l'image d'un élément de $Q(\mathfrak{a})$ par l'application linéaire $q \to c(q)$ qui, d'après (11, 2) est un isomorphisme.
On déduit de ce résultat le

THÉORÈME 11.1. — *Si $\mathfrak{a}$ est une algèbre de Lie semi-simple sur un corps de caractéristique* 0, *la dimension de* $H^3(\mathfrak{a})$ *est égale à la dimension de l'espace des formes bilinéaires symétriques invariantes de* $\mathfrak{a}$.

Démonstration. — D'après (9,3), $\mathfrak{a}$ est une algèbre réductive, donc, en vertu du théorème 9.2, $H^*(\mathfrak{a})$ est isomorphe à l'algèbre de ses cochaînes invariantes. On achèvera donc la démonstration en prouvant que les conditions du lemme **11**.1 sont satisfaites, c'est-à-dire que

$$H^1(\mathfrak{a}) = H^2(\mathfrak{a}) = \{0\}.$$

Puisque $\mathfrak{a}$ est semi-simple, elle coïncide avec son idéal dérivé; on a donc $H^1(\mathfrak{a}) = \{0\}$, Par ailleurs, si a est une 2-cochaîne invariante, c'est un cocycle et l'on a

$$\delta\iota(x).a = \theta^*(x).a = 0$$

pour tout $x \in \mathfrak{a}$. Mais puisque $H^1(\mathfrak{a}) = \{0\}$, $\mathfrak{a}$ ne possède pas d'autre 1-cocycle que zéro. On voit donc que $\iota(x).a = 0$ et par suite

$$\langle x \wedge y, a \rangle = \langle y, \iota(x).a \rangle = 0$$

quels que soient $x, y \in \mathfrak{a}$. Ceci prouve que $a = 0$ et l'on a donc bien $H^2(\mathfrak{a}) = \{0\}$ (30).

On sait qu'avec les hypothèses du théorème précédent, la trace de l'endomorphisme $-\text{ad}(x)\text{ad}(y)$ est une forme bilinéaire symétrique invariante et régulière de $\mathfrak{a}$. Par conséquent $H^3(\mathfrak{a}) \neq \{0\}$. On complétera ces résultats par le

THÉORÈME **11**.2. — *Si $\mathfrak{a}$ est une algèbre de Lie simple sur un corps algébriquement fermé et de caractéristique* 0, *alors* $H^3(\mathfrak{a})$ *a pour dimension* 1. *Il en est de même lorsque* ($\mathfrak{a}$) *est l'algèbre de Lie d'un groupe compact simple.*

Démonstration. — Si $\mathfrak{a}$ est une algèbre de Lie simple, tout élément q différent de 0 dans $Q(\mathfrak{a})$ est une forme régulière car, du fait qu'elle est invariante, l'ensemble des $x \in \mathfrak{a}$ tels que $q(x, y) = 0$ pour tout $y \in \mathfrak{a}$ est un idéal de $\mathfrak{a}$ qui ne peut être $\mathfrak{a}$. Si $q'(x, y)$ est un second élément de $Q(\mathfrak{a})$, on définit donc un endomorphisme σ de l'espace de $\mathfrak{a}$ par la condition $q(\sigma.x, y) = q'(x, y)$ quels que soient $x, y \in \mathfrak{a}$. De l'invariance des formes $q(x, y)$ et $q'(x, y)$ résulte que $\sigma.[x, y] = [\sigma.x, y]$ quels que soient $x, y \in \mathfrak{a}$. Par conséquent, l'ensemble U_l des vecteurs propres relatifs à un scalaire l, c'est-à-dire l'ensemble des $x \in \mathfrak{a}$ tels que $\sigma.x = lx$ est un idéal de $\mathfrak{a}$. On a donc soit $U_l = \{0\}$ soit $U_l = \mathfrak{a}$. Si le corps de base est algébriquement fermé, il existe une valeur l' de l telle que $U_{l'} \neq \{0\}$ et par suite $q'(x, y) = l'q(x, y)$, identiquement. Si $\mathfrak{a}$ est l'algèbre de Lie d'un groupe compact, on aboutit à une conclusion analogue en supposant que $q(x, y)$ est la forme bilinéaire $-$ (trace de $\text{ad}(x)\ \text{ad}(y)$); c'est en effet un produit scalaire de l'espace de $\mathfrak{a}$ pour lequel σ est self-adjoint du fait de la symétrie de $q'(x, y)$. Ainsi, dans les deux cas, on voit qu'il ne peut exister dans $Q(\mathfrak{a})$ deux éléments linéairement indépendants. Puisque $H^3(\mathfrak{a}) \neq \{0\}$, on achève donc la démonstration en appliquant le théorème **11**.1 (31).

(30) *Cf.* CHEVALLEY-EILENBERG [5], theorem 21.1.

(31) *Cf.* E. CARTAN [1], nos 59-60. On notera que, si $\mathfrak{a}$ est l'algèbre de Lie d'un groupe simple réel non compact dont l'extension complexe n'est pas simple, la dimension de $H^3(\mathfrak{a})$ est supérieure à 1.

DEUXIÈME PARTIE.

La cohomologie relative à une sous-algèbre.

CHAPITRE V.

ÉTUDE DIRECTE.

12. Définition. Dualité de Poincaré. — Soient $\mathfrak{a}$ une algèbre de Lie et $\mathfrak{b}$ une sous-algèbre de $\mathfrak{a}$. On désignera par $N^1(\mathfrak{a}; \mathfrak{b})$ le sous-espace des 1-cochaînes de $\mathfrak{a}$ orthogonales à $\mathfrak{b}$ et par $N^*(\mathfrak{a}; \mathfrak{b})$ la sous-algèbre de $C^*(\mathfrak{a})$ engendrée par $N^1(\mathfrak{a}; \mathfrak{b})$ et l'unité. Cette sous-algèbre est l'image de l'algèbre extérieure de $N^1(\mathfrak{a}; \mathfrak{b})$ par l'isomorphisme qui prolonge l'isomorphisme identique de $N^1(\mathfrak{a}; \mathfrak{b})$ dans $C^*(\mathfrak{a})$. Elle est graduée par les sous-espaces $N^p(\mathfrak{a}; \mathfrak{b}) = N^*(\mathfrak{a}; \mathfrak{b}) \cap C^p(\mathfrak{a})$.

(12.1) *Pour qu'une cochaîne a de $\mathfrak{a}$ soit dans $N^*(\mathfrak{a}; \mathfrak{b})$, il faut et il suffit que $\iota(x).a = 0$ pour tout $x \in \mathfrak{b}$.*

En effet, le sous-espace des chaînes de $\mathfrak{a}$ orthogonales à $N^*(\mathfrak{a}; \mathfrak{b})$ est l'idéal de $C(\mathfrak{a})$ engendré par $\mathfrak{b} \subset C_1(\mathfrak{a})$.

Puisque les endomorphismes $\iota(x)$ sont des antidérivations, on voit que, si $a \in N^q(\mathfrak{a}; \mathfrak{b})$, alors $\iota(x)\,\varepsilon(a) = (-1)^q \varepsilon(a)\,\iota(x)$ pour tout $x \in \mathfrak{b}$. Par suite, si $\varphi : C(\mathfrak{b}) \to C(\mathfrak{a})$ est l'isomorphisme qui prolonge l'isomorphisme identique de $\mathfrak{b}$ dans $\mathfrak{a}$, on a

$$(12.2) \qquad \iota(\varphi.v)\,\varepsilon(a) = (-1)^{pq}\,\varepsilon(a)\,\iota(\varphi.v),$$

quels que soient $v \in C_p(\mathfrak{b})$ et $a \in N^q(\mathfrak{a}; \mathfrak{b})$.

L'idéal engendré par $\mathfrak{b}$ étant stable par $\mathfrak{b}$, il en est de même de $N^*(\mathfrak{a}; \mathfrak{b})$. On désignera par $L^*(\mathfrak{a}; \mathfrak{b})$ la sous-algèbre des cochaînes de $\mathfrak{a}$ appartenant à $N^*(\mathfrak{a}; \mathfrak{b})$ et invariantes par $\mathfrak{b}$. Elle est graduée par les sous-espaces $L^p(\mathfrak{a}; \mathfrak{b}) = L^*(\mathfrak{a}; \mathfrak{b}) \cap C^p(\mathfrak{a})$; c'est donc une sous-algèbre stable par l'automorphisme ω. D'autre part, si $c \in L^*(\mathfrak{a}; \mathfrak{b})$, alors, d'après (12.1),

$$\iota(x)\,\delta.c = \iota(x)\,\delta.c + \delta\,\iota(x).c = \theta^*(x).c = 0$$

pour tout $x \in \mathfrak{b}$, c'est-à-dire que $\delta.c \in N^*(\mathfrak{a}; \mathfrak{b})$. Or *tout cocycle dans $N^*(\mathfrak{a}; \mathfrak{b})$ appartient à $L^*(\mathfrak{a}; \mathfrak{b})$*, car c'est un zéro de $\theta^*(x) = \iota(x)\,\delta + \delta\iota(x)$ pour tout $x \in \mathfrak{b}$. Ainsi $\delta.L^*(\mathfrak{a}; \mathfrak{b}) \subset L^*(\mathfrak{a}; \mathfrak{b})$. Les restrictions de ω et δ à l'algèbre graduée $L^*(\mathfrak{a}; \mathfrak{b})$ y définissent une structure d'algèbre différentielle dont l'algèbre de cohomologie est appelée *algèbre de cohomologie de $\mathfrak{a}$ relative à la sous-algèbre $\mathfrak{b}$*. Cette algèbre sera désignée par $H^*(\mathfrak{a}; \mathfrak{b})$; elle est graduée par les sous-espaces $H^p(\mathfrak{a}; \mathfrak{b})$ que constituent les classes de cohomologie des cocycles homogènes. Le produit y aura pour symbole $\smile$; l'unité de $C^*(\mathfrak{a}$ est un 0-cocycle dans $L^*(\mathfrak{a}; \mathfrak{b})$

dont la classe de cohomologie est l'unité de l'algèbre $H^*(\mathfrak{a};\mathfrak{b})$ et sera notée $\mathfrak{l}$ [32].

Soit ${}^t\pi$ l'isomorphisme identique de $L^*(\mathfrak{a};\mathfrak{b})$ dans $C^*(\mathfrak{a})$. Il lui correspond un homomorphisme ${}^t\bar{\pi} : H^*(\mathfrak{a};\mathfrak{b}) \to H^*(\mathfrak{a})$ qui transforme la classe de cohomologie relative d'un cocycle de $L^*(\mathfrak{a};\mathfrak{b})$ en sa classe de cohomologie dans $H^*(\mathfrak{a})$. Soit π l'application linéaire transposée de ${}^t\pi$; elle applique $C(\mathfrak{a})$ sur l'espace $L(\mathfrak{a};\mathfrak{b})$ dual de $L^*(\mathfrak{a};\mathfrak{b})$. Le dual de $L^p(\mathfrak{a};\mathfrak{b})$ s'identifie à $L_p(\mathfrak{a};\mathfrak{b}) = \pi . C_p(\mathfrak{a})$. Le transposé ∂ de la restriction de $-\delta$ à $L^*(\mathfrak{a};\mathfrak{b})$ définit de la manière habituelle un *espace d'homologie relative* $H(\mathfrak{a};\mathfrak{b})$ dual de $H^*(\mathfrak{a};\mathfrak{b})$. On désigne par $H_p(\mathfrak{a};\mathfrak{b})$ le dual de $H^p(\mathfrak{a};\mathfrak{b})$ identifié à l'espace des classes d'homologie relative de degré p. L'application π induit une application linéaire $\bar{\pi} : H(\mathfrak{a}) \to H(\mathfrak{a};\mathfrak{b})$ transposée de ${}^t\bar{\pi}$.

Supposons que $\mathfrak{a}$ soit l'algèbre de Lie d'un groupe compact connexe G et que $\mathfrak{b}$ soit la sous-algèbre définie par un sous-groupe fermé *connexe* $U \subset G$. Soit $W = G/U$ l'espace homogène défini par les classes d'équivalence $\xi U (\xi \in G)$. L'application canonique de G sur W définit un isomorphisme ζ de l'algèbre des formes différentielles extérieures de W dans celle des formes de G. Les formes de W invariantes par G (qui opère transitivement sur W) ont pour images des formes différentielles invariantes à gauche de G. En identifiant $C^*(\mathfrak{a})$ avec l'algèbre des formes invariantes à gauche de G, on identifie $L^*(\mathfrak{a};\mathfrak{b})$ avec l'image des formes invariantes de W. L'isomorphisme ζ permutant avec la différentiation extérieure, l'anneau de cohomologie à coefficients réels de W, qui peut se calculer en se limitant aux formes invariantes de W, est ainsi isomorphe à $H^*(\mathfrak{a};\mathfrak{b})$. L'homomorphisme des anneaux de cohomologie que définit l'application canonique de G sur W est alors donné par ${}^t\bar{\pi}$ [33]. Puisque l'on suppose U connexe, la variété W est orientable [34] et son anneau de cohomologie possède donc les propriétés de dualité que donne le théorème de Poincaré. On montrera dans ce qui suit sous quelles hypothèses ces propriétés subsistent lorsque l'on sort du cas compact.

Théorème 12.1. — *Soit $\mathfrak{b}$ une sous-algèbre réductive dans une algèbre de Lie unimodulaire $\mathfrak{a}$. Les dimensions de $\mathfrak{a}$ et $\mathfrak{b}$ étant respectivement égales à n et m, il existe un isomorphisme de l'espace $H^*(\mathfrak{a};\mathfrak{b})$ sur son dual qui applique chaque sous-espace $H^p(\mathfrak{a};\mathfrak{b})$ sur $H_{n-m-p}(\mathfrak{a};\mathfrak{b})$. Tout idéal différent de $\{0\}$ dans $H^*(\mathfrak{a};\mathfrak{b})$ contient le sous-espace $H^{n-m}(\mathfrak{a};\mathfrak{b})$.*

Démonstration. — D'après (12.1) pour qu'une cochaîne c de $\mathfrak{a}$ soit dans $L^*(\mathfrak{a};\mathfrak{b})$, il faut et il suffit que c ainsi que $\delta . c$ appartiennent à $N^*(\mathfrak{a};\mathfrak{b})$. Par suite, si N' est le sous-espace des chaînes de $\mathfrak{a}$ orthogonales à $N^*(\mathfrak{a};\mathfrak{b})$ [c'est-à-dire

---

(32) Si $\mathfrak{b}$ est un idéal de l'algèbre de Lie $\mathfrak{a}$, on vérifie aisément qu'il existe un isomorphisme naturel de l'algèbre de cohomologie $H^*(\mathfrak{a}/\mathfrak{b})$ du quotient de $\mathfrak{a}$ par $\mathfrak{b}$ sur l'algèbre de cohomologie relative $H^*(\mathfrak{a};\mathfrak{b})$.

(33) *Cf.* Chevalley-Eilenberg [5], p. 103 et 114. Cette interprétation de $H^*(\mathfrak{a};\mathfrak{b})$ n'a évidemment plus de sens lorsque le sous-groupe correspondant à $\mathfrak{b}$ n'est plus un sous groupe fermé.

(34) *Cf.* É. Cartan, *La théorie des groupes finis et continus et l'analysis situs* (*Mém. Sci. Math.*, 1929, p. 29).

l'idéal engendré par $\mathfrak{b} \subset C_1(\mathfrak{a})$], alors $N' + \partial . N'$ est le sous-espace des zéros de $\pi : C(\mathfrak{a}) \to L(\mathfrak{a}; \mathfrak{b})$.

Soit v l'image dans $C_m(\mathfrak{a})$ d'une m-chaîne $\neq 0$ de $\mathfrak{b}$; les zéros de $\varepsilon(v)$ sont les éléments de N'. Soit w une $(n-m)$-chaîne de $\mathfrak{a}$ telle que $v \wedge w \neq 0$. Puisque $\mathfrak{b}$ est réductive dans $\mathfrak{a}$ le lemme 9.1 montre que le sous-espace $N' + \partial . N'$, qui est le sous-espace orthogonal à un sous-espace de cochaînes invariantes par $\mathfrak{b}$, possède un supplémentaire dans $C(\mathfrak{a})$ constitué par des chaînes invariantes par $\mathfrak{b}$. Or si w' est la composante de w dans $N' + \partial . N'$, on a

$$v \wedge w' \in v \wedge (\partial . N'),$$

c'est-à-dire que $v \wedge w'$ est dans le sous-espace engendré par

$$\varepsilon(v)\,\partial\varepsilon(x).C_{n-m}(\mathfrak{a}) = \varepsilon(v)\theta(x).C_{n-m}(\mathfrak{a}) = [\theta(x)\,\varepsilon(v) - \varepsilon(\theta(x).v)].C_{n-m}(\mathfrak{a})$$

lorsque x parcourt $\mathfrak{b}$. Mais $\mathfrak{b}$ est unimodulaire ainsi que $\mathfrak{a}$; on a donc

$$\theta(x)\,\varepsilon(v).C_{n-m}(\mathfrak{a}) = \theta(x).C_n(\mathfrak{a}) = \{0\} \quad \text{et} \quad \theta(x).v = 0$$

pour tout $x \in \mathfrak{b}$ et par suite $v \wedge w' = 0$. Ceci prouve que l'on peut choisir pour w une $(n-m)$-chaîne *invariante* par $\mathfrak{b}$ telle que $v \wedge w \neq 0$.

Soit $\rho' : L^*(\mathfrak{a}; \mathfrak{b}) \to L(\mathfrak{a}; \mathfrak{b})$ l'application linéaire définie par

$$\rho'.c = \pi\,\iota(c).w, \tag{12.3}$$

quel que soit $c \in L^*(\mathfrak{a}; \mathfrak{b})$. On a visiblement $\rho'.L^p(\mathfrak{a}; \mathfrak{b}) \subset L_{n-m-p}(\mathfrak{a}; \mathfrak{b})$ quel que soit p. Par ailleurs, si $c \in L^p(\mathfrak{a}; \mathfrak{b})$ est un zéro de ρ', c'est que la chaîne $\iota(c).w$, qui est invariante par $\mathfrak{b}$, est dans $N' + \partial . N'$. Du fait que $\mathfrak{b}$ est réductive dans $\mathfrak{a}$, $N^*(\mathfrak{a}; \mathfrak{b})$ est somme directe de $L^*(\mathfrak{a}; \mathfrak{b})$ et du sous-espace engendré par $\theta^*(x).N^*(\mathfrak{a}; \mathfrak{b})$ lorsque x parcourt $\mathfrak{b}$ (lemme 9.1). Par suite, toute chaîne invariante par $\mathfrak{b}$ dans $N' + \partial . N'$ est dans N'. Compte tenu de (12.2), on a donc

$$\iota(c).(v \wedge w) = (-1)^{pm}\varepsilon(v)\,\iota(c).w = 0,$$

ce qui prouve que $c = 0$. Ainsi, ρ' est un *isomorphisme* qui applique $L^*(\mathfrak{a}; \mathfrak{b})$ *sur* $L(\mathfrak{a}; \mathfrak{b})$ puisque ces deux espaces ont même dimension. Quel que soit p, on a donc

$$\rho'.L^p(\mathfrak{a}; \mathfrak{b}) = L_{n-m-p}(\mathfrak{a}; \mathfrak{b}). \tag{12.4}$$

Puisque δ est une antidérivation, on a

$$\partial\iota(c).w = \iota(\bar{c})\,\partial . w + \iota(\delta . \bar{c}).w$$

quel que soit $c \in L^p(\mathfrak{a}; \mathfrak{b})$.
Or

$$\varepsilon(v)\,\iota(\bar{c})\,\partial . w = (-1)^{pm}\iota(\bar{c})\varepsilon(v)\,\partial . w$$

et par ailleurs, compte tenu de (4.5),

$$\varepsilon(v)\,\partial . w = \partial\varepsilon(\bar{v}).w - \varepsilon(\partial . \bar{v}).w = 0,$$

car $\mathfrak{a}$ et $\mathfrak{b}$ sont unimodulaires. On a donc

$$\iota(\bar{c})\,\partial . w \in N'$$

et par suite

$$\partial\pi\iota(c).w = \pi\,\partial\iota(c).w = \pi\iota(\delta.\bar{c}).w,$$

ce qui prouve que

$$(12.5) \qquad \partial\varphi' = \varphi'\,\delta\omega.$$

Grâce aux relations (12.3), (12.4) et (12.5), la démonstration s'achève par un raisonnement identique à celui qui a conduit au théorème 7.1.

13. Propriétés de l'homomorphisme ${}^t\bar{\pi} : H^*(\mathfrak{a};\ \mathfrak{b}) \to H^*(\mathfrak{a})$. **Interprétation du produit de Pontrjagin.** — Soient $\mathfrak{b}$ une sous-algèbre de l'algèbre de Lie $\mathfrak{a}$ et φ : $C(\mathfrak{b}) \to C(\mathfrak{a})$ l'isomorphisme qui prolonge l'isomorphisme identique de $\mathfrak{b}$ dans $\mathfrak{a}$.

THÉORÈME 13.1. — *Si $\mathfrak{b}$ est une sous-algèbre de dimension m réductive dans $\mathfrak{a}$ et si $\bar{\varphi}.H_m(\mathfrak{a}) \neq \{0\}$, alors ${}^t\bar{\pi}$ est un isomorphisme* [35].

Démonstration. — Puisque $\bar{\varphi}.H_m(\mathfrak{a}) \neq \{0\}$, c'est que $\varphi.C_m(\mathfrak{b})$ contient un cycle v, invariant par $\mathfrak{b}$ et non homologue à zéro. D'après le lemme 9.1, $\mathfrak{b}$ étant réductive dans $\mathfrak{a}$, il existe un cocycle b de $\mathfrak{a}$ invariant par $\mathfrak{b}$ et tel que $\langle v,\ b \rangle = 1$. Toujours en vertu de ce lemme, si $c \in L^p(\mathfrak{a};\ \mathfrak{b})$ est un cocycle cohomologue à zéro dans $C^*(\mathfrak{a})$, il existe une $(p-1)$-cochaîne a invariante par $\mathfrak{b}$ telle que $\delta.a = c$. Compte tenu de (12.2), on a donc

$$c = \varepsilon(c)\iota(v).b = (-1)^{pm}\,\iota(v)\varepsilon(c).b = (-1)^{pm}\,\iota(v)\,\delta.(a \wedge b).$$

Or $a \wedge b$ est invariante par $\mathfrak{b}$; d'après (4.6), on a donc

$$c = (-1)^{pm}\,\delta\iota(v).(a \wedge b).$$

Mais la cochaîne $\iota(\bar{v}).(a \wedge b)$ appartient à $L^{p-1}(\mathfrak{a};\ \mathfrak{b})$. Par conséquent c est cohomologue à zéro dans $L^*(\mathfrak{a};\ \mathfrak{b})$. Ceci prouve bien que ${}^t\bar{\pi}$ est un isomorphisme.

L'application linéaire $\bar{\pi}$, transposée de ${}^t\bar{\pi} : H^*(\mathfrak{a};\ \mathfrak{b}) \to H^*(\mathfrak{a})$, applique $H(\mathfrak{a})$ dans l'espace $H(\mathfrak{a};\ \mathfrak{b})$ dual de $H^*(\mathfrak{a};\ \mathfrak{b})$.

LEMME 13.1. — *Si $\mathfrak{a}$ satisfait à la condition* (P) [36], *le sous-espace des zéros de $\bar{\pi}$ est un idéal bilatère de l'algèbre d'homologie* $H_*(\mathfrak{a})$.

Démonstration. — Soient $\mathbf{u} \in H_*(\mathfrak{a})$ un zéro de $\bar{\pi}$ et u un cycle dans la classe $\mathbf{u}$; u est orthogonal à tous les cocycles dans $L^*(\mathfrak{a};\ \mathfrak{b})$. En désignant comme plus haut par N' l'idéal orthogonal à $N^*(\mathfrak{a};\mathfrak{b})$, on voit donc que

$$u \in N' + \partial.N' + \partial.C(\mathfrak{a}) = N' + \partial.C(\mathfrak{a}).$$

Soient par ailleurs une classe $\mathbf{v} \in H_*(\mathfrak{a})$ quelconque et v un cycle *invariant* dans la classe $\mathbf{v}$. D'après (4.3), on a

$$\varepsilon(\bar{v})\partial - \partial\varepsilon(v) = 0.$$

(35) Inversement, si ${}^t\bar{\pi}$ est un isomorphisme, alors $\bar{\varphi}$ est également un isomorphisme; ce résultat, valable lorsque $\mathfrak{b}$ est réductive dans $\mathfrak{a}$ résulte du théoréme 18.3.

(36) *Cf.* paragraphe 8.

Donc $v \wedge u$ est un cycle et il appartient à

$$v \wedge N' + v \wedge (\partial . C(\mathfrak{a})) \subset N' + \partial \varepsilon(\bar{v}) . C(\mathfrak{a}).$$

Par conséquent, la classe $\mathbf{v} \smile \mathbf{u}$ qui contient le cycle $v \wedge u$ est encore un zéro de $\bar{\pi}$. Les zéros de $\bar{\pi}$ constituent donc un idéal de $H_*(\mathfrak{a})$ et cet idéal est bilatère car il contient visiblement les composantes homogènes de ses éléments.

On déduit de ce lemme le

THÉORÈME 13.2. — *Soient $\mathfrak{a}$ une algèbre de Lie réductive sur un corps de caractéristique* 0 *et $\mathfrak{b}$ une sous-algèbre de $\mathfrak{a}$. L'image de ${}^t\bar{\pi} : H^*(\mathfrak{a}; \mathfrak{b}) \to H^*(\mathfrak{a})$ est une sous-algèbre engendrée par l'unité et des éléments primitifs de $H^*(\mathfrak{a})$.*

En effet, si P et P^* sont les sous-espaces d'éléments primitifs de $H(\mathfrak{a})$ et $H^*(\mathfrak{a})$, on a, d'après le théorème 10.2,

$$H_*(\mathfrak{a}) = \wedge(P) \quad \text{et} \quad H^*(\mathfrak{a}) = \wedge(P^*).$$

Compte tenu du lemme 2.2, ceci prouve que la sous-algèbre ${}^t\bar{\pi}.H^*(\mathfrak{a}; \mathfrak{b})$ qui est orthogonale à un idéal de $H_*(\mathfrak{a})$ est engendrée par l'unité de $H^*(\mathfrak{a})$ et un sous-espace de P^*.

Toutes ces propriétés ont été établies, dans le cas compact, par H. Samelson (37).

On étudiera dans la suite la cohomologie relative à la sous-algèbre diagonale $\mathfrak{b}$ de l'algèbre de Lie $\mathfrak{a} = \mathfrak{b} \times \mathfrak{b}$. En identifiant $C^*(\mathfrak{a})$ et $C^*(\mathfrak{b}) \otimes C^*(\mathfrak{b})$, les éléments de $N^1(\mathfrak{a}; \mathfrak{b})$ sont les 1-cochaînes de la forme $f \otimes I - I \otimes f$, où $f \in C^1(\mathfrak{b})$. Soit γ l'automorphisme involutif de $\mathfrak{a}$ tel que $\gamma.(x \times y) = (y \times x)$ pour tout $x \times y \in \mathfrak{b} \times \mathfrak{b}$. L'automorphisme transposé coïncide avec ω sur $N^1(\mathfrak{a}; \mathfrak{b})$. Son prolongement ${}^t\gamma$ à l'algèbre des cochaînes de $\mathfrak{a}$ transforme donc toute p-cochaîne $c \in N^p(\mathfrak{a}; \mathfrak{b})$ en ${}^t\gamma . c = \omega . c = (-1)^p c$. Par conséquent, si

$$c \in L^p(\mathfrak{a}; \mathfrak{b}) \subset N^p(\mathfrak{a}; \mathfrak{b}),$$

on a

$$\delta . c \in L^{p+1}(\mathfrak{a}; \mathfrak{b}) \subset N^{p+1}(\mathfrak{a}; \mathfrak{b})$$

et par suite

$$(-1)^{p+1} \delta . c = {}^t\gamma\, \delta . c = \delta\, {}^t\gamma . c = (-1)^p \delta . c.$$

Puisque le corps de base est de caractéristique $\neq 2$, il en résulte que $\delta . c = 0$. On voit donc que δ *est nul sur* $L^*(\mathfrak{a}; \mathfrak{b})$ *qui est ainsi isomorphe à* $H^*(\mathfrak{a}; \mathfrak{b})$ (38).

A l'isomorphisme ν de $\mathfrak{b}$ sur la seconde composante de $\mathfrak{b} \times \mathfrak{b}$ isomorphe à $\mathfrak{b}$, correspond un homomorphisme ${}^t\nu$ de $C^*(\mathfrak{a})$ sur $C^*(\mathfrak{b})$. L'idéal des zéros de ${}^t\nu$ est engendré par les 1-cochaînes $f \otimes I \in C^1(\mathfrak{b}) \otimes I$; la restriction de ${}^t\nu$ à $N^*(\mathfrak{a}; \mathfrak{b})$ est donc un *isomorphisme* qui applique $N^1(\mathfrak{a}; \mathfrak{b})$ *sur* $C^1(\mathfrak{b})$. Par suite ${}^t\nu$ applique $N^*(\mathfrak{a}; \mathfrak{b})$ sur $C^*(\mathfrak{b})$. Pour tout $x \in \mathfrak{b}$, on a

$$\theta^*(x)\, {}^t\nu = {}^t\nu\, \theta^*(\nu . x) = {}^t\nu\, \theta^*(o \times x),$$

(37) *Cf.* [3], Satz V.

(38) On reconnaît ici la méthode utilisée par M. É. Cartan pour démontrer que les invariants intégraux d'un espace symétrique sont fermés (*cf.* [1], n° 10); elle s'applique toutes les fois que $\mathfrak{b}$ est la sous-algèbre des éléments invariants dans un automorphisme involutif de l'algèbre de Lie $\mathfrak{a}$.

d'après (3.9). Par ailleurs, ${}^t\nu\,\theta^*(x\times o)=o$, car

$$\theta(x\times o)\nu.u=\theta(x\times o).(I\otimes u)=(\theta(x).I)\otimes u=o$$

pour toute chaîne u de $\mathfrak{b}$. On a donc

$$\theta^*(x)^{t\nu}={}^t\nu\,\theta^*(x\times o+o\times x)={}^t\nu\,\theta^*(x\times x)$$

quel que soit $x\in\mathfrak{b}$. Il en résulte que la restriction de ${}^t\nu$ à $N^*(\mathfrak{a};\,\mathfrak{b})$ est un isomorphisme qui *applique* $L^*(\mathfrak{a};\,\mathfrak{b})$ *sur la sous-algèbre des cochaînes invariantes de* $\mathfrak{b}$. En composant l'isomorphisme identique ${}^t\pi : L^*(\mathfrak{a};\,\mathfrak{b})\to C^*(\mathfrak{a})$ avec ${}^t\nu$ on obtient donc un homomorphisme ${}^t\nu\,{}^t\pi$ de l'algèbre différentielle $L^*(\mathfrak{a},\,\mathfrak{b})$ dans l'algèbre différentielle $C^*(\mathfrak{a})$ qui induit un *isomorphisme* ${}^t\bar\nu\,{}^t\bar\pi$ *de* $H^*(\mathfrak{a};\,\mathfrak{b})\simeq L^*(\mathfrak{a};\,\mathfrak{b})$ *sur la sous-algèbre des classes de cohomologie de* $\mathfrak{b}$ *contenant une cochaîne invariante.*

On supposera dorénavant que $\mathfrak{b}$ est une algèbre de Lie *réductive* sur un corps de caractéristique o. Toute classe de cohomologie de $\mathfrak{b}$ contient alors une cochaîne invariante et par suite, ${}^t\bar\nu\,{}^t\bar\pi$ est un isomorphisme de $H^*(\mathfrak{b}\times\mathfrak{b},\,\mathfrak{b})$ sur $H(\mathfrak{b})$. Par ailleurs, les algèbres d'homologie $H_*(\mathfrak{b})$ et $H_*(\mathfrak{b}\times\mathfrak{b})=H_*(\mathfrak{b})\otimes H_*(\mathfrak{b})$ sont définies et le sous-espace des zéros de $\bar\pi : H_*(\mathfrak{a})\to H(\mathfrak{a};\,\mathfrak{b})$ est un idéal bilatère de $H_*(\mathfrak{a})$ (lemme 13.1). Soit M le sous-espace des $\mathbf{u}\in H_*(\mathfrak{b})$ tels que

$$\bar\pi.(I\otimes\mathbf{u}-\bar{\mathbf{u}}\otimes I)=o.$$

C'est une sous-algèbre de $H_*(\mathfrak{b})$ car, si $\mathbf{u},\,\mathbf{v}\in M$, alors

$$\begin{aligned}&\bar\pi.(I\otimes(\mathbf{u}\smile\mathbf{v})-(\overline{\mathbf{u}\smile\mathbf{v}})\otimes I)\\&=\bar\pi.(I\otimes\mathbf{u}-\bar{\mathbf{u}}\otimes I)\smile(I\otimes\mathbf{v})+\bar\pi.(\bar{\mathbf{u}}\otimes I)\smile(I\otimes\mathbf{v}-\bar{\mathbf{v}}\otimes I)=o,\end{aligned}$$

c'est-à-dire que $\mathbf{u}\smile\mathbf{v}\in M$. Cette sous-algèbre contient visiblement l'unité de $H_*(\mathfrak{b})$. Elle contient de plus tous les éléments primitifs. En effet, si $\mathbf{u}$ est un élément primitif homogène de $H_*(\mathfrak{b})$, il est de degré impair (théorème 10.1), donc $\bar{\mathbf{u}}=-\mathbf{u}$. D'autre part (lemme 10.1), $I\otimes\mathbf{u}+\mathbf{u}\otimes I$ est l'image de la classe d'homologie $\mathbf{u}$ de la sous-algèbre diagonale. Par conséquent, la classe $I\otimes\mathbf{u}+\mathbf{u}\otimes I$ contient un cycle orthogonal à $N^*(\mathfrak{a};\,\mathfrak{b})\supset L^*(\mathfrak{a};\,\mathfrak{b})$ et ceci prouve qu'elle est un zéro de $\bar\pi$. Puisque l'algèbre $H_*(\mathfrak{b})$ est engendrée par l'unité et ses éléments primitifs (théorème 10.2), on voit donc que $M=H_*(\mathfrak{b})$. Par conséquent, quels que soient $\mathbf{u},\,\mathbf{v}\in H_*(\mathfrak{b})$, on a

$$\bar\pi.(\mathbf{u}\otimes\mathbf{v})=\bar\pi.((\mathbf{u}\otimes I)\smile(I\otimes\mathbf{v}))=\bar\pi.((I\otimes\bar{\mathbf{u}})\smile(I\otimes\mathbf{v}))=\bar\pi.(I\otimes(\bar{\mathbf{u}}\smile\mathbf{v})).$$

Or il résulte de la relation (2.5) que

$$\bar\nu.(\bar{\mathbf{u}}\smile\mathbf{v})=I\otimes(\bar{\mathbf{u}}\smile\mathbf{v}).$$

On a donc

$$(13.1)\qquad \bar\pi.(\mathbf{u}\otimes\mathbf{v})=\bar\pi\bar\nu.(\mathbf{u}\smile\mathbf{v}),$$

quels que soient $\mathbf{u},\,\mathbf{v}\in H_*(\mathfrak{b})$.

Ce résultat permet d'interpréter dans le cas compact le produit que l'on a défini au Chapitre IV dans l'espace d'homologie des algèbres de Lie réductives.

Soit en effet $\mathfrak{b}$ l'algèbre de Lie d'un groupe compact connexe G considéré comme sous-groupe diagonal du groupe $G \times G$. Soit q' l'application de $G \times G$ sur G qui transforme un point $(\xi \times \xi') \in G \times G$ en $\xi^{-1} \xi' \in G$. Les images inverses des points de G sont les sous-espaces de $G \times G$ translatés à gauche de la diagonale. On est donc conduit à identifier l'espace homogène $W = (G \times G)/G$ avec l'espace G de telle sorte qu'en composant l'isomorphisme de G sur la seconde composante de $G \times G$ avec la projection canonique de $G \times G$ sur W on obtienne l'isomorphisme identique de G sur lui-même. Les groupes d'homologie (à coefficients réels) H(G) et H(W) de G et W étant respectivement isomorphes à $H(\mathfrak{b})$ et $H(\mathfrak{b} \times \mathfrak{b}; \mathfrak{b})$, on voit que cette identification de G et W se traduit par l'identification de $H(\mathfrak{b})$ et $H(\mathfrak{b} \times \mathfrak{b}; \mathfrak{b})$ pour laquelle l'isomorphisme $\tilde{\pi}\tilde{\nu}$ obtenu plus haut devient l'automorphisme identique de $H(\mathfrak{b})$. La formule (13.1) prouve alors que

(13.2) *Le produit* $\mathbf{u} \smile \mathbf{v}$ *de deux classes d'homologie de* G *considérées comme éléments de l'algèbre d'homologie de* $\mathfrak{b}$ *est l'image de*

$$\bar{\mathbf{u}} \otimes \mathbf{v} \in H(G \times G) = H(G) \otimes H(G)$$

dans H(G) *par homomorphisme qu'induit l'application* q'.

On mettra ce résultat sous une forme plus simple en appliquant le théorème de Hopf ([39]) selon lequel l'automorphisme de l'espace G qui transforme chaque élément de G en son inverse induit un automorphisme de H(G) qui transforme tout élément $\mathbf{u}$ en $\omega . \mathbf{u} = \bar{\mathbf{u}}$. Soit q l'application de $G \times G$ sur G qui transforme un point $(\xi \times \xi') \in G \times G$ en $\xi \xi' \in G$. L'image par q du point $\xi \times \xi'$ s'obtient en passant d'abord de $\xi \times \xi'$ à $\xi^{-1} \times \xi$, puis en prenant l'image de $\xi^{-1} \times \xi$ par q'. Compte tenu de (13.2), on voit donc que cette application q induit un homomorphisme de $H(\mathfrak{b}) \otimes H(\mathfrak{b})$ dans $H(\mathfrak{b})$ qui transforme $\mathbf{u} \otimes \mathbf{v}$ en $\mathbf{u} \smile \mathbf{v}$. La classe $\mathbf{u} \smile \mathbf{v}$ est donc le produit dit « de Pontrjagin » des classes $\mathbf{u}$ et $\mathbf{v}$ ([40]).

Théorème 13.3. — *Si* $\mathfrak{b}$ *est l'algèbre de Lie d'un groupe compact connexe* G, *le produit* $\smile$ *défini dans l'espace d'homologie de* $\mathfrak{b}$ *coïncide avec le produit de Pontrjagin défini dans le groupe d'homologie à coefficients réels de* G.

CHAPITRE VI.

Les structures d'algèbres différentielles filtrées définies par les sous-algèbres d'une algèbre de Lie.

Soit $\mathfrak{b}$ une sous-algèbre de l'algèbre de Lie $\mathfrak{a}$. On étudiera dans ce Chapitre l'interdépendance des algèbres de cohomologie $H^*(\mathfrak{a})$, $H^*(\mathfrak{b})$, $H^*(\mathfrak{a}; \mathfrak{b})$ et des homomorphismes ${}^t\tilde{\varphi} : H^*(\mathfrak{a}) \to H^*(\mathfrak{b})$, ${}^t\tilde{\pi}\ H^*(\mathfrak{a}; \mathfrak{b}) \to H^*(\mathfrak{a})$. La méthode qui sera

([39]) *Ueber den Rang geschlossener Liescher Gruppen* (*Comm. Math. Helv.*, t. 13, 1940-1941, Satz I).

([40]) *Cf.* Pontrjagin, *On homologies in compact Lie groups* (*Recueil Math.*, Moscou, t. 6, 1939).

utilisée s'inspire des théories de M. Leray [41] et repose sur une situation algébrique identique à celle que l'on rencontre dans diverses questions de topologie algébrique [42].

14. Définitions. — Soient $\mathcal{A}$ une algèbre et $\{A^p\}$ une famille d'idéaux bilatères de $\mathcal{A}$ affectés d'un indice p prenant toutes les valeurs entières. L'algèbre $\mathcal{A}$ est dite *filtrée* par les idéaux A^p si $A^p \supset A^{p+1}$ et si le produit d'un élément de A^p par un élément de A^q est dans A^{p+q}, quels que soient p et q. Par exemple, si $\mathcal{A}$ est graduée par une famille de sous-espaces $\mathcal{A}^r$, elle est filtrée par les idéaux $A^p = \sum^{r \geq p} \mathcal{A}^r$. A toute algèbre $\mathcal{A}$ filtrée par $\{A^p\}$, correspond une algèbre graduée, dite *associée* de $\mathcal{A}$ et définie comme suit : son espace est somme directe des sous-espaces $\mathcal{G}^p = A^p/A^{p+1}$ qui y définissent les degrés; si $a \in A^p$ et $b \in A^q$, le produit de l'image canonique de a dans $\mathcal{G}^p$ par l'image canonique de b dans $\mathcal{G}^q$ se définit comme l'image canonique dans $\mathcal{G}^{p+q}$ du produit de a par b qui est dans A^{p+q}. Il est clair que l'algèbre filtrée $\mathcal{A}$ et son algèbre graduée associée ont mêmes dimensions.

On montrera dans ce paragraphe comment la donnée d'une sous algèbre $\mathfrak{b}$ dans l'algèbre de Lie $\mathfrak{a}$ permet de définir dans l'algèbre des cochaînes de $\mathfrak{a}$ une famille d'idéaux bilatères B^p (p entier) tels que

(14.1) $$B^p \supset B^{p+1},$$

(14.2) $$B^p \wedge B^q \subset B^{p+q},$$

(14.3) $$\delta . B^p \subset B^p,$$

(14.4) $$\omega . B^p \subset B^p,$$

quels que soient p et q,

(14.5) $$B^p = C^*(\mathfrak{a}) \quad \text{pour} \quad p \leqq 0 \quad \text{et} \quad \bigcap_p B^p = \{0\}.$$

Ces propriétés expriment que les idéaux B^p définissent, avec les opérateurs δ et ω une structure d'*algèbre différentielle filtrée* dans l'algèbre des cochaînes de $\mathfrak{a}$ [42].

Définition des idéaux B^p. — On désigne comme précédemment par $N^*(\mathfrak{a}; \mathfrak{b})$ la sous-algèbre de $C^*(\mathfrak{a})$ engendrée par l'unité et les 1-cochaînes de $\mathfrak{a}$ orthogonales à $\mathfrak{b}$. Pour tout entier p, B^p est l'idéal engendré par les cochaînes de degré $\geqq p$ appartenant à $N^*(\mathfrak{a}; \mathfrak{b})$. Si $p > 0$, B^p est donc l'idéal engendré par les cochaînes de $\mathfrak{a}$ décomposables en produit de p cochaînes de degré 1 orthogonales à $\mathfrak{b}$.

Les idéaux B^p sont bilatères et vérifient visiblement les relations (14.1), (14.2), (14.4) et (14.5). *On désignera par n et m les dimensions respectives des*

(41) *Cf.* J. LERAY [4].
(42) *Cf.* H. CARTAN, *loc. cit.*, note (2).

algèbres $\mathfrak{a}$ *et* $\mathfrak{b}$. Puisque $N^*(\mathfrak{a}; \mathfrak{b})$ est isomorphe à l'algèbre extérieure du sous-espace $N^1(\mathfrak{a}; \mathfrak{b})$ on a

$$N^p(\mathfrak{a}; \mathfrak{b}) = \{o\}$$

lorsque $p > n - m$, et par suite

$$B^p = o \quad \text{pour} \quad p > n - m. \tag{14.6}$$

Pour démontrer (14.3), on remarquera que, si $\varphi : C(\mathfrak{b}) \to C(\mathfrak{a})$ est le prolongement de l'isomorphisme identique de $\mathfrak{b}$ dans $\mathfrak{a}$, alors

(14.7) B^1 *est l'idéal des zéros de* ${}^t\varphi$;

c'est donc un idéal stable par δ et l'on a en particulier $\delta.f \in B^1$ pour tout $f \in N^1(\mathfrak{a}; \mathfrak{b})$. Puisque δ est une antidérivation, ceci prouve la stabilité vis-à-vis de δ de tous les idéaux B^p.

A la structure d'algèbre différentielle filtrée de l'algèbre des cochaînes de $\mathfrak{a}$ correspondent :

1° *Une structure d'algèbre filtrée dans l'algèbre de cohomologie de* $\mathfrak{a}$. Elle est définie par une famille d'idéaux $\mathcal{H}^p$, chaque $\mathcal{H}^p$ étant le sous-espace des classes de cohomologie de $C^*(\mathfrak{a})$ qui contiennent un cocycle dans B^p. Les inclusions qui caractérisent une structure filtrée résultent des inclusions (14.1) et (14.2). Compte tenu de (14.5), (14.6) et (14.7), on voit d'autre part que

$$\mathcal{H}^p = H^*(\mathfrak{a}) \quad \text{pour } p \leq o, \qquad \mathcal{H}^p = \{o\} \quad \text{pour } p > n - m, \tag{14.8}$$

(14.9) $\mathcal{H}^1$ est l'idéal des zéros de ${}^t\varphi : H^*(\mathfrak{a}) \to H^*(\mathfrak{b})$.

2° *Une suite d'algèbres différentielles graduées* E_s que l'on définit, pour chaque entier s, de la manière suivante. Soit Z_s^p la sous-algèbre des cochaînes $a \in B^p$ telles que $\delta.a \in B^{p+s}$. On pose

$$D_s^p = \delta.Z_s^{p-s}.$$

Pour tout entier p, on a

$$\ldots \supset Z_s^p \supset Z_{s+1}^p \supset \ldots \supset D_{r+1}^p \supset D_r^p \supset \ldots, \tag{14.10}$$

$$Z_{s-1}^{p+1} \subset Z_s^p, \tag{14.11}$$

quels que soient les entiers s et r. En tant qu'espace vectoriel, E_s est la somme directe des sous-espaces $E_s^p = Z_s^p/(Z_{s-1}^{p+1} + D_{s-1}^p)$. On désignera par η_s^p l'application canonique de Z_s^p sur le quotient E_s^p. Le produit dans E_s aura pour symbole $\smile$ et sera défini par la condition

$$(\eta_s^p.a) \smile (\eta_s^q.b) = \eta_s^{p+q}.(a \wedge b), \tag{14.12}$$

lorsque $a \in Z_s^p$ et $b \in Z_s^q$. Ce produit définit dans E_s une structure d'algèbre, graduée par les sous-espaces E_s^p. On détermine enfin, dans chaque algèbre E_s, un *opérateur différentiel* Δ_s et un automorphisme involutif Ω_s en posant

$$\Delta_s \eta_s^p = \eta_s^{p+s} \delta, \tag{14.13}$$

$$\Omega_s \eta_s^p = \eta_s^p \omega \tag{14.14}$$

sur chaque sous-espace Z_s^p. Les relations $\delta\delta = 0$ et $\delta\omega + \omega\delta = 0$ se traduisent, dans chaque E_s, par les relations

$$\Delta_s \Delta_s = 0 \qquad \text{et} \qquad \Delta_s \Omega_s + \Omega_s \Delta_s = 0.$$

De plus, si $a \in Z_s^p$ et $b \in Z_s^q$, alors

$$\begin{aligned}\Delta_s.((\eta_s^p.a) \smile (\eta_s^q.b)) &= \Delta_s \eta_s^{p+q}.(a \wedge b) = \eta_s^{p+q+s}\delta.(a \wedge b)\\ &= \eta_s^{p+q+s}.((\delta.a) \wedge b) + \eta_s^{p+q+s}.((\omega.a) \wedge (\delta.b)).\end{aligned}$$

Or, par suite de (14.4), on a $\omega.a \in Z_s^p$. D'autre part, $\delta.a \in \delta.Z_s^p = D_s^{p-s} \subset Z_s^{p+s}$ et de même $\delta.b \in Z_s^{q+s}$, les relations de définition (14.12), (14.13) et (14.14) permettent donc d'écrire

$$\Delta_s.((\eta_s^p.a) \smile (\eta_s^q.b)) = (\Delta_s.(\eta_s^p.a)) \smile (\eta_s^q.b) + (\Omega_s.(\eta_s^p.a)) \smile (\Delta_s.\eta_s^q.b)),$$

ce qui prouve que Δ_s est une antidérivation de l'algèbre E_s relativement à l'automorphisme Ω_s. On notera que l'opérateur Δ_s *élève le degré de s unités*. On définit de la manière habituelle les cocycles, les classes de cohomologie et l'algèbre de cohomologie de E_s.

Une propriété fondamentale de la suite E_s est donnée par le :

LEMME 14.1. — *Chaque algèbre graduée E_{s+1} est isomorphe à l'algèbre de cohomologie de E_s.*

Démonstration. — On a vu (14.10) que $Z_{s+1}^p \subset Z_s^p$. *L'image de Z_{s+1}^p par η_s^p coïncide avec le sous-espace des zéros de Δ_s dans E_s^p.* En effet, si $a \in Z_{s+1}^p$, alors

$$\delta.a \in D_{s+1}^{p+s+1} \subset Z_{s-1}^{p+s+1}$$

et par conséquent,

$$\Delta_s \eta_s^p.a = \eta_s^{p+s}\delta.a = 0.$$

Inversement, si $\Delta_s \eta_s^p.a = 0$, c'est que

$$\delta.a \in Z_{s-1}^{p+s+1} + D_{s-1}^{p+s};$$

il existe donc une cochaîne $b \in Z_{s-1}^{p+1} \subset Z_s^p$ telle que

$$\delta.(a+b) \in Z_{s-1}^{p+s+1} \subset B^{p+s+1}$$

c'est-à-dire que $a + b \in Z_{s+1}^p$. Puisque

$$\eta_s^p.b \in \eta_s^p.Z_{s-1}^{p+1} = \{0\},$$

ou voit donc que

$$\eta_s^p.a \in \eta_s^p.Z_{s+1}^p.$$

Par ailleurs, l'*image par η_s^p du sous-espace $Z_s^{p+1} + D_s^p \subset Z_s^p$ coïncide avec $\Delta_s.E_s^{p-s}$.* En effet,

$$\eta_s^p.Z_s^{p+1} \subset \eta_s^p.Z_{s-1}^{p+1} = \{0\}$$

et par conséquent, si $a \in Z_s^{p+1} + D_s^p$, alors

$$\eta_s^p.a \in \eta_s^p.D_s^p = \eta_s^p\delta.Z_s^{p-s} = \Delta_s \eta_s^{p-s}.Z_s^{p-s} = \Delta_s.E_s^{p-s}.$$

Inversement, si $e \in \Delta_s . E_s^{p-s}$, c'est qu'il existe une cochaîne $b \in Z_s^{p-s}$ telle que

$$e = \eta_s^p \delta . b \in \eta_s^p \delta . Z^{p-s} = \eta_s^p . D_s^p.$$

Chaque η_s^p induit donc un isomorphisme de $E_{s+1}^p = Z_{s+1}^p/(Z_s^{p+1} + D_s^p)$ sur le quotient de l'espace des zéros de Δ_s dans E_s^p par le sous-espace $\Delta_s . E_s^{p-s}$. On en déduit par linéarité un isomorphisme de E_{s+1} sur l'espace des classes de cohomologie de l'algèbre différentielle E_s. Cet isomorphisme est visiblement compatible avec les structures d'algèbres graduées de ces deux espaces; il permettra d'identifier dans la suite l'algèbre de cohomologie du terme E_s avec le terme E_{s+1}.

De la stabilité des idéaux B^p par δ résulte que, pour tout $s \leq 0$,

$$Z_s^p = B^p \qquad \text{et} \qquad D_{s-1}^p = \delta . Z_{s-1}^{p-s+1} \subset B^{p+1-s} \subset B^{p+1};$$

on a donc alors $E_s^p = B^p/B^{p+1}$ quel que soit p. Avec la structure multiplicative adoptée dans E_s, ceci prouve que, pour $s \leq 0$, l'algèbre E_s est *l'algèbre graduée associée à l'algèbre* $C^*(\mathfrak{a})$ *filtrée* par les idéaux B^p.

Pour $p > n - m$, on a $B^p = \{0\}$ et par conséquent $E_s^p = \{0\}$ quel que soit s. Il en résulte que, pour $s > n - m$, on a $\Delta_s = 0$ et par suite $E_s = E_{n-m+1}$. Soient Z_∞^p le sous-espace des cocycles de $\mathfrak{a}$ appartenant à B^p et D_∞^p le sous-espace des éléments de Z_∞^p cohomologues à zéro; on pose

$$E_\infty^p = Z_\infty^p/(Z_\infty^{p+1} + D_\infty^p).$$

Pour tout $s > n - m$, *on a* $E_s = E_\infty$. Lorsque $p < 0$ et de même lorsque $p > n - m$, on a en effet $E_s^p = E_\infty^p = \{0\}$. Par ailleurs, si $p > 0$, alors

$$\delta . Z_s^p \subset B^{p+s} = \{0\} \qquad \text{et} \qquad \delta . Z_{s-1}^{p+1} \subset B^{p+s} = \{0\},$$

ce qui prouve que

$$Z_s^p = Z_\infty^p \qquad \text{et} \qquad Z_{s-1}^{p+1} = Z_\infty^{p+1}.$$

D'autre part, si $p \leq n - m$, alors $p \leq s - 1$; compte tenu de (14.11), on a donc

$$D_{s-1}^p = \delta . Z_{s-1}^{p-s+1} \subset \delta . Z_p^0 = D_\infty^p.$$

Or $D_{s-1}^p \supset D_\infty^p$, par conséquent, $D_{s-1}^p = D_\infty^p$. On a donc également $E_s^p = E_\infty^p$ pour $0 \leq p \leq n - m$. On désignera par E_∞ l'algèbre terminale à laquelle toutes les algèbres E_s de rang $s > n - m$ sont identiques.

LEMME 14.2. — *L'algèbre terminale* E_∞ *de la suite* E_s *est l'algèbre graduée associée à l'algèbre* $H^*(\mathfrak{a})$ *filtrée par les idéaux* $\mathcal{H}^p$.

Démonstration. — Les éléments de $\mathcal{H}^p$ sont par définition les classes de cohomologie des cocycles appartenant à B^p, c'est-à-dire des éléments de Z_∞^p. On a donc, pour chaque valeur de p, $\mathcal{H}^p = Z_\infty^p/D_\infty^p$. Or $D_\infty^{p+1} \subset D_\infty^p$, par suite,

$$\mathcal{H}^p/\mathcal{H}^{p+1} = Z_\infty^p/(Z_\infty^{p+1} + D_\infty^p) = E_\infty^p.$$

La structure multiplicative de E_∞ étant définie par la condition (14.12) (pour $s > n - m$), cette algèbre est bien l'associée de l'algèbre filtrée $H^*(\mathfrak{a})$.

La structure graduée de $C^*(\mathfrak{a})$ qui correspond au degré des cochaînes de $\mathfrak{a}$ n'a joué aucun rôle dans ce qui précède. En en tenant compte, on va définir de nouvelles graduations dans chaque algèbre de la suite E_s. Chaque idéal B^q, et par suite chaque sous-espace Z_s^q ou D_s^q est somme directe de ses intersections avec les sous-espaces $C^p(\mathfrak{a})$. Soit $E_s^{p,q}$ l'image par η_s^q des $(p+q)$-cochaînes de $\mathfrak{a}$ qui appartiennent à Z_s^q. Chaque E_s^q est somme directe, par rapport à l'indice p, des sous-espaces $E_s^{p,q}$. L'espace E_s est donc, pour chaque s, la somme directes des $E_s^{p,q}$.

Quels que soient les entiers p, q, p', q', et s on a

$$E_s^{p,q} \smile E_s^{p',q'} \subset E_s^{p+p',q+q'}$$

car

$$C^{p+q}(\mathfrak{a}) \wedge C^{p'+q'}(\mathfrak{a}) \subset C^{p+q+p'+q'}(\mathfrak{a}).$$

On exprimera ces propriétés en disant que les sous-espaces $E_s^{p,q}$ définissent une structure bigraduée dans l'algèbre E_s. Outre les deux graduations qui correspondent aux indices p et q, E_s possède une graduation combinée définie par les sous-espaces $\sum^{p+q=r} E_s^{p,q}$. On a

$$\Omega_s . e = (-1)^{p+q} e$$

pour tout $e \in E_s^{p,q}$. D'autre part, quel que soit s

(14.15) *si* $E_s^{p,q} \neq \{0\}$, *c'est que* $0 \leqq p \leqq m$ *et* $0 \leqq q \leqq n-m$.

En effet, on a déjà remarqué que $E_0^q \neq \{0\}$ suppose $0 \leqq q \leqq n-m$; par ailleurs, toute r-cochaîne est dans B^{m-r} et toute r-cochaîne dans B^q est nulle si $r < q$.

Quels que soient p, q et s on a

(14.16) $$\Delta_s . E_s^{p,q} \subset E_s^{p-s+1,q+s},$$

car

$$\delta . C^{p+q}(\mathfrak{a}) \subset C^{p+q+1}(\mathfrak{a}) \quad \text{et} \quad \Delta_s . E_s^q \subset E_s^{q+s}.$$

On remarquera enfin que les p-cochaînes dans B^p sont les éléments de $N^p(\mathfrak{a}; \mathfrak{b})$; les p-cochaînes dans Z_∞^p sont donc les cocycles dans $N^p(\mathfrak{a}; \mathfrak{b})$. Or les cocycles dans $N^p(\mathfrak{a}, \mathfrak{b})$ appartiennent à $L^p(\mathfrak{a}; \mathfrak{b})$. Il en résulte que

(14.17) *les éléments de degré* p *dans* $\mathcal{H}^p$ *sont les éléments de* ${}^t\pi . H^p(\mathfrak{a}; \mathfrak{b})$.

On en déduit que l'image de l'homomorphisme ${}^t\pi$ est isomorphe à la sous-algèbre $\sum^{q} E_\infty^{0,q} \subset E_\infty$.

Lorsque $\mathfrak{a}$ est l'algèbre de Lie d'un groupe compact connexe G et que $\mathfrak{b}$ est la sous-algèbre correspondant à un sous-groupe fermé connexe $U \subset G$, on peut démontrer l'existence d'un isomorphisme naturel de l'algèbre E_2 sur l'anneau de cohomologie à coefficients réels de l'application canonique de G sur l'espace homogène $G/U = W$ ([43]). La « structure » de cet anneau est donnée par les termes de rang > 2 de la suite $\{E_s\}$. L'espace fibré G qui a pour base W et pour fibres les sous-espaces obtenus par translation à gauche de U, admet le sous-

([43]) *Cf.* J. Leray [4].

groupe U comme groupe structural. Puisque U est connexe, ce groupe structural n'induit que l'automorphisme identique dans l'anneau de cohomologie de la fibre type. Dans ces conditions, les coefficients étant réels, on sait que l'anneau de cohomologie de l'application de G sur W est isomorphe au produit tensoriel des anneaux de cohomologie de G et W ([43]). On montrera dans le paragraphe suivant quelles hypothèses doivent être faites sur la sous-algèbre $\mathfrak{b}$ pour obtenir un résultat analogue sur E_2 lorsque l'on sort du cas compact.

15. Calcul des premiers termes de la suite $\{E_s\}$ définie par une sous-algèbre réductive. — Les notations restant par ailleurs celles du paragraphe précédent, on posera pour abréger

$$N^* = N^*(\mathfrak{a};\, \mathfrak{b}),\qquad N^q = N^q(\mathfrak{a};\, \mathfrak{b}),\qquad L^* = L^*(\mathfrak{a};\, \mathfrak{b})\quad \text{et}\quad L^q = L^q(\mathfrak{a};\, \mathfrak{b}).$$

De nouvelles *propriétés de stabilité* des idéaux B^q interviendront ici.

Compte tenu de (12.2), on a

(15.1) $$\iota({}^t\varphi.v).(a\wedge c) = (\iota({}^t\varphi.v).a)\wedge c,$$

quels que soient $v\in C(\mathfrak{b})$, $a\in C^*(\mathfrak{a})$ et $c\in N^*$. Ceci prouve que

(15.2) $$\iota({}^t\varphi.v).B^q\subset B^q$$

pour toute chaîne v de $\mathfrak{b}$ et pour chaque valeur de q.

Puisque les idéaux B^q sont stables par δ et que

$$\theta^*({}^t\varphi.y) = \iota({}^t\varphi.y)\,\delta + \delta\iota({}^t\varphi.y),$$

on voit que de plus

(15.3) *chaque idéal* B^q *est stable par* $\mathfrak{b}$.

Étude de l'algèbre différentielle E_0. — A tout élément $b\otimes c\in C^*(\mathfrak{b})\otimes N^q$, on fait correspondre une cochaîne $a(b)\wedge c\in B^q$ obtenue en multipliant extérieurement c par une cochaîne $a(b)$ de $\mathfrak{a}$ telle que ${}^t\varphi.a(b) = b$. La cochaîne $a(b)$ est définie modulo B^1 par la donnée de b, donc $a(b)\wedge c$ est définie modulo $B^1\wedge B^q\subset B^{q+1}$. Par suite,

$$\eta_0^q.(a(b)\wedge c)\in E_0^q = B^q/B^{q+1}$$

ne dépend que de b et c et en dépend linéairement lorsque b et c parcourent respectivement $C^*(\mathfrak{b})$ et N^q. Ceci permet de définir une application linéaire

$$\alpha : C^*(\mathfrak{b})\otimes N^*\to E_0$$

par la condition

(15.4) $$\alpha.(b\otimes c) = \eta_0^q.(a\wedge c),$$

lorsque $b = {}^t\varphi.a\in C^*(\mathfrak{b})$ et $c\in N^q$. Les structures multiplicatives de $C^*(\mathfrak{b})\otimes N^*$ et de E_0 étant définies par les conditions (1.6) et (14.12), on vérifie aisément que α est un homomorphisme de ces algèbres. Quels que soient p et q, on a

$$\alpha.(C^p(\mathfrak{b})\otimes N^q)\subset E_0^{p,q};$$

en effet, si $b \otimes c \in C^p(\mathfrak{b}) \otimes N^q$, on peut choisir pour $a(b)$ une p-cochaîne de $\mathfrak{a}$ et l'image de $a(b) \wedge c$ par η_0^q est alors dans $E_0^{p,q}$.

Inversement, soit e un élément de $E_0^{p,q}$ et soit $a(e)$ une $(p+q)$-cochaîne de $\mathfrak{a}$ dans B^q telle que $e = \eta_0^p . a(e)$. Pour toute p-chaîne v de $\mathfrak{b}$, la q-cochaîne $\iota(\varphi.v).a(e)$ est dans B^q, d'après (15.2), et par conséquent dans N^q; elle ne dépend pas du choix de $a(e)$, mais seulement de e car, si $a'(e)$ est une autre $(p+q)$-cochaîne dans B^q telle que $\eta_0^q . a'(e) = e$, alors $a(e) - a'(e) \in B^{q+1}$ et par conséquent

$$\iota(\varphi.v).(a(e) - a'(e)) \in B^{q+1} \cap C^q(\mathfrak{a}) = \{0\}$$

lorsque v est de degré p. Ceci permet de définir, pour tout $e \in E_0$, une application linéaire

$$\beta(e) : C(\mathfrak{b}) \to N^*$$

par les conditions :

1° $\beta(e)$ est fonction linéaire de $e \in E_0$,

2° si a est une $(p+q)$-cochaîne dans B^q et si $e = \eta_0^q . a$, alors

$$(15.5) \qquad \begin{cases} \beta(e).v = \iota(\varphi.v).a & \text{(lorsque } v \text{ est une } p\text{-chaîne}), \\ \beta(e).v = 0 & \text{(lorsque } v \text{ est de degré } \neq p). \end{cases}$$

On désignera par $\tau(a_0)$ l'application linéaire de $C(\mathfrak{b})$ dans N^* qui correspond à un élément $a_0 \in C^*(\mathfrak{b}) \otimes N^*$. Si

$$a_0 = b \otimes c \in C^p(\mathfrak{b}) \otimes N^q,$$

alors, par définition,

$$\tau(b \otimes c).v = \langle v, b \rangle c$$

pour toute chaîne v de $\mathfrak{b}$. Soit $a(b)$ une p-cochaîne de $\mathfrak{a}$ telle que ${}^t\varphi . a(b) = b$. Compte tenu de (15.4) et (15.5), on a

$$\alpha . a_0 = \eta_0^q . (a(b) \wedge c)$$

et donc, pour toute p-chaîne v de $\mathfrak{b}$,

$$\beta(\alpha . a_0).v = \iota(\varphi.v).(a(b) \wedge c).$$

En utilisant la formule (15.1) on obtient donc

$$\beta(\alpha.a_0).v = (\iota(\varphi.v).a(b)) \wedge c = \langle \varphi.v, a(b) \rangle c = \langle v, b \rangle c = \tau(a_0).v.$$

Cette égalité étant par ailleurs trivialement vérifiée lorsque v est de degré $\neq p$, on voit que

$$(15.6) \qquad \beta(\alpha . a_0) = \tau(a_0),$$

quel que soit $a_0 \in C^*(\mathfrak{b}) \otimes N^*$.

On sait que $\tau(a_0) = 0$ entraîne $a_0 = 0$; par conséquent α est un *isomorphisme*. Les algèbres de Lie $\mathfrak{a}$ et $\mathfrak{b}$ étant de dimensions respectives n et m, $C^*(\mathfrak{a})$, $C^*(\mathfrak{b})$ et N^* sont des algèbres extérieures sur des espaces de dimensions respectives n, m et $n - m$. Par suite, les espaces $C^*(\mathfrak{a})$ et $C^*(\mathfrak{b}) \otimes N^*$ ont tous deux pour dimension 2^n. Or, $E_0 = \sum^p B^p/B^{p+1}$ a même dimension que $C^*(\mathfrak{a})$. On a ainsi démontré le

THÉORÈME 15.1. — *L'application linéaire* α *est un isomorphisme de l'algèbre* $C^*(\mathfrak{h}) \otimes N^*$ *sur l'algèbre* E_0 *compatible avec leurs structures graduées.*

Pour étudier la *structure différentielle* de E_0, on utilisera la représentation linéaire de $\mathfrak{h}$ dans E_0 définie comme suit. Les idéaux B^q étant stables par $\mathfrak{h}$ (15.3), on obtient pour tout $y \in \mathfrak{h}$ un endomorphisme linéaire $\Theta^*(y)$ de E_0 en posant

$$\Theta^*(y)\,\eta_0^p = \eta_0^p\,\theta^*(\varphi.y), \tag{15.7}$$

sur chaque sous-espace $Z_0^p = B^p$. Il est clair que $y \to \Theta^*(y)$ est une représentation linéaire de $\mathfrak{h}$.

La stabilité des idéaux B^p par les endomorphismes $\iota(\varphi.y)$ permet de définir de la même manière, pour chaque $y \in \mathfrak{h}$, un endomorphisme $I(y)$ de E_0. La relation

$$\theta^*(\varphi.y) = \iota(\varphi.y)\,\delta + \delta\iota(\varphi.y)$$

se traduit alors dans E_0 par

$$\Theta^*(y) = I(y)\,\Delta_0 + \Delta_0\, I(y), \tag{15.8}$$

pour tout $y \in \mathfrak{h}$.

On identifiera désormais $C^*(\mathfrak{h}) \otimes N^*$ et E_0 au moyen de l'isomorphisme α. Si $b \otimes c \in C^*(\mathfrak{h}) \otimes N^q$ et si $a(b)$ est une cochaîne de $\mathfrak{a}$ telle que ${}^t\varphi.a(b) = b$, alors, pour tout $y \in \mathfrak{h}$, on a

$$\begin{aligned}\Theta^*(y).(b \otimes c) &= \Theta^*(y)\,\eta_0^q.(a(b)\wedge c) = \eta_0^q\,\theta^*(\varphi.y).(a(b)\wedge c)\\ &= \eta_0^q.((\theta^*(\varphi.y).a(b))\wedge c) + \eta_0^q.(a(b)\wedge(\theta^*(\varphi.y).c)),\end{aligned}$$

car $\theta^*(\varphi.y)$ est une dérivation. Du fait que

$${}^t\varphi\,\theta^*(\varphi.y).a(b) = \theta^*(y)\,{}^t\varphi.a(b) = \theta^*(y).b$$

résulte donc que

$$\Theta^*(y).(b \otimes c) = (\Theta^*(y).b) \otimes c + b \otimes (\Theta^*(\varphi.y).c). \tag{15.9}$$

Cette expression montre en particulier que les $\Theta^*(y)$ sont des *dérivations* de l'algèbre E_0 (relativement à l'automorphisme Ω_0) qui laissent invariants les sous-espaces $E_0^{p,q}$. Les éléments de la sous-algèbre des zéros communs aux $\Theta^*(y)$ lorsque y parcourt $\mathfrak{h}$ seront dits *invariants.*

LEMME 15.1. — *Soient* $\{y^i\}$ $(1 \leq i \leq m)$ *une base de* $\mathfrak{h}$ *et* $\{g^i\}$ *la base duale des* 1*-cochaînes de* $\mathfrak{h}$. *Quel que soit* $e \in E_0$, *on a*

$$\beta(\Delta_0.e) = \beta(e)\,d + \sum_{i=1}^{i=m} \beta(\Theta^*(y^i).e)\,\iota(g^i). \tag{15.10}$$

Démonstration. — On vérifiera cette relation pour un $e \in E_0^{p,q}$. Si a est une $(p+q)$-cochaîne dans B^q telle que $\eta_0^q.a = e$, alors $\delta.a$ est une $(p+q+1)$-cochaîne dans B^q et l'on a, par définition, $\Delta_0.e = \eta_0^q\,\delta.a$. D'après (15.5), l'application $\beta(\Delta_0.e)$ transforme donc une $(p+1)$-chaîne v de $\mathfrak{h}$ en

$$\beta(\Delta_0.e).v = \iota(\varphi.v)\,\delta.a.$$

Or, d'après (4.6), on a

$$\iota(\varphi.v)\delta - \delta\iota(\varphi.\bar{v}) - \iota(\partial\varphi.v) - \sum_{i=1}^{i=m} \iota(\varphi\iota(g^i).v)\,\theta^\star(\varphi.y^i) = 0.$$

Mais la $(q-1)$-cochaîne $\iota(\varphi.\bar{v}).a$ est dans B^q (15.2); elle est donc nulle. On a d'autre part

$$\iota(\partial\varphi.v).a = (\varphi\partial.v).a = \beta(e)\partial.v.$$

Compte tenu de (15.7), on obtient donc

$$\beta(\Delta_0.e).v = \beta(e)\partial.v + \sum_{i=1}^{i=m} \beta(\Theta^\star(y^i).e)\,\iota(g^i).v$$

et cette égalité est trivialement vérifiée lorsque v est de degré $\neq p+1$.

Soit Δ l'endomorphisme de $C^\star(\mathfrak{h}) \otimes N^\star$ tel que

(15.11) $$\Delta.(b \otimes c) = -(\delta.b) \otimes c,$$

quel que soit $b \otimes c \in C^\star(\mathfrak{h}) \otimes N^\star$. On a

$$\tau(\Delta.(b \otimes c)) = \tau(b \otimes c)\partial.$$

La relation (15.10) montre donc qu'avec l'identification faite,

(15.12) $$\Delta_0.e = \Delta.e$$

pour tout élément invariant $e \in E_0$.

On suppose désormais que $\mathfrak{h}$ est une sous-algèbre réductive dans $\mathfrak{a}$. Les idéaux B^q étant stables par $\mathfrak{h}$ (15.3), il existe dans chaque B^q un sous-espace $\mathcal{R}^q$ stable par $\mathfrak{h}$ et supplémentaire de B^{q+1}, c'est-à-dire un sous-espace que η_0^q applique isomorphiquement sur E_0^q. Les restrictions des $\Theta^\star(y)$ à E_0^q, qui sont définies par (15.7), réalisent donc une représentation linéaire de $\mathfrak{h}$ semblable à celle que réalisent les restrictions des $\theta^\star(\varphi.y)$ à $\mathcal{R}^q$. Par conséquent, $y \to \Theta^\star(y)$ *est une représentation linéaire complètement réductible de* $\mathfrak{h}$ dans l'espace E_0. Compte tenu de (15.8), et par un raisonnement identique à celui par lequel on a prouvé le lemme 9.1, on en déduit que :

(15.13) E_0 *est somme directe du sous-espace* J *de ses éléments invariants et du sous-espace* T *engendré par* $\Theta^\star(y).E_0$ *lorsque* y *parcourt* $\mathfrak{h}$;

(15.14) *toute classe de cohomologie de* E_0 *contient un cocycle invariant;*

(15.15) *tout cocycle invariant de* E_0 *cohomologue à zéro est l'image par* Δ_0 *d'un élément invariant.*

Étude de l'algèbre différentielle E_1. — On suppose toujours que $\mathfrak{h}$ est réductive dans $\mathfrak{a}$; c'est donc une algèbre réductive (9.1) et toute classe de cohomologie de $\mathfrak{h}$ contient donc un cocycle dans la sous-algèbre $J^\star(\mathfrak{h})$ de ses cochaînes invariantes. Soit γ l'isomorphisme de $H^\star(\mathfrak{h}) \otimes L^\star$ sur $U = J^\star(\mathfrak{h}) \otimes L^\star \subset C^\star(\mathfrak{h}) \otimes N^\star$ qui transforme un élément $\mathbf{b} \otimes c \in H^\star(\mathfrak{h}) \otimes L^\star$ en le produit tensoriel $b \otimes c$ de c par le cocycle invariant b de la classe $\mathbf{b}$. L'expression (15.9) des $\Theta^\star(y)$ montre que les éléments de U sont invariants. Ce sont des cocycles car $\delta.J^*(\mathfrak{h}) = \{0\}$ et par conséquent $\Delta_0.U = \Delta.U = \{0\}$, d'après (15.11) et (15.12). Soit

$$\alpha_1 : H^*(\mathfrak{h}) \otimes L^* \to E_1,$$

l'homomorphisme qui transforme tout élément de $H^*(\mathfrak{h}) \otimes L^*$ en la classe de cohomologie de son image par γ. C'est un *isomorphisme*. En effet, si $a_1 \in H^*(\mathfrak{h}) \otimes L^*$ et si $\alpha_1.a_1 = 0$, c'est que le cocycle invariant $\gamma.a_1$ est cohomologue à zéro. D'après (15.15), $\gamma.a_1$ est donc dans

$$\Delta_0.J = \Delta.J \subset (\delta.C^*(\mathfrak{h})) \otimes N^*.$$

Or

$$J^*(\mathfrak{h}) \cap (\delta.C^*(\mathfrak{h})) = \{0\};$$

par conséquent $\gamma.a_1 = 0$ et donc $a_1 = 0$. On montrera que α_1 applique $H^*(\mathfrak{h}) \otimes L^*$ *sur* E_0 en prouvant que toute classe de cohomologie de E_0 contient un cocycle invariant dans U. Puisque $\mathfrak{h}$ est réductive, l'espace $C^*(\mathfrak{h})$ est somme directe de $J^*(\mathfrak{h})$ et du sous-espace $T^*(\mathfrak{h})$ engendré par $\theta^*(y).C^*(\mathfrak{h})$ lorsque y parcourt $\mathfrak{h}$ (lemme 9.1). Donc E_0 est somme directe des sous-espaces $J^*(\mathfrak{h}) \otimes N^*$ et $T^*(\mathfrak{h}) \otimes N^*$. La relation (15.9) montre que ces sous-espaces sont stables par les endomorphismes $\Theta^*(y)$; par conséquent, J est somme directe de $V = J \cap (T^*(\mathfrak{h}) \otimes N^*)$ et de $J \cap (J^*(\mathfrak{h}) \otimes N^*)$ qui, d'après (15.9), n'est autre que U. Soit donc e_1 une classe de cohomologie de E_0; elle contient, d'après (15.14), un cocycle invariant e.

Soit e' la composante de e dans V. On a $\Delta_0.e' = 0$ car $\Delta_0.U = \{0\}$. On montrera donc que la classe e_1 contient la composante de e dans U en prouvant que

(15.16) *tout zéro de Δ_0 dans V est dans $\Delta_0.J$.*

En effet, si $e' \in V$ et si $\Delta_0.e' = 0$, alors $\Delta.e' = 0$ d'après (15.12). Mais tout cocycle de $\mathfrak{h}$ dans $T^*(\mathfrak{h})$ est dans $\delta.C^*(\mathfrak{h})$, car $\mathfrak{h}$ est réductive; on a donc $e' \in \Delta.E_0$. Or, il résulte des relations (15.11) et (15.9) que J et T sont stables par Δ. On a donc

$$e' \in \Delta.J = \Delta_0.J.$$

On notera que l'image par α_1 d'un élément de $H^p(\mathfrak{h}) \otimes L^q$ est la classe de cohomologie d'un cocycle dans $C^p(\mathfrak{h}) \otimes N^q = E_0^{p,q}$; elle est donc dans $E_1^{p,q}$. On a ainsi démontré le

Théorème (15.2). — *Si $\mathfrak{h}$ est une sous-algèbre réductive dans $\mathfrak{a}$, il existe un isomorphisme naturel de l'algèbre $H^*(\mathfrak{h}) \otimes L^*$ sur l'algèbre E_1 compatible avec leurs structures graduées.*

On étudiera maintenant la structure différentielle de E_1 en identifiant cette algèbre à $H^*(\mathfrak{h}) \otimes L^*$ au moyen de l'isomorphisme α_1. Soit b le cocycle invariant d'une classe $\mathbf{b} \in H^p(\mathfrak{h})$. Puisque $\mathfrak{h}$ est supposée réductive dans $\mathfrak{a}$, il existe une p-cochaîne $a(b)$ de $\mathfrak{a}$ invariante par $\mathfrak{h}$ et telle que ${}^t\varphi.a(b) = b$. Quelle que soit la cochaîne $c \in L^q$, l'élément $e_1 = \mathbf{b} \otimes c$ est la classe de cohomologie du cocycle $e = b \otimes c = \eta_0^q.(a(b) \wedge c) \in E_0^{p,q}$. On a donc

$$e_1 = \eta_1^q.(a(b) \wedge c)$$

et $\Delta_1.e_1 = \eta_1^{q+1}\delta.(a(b) \wedge c)$ est alors la classe de cohomologie du cocycle $e' = \eta_0^{q+1}\delta.(a(b) \wedge c) \in E_0^{p,q+1}$.

En supposant $\mathbf{b} = I$ (et donc $p = 0$), on obtient

$$e' = \eta_0^{q+1}\delta.c = I \otimes (\delta.c)$$

et par conséquent

$$\Delta_1.(I \otimes c) = I \otimes (\delta.c).$$

Si $c = I$ (et donc $q = 0$), on voit que $\Delta_1.(\mathbf{b} \otimes I)$ est la classe de cohomologie du cocycle $e' = \eta_0^{q+1}\delta.a(b)$. Or $\delta.a(b)$ est invariante par $\mathfrak{b}$ et l'application linéaire $\beta(e')$ définie en (15.5) transforme donc, d'après (4.6), toute p-chaîne v de $\mathfrak{b}$ en

$$\beta(e').v = \iota(\varphi.v)\delta.a(b) = \delta\iota(\overline{\varphi.v}).a(b).$$

Mais $\iota(\overline{\varphi.v}).a(b)$ est de degré 0; par conséquent $\beta(e').v = 0$, et il en est de même lorsque v est de degré $\neq p$. Compte tenu de (15.6), ceci prouve que $e' = 0$ et donc que

$$\Delta_1.(\mathbf{b} \otimes I) = 0.$$

Puisque Δ_1 est une antidérivation de E_1, on a ainsi démontré que

$$\Delta_1.(\mathbf{b} \otimes c) = \Delta_1((\mathbf{b} \otimes I) \smile (I \otimes c)) = \mathbf{b} \otimes (\delta.c),$$

quel que soit

$$\mathbf{b} \otimes c \in H^*(\mathfrak{b}) \otimes L^* = E_1.$$

Cette expression de Δ_1 permet de calculer facilement le terme E_2. L'homomorphisme de $H^*(\mathfrak{b}) \otimes H^*(\mathfrak{a};\, \mathfrak{b})$ dans l'algèbre de cohomologie de E_1 qui transforme un élément $\mathbf{b} \otimes \mathbf{c} \in H^*(\mathfrak{b}) \otimes H^*(\mathfrak{a};\, \mathfrak{b})$ en la classe de cohomologie du cocycle $\mathbf{b} \otimes c \in E_1$ obtenu en choisissant un cocycle c dans la classe $\mathbf{c}$, est un isomorphisme de l'algèbre $H^*(\mathfrak{b}) \otimes H^*(\mathfrak{a};\, \mathfrak{b})$ sur l'algèbre E_2. Il applique chaque sous-espace $H^p(\mathfrak{b}) \otimes H^q(\mathfrak{a};\, \mathfrak{b})$ sur $E_2^{p,q}$. Ainsi,

Théorème 15.3. — *Si $\mathfrak{b}$ est une sous-algèbre réductive dans $\mathfrak{a}$, il existe un isomorphisme naturel de l'algèbre* $H^*(\mathfrak{b}) \otimes H^*(\mathfrak{a};\, \mathfrak{b})$ *sur l'algèbre* E_2 *compatible avec leurs structures graduées.*

16. La cohomologie relative à une représentation linéaire. — Soit $y \to \rho(y)$ une représentation linéaire d'une algèbre de Lie $\mathfrak{b}$ dans un espace vectoriel F et soit F^* l'espace dual de F. On prolonge à l'espace $C_1(\mathfrak{b}) + F^*$ la structure d'algèbre de Lie de $\mathfrak{b}$ en posant

$$[x, x'] = 0 \qquad (\text{lorsque } x,\, x' \in F^*),$$

$$[y, x] = -{}^t\rho(y).x \qquad (\text{lorsque } y \in \mathfrak{b} \text{ et } x \in F^*).$$

Soient $\mathfrak{a}$ l'algèbre de Lie obtenue et φ l'isomorphisme identique à la sous-algèbre $\mathfrak{b}$ dans $\mathfrak{a}$. Avec les notations des paragraphes précédents, F s'identifie à $N^1(\mathfrak{a};\mathfrak{b})$ et l'on a

$$\theta^*(\varphi.y).g = \rho(y).g, \tag{16.1}$$

quels que soient $y \in \mathfrak{b}$ et $g \in N^1(\mathfrak{a};\mathfrak{b})$. Soit $\{E_s\}$ la suite d'algèbres différentielles définie par $\mathfrak{b} \subset \mathfrak{a}$. On a vu qu'à tout élément $e \in E_0^1$ correspond une application linéaire $\beta(e)$ de l'espace des chaînes de $\mathfrak{b}$ dans $N^1(\mathfrak{a};\mathfrak{b}) = F$. On a montré (15.10) que si $\{y^i\}$ $(1 \leqq i \leqq m)$ est une base de $\mathfrak{b}$ et si $\{g_i\}$ est la base duale de $C^1(\mathfrak{b})$, alors

$$\beta(\Delta_0.e) = \beta(e)\partial + \sum_{i=1}^{i=m} \beta(\Theta^*(y^i).e)\,\iota(g^i).$$

Or, d'après (15.9), on a

$$\beta(\Theta^*(y^i).e) = \theta^*(\varphi.y^i)\,\beta(e) - \beta(e)\,\theta(y^i)$$

pour chaque y^i et par ailleurs, d'après (3.2),

$$\sum_{i=1}^{i=m} \theta(y^i)\,\iota(g^i) = 2\partial.$$

On obtient donc, en tenant compte de (16.1),

$$\beta(\Delta_0.e) = -\beta(e)\partial + \sum_{i=1}^{i=m} \rho(y^i)\,\beta(e)\,\iota(g_i).$$

Par conséquent, si $z^1 \wedge \ldots z^k \wedge \ldots z^p$ est une p-chaîne de $\mathfrak{b}$ décomposable en produit de $z^k \in \mathfrak{b}$,

$$\beta(\Delta_0.e).(z^1\wedge\ldots z^k\wedge\ldots z^p) = -\beta(e)\partial.(z^1\wedge\ldots z^k\wedge\ldots z^p)$$
$$+\sum_{k=1}^{k=p}(-1)^{k+1}\rho(z^k)\,\beta(e).(z^1\wedge\ldots \hat{z}^k\wedge\ldots z^p).$$

Cette expression montre que l'opérateur différentiel de l'espace des applications linéaires de $C(\mathfrak{b})$ dans F qui transforme $\beta(e)$ en $\beta(\Delta_0.e)$ définit des classes de cohomologie dont l'espace, isomorphe à E_1^1, n'est autre que le « *groupe de cohomologie de* $\mathfrak{b}$ *relatif à la représentation linéaire* $y \to \rho(y)$ » au sens de Chevalley et Eilenberg ([44]).

Si $\mathfrak{b}$ est semi-simple et si le corps de base est de caractéristique 0, alors $\mathfrak{b}$ est réductive dans $\mathfrak{a}$ et le théorème 15.2 montre que

$$E_1^1 = H^*(\mathfrak{b}) \otimes L^1(\mathfrak{a};\mathfrak{b}).$$

On rattache ainsi aux propriétés de E_1 le théorème selon lequel le groupe de cohomologie d'une algèbre de Lie semi-simple $\mathfrak{b}$ relatif à une représentation

(44) [5], p. 115 et theorem 24.1.

linéaire irréductible est isomorphe à $H^*(\mathfrak{b})$ ou nul suivant que cette représentation est triviale ou non.

17. Le cas des sous-algèbres non homologues à zéro. — *Définition.* — Une sous-algèbre $\mathfrak{b}$ de l'algèbre de Lie $\mathfrak{a}$ est dite *non homologue à zéro* ($\mathfrak{b} \not\sim 0$) si l'application $\tilde{\varphi} : H(\mathfrak{b}) \to H(\mathfrak{a})$ induite par l'isomorphisme identique de $\mathfrak{b}$ dans $\mathfrak{a}$ est un *isomorphisme* ou, ce qui revient au même, si l'homomorphisme ${}^t\tilde{\varphi}$ applique $H^*(\mathfrak{a})$ *sur* $H^*(\mathfrak{b})$. Dans le cas contraire, la sous-algèbre $\mathfrak{b}$ est dite *homologue à zéro*.

THÉORÈME 17.1. — *Si* $\mathfrak{b}$ *est une sous-algèbre de dimension m réductive dans* $\mathfrak{a}$ *il suffit que* $\tilde{\varphi}.H_m(\mathfrak{b}) \neq \{0\}$ *pour qu'elle soit non homologue à zéro.*

Démonstration. — Puisque $\mathfrak{b}$ est réductive dans $\mathfrak{a}$, elle est réductive (9.1) et par conséquent unimodulaire. Le sous-espace $H_m(\mathfrak{b})$ a donc pour dimension 1. L'algèbre d'homologie $H_*(\mathfrak{b})$ est définie et le sous-espace des zéros de $\tilde{\varphi}$ en est un idéal (théorème 9.4). Or tout idéal dans $H_*(\mathfrak{b})$ qui ne contient pas $H_m(\mathfrak{b})$ est l'idéal $\{0\}$. Ceci se démontre dans le cas général par un procédé analogue à celui par lequel on a établi le théorème de dualité de Poincaré pour $H^*(\mathfrak{b})$ (théorème 7.1). Lorsque l'on suppose que le corps de base est de caractéristique 0, la propriété résulte immédiatement du théorème 10.2; en effet, d'après ce théorème, $H_*(\mathfrak{b})$ est alors isomorphe à l'algèbre extérieure de ses éléments primitifs.

Ce résultat montre que, dans le cas compact, la notion de sous-algèbre non homologue à zéro correspond à la notion de sous-groupe non homologue à zéro telle qu'elle a été définie par H. Samelson ([45]). Grâce à la simplicité de la suite $\{E_s\}$ définie par une sous-algèbre $\mathfrak{b} \not\sim 0$ et réductive dans $\mathfrak{a}$, on étendra sans difficulté les théorèmes de Samelson qui concernent la cohomologie des espaces homogènes obtenus à partir d'un sous-groupe non homologue à zéro.

On remarquera tout d'abord que, d'après le théorème 13.1, si $\mathfrak{b}$ est non homologue à zéro et réductive dans $\mathfrak{a}$, alors ${}^t\tilde{\pi} : H^*(\mathfrak{a}; \mathfrak{b}) \to H^*(\mathfrak{a})$ est un *isomorphisme*.

LEMME 17.1. — *Si* $\mathfrak{b}$ *est une sous-algèbre non homologue à zéro et réductive dans* $\mathfrak{a}$, *alors* $\Delta_s = 0$ *pour tout* $s \geq 2$.

Démonstration. — Le quotient $E_\infty^0 = \mathcal{H}^0/\mathcal{H}^1$ est isomorphe à l'image de ${}^t\tilde{\varphi}$ car $\mathcal{H}^0 = H^*(\mathfrak{a})$ et $\mathcal{H}^1$ est l'idéal des zéros de ${}^t\tilde{\varphi}$ (14.9). Si ${}^t\tilde{\varphi}.H^*(\mathfrak{a}) = H^*(\mathfrak{b})$, on voit donc que E_∞^0 a même dimension que $H^*(\mathfrak{b})$; il a donc même dimension que E_2^0 qui, d'après le théorème 15.3 est isomorphe à $H^*(\mathfrak{b}) \otimes I$. Or, pour $s \geq 1$, $(\Delta_s.E_s) \cap E_s^0 = \{0\}$, donc E_{s+1}^0 est isomorphe au sous-espace des zéros de Δ_s dans E_s^0. Il en résulte que $\Delta_s.E_s^0 = \{0\}$ pour tout $s \geq 2$. Par récurrence, on en

([45]) *Cf.* [3], Satz VI.

déduit que $\Delta_s = 0$ pour tout $s \geq 2$. En effet, si $\Delta_r = 0$ pour $2 \leq r < s$, alors, compte tenu du théorème 15.3,

$$E_s = E_2 = E_s^0 \smile (\Sigma^q E_s^{0,q}).$$

Or, les relations (14.15) et (14.16) prouvent que

$$\Delta_s . E_s^{0,q} \subset E_s^{1-s,\, q+s} = \{0\}$$

lorsque $s \geq 2$; par conséquent, $\Delta_s = 0$ sur E_s^0 et sur $\sum^q E_s^{0,q}$. Puisque Δ_s est une antidérivation, il en résulte que $\Delta_s = 0$.

THÉORÈME 17.2. — *Si $\mathfrak{b}$ est une sous-algèbre non homologue à zéro et réductive dans $\mathfrak{a}$, alors l'algèbre $H^*(\mathfrak{a})$ filtrée par les idéaux $\mathcal{H}^q$ a pour algèbre graduée associée l'algèbre $H^*(\mathfrak{b}) \otimes H^*(\mathfrak{a};\, \mathfrak{b})$. Chaque idéal $\mathcal{H}^q$ est engendré par les éléments de ${}^t\bar{\pi}.H^*(\mathfrak{a};\, \mathfrak{b}) \subset H^*(\mathfrak{a})$ dont le degré est $\geq q$.*

Démonstration. — D'après ce qui précède, l'algèbre E_∞ qui est l'algèbre graduée associée à $H^*(\mathfrak{a})$ (lemme 14.2) est en effet identique à E_2 que le théorème 15.3 permet d'identifier à $H^*(\mathfrak{b}) \otimes H^*(\mathfrak{a};\, \mathfrak{b})$. On notera que la structure graduée de $H^*(\mathfrak{b}) \otimes H^*(\mathfrak{a};\, \mathfrak{b})$ qui intervient ici est celle que définissent les sous-espaces $E_\infty^q = H^*(\mathfrak{b}) \otimes H^q(\mathfrak{a};\, \mathfrak{b})$. Soit par ailleurs $\bar{\eta}^q$ l'application de $\mathcal{H}^q$ sur le quotient

$$\mathcal{H}^q / \mathcal{H}^{q+1} = E_\infty^q = H^*(\mathfrak{b}) \otimes H^q(\mathfrak{a};\, \mathfrak{b}).$$

On a

$$H^*(\mathfrak{b}) \otimes I = E_\infty^0 = \bar{\eta}^0 . \mathcal{H}^0.$$

D'autre part, $I \otimes H^q(\mathfrak{a};\, \mathfrak{b}) = E_\infty^{0,q}$ est l'image par $\bar{\eta}^q$ des éléments de degré q de $\mathcal{H}^q$, lesquels sont ceux de ${}^t\bar{\pi}.H^q(\mathfrak{a};\, \mathfrak{b})$ (14.17). Par conséquent,

$$\bar{\eta}^q . \mathcal{H}^q = H^*(\mathfrak{b}) \otimes H^q(\mathfrak{a};\, \mathfrak{b}) = (H^*(\mathfrak{b}) \otimes I) \smile (I \otimes H^q(\mathfrak{a};\, \mathfrak{b})) = (\bar{\eta}^0 . \mathcal{H}^0) \smile (\bar{\eta}^q {}^t\bar{\pi} . H^q(\mathfrak{a};\, \mathfrak{b}))$$

Or, si $\mathbf{a} \in \mathcal{H}^0$ et $\mathbf{a}' \in \mathcal{H}^q$, on a

$$(\bar{\eta}^0 . \mathbf{a}) \smile (\bar{\eta}^q . \mathbf{a}') = \bar{\eta}^q . (\mathbf{a} \smile \mathbf{a}')$$

car E_∞ est l'algèbre graduée associée à $H^*(\mathfrak{a})$. Par conséquent, quel que soit q,

$$\bar{\eta}^q . \mathcal{H}^q = \bar{\eta}^q . [\mathcal{H}^0 \smile ({}^t\bar{\pi} . H^q(\mathfrak{a};\, \mathfrak{b}))],$$

c'est-à-dire

(17.1) $$\mathcal{H}^q \subset \mathcal{H}^{q+1} + \mathcal{H}^0 \smile ({}^t\bar{\pi} . H^q(\mathfrak{a};\, \mathfrak{b})).$$

Puisque, pour q assez grand, $\mathcal{H}^q = \{0\}$, il en résulte que

$$\mathcal{H}^q \subset \sum_r^{r \geq q} H^*(\mathfrak{a}) \smile ({}^t\bar{\pi} . H^r(\mathfrak{a};\, \mathfrak{b})).$$

Il y a égalité car ${}^t\bar{\pi}.H^r(\mathfrak{a};\, \mathfrak{b}) \subset \mathcal{H}^r$ quel que soit r (14.17).

Lorsque le corps de base est de caractéristique 0, la structure très particulière de $H^*(\mathfrak{b})$ permet de démontrer, ainsi que l'a fait H. Samelson dans le cas compact ([45]) que l'algèbre filtrée $H^*(\mathfrak{a})$ est *isomorphe* à l'algèbre graduée associée $H^*(\mathfrak{b}) \otimes H^*(\mathfrak{a}; \mathfrak{b})$.

THÉORÈME 17.3. — *Soient* $\mathfrak{a}$ *une algèbre de Lie sur un corps de caractéristique* o *et* $\mathfrak{b}$ *une sous-algèbre non homologue à zéro et réductive dans* $\mathfrak{a}$. *Il existe des isomorphismes (non naturels) de l'algèbre* $H^*(\mathfrak{b}) \otimes H^*(\mathfrak{a}; \mathfrak{b})$ *sur l'algèbre* $H^*(\mathfrak{a})$ *qui appliquent chaque sous-espace* $\sum^{p+q=r} H^p(\mathfrak{b}) \otimes H^q(\mathfrak{a}; \mathfrak{b})$ *sur* $H^r(\mathfrak{a})$.

Démonstration. — Puisque ${}^t\tilde{\varphi}.H^*(\mathfrak{a}) = H^*(\mathfrak{b})$, on peut définir un isomorphisme μ du sous-espace Q^* des éléments primitifs de $H^*(\mathfrak{b})$ dans l'algèbre $H^*(\mathfrak{a})$ qui conserve les degrés et tel que ${}^t\tilde{\varphi}\mu$ soit l'automorphisme identique de Q^*. Or les éléments primitifs homogènes de $H^*(\mathfrak{b})$ sont de degré impair (théorème 10.1). Le lemme 10.2 montre donc que μ se prolonge en un homomorphisme de l'algèbre extérieure $\wedge(Q^*)$ dans $H^*(\mathfrak{a})$. Mais, d'après le théorème 10.2, $H^*(\mathfrak{b}) = \wedge(Q^*)$; il existe donc un homomorphisme $\mu : H^*(\mathfrak{b}) \to H^*(\mathfrak{a})$ qui conserve les degrés et tel que ${}^t\tilde{\varphi}\mu$ soit un endomorphisme de l'*algèbre* $H^*(\mathfrak{b})$ qui transforme en lui-même tout élément primitif. Puisque $H^*(\mathfrak{b})$ est engendrée par ces éléments primitifs (et l'unité), on voit donc que ${}^t\tilde{\varphi}\mu$ est l'automorphisme identique de $H^*(\mathfrak{b})$ c'est-à-dire que μ est un *isomorphisme de l'algèbre* $H^*(\mathfrak{b})$ *sur une sous-algèbre de* $H^*(\mathfrak{a})$ *supplémentaire de l'idéal des zéros de* ${}^t\tilde{\varphi}$.

On définit une application linéaire $\sigma : H^*(\mathfrak{b}) \otimes H^*(\mathfrak{a}; \mathfrak{b}) \to H^*(\mathfrak{a})$ en posant

$$\sigma.(\mathbf{b} \otimes \mathbf{c} = (\mu.\mathbf{b}) \smile ({}^t\bar{\pi}.\mathbf{c})$$

pour tout élément $\mathbf{b} \otimes \mathbf{c}$ du produit tensoriel. Grâce à la structure multiplicative adoptée dans $H^*(\mathfrak{b}) \otimes H^*(\mathfrak{a}; \mathfrak{b})$ (1.6), σ est un homomorphisme d'algèbres. De plus,

$$\sigma.(H^p(\mathfrak{b}) \otimes H^q(\mathfrak{a}; \mathfrak{b})) \subset H^{p+q}(\mathfrak{a}),$$

car μ conserve les degrés. Puisque $\mu.H^*(\mathfrak{b})$ est un supplémentaire de $\mathcal{H}^1$, on a

$$\bar{\eta}^0.\mathcal{H}^0 = \bar{\eta}^0\mu.H^*(\mathfrak{b});$$

ceci permet de remanier la démonstration de l'inclusion (17.1) de manière à obtenir, pour chaque q,

$$\mathcal{H}^q \subset \mathcal{H}^{q+1} + (\mu.H^*(\mathfrak{b})) \smile ({}^t\bar{\pi}.H^q(\mathfrak{a}; \mathfrak{b})).$$

On a donc

$$\mathcal{H}^q \subset \sigma.(H^*(\mathfrak{b}) \otimes H^*(\mathfrak{a}; \mathfrak{b})) + \mathcal{H}^{q+1}.$$

Il en résulte que l'image de σ coïncide avec $H^*(\mathfrak{a})$. Or $H^*(\mathfrak{a})$ a même dimension que son algèbre graduée associée; compte tenu du théorème 17.2, ceci prouve que σ est un isomorphisme et achève la démonstration.

On remarquera que les propriétés précédentes caractérisent les sous-algèbres non homologues à zéro, dans la mesure où la sous-algèbre $\mathfrak{b}$ est supposée réductive dans $\mathfrak{a}$.

(17.2) *soit* $\mathfrak{b}$ *une sous-algèbre réductive dans* $\mathfrak{a}$. *Si* $H^*(\mathfrak{a})$ *a même dimension que* $H^*(\mathfrak{b}) \otimes H^*(\mathfrak{a}; \mathfrak{b})$, *ou, ce qui revient au même, si* $\Delta_s = 0$ *pour tout* $s \geqq 2$, *alors* $\mathfrak{b}$ *est non homologue à zéro.*

Dans les deux cas, en effet, on a $E_\infty = E_2$. La dimension de ${}^t\varphi . H^*(\mathfrak{a})$ qui est celle de $\mathcal{H}^0/\mathcal{H}^1 = E_\infty$ est donc égale à la dimension de $E_2^0 = H^*(\mathfrak{b}) \otimes I = H^*(\mathfrak{b})$.

Ces résultats permettent de donner des indications sur l'algèbre de cohomologie d'une algèbre de Lie sur laquelle on ne fait plus d'hypothèse de réductivité.

Théorème 17.4. — *Soit* $\mathfrak{a}$ *une algèbre de Lie sur un corps de caractéristique* 0 *et soit* $\mathfrak{k}$ *son radical. L'algèbre de cohomologie* $H^*(\mathfrak{a})$ *est isomorphe au produit tensoriel de* $H^*(\mathfrak{a}/\mathfrak{k})$ *et d'une sous-algèbre de* $H^*(\mathfrak{k})$.

Démonstration. — On sait [théorème de Lévi ([46])] que $\mathfrak{a}$ possède une sous-algèbre semi-simple $\mathfrak{b}$ telle que $\mathfrak{a}$ soit somme directe des sous-espaces $\mathfrak{b}$ et $\mathfrak{k}$. Puisque le corps de base est de caractéristique 0, cette sous-algèbre semi-simple est *réductive dans* $\mathfrak{a}$. Il résulte par ailleurs de l'expression (3.1) de ∂ que l'idéal des chaînes de $\mathfrak{a}$ engendré par $\mathfrak{k}$ est stable par ∂. Or c'est un supplémentaire de la sous-algèbre image des chaînes de $\mathfrak{b}$ par l'isomorphisme qui prolonge l'isomorphisme identique de $\mathfrak{b}$ dans $\mathfrak{a}$. Par conséquent $\mathfrak{b}$ est *non homologue à zéro*. Compte tenu du théorème 17.3, on a donc

$$H^*(\mathfrak{a}) \simeq H^*(\mathfrak{b}) \otimes H^*(\mathfrak{a}; \mathfrak{b}).$$

Or $\mathfrak{b}$ est isomorphe à $\mathfrak{a}/\mathfrak{k}$. On comparera $H^*(\mathfrak{a}; \mathfrak{b})$ et $H^*(\mathfrak{k})$ au moyen de l'homomorphisme ${}^t\zeta$ de $C^*(\mathfrak{a})$ sur $C^*(\mathfrak{k})$ qui correspond à l'isomorphisme identique de $\mathfrak{k}$ dans $\mathfrak{a}$. Cet homomorphisme applique isomorphiquement $N^*(\mathfrak{a}; \mathfrak{b})$ sur $C^*(\mathfrak{k})$. Soit R le sous-espace des cochaînes de $\mathfrak{a}$ engendré par $\theta^*(x).C^*(\mathfrak{a})$ lorsque x parcourt $\mathfrak{b} \subset \mathfrak{a}$; puisque $\mathfrak{b}$ est réductive dans $\mathfrak{a}$, $N^*(\mathfrak{a}; \mathfrak{b})$ est somme directe de $L^*(\mathfrak{a}; \mathfrak{b})$ et de $R \cap N^*(\mathfrak{a}; \mathfrak{b})$. De plus R est stable par δ. Puisque ${}^t\zeta\delta = \delta\,{}^t\zeta$, on voit donc que $C^*(\mathfrak{k})$ est somme directe des sous-espaces stables par δ, ${}^t\zeta . L^*(\mathfrak{a}; \mathfrak{b})$ et ${}^t\zeta . R$. La restriction de ${}^t\zeta$ à $L^*(\mathfrak{a}; \mathfrak{b})$ étant un isomorphisme, ceci prouve que ${}^t\zeta$ induit un isomorphisme de $H^*(\mathfrak{a}; \mathfrak{b})$ sur la sous-algèbre des classes de cohomologie de $\mathfrak{k}$ qui contiennent un cocycle dans ${}^t\zeta . L^*(\mathfrak{a}; \mathfrak{b})$.

18. **Le cas des sous-algèbres homologues à zéro.** — *Définition.* — Soit $\mathfrak{b}$ une sous-algèbre de l'algèbre de Lie $\mathfrak{a}$. Les notations étant celles des paragraphes précédents, une classe de cohomologie de $\mathfrak{b}$ sera dite *transgressive* si elle contient un cocycle image par ${}^t\varphi$ d'une cochaîne a de $\mathfrak{a}$ telle que $\delta . a \in N^*(\mathfrak{a}; \mathfrak{b})$. Les classes transgressives constituent un sous-espace de $H^*(\mathfrak{b})$ qui contient visiblement les composantes homogènes de ses éléments.

On désignera par $M_1 \subset H^*(\mathfrak{a}; \mathfrak{b})$ l'idéal bilatère des classes de cohomologie relative qui contiennent un cocycle dans $(\partial . B^1) \cap L^*(\mathfrak{a}; \mathfrak{b})$. Soit $\mathbf{b} \in H^*(\mathfrak{b})$ une

([46]) *Cf.* J. H. C. Whitehead, *On the decomposition of an infinitesimal group* (*Proc. of Camb. Phil. Soc.*, vol. 36, 1936, p. 229-237).

classe transgressive; les cochaînes a de $\mathfrak{a}$ telles que ${}^t\varphi.a$ soit un cocycle de la classe $\mathbf{b}$ sont bien définies modulo $B^1+\delta.C^*(\mathfrak{a})$ (47). Par suite, $\delta.a$ est défini, modulo $\delta.B^1$ par la classe $\mathbf{b}$. Tout cocycle dans $N^*(\mathfrak{a};\mathfrak{b})$ étant dans $L^*(\mathfrak{a};\mathfrak{b})$, si le cocycle $\delta.a$ est dans $N^*(\mathfrak{a};\mathfrak{b})$, il appartient à une classe de cohomologie relative $\mathbf{c}(\mathbf{b})$ qui est définie, modulo M_1, par la classe $\mathbf{b}$. L'image canonique de $\mathbf{c}(\mathbf{b})$ dans le quotient $H^*(\mathfrak{a};\mathfrak{b})/M_1$ ne dépend donc que de $\mathbf{b}$ et en dépend linéairement. On définit ainsi une *application linéaire* Ψ *du sous-espace des éléments transgressifs de* $H^*(\mathfrak{b})$ *dans* $H^*(\mathfrak{a};\mathfrak{b})/M_1$ (48). Cette application *élève le degré d'une unité* en ce sens que, si $\mathbf{b}$ est une classe transgressive de degré p, alors $\Psi.\mathbf{b}\in H^{p+1}(\mathfrak{a};\mathfrak{b})/M_1^{p+1}$, où M_1^{p+1} désigne l'intersection $M_1\cap H^{p+1}(\mathfrak{a};\mathfrak{b})$.

Soit M_0 l'idéal des zéros de l'homomorphisme ${}^t\bar{\pi}: H^*(\mathfrak{a};\mathfrak{b})\to H^*(\mathfrak{a})$, c'est-à-dire l'idéal des classes de cohomologie relative qui contiennent un cocycle cohomologue à zéro dans $C^*(\mathfrak{a})=B^0$.

THÉORÈME 18.1. — *L'application* Ψ *a pour image le quotient*

$$M_0/M_1\subset H^*(\mathfrak{a};\mathfrak{b})/M_1.$$

Démonstration. — L'image de Ψ est dans M_0/M_1 car, pour toute classe transgressive $\mathbf{b}$, $\Psi.\mathbf{b}$ s'obtient par passage au quotient à partir de la classe d'un cocycle de $L^*(\mathfrak{a};\mathfrak{b})$ de la forme $\delta.a$, c'est-à-dire d'une classe de M_0. Inversement, soit un élément de M_0/M_1 image canonique d'une classe $\mathbf{c}\in M_0$. Il existe une cochaîne a de $\mathfrak{a}$ telle que $\delta.a$ soit un cocycle de la classe $\mathbf{c}$. Puisque la composante de degré o de $\delta.a$ est nulle et que $L^q(\mathfrak{a};\mathfrak{b})\subset B^1$ pour tout $q>0$, on voit que ${}^t\varphi.a$ est un *cocycle* de $\mathfrak{b}$ qui appartient à une classe transgressive dont l'image par Ψ est l'image canonique de $\mathbf{c}$ dans M_0/M_1.

THÉORÈME 18.2. — *Les images de l'homomorphisme* ${}^t\bar{\varphi}: H^*(\mathfrak{a})\to H^*(\mathfrak{b})$ *sont transgressives et constituent le sous-espace des zéros de* Ψ.

Démonstration. — Soient $\mathbf{a}$ une classe de cohomologie de $\mathfrak{a}$ et a un cocycle dans la classe $\mathbf{a}$; ${}^t\bar{\varphi}.\mathbf{a}$ est la classe du cocycle ${}^t\varphi.a$ de $\mathfrak{b}$. Puisque $\delta.a=0\in N^*(\mathfrak{a};\mathfrak{b})$, ceci prouve que ${}^t\bar{\varphi}.\mathbf{a}$ est transgressive et que c'est un zéro de Ψ. Inversement, si $\mathbf{b}\in H^*(\mathfrak{b})$ est transgressive et si c'est un zéro de Ψ, il existe une cochaîne a de $\mathfrak{a}$ telle que ${}^t\varphi.a$ soit un cocycle de la classe $\mathbf{b}$ et que $\delta.a$ soit un cocycle de $L^*(\mathfrak{a};\mathfrak{b})$ appartenant à $\delta.B^1$. Soit a' une cochaîne dans B^1 telle que $\delta.a'=\delta.a$. On a

$${}^t\varphi.(a-a')={}^t\varphi.a,$$

donc $\mathbf{b}$ est l'image par ${}^t\bar{\varphi}$ de la classe de cohomologie du cocycle $a-a'$ de $\mathfrak{a}$.

Si $\mathfrak{b}$ est $\not\sim 0$, l'application Ψ est donc triviale. Les résultats partiels relatifs au cas où $\mathfrak{b}$ est homologue à zéro, auxquels aboutira ce paragraphe, reposent sur le

THÉORÈME 18.3. — *Si* $\mathfrak{b}$ *est une sous-algèbre réductive dans* $\mathfrak{a}$, *alors tout élément primitif de* $H^*(\mathfrak{b})$ *est transgressif* (*cf.* § 10).

(47) On rappelle que B^1 est l'idéal des zéros de ${}^t\varphi$.

(48) Cette application est essentiellement celle qui a été introduite par M. G. Hirsch sous le nom d'isomorphisme caractéristique réduit dans l'étude de la cohomologie des espaces fibrés; *cf.* [7].

Démonstration. — On établira ce théorème en prouvant, par récurrence sur q, que, si $\mathbf{b}$ est un élément primitif *de degré* r de $H^*(\mathfrak{h})$ et si l'entier q est $\leq r+1$, il existe une r-cochaîne a de $\mathfrak{a}$ telle que :

(1) $\varphi . a$ soit un cocycle de la classe $\mathbf{b}$;
(2) $\delta . a \in B^q$;
(3) a soit invariante par $\mathfrak{h}$;
(4) $\iota(\varphi . v)\delta . a = 0$ pour tout cycle invariant v de degré o dans $C(\mathfrak{h})$.

Puisque toute $(r+1)$-cochaîne dans B^{r+1} est dans $N^*(\mathfrak{a}; \mathfrak{h})$, l'existence d'une cochaîne a vérifiant ces conditions pour $q = r+1$ prouvera bien que $\mathbf{b}$ est transgressive.

La sous-algèbre $\mathfrak{h}$ étant supposée réductive, il existe un sous-espace F^1 de 1-cochaînes de $\mathfrak{a}$, stable par $\mathfrak{h}$ et supplémentaire de $N^1(\mathfrak{a}; \mathfrak{h})$. Soit F^* la sous-algèbre de $C^*(\mathfrak{a})$ engendrée par l'unité et le sous-espace F^1, Elle est stable par $\mathfrak{h}$ ainsi que par tout endomorphisme $\iota(u)$ associé à une chaîne u de $\mathfrak{h}$ (2.10). Compte tenu de la relation (15.1), ceci montre que

(18.1) *chaque sous-espace* $F \wedge N^q(\mathfrak{a}; \mathfrak{h}) \subset C^*(\mathfrak{a})$ *est stable par* $\mathfrak{h}$ *ainsi que par les endomorphismes* $\iota(\varphi . v)$ *où* $v \in C(\mathfrak{h})$.

On a par ailleurs $B^q = B^{q+1} + F^* \wedge N^q(\mathfrak{a}; \mathfrak{h})$ quel que soit q, car F^* est un supplémentaire de B^1 et $B^q = B^{q+1} + C^*(\mathfrak{a}) \wedge N^q(\mathfrak{a}; \mathfrak{h})$. La dimension de $F^* \wedge N^q(\mathfrak{a}; \mathfrak{h})$ est au plus égale à celle de $C^*(\mathfrak{h}) \otimes N^q(\mathfrak{a}; \mathfrak{h})$; or on a vu (théorème 15.1) que $C^*(\mathfrak{h}) \otimes N^q(\mathfrak{a}; \mathfrak{h})$ est isomorphe à B^q/B^{q+1}. Par conséquent,

(18.2) *chaque idéal* B^q *est somme directe de* B^{q+1} *et de* $F^* \wedge N^q(\mathfrak{a}; \mathfrak{h})$.

On commencera par montrer l'existence d'une r-cochaîne a satisfaisant aux quatre conditions précédentes pour $q = 1$. D'après (18.2), ${}^t\varphi$ applique isomorphiquement F^* sur $C^*(\mathfrak{h})$. Soit a la r-cochaîne dans F^* telle que ${}^t\varphi . a$ soit le cocycle *invariant* de la classe primitive $\mathbf{b}$. Les conditions (1) et (2) sont alors satisfaites. De plus

$$ {}^t\varphi\theta^*(\varphi . y) . a = \theta^*(y){}^t\varphi . a = \theta^*(y) . b = 0, $$

quel que soit $y \in \mathfrak{h}$. Compte tenu de la stabilité de F^* par $\mathfrak{h}$ (18.1), ceci montre que la condition (3) est également satisfaite. Soient v et v' des cycles invariants de degré > 0 dans $C(\mathfrak{h})$. Puisque $\mathbf{b}$ est primitif, c'est que

$$ \langle v', \iota(v) . b \rangle = \langle v \wedge v', b \rangle = 0. $$

Or $\iota(v) . b$ est un cocycle invariant, car les endomorphismes $\theta(y)$ sont des dérivations. On voit donc que, pour tout cycle invariant v de degré > 0, le cocycle invariant $\iota(v) . b$ est orthogonal à tous les cycles de degré > 0 de $\mathfrak{h}$. Puisque $\mathfrak{h}$ est réductive, ceci prouve que $\iota(v) . b \in C^0(\mathfrak{h})$. Par suite,

$$ {}^t\varphi\iota(\varphi . v) . a = \iota(v){}^t\varphi . a \in C^0(\mathfrak{h}), $$

c'est-à-dire que $\iota(\varphi . v) . a \in C^0(\mathfrak{a}) + B^1$. Compte tenu de (18.1), il en résulte que

$\iota(\varphi.\nu).a \in C^0(\mathfrak{a})$. D'après (4.6), l'endomorphisme $\iota(\varphi.\bar{\nu})\partial + \partial\iota(\varphi.\nu)$ est nul sur la sous-algèbre des cochaînes de $\mathfrak{a}$ invariantes par $\mathfrak{b}$; on voit donc que

$$\iota(\varphi.\bar{\nu})\delta.a \in \delta.C^0(\mathfrak{a}) = \{0\},$$

c'est-à-dire que la condition (4) est satisfaite.

On supposera maintenant déterminée une r-cochaîne a satisfaisant aux conditions (1), (2), (3) et (4) pour $q = k$, l'entier k étant tel que $0 < k < r+1$, et l'on montrera que l'on peut en déduire une r-cochaîne satisfaisant aux mêmes conditions pour $q = k+1$. La cochaîne $\delta.a$ est un $(r+1)$-cocycle dans B^k (2). En posant

$$e = \eta_0^k\,\delta.a \in E_0^{r-k+1,k},$$

on a

$$\Delta_0.e = \Delta_0\eta_0^k\,\delta.a = \eta_0^k\,\delta\delta.a = 0$$

et

$$\theta^\star(y).e = \theta^\star(y)\,\eta_0^k\,\delta.a = \eta_0^k\,\theta^\star(\varphi.y)\,\delta.a = \eta_0^k\,\delta\theta^\star(\varphi.y).a = 0$$

quel que soit $y \in \mathfrak{b}$ (3). Ainsi e est un *cocycle invariant* de E_0.

La stabilité des idéaux B^q vis-à-vis des endomorphismes $\iota(\varphi.\nu)$ (15.2) permet de définir, pour chaque chaîne ν de $\mathfrak{b}$, un endomorphisme linéaire $I(\nu)$ de E_0 en posant

(18.3) $$I(\nu)\eta_0^q = \eta_0^q\,\iota(\varphi.\nu)$$

sur chaque idéal B^q. Compte tenu de (15.1), on voit que l'isomorphisme $\alpha : C^\star(\mathfrak{b}) \otimes N^\star \to E_0$ défini par (15.4) vérifie la relation

$$\alpha.((\iota(\nu).b) \otimes c) = I(\nu)\alpha.(bc),$$

quels que soient $\nu \in C(\mathfrak{b})$ et $b \otimes c \in C^\star(\mathfrak{b}) \otimes N^\star$ [49]. En identifiant E_0 avec $C^\star(\mathfrak{b}) \otimes N$ au moyen de α, on a donc

(18.4) $$I(\nu).(b \otimes c) = (\iota(\nu).b) \otimes c.$$

Soit X l'idéal (bilatère) de $C(\mathfrak{b})$ engendré par les cycles invariants de degré > 0 ; le lemme 4.1 montre que cet idéal est stable par ∂ et donc par les dérivations $\theta(y) = \varepsilon(y)\,\partial + \partial\varepsilon(y)$. Soit X' le sous-espace de $C^\star(\mathfrak{b})$ orthogonal à X. La relation (18.4) prouve que $X' \otimes N$ *est le sous-espace des zéros communs aux* $I(\nu)$ *lorsque* ν *parcourt le sous-espace des cycles invariants de degré* > 0 de $\mathfrak{b}$. Par conséquent la condition (4) se traduit par l'inclusion $e \in X' \otimes N^\star$.

Puisque l'on suppose $k < r+1$, X contient tous les cycles invariants de degré $r-k+1$; les éléments de degré $r-k+1$ de X' sont donc dans le sous-espace $T^\star(\mathfrak{b})$ engendré par $\theta^\star(y).C^\star(\mathfrak{b})$ lorsque y parcourt $\mathfrak{b}$. Du fait que $e \in E_0^{r-k+1,k}$, on a donc $e \in T^\star(\mathfrak{b}) \otimes N^\star$. Or on a montré (15.16) que tout cocycle invariant dans $T^\star(\mathfrak{b}) \otimes N^\star \subset E_0$ est dans $\Delta_0.J$, où J désigne la sous-algèbre des éléments invariants de E_0. Par conséquent $e \in \Delta_0.J$. On démontrera plus loin le

---

[49] On pose comme plus haut $N^\star = N^\star(\mathfrak{a}\,;\,\mathfrak{b})$.

LEMME 18.1. — *Soient* $\mathfrak{b}$ *une algèbre de Lie réductive et* $X \subset C(\mathfrak{b})$ *un idéal de chaînes de* $\mathfrak{b}$ *stable par* ∂ *et somme directe des intersections* $X_p = X \cap C_p(\mathfrak{b})$. *Il existe un supplémentaire* Y *de* X *dans* $C(\mathfrak{b})$ *stable par* ∂ *ainsi que par les dérivations* $\theta(y)$ $(y \in \mathfrak{b})$.

Soit Y' le sous-espace orthogonal au supplémentaire de X dont ce lemme affirme l'existence; l'espace E_0 est somme directe des sous-espaces $X' \otimes N^*$ et $Y' \otimes N^*$. De la stabilité de X et Y par ∂ résulte la stabilité de X' et Y' par δ et donc la stabilité de $X' \otimes N^*$ et $Y' \otimes N^*$ par l'opérateur Δ défini en (15.11). La relation (15.9) montre de même que la stabilité de X et Y par $\theta(y)$ se traduit par la stabilité de $X' \otimes N^*$ et $Y' \otimes N^*$ par $\Theta^*(y)$ pour tout $y \in \mathfrak{b}$. Il en résulte que J est somme directe de $J \cap (X' \otimes N^*)$ et de $J \cap (Y' \otimes N^*)$. Puisque $\Delta = \Delta_0$ sur J (15.12) et que $e \in (X' \otimes N^*) \cap J$, on voit donc que $e \in \Delta_0 . (J \cap (X' \otimes N)^*)$. Du fait que $e \in E_0^{r-k+1, k}$, on peut choisir un $e' \in E_0^{r-k, k} \cap J \cap (X' \otimes N^*)$ tel que $\Delta_0 . e' = e$. Compte tenu de (18.2), il existe une r-cochaîne a' dans $F^* \wedge N^k$ telle que $\eta_0^k . a' = e'$. *La* r*-cochaîne* $a - a'$ *vérifie les conditions* (1), (2) (3) *et* (4) *pour* $q = k + 1$. En effet,

(1) on a $k > 0$, donc ${}'\varphi . (a - a') = {}'\varphi . a$ est dans la classe de cohomologie primitive **b** :

(2) on a

$$\eta_0^k \, \delta . (a - a') = e - \Delta_0 . e' = 0,$$

donc $\delta . (a - a') \in B^{k+1}$;

(3) on a

$$\eta_0^k \, \theta^*(\varphi . y) . a' = \Theta^*(y) . e' = 0,$$

car $e' \in J$. D'après (18.1) ceci prouve que a', et par suite $a - a'$, sont invariantes par $\mathfrak{b}$.

(4) pour tout cycle invariant v de degré > 0 dans $C(\mathfrak{b})$, on a, d'après (18.3),

$$\eta_0^k \, \iota(\varphi, v) . a' = I(v) . e' = 0$$

car $e' \in X' \otimes N$. D'après (18.1), ceci prouve que $\iota(\varphi . v) . a' = 0$. Compte tenu du lemme 4.2, on a donc bien

$$\iota(\varphi . v) \, \delta . (a - a') = \iota(\varphi . v) \, \delta . a' = \delta \iota(\varphi . \bar{v}) . a' = 0$$

pour tout cycle invariant v de degré > 0. Le théorème 18.3 découlera donc de la

Démonstration du lemme 18.1. — On prouvera l'existence dans chaque sous-espace $C_p(\mathfrak{b})$ d'un sous-espace Y_p supplémentaire de X_p tel que $\partial . Y_p \subset Y_{p-1}$ et $\theta(x) . Y_p$ pour tout $y \in \mathfrak{b}$. On procède par récurrence en supposant obtenus de tels sous-espaces Y_p pour les valeurs de $p < s$ (la détermination de Y_0 est triviale). Puisque l'idéal X est stable par ∂, il est stable par toutes les dérivations $\theta(y) = \varepsilon(y) \partial + \partial \varepsilon(y)$. Soit $\bar{Y}_s$ le sous-espace des $v \in C_s(\mathfrak{b})$ tels que $\partial . v \in Y_{s-1}$; il est stable par $\mathfrak{b}$. Puisque $\mathfrak{b}$ est réductive, le sous-espace $X_s + \bar{Y}_s$ possède un supplémentaire K_s dans $C_s(\mathfrak{b})$ stable par $\mathfrak{b}$. Soit u une chaîne dans K_s; $C_{s-1}(\mathfrak{b})$ étant somme directe de X_{s-1} et de Y_{s-1}, $\partial.u$ est somme d'une chaîne $w \in X_{s-1}$ et d'une chaîne $w' \in Y_{s-1}$. On a $\partial.w = 0$, car

$$\partial\partial.u = 0 \quad \text{et} \quad (\partial.X_{s-1}) \cap (\partial.Y_{s-1}) \subset X_{s-2} \cap Y_{s-2} = \{0\}.$$

Par suite

$$\theta(y).w = \partial\varepsilon(y).w + \varepsilon(y)\partial.w = \partial\varepsilon(y).w \in X_s,$$

quel que soit $y \in \mathfrak{b}$, il en résulte que

$$\partial\theta(y).u = \theta(y)\partial.u = \theta(y).w + \theta(y).w' \in \partial.X_s + Y_{s-1}.$$

Or Y_s contient tous les s-cycles; on a donc

$$\theta(y).K_s \subset X_s + \overline{Y}_s$$

pour tout $y \in \mathfrak{b}$. Puisque K_s est stable par $\mathfrak{b}$, ceci prouve que les éléments de K_s sont des chaînes invariantes; ce sont donc des cycles puisque $\mathfrak{b}$ qui est réductive est, *a fortiori*, unimodulaire (théorème 6.1). Il en résulte que

$$K_s \subset K_s \cap \overline{Y}_s = \{0\}.$$

Soit Y_s un supplémentaire de $X_s \cap \overline{Y}_s$ dans $\overline{Y}_s$ stable par $\mathfrak{b}$; c'est un supplémentaire de X_s dans $C_s(\mathfrak{b})$ pour lequel $\partial.Y_s \subset Y_{s-1}$.

Les théorèmes 18.1, 18.2 et 18.3 montrent que, si $H^*(\mathfrak{b})$ possède des éléments primitifs de degré p étrangers à l'image de ${}^t\bar{\varphi}$, alors $H^{p+1}(\mathfrak{a}; \mathfrak{b}) \neq \{0\}$. On en déduira, en fait, des résultats beaucoup plus précis, car, dans les cas importants, les éléments de M_0/M_1 correspondent à des générateurs de l'algèbre $H^*(\mathfrak{a}; \mathfrak{b})$.

On pose $M_0^p = H^p(\mathfrak{a}; \mathfrak{b}) \cap M_0$ et l'on désigne par S^p le sous-espace des éléments de $H^p(\mathfrak{a}; \mathfrak{b})$ qui appartiennent à la sous-algèbre engendrée par les éléments de $H^*(\mathfrak{a}; \mathfrak{b})$ de degré inférieur à p.

Lemme 18.2. — *Si $\mathfrak{b}$ est une sous-algèbre dans une algèbre réductive $\mathfrak{a}$ et si le corps de base est de caractéristique* 0, *alors*

$$S^p \cap M_0 \subset M_1, \tag{18.5}$$

quel que soit p.

Démonstration. — Soient c un cocycle de degré > 0 dans $L^*(\mathfrak{a}; \mathfrak{b})$ et c' un cocycle dans $L^*(\mathfrak{a}; \mathfrak{b})$ cohomologue à zéro. Si a est une cochaîne de $\mathfrak{a}$ telle que $\delta.a = c'$, on a

$$c \wedge c' = c \wedge (\delta.a) = \delta.(\bar{c} \wedge a).$$

Or $c \in B^1$, car $L^q(\mathfrak{a}; \mathfrak{b}) \subset B^1$ pour $q > 0$. Par suite, $c \wedge c' \in \delta.B^1$. Ceci prouve que

$$H^q(\mathfrak{a}; \mathfrak{b}) \cap M_0 \subset M_1 \tag{18.6}$$

pour tout $q > 0$.

On sait d'autre part (théorème 13.2) que l'image de ${}^t\bar{\pi}$ dans $H^*(\mathfrak{a})$ est engendrée par l'unité et un sous espace d'éléments primitifs; c'est donc une algèbre extérieure (théorème 10.3). Par un raisonnement identique au raisonnement utilisé dans la démonstration du théorème 17.3, on en déduit qu'il existe une sous-algèbre G supplémentaire de l'idéal M_0 dans $H(\mathfrak{a};\mathfrak{b})$. Soit G^+ le sous-espace engendré par les éléments de degré > 0 dans G. On a

$$S^p \subset (G^+ + M_0) \smile (G^+ + M_0) = G \smile G^+ + G^+ \smile M_0 + M_0 \smile M_0.$$

Or l'idéal M_0 est engendré par des éléments de degré > 0; compte tenu de (18.6), on a donc

$$M_0 \smile M_0 \subset M_1 \qquad \text{et} \qquad G^+ \smile M_0 \subset M_1.$$

Puisque G est une sous-algèbre, on a par ailleurs $G \smile G^+ \subset G^+$, ce qui prouve bien que $S^p \cap M_0 \subset M_1$.

Toute base minimale de générateurs homogènes de l'algèbre $H^*(\mathfrak{a};\mathfrak{b})$ comporte des éléments de degré p en nombre égal à la dimension de $H^p(\mathfrak{a};\mathfrak{b}) / S^p$. Il existe même des bases minimales adaptées à l'idéal des zéros de ${}^t\bar{\pi}$ qui contiennent dans chaque sous-espace M_0^p un nombre d'éléments égal à la dimension de $M_0^p / (S^p \cap M_0)$. D'après (18.5), la dimension de $M_0^p / (S^p \cap M_0)$ est au moins égale à celle de M_0^p / M_1^p qui est l'image par Ψ des classes transgressives de degré $p - 1$ de $H^*(\mathfrak{b})$ (théorème 18.1). Si l'on suppose de plus que la sous-algèbre $\mathfrak{b}$ est réductive, le théorème 18.3 montre que la dimension de M_0^p / M_1^p est au moins égale au nombre des éléments primitifs de degré $p - 1$ de $H^*(\mathfrak{b})$ linéairement indépendants modulo ${}^t\bar{\varphi}.H^*(\mathfrak{a})$. On a ainsi démontré le

Théorème 18.4. — *Soit $\mathfrak{a}$ une algèbre de Lie réductive sur un corps de caractéristique 0 et soit $\mathfrak{b}$ une sous-algèbre réductive dans $\mathfrak{a}$. S'il existe l éléments primitifs de degré $p - 1$ dans $H^*(\mathfrak{b})$ linéairement indépendants modulo ${}^t\bar{\varphi}.H^*(\mathfrak{a})$, alors toute base minimale de générateurs homogènes de l'algèbre $H^*(\mathfrak{a}, \mathfrak{b})$ contient au moins l éléments de degré p qui peuvent être choisis dans l'idéal des zéros de ${}^t\bar{\pi} : H^*(\mathfrak{a};\mathfrak{b}) \to H^*(\mathfrak{a})$.*

Avec les hypothèses de ce théorème, l'image de ${}^t\bar{\varphi}$ est engendrée par l'unité et des éléments primitifs de $H^*(\mathfrak{b})$. De plus, tous les éléments primitifs homogènes de $H^*(\mathfrak{b})$ sont de degré impair (théorème 10.1). On voit donc que *si la sous-algèbre $\mathfrak{b}$ est homologue à zéro, toute base de générateurs homogènes de $H^*(\mathfrak{a};\mathfrak{b})$ contient des éléments de degré pair.*

Le théorème 18.4 est toujours applicable dans le cas compact, en vertu du théorème 9.1. Les théorèmes de H. Samelson concernant les groupes transitifs sur les sphères de dimension paire en sont un cas particulier. On en trouvera d'autres illustrations notamment dans les travaux de M. Ehresmann [polynômes de Poincaré de certains espaces homogènes symétriques ([50])] de M. Stiefel ([51]) et de M. Leray [cohomologie des espaces homogènes définis par des sous-groupes abéliens maxima ([52])].

([50]) Cf. *Sur la topologie de certains espaces homogènes* (*Annals of Math.*, vol. 35, 1934, p. 394-443).

([51]) Cf. *Richtungfelder und Fernparallelismus in Mannigfaltigkeiten* (*Comm. Math. Helv.*, t., 8, 1936, p. 3-51).

([52]) *C. R. Acad. Sc.*, t. 223, 1946, p. 413-415.

On montrera, pour terminer, que le théorème 18.3 permet de préciser, dans une certaine mesure, la suite $\{E_s\}$ attachée à une sous-algèbre réductive.

Soit e un élément de $E_s^{p,0}$, donc de la forme $\eta_s^0 . a$, où a désigne une p-cochaîne de $\mathfrak{a}$ dans Z_s^0. Si $s \geqq 1$, alors ${}^t\varphi . a$ est un cocycle de $\mathfrak{b}$ dont la classe de cohomologie ne dépend pas du choix de a. Si le cocycle ${}^t\varphi . a$ était cohomologue à zéro, on aurait

$$a \in (\delta . B^0 + B^1) \cap Z_s^0 \subset Z_{s-1}^1 + D_{s-1}^0$$

et par suite $e = 0$. On définit ainsi, pour tout $s \geqq 1$, un isomorphisme

$${}^t\varphi_s : E_s^0 \to H^*(\mathfrak{b})$$

qui est visiblement compatible avec les structures d'algèbres graduées de ces espaces. De l'inclusion $Z_s^0 \subset Z_{s+1}^0$ résulte que ${}^t\varphi_s . E_s^0 \supset {}^t\varphi_{s+1} . E_{s+1}^0$. Compte tenu des théorèmes 15.1 et 15.2, on a

$${}^t\varphi_1 . E_1^0 = {}^t\varphi_2 . E_2^0 = H^*(\mathfrak{b}).$$

Par ailleurs, les images de ${}^t\varphi_\infty$ sont les classes de cohomologie des images par ${}^t\varphi$ des *cocycles* de $\mathfrak{a}$; on a donc

$${}^t\varphi_\infty . E_\infty^0 = {}^t\varphi . H^*(\mathfrak{a}).$$

On obtient ainsi une suite de sous-algèbres emboîtées

$$H^*(\mathfrak{b}) = {}^t\varphi_1 . E_1^0 = {}^t\varphi_2 . E_2^0 \supset \ldots \supset {}^t\varphi_s . E_s^0 \supset {}^t\varphi_{s+1} . E_{s+1}^0 \supset \ldots \supset {}^t\varphi . H^*(\mathfrak{a})$$

dont la connaissance équivaut à celle des E_s^0.

Lemme 18.3. — *Si le corps de base est de caractéristique* 0 *et si la sous-algèbre* $\mathfrak{b}$ *est réductive dans* $\mathfrak{a}$, *alors chaque sous-algèbre* ${}^t\varphi_s . E_s^0$ *est engendrée par l'unité et des éléments primitifs de* $H^*(\mathfrak{b})$.

Démonstration. — Soit $\mathbf{b}$ une classe de cohomologie dans ${}^t\varphi_s . E_s^0$; il existe une cochaîne $a \in Z_s^0$ telle que $\eta_s^0 . a$ soit dans la classe $\mathbf{b}$. Du fait que $\mathfrak{b}$ est réductive dans $\mathfrak{a}$ résulte que l'on peut choisir pour a une cochaîne invariante par $\mathfrak{b}$. D'après le lemme 4.2, on a alors

$$\delta\iota(\varphi . v) . a = \iota(\varphi . \bar{v})\, \delta . a \in \iota(\varphi . \bar{v}) . B^s \subset B^s$$

pour tout cycle invariant v de $\mathfrak{b}$. Par suite $\iota(\varphi . v) . a \in Z_s^0$ et $\iota(v)\,{}^t\varphi . a = {}^t\varphi\,\iota(\varphi . v) . a$ est donc encore un cocycle dans une classe de ${}^t\varphi_s . E_s^0$. Compte tenu du lemme 2.2, cette stabilité de la sous-algèbre ${}^t\varphi_s . E_s^0$ vis-à-vis des endomorphismes de $H^*(\mathfrak{b})$ induits par $\iota(v)$ lorsque v parcourt la sous-algèbre des cycles invariants prouve que ${}^t\varphi_s . E_s^0$ est engendrée par l'unité et des éléments primitifs de $H^*(\mathfrak{b})$.

Toute classe primitive de degré $\geqq p$ dans $H^*(\mathfrak{b})$ est dans ${}^t\varphi_{p+1} . E_{p+1}^0$ car, d'après le théorème 18.3, elle est transgressive, ce qui signifie qu'elle contient un cocycle dans ${}^t\varphi . Z_{p+1}^0$. D'autre part, si une classe primitive $\mathbf{b}$ de degré $q < p$ est dans ${}^t\varphi_{p+1} . E_{p+1}^0$, c'est qu'elle contient l'image par ${}^t\varphi$ d'une q-cochaîne $a \in Z_{p+1}^0$;

mais puisque $q+1<p+1$, la $q+1$ cochaîne $\delta.a$ qui est dans B^{p+1} est nécessairement nulle et par conséquent $\mathfrak{b}\in {}^t\tilde{\varphi}.H^*(\mathfrak{a})$. Ceci prouve le

THÉORÈME 18.5. — *Si* $\mathfrak{b}$ *est une sous-algèbre réductive dans* $\mathfrak{a}$ *et si le corps de base est de caractéristique* 0, *chaque sous-algèbre* ${}^t\varphi_s.E_s^0\subset H^*(\mathfrak{b})$ *est engendrée par l'unité et les éléments primitifs dont les composantes de degré* $<s-1$ *appartiennent à* ${}^t\tilde{\varphi}.H^*(\mathfrak{a})$.

Ce théorème montre que, *si* $H^*(\mathfrak{b})$ *possède des éléments primitifs de degré p étrangers à l'image de* $H^*(\mathfrak{a})$, *alors* $E_{p+1}^0\neq E_{p+2}^0$ *et par suite*,

$$\Delta_{p+1}.E_{p+1}\neq\{0\}.$$

Par ailleurs, les classes transgressives de degré p dans $H^*(\mathfrak{b})$ sont les éléments de

$$H^p(\mathfrak{b})\cap({}^t\varphi_{p+1}.E_{p+1}^0)={}^t\varphi_{p+1}.E_{p+1}^{p,0}.$$

Avec les hypothèses du théorème 18.5, on en déduit que *toute classe transgressive de* $H^*(\mathfrak{b})$ *est somme d'un élément primitif et d'un élément de* ${}^t\tilde{\varphi}.H^*(\mathfrak{a})$. L'application linéaire Ψ peut d'autre part s'obtenir en prenant les restrictions de chaque opérateur différentiel Δ_s au sous-espace $E_s^{s-1,0}$.

(Thèse soutenue le 10 juin 1949.)

Sur un type d'algèbres différentielles en rapport avec la transgression

par J. L. Koszul (Strasbourg)

1. Algèbres différentielles principales

Soit E une algèbre différentielle graduée. On suppose que E contient une unité, que les degrés sont $\geqslant 0$ et que $ab = (-1)^{pq} ba$ lorsque a et b sont de degrés respectifs p et q. On suppose en outre que E est « filtrée » par une suite d'idéaux $R^0 = E$, R^1, R^2, ... tels que :

1° $R^p \supset R^{p+1}$, $R^p R^q \subset R^{p+q}$ et $\delta\, R^p \subset R^p$ quels que soient les entiers p et q;

2° Chaque idéal R^q est homogène et ses éléments n'ont que des composantes de degré $\geqslant q$.

Les éléments de degré q de R^q dont le cobord est dans R^{q+1} constituent un sous-espace $B^q \subset E$. Les éléments de la sous-algèbre $B = \Sigma B^q \subset E$ qui est stable par l'opérateur différentiel δ, seront appelés des *éléments de base.* Chaque B^q s'identifie à un sous-espace de l'espace de cohomologie relative $L^q = H(R^q/R^{q+1})$ et B s'identifie à une sous-algèbre de l'algèbre graduée L obtenue en introduisant dans l'espace ΣL^q la structure multiplicative habituelle (¹).

Cette structure se rencontre en particulier dans l'algèbre des formes différentielles d'un espace fibré différentiable; les formes de R^q sont celles qui sont de degré $\geqslant q$ en les différentielles de coordonnées locales de la base; lorsque la fibre est connexe, B s'identifie alors à l'algèbre des formes différentielles de la base.

Soit F la sous-algèbre des éléments de $L^0 = H(E/R^1)$ qui contiennent un cocycle *modulo* R^2. On supposera que :

(¹) Cf. [2] p. 105.

1° F *est un espace vectoriel de dimension finie dont une base est un système libre de générateurs pour* L *considéré comme module (à gauche) sur* $B \subset L$.

On pourra donc identifier L et $F \otimes B$.

Sous l'angle des théories de J. Leray [1], L apparaît comme le premier terme de toute une suite d'algèbres différentielles dont les polynomes de Poincaré majorent les polynomes de Poincaré de H(E). Les méthodes introduites par G. Hirsch [2] utilisent au contraire la possibilité de *prolonger à* L *la structure différentielle de* B *de telle sorte que l'on ait directement isomorphisme entre* H(L) *et* H(E). L'existence d'un tel prolongement (non canonique) résulte de l'hypothèse (1). Il n'est pas possible en général de le réaliser de telle sorte que l'opérateur différentiel soit une *antidérivation* de L si bien que l'isomorphisme $H(L) \cong H(E)$ n'est qu'un isomorphisme d'*espaces* gradués. C. Chevalley a retrouvé cette méthode dans un cas particulièrement intéressant, où l'on peut définir dans L une structure d'*algèbre* différentielle et obtenir un *isomorphisme d'algèbre* entre H(L) et H(E).

Une classe dans F sera dite *transgressive* si elle contient un cocycle modulo B. L'algèbre filtrée E sera dite *principale* si :

2° F *est isomorphe à l'algèbre extérieure* A(P) *d'un sous-espace homogène* $P \subset F$ *dont les éléments sont transgressifs et n'ont que des composantes de degré impair.*

Lorsque E est principale, on définit un isomorphisme $\rho : P \longrightarrow E$ en associant à tout élément x d'une base homogène de P un cocycle modulo B homogène et appartenant à la classe x; cet isomorphisme se prolonge en un isomorphisme de $A(P) = F$ dans E qui se prolonge lui-même en un isomorphisme $\bar{\rho}$ du B-module L dans le B-module à gauche E. L'image de $\bar{\rho}$ est une sous-algèbre de E stable par δ. Ceci définit, par transport de structure, un opérateur différentiel dans L et une algèbre de cohomologie H(L).

THÉORÈME I (Chevalley). — *L'isomorphisme* $\bar{\rho} : L \longrightarrow E$ *induit un isomorphisme multiplicatif de* H(L) *sur* H(E) *compatible avec les homomorphismes* $H(B) \longrightarrow H(L)$ *et* $H(B) \longrightarrow H(E)$ *provenant des inclusions* $B \subset L$ *et* $B \subset E$.

La démonstration fait intervenir l'hypothèse (1).

L'algèbre des formes différentielles d'un espace fibré prin-

(1) Cf. J. LERAY, *L'anneau spectral et l'anneau filtré d'homologie d'un espace localement compact et d'une application continue* (*Journ. de Math.*, t. 29, 1950, pp. 1-139).

(2) Cf. G. HIRSCH, *Un isomorphisme attaché aux structures fibrées* (*C. R. Acad. Sc.*, Paris, t. 227, 1948, pp. 1328-1330).

cipal différentiable dont la fibre est un groupe compact connexe g est une algèbre différentielle principale. La condition (1) peut se vérifier directement; la propriété (2) résulte du Théorème de transgression (cf. H. Cartan [1]). L'algèbre F s'identifie alors à l'algèbre de cohomologie à coefficients réels $H^*(g)$ et P en est le sous-espace des éléments *primitifs*. De même, l'algèbre de Weil d'une algèbre de Lie g semi-simple ou somme directe d'une sous-algèbre semi-simple et d'une sous-algèbre abélienne est une algèbre différentielle principale lorsque l'on y adopte la structure filtrée pour laquelle R^p est l'idéal engendré par les formes linéaires symétriques de r variables dans g, où $r \geqslant p/2$ (cf. H. Cartan [1]). Les éléments de base sont les formes multilinéaires symétriques invariantes de g et F est l'algèbre de cohomologie de g.

Lorsque le Théorème I est applicable, H(E) est entièrement déterminé par la structure différentielle de B et par l'application linéaire $\tau : P \longrightarrow B$ qui fait passer d'un élément $x \in P$ à $x = \delta\rho x \in B$. En effet, l'opérateur différentiel de L est donné par

$$\begin{aligned} &D[(x^1 \wedge x^2 \wedge \ldots x^p) \otimes b] \\ &= \Sigma(-1)^{i+1}(x^1 \wedge x^2 \wedge \ldots \widehat{x^i} \wedge \ldots x^p) \otimes (\tau x^i)\, b \\ &+ (-1)^p (x^1 \wedge x^2 \wedge \ldots x^p) \otimes (\delta b)\,, \end{aligned}$$

lorsque $x^1, x^2, \ldots x^p \in P$ et $b \in B$.

Adaptant les méthodes introduites par J. Leray à l'algèbre différentielle L, on peut utiliser la filtration définie dans L par les sous-espaces K^p obtenus comme suit : si $A^r(P)$ est le sous-espace des r-vecteurs de P, $K^p = \Sigma^{r \leqslant p} A^r(P) \otimes B$. Cette filtration définit encore une suite d'algèbres différentielles L_0, L_1, ... Le terme L_0 est une algèbre isomorphe à L mais sa structure différentielle prolonge celle de B en sorte que les éléments de $F \subset L$ soient des cocycles. L'algèbre $L_1 = H(L_0)$ est donc $F \otimes H(B)$. Elle coïncide avec le second terme de la suite envisagée par J. Leray. Mais sa structure différentielle est en général différente. Soit $\tilde{\tau} : P \longrightarrow H(B)$ l'application linéaire de P dans H(B) qui associe à $x \in P$ la classe de cohomologie de $\tau x \in B$. L'opérateur différentiel dans L_1 est donné par

$$\begin{aligned} &D[(x^1 \wedge x^2 \wedge \ldots x^p) \otimes \tilde{b}] \\ &\qquad = \Sigma(-1)^{i+1}(x^1 \wedge \ldots \widehat{x^i} \wedge \ldots x^p) \otimes (\tilde{\tau} x^i)\, \tilde{b}\,, \end{aligned}$$

lorsque $x^1, x^2, \ldots, x^p \in P$ et $\tilde{b} \in H(B)$.

Dans le cas général, on sait seulement que le polynome de Poincaré de $L_2 = H(L_1)$ majore celui de $H(L) = H(E)$. Dans certains cas, on pourra prouver que les algèbres $H(L_1)$ et $H(L)$ sont isomorphes. Il en est ainsi, trivialement, lorsque tous les éléments de base sont des cocycles car alors, les *algèbres différentielles* L_1 et L sont isomorphes. C'est le cas lorsque E est une algèbre de Weil (cf. H. Cartan [1]). La circonstance se présente également dans l'étude des espaces symétriques. Soient G un groupe de Lie compact connexe, ω un automorphisme involutif de G et g la composante connexe contenant l'unité du sous-groupe des éléments de G invariants par ω. La base de G pour la structure fibrée définie par translation à gauche de g est l'espace symétrique G/g. L'algèbre des formes différentielles invariantes à gauche de G possède une structure d'algèbre différentielle principale pour laquelle les éléments de base sont les formes différentielles invariante de G/g (²). On sait que ces formes sont fermées et que $H^*(G/g) \cong B$ (³).

Toutes les fois que $H(L) \cong H(L_1)$, le problème des relations existant entre F, H(E) et H(B) est ainsi ramené à l'étude de l'algèbre différentielle L_1 où l'opérateur est défini par (3). C'est à l'étude de structures différentielles analogues que conduisent les Théorèmes de H. Cartan (cf. [1]). On en donnera dans ce qui suit quelques propriétés.

2. Homologie de S-modules

Soit V un espace vectoriel de dimension n sur un corps K. On désigne par S l'algèbre symétrique de V (algèbre des formes multilinéaires symétriques sur le dual de V) et par A l'algèbre extérieure de V. Soit M un module sur S; on ne suppose pas qu'il soit de dimension finie sur K. Le produit tensoriel (sur K) $A \otimes M$ est gradué par les sous-espaces $A^p \otimes M$ ($p = 0, 1, \dots n$), où A^p désigne le sous-espace des p-vecteurs de V. On y définit un opérateur différentiel D abaissant le degré d'une unité en posant

$$D[(x^1 \wedge x^2 \wedge \dots x^p) \otimes b] = \Sigma (-1)^{i+1} (x^1 \wedge \dots \widehat{x^i} \wedge \dots x^p) \otimes (x^i b)$$

pour $x^1, x^2, \dots x^p \in V$ et $b \in M$. Cet opérateur vérifie la relation $DD = 0$; on appellera *espace d'homologie du S-module* M (noté $H^S(M)$) l'espace des classes d'homologie définies par D; il est gradué par des sous-espaces $H^S_p(M)$ $(0 \leqslant p \leqslant n)$.

Si M est une algèbre sur K possédant une unité, une application linéaire de V dans le centre de M se prolonge en un homomorphisme de S dans M qui définit dans M une structure d'algèbre sur S. En adoptant dans $A \otimes M$ la structure multiplicative pour laquelle $(u \otimes b)(v \otimes c) = (u \wedge v) \otimes bc$, l'opéra-

(²) Cf. [2] théorèmes 15.2 et 18.3.
(³) Cf. E. Cartan, *Sur les invariants intégraux des certains espaces homogènes clos* (*Ann. Soc. Pol. de Math.*, vol. 8, 1929, n° 10).

teur D défini plus haut est une *antidérivation* de $A \otimes M$ et $H^S(M)$ possède une structure d'algèbre graduée; c'est *l'algèbre d'homologie de la S-algèbre* M.

On suppose désormais que M, en tant qu'espace ou algèbre sur K, possède une graduation (T), les degrés étant $\geqslant 0$; M étant de plus muni d'une structure de module ou d'algèbre sur S, un élément $x \in V$ sera dit de degré r si xb est de degré $p + r$ lorsque $b \in M$ est de degré p. Supposons que :

(4) V *possède une base d'éléments homogènes de degré* > 0.

Cette graduation de V se prolonge en une graduation de type (T) dans S. Soit S^+ l'idéal engendré par les éléments de degré > 0 dans S, et soit U_0 un supplémentaire homogène de S^+M dans M. Posons $S_1 = S \otimes U_0$; l'isomorphisme identique de U_0 dans M se prolonge en un homomorphisme φ_1 du S-module S_1 *sur* le S-module M. On définit de manière usuelle une graduation de type (T) dans $S \otimes U_0$ pour laquelle φ_1 conserve les degrés. Soit M_1 le sous-module des zéros de φ_1; c'est un sous-espace homogène de l'espace gradué S_1. On répète la même construction en partant d'un supplémentaire homogène U_1 de S^+M_1 dans M_1. De proche en proche, on définit ainsi une suite exacte de S-modules

$$\ldots S_p \xrightarrow{\varphi_p} S_{p-1} \quad \ldots \quad S_2 \xrightarrow{\varphi_2} S_1 \xrightarrow{\varphi_1} S_0 = M .$$

Le noyau de φ_p est un sous-module $M_p \subset S_p$ qui coïncide avec l'image de φ_{p+1}. Chaque S_{p+1} est le produit tensoriel de S par un supplémentaire homogène U_p de S^+M_p dans M_p. Les isomorphismes $M_p = S_{p+1}/M_{p+1}$ donnent des relations entre les cascades d'homologie relatives aux inclusions $M_p \subset S_p$:

$$\begin{array}{ccccccc}
\ldots H^S{}_r(M_p) & \leftarrow & H^S{}_{r+1}(S_p/M_p) & \leftarrow & H^S{}_{r+1}(S_p) & \leftarrow & H^S{}_{r+1}(M_p) \ldots \\
\updownarrow & & & & & & \updownarrow \\
\ldots H^S{}_r(S_{p+1}/M_{p+1}) & \leftarrow & H^S{}_r(S_{p+1}) & \leftarrow & H^S{}_r(M_{p+1}) & \leftarrow & H^S{}_{r+1}(S_{p+1}/M_{p+1}) \ldots
\end{array}$$

On a $H^S{}_r(S_p) = H^S{}_r(S \otimes U_p) = H^S{}_r(S) \otimes U_p$; or on démontre que $H^S{}_r(S) = (0)$ pour $r > 0$ et $H^S{}_0(S) \cong K$. Il en résulte que, pour $r > 0$, l'homomorphisme $H^S{}_{r+1}(S_p/M_p) \longrightarrow H^S{}_r(M)$ est un isomorphisme ayant pour image $H^S{}_r(M_p)$. C'est encore le cas pour $r = 0$ car $M_p \subset S^+ \otimes U_p = S^+S_p$. On a donc $H^S{}_0(S_p/M_p) \cong U_p$ et les homomorphismes écrits plus hauts prouvent le

Théorème II. — *Si* M *est un S-module gradué vérifiant la condition* (4), *il existe pour tout* $r \geqslant 0$ *un isomorphisme de* $H^S{}_r(M)$ *sur* U_r.

Corollaire. — *Si* $H^S{}_p(M) = (0)$, *alors* $H^S{}_q(M) = (0)$ *pour tout* $q \geqslant p$.

COROLLAIRE. — *Si* $p > n$, *alors* $U_p = (0)$.

Exemple. — Soit S une algèbre de polynomes avec sa graduation ordinaire et soit J un idéal homogène dans S. La S-algèbre $M = S/J$ vérifie la condition (4) et la construction des sous-espaces U_p coïncide avec celle des « abgeleiteten Gleichungssysteme » de l'idéal J au sens de Hilbert (1). D'une manière précise, une base de U_p constitue un système fondamental de solutions pour le $(p-1)$-ième système d'équations de Hilbert. On sait que dans ce cas, chaque sous-espace U_p est de dimension finie sur le corps de base. Il en est de même toutes les fois que $U_0 = M/S^+M$ est de dimension finie.

Revenant au cas général, on va définir dans $H^S(M)$ une graduation de type (T). Abaissons d'une unité tous les degrés dans V et prolongeons à l'algèbre extérieure A de V la graduation ainsi obtenue. Avec la graduation de M, cette graduation de A définit une graduation de type (T) dans $A \otimes M$ pour laquelle l'opérateur D *élève les degrés* d'une unité. Chaque sous-espace $A \otimes M$ étant homogène, la graduation de type (T) se retrouve non seulement dans $H^S(M)$, mais aussi dans chaque sous-espace $H^S{}_r(M)$. Suposons que, quel que soit p, le sous-espace des éléments de degré p dans M soit de dimension finie; il en est alors de même dans chaque sous-espace M_r. Désignant par $X(t)$ le polynome de Poincaré (qui peut être une série formelle) d'un espace X pour la graduation de type (T), on a

$$(H_r{}^S(M))(t) = t^r U_r(t)$$

et

$$S(t)U_r(t) - M_{r+1}(t) = M_r(t)\ .$$

Posons $U(t, \theta) = \Sigma\theta^r (H_r{}^S(M))(t)$; c'est le polynome de Poincarré de $H^S(M)$ pour la double graduation provenant de la graduation de type (T) et de la graduation par les sous-espaces $H_r{}^S(M)$. On a

$$(5) \qquad \begin{aligned} (H^S(M))(t) &= U(t, 1)\ , \\ M(t) &= S(t)U(t, -t)\ . \end{aligned}$$

3. COHOMOLOGIE DES ESPACES SYMÉTRIQUES

Soit E une algèbre différentielle principale; S sera l'algèbre symétrique de l'espace P. L'application $\tau : P \longrightarrow B$ a son image dans le sous-espace engendré par les éléments de degré pair > 0 de B; elle définit donc dans B une structure de S-algèbre vérifiant la condition (4). Si tous les éléments de base sont des

(1) Cf. D. HILBERT, *Über die Theorie der algebraischen Formen* (*Math. Ann.*, Bd. 36, 1890, pp. 473-534).

cocycles, le Théorème I et la formule (3) prouvent que H(E) est isomorphe à l'algèbre d'homologie $H^S(B)$ de la S-algèbre B. L'étude faite au paragraphe précédent servira ici à trouver les conditions que doit vérifier B pour que $H^S(B)$ ait une structure donnée.

Par exemple, si E est l'algèbre de Weil d'une algèbre de Lie semi-simple (ou somme directe d'une algèbre de Lie semi-simple et d'une algèbre abélienne) sur un corps de caractéristique zéro, on sait que H(E) est triviale, c'est-à-dire que H(E) se réduit aux multiples scalaires de l'unité. On a donc $H^S{}_0(B) = K$, $S_1 = S$ et $H^S{}_1(B) = (0)$; par suite, φ_1 est un isomorphisme et B qui est *l'algèbre des invariants symétriques est isomorphe* aS.

Dans le cas où E est l'algèbre des formes différentielles invariantes à gauche d'un groupe compact G transitif sur l'espace symétrique G/g, on utilise essentiellement le fait que $H^S(B) \simeq H^*(G)$ est une algèbre extérieure engendrée par des éléments de degré impair (d'après un Théorème de Hopf) (¹). Avec les notations du paragraphe 1, $B = H^*(G/g)$ et $F = H^*(g)$. La sous-algèbre $H^S{}_0(B) \subset H^S(B)$ est l'image de B dans $H^S(B)$. Elle est supplémentaire de l'idéal $\Sigma^{r>} H^S{}_r(B)$; elle est donc isomorphe à une sous-algèbre extérieure de $H^S(B)$ (Théorème de Samelson) (²). On peut choisir pour U_0 une *sous-algèbre* de B supplémentaire de S^+B et $S = S \otimes U_0$ possède alors une structure d'algèbre graduée. Le sous-espace des zéros de φ_1 est un idéal homogène B_1 de $S_1 = S \otimes U_0$. Soit R le radical de l'algèbre extérieure $H^S(B)$. Puisque $S_1/B_1 = B = H^*(G/g)$ est de dimension finie, une base homogène (b_i) de B_1 comprendra un nombre d'éléments au moins égal à la dimension n de P qui est le rang de g. Mais l'isomorphisme $H^S{}_1(B) \longrightarrow H^S{}_0(B_1)$ fait correspondre aux classes des cocycles $1 \otimes b_i$ des classes a_i de $H^S{}_1(B)$ linéairement indépendantes modulo RR. Puisque $H^S(B)$ est isomorphe à une algèbre extérieure, il en résulte que le produit des a_i n'est pas nul; or $H^S{}_p(B) = (0)$ pour $p > n$, il y a donc exactement n éléments a_i et tout élément de $H^S{}_p(B)$ pour $p > 1$ est dans RR. Le sous-espace des éléments primitifs de $H^*(G) \simeq H^S(B)$ étant un supplémentaire de RR dans R, on en déduit que

(6) *Le rang de* G *est égal au rang de g augmenté de la*

(¹) Cf. H. Hopf, *Über die Topologie der Gruppen-Mannigfaltigkeiten und ihre Verallgemeinerungen* (*Ann. of Math.*, vol. 42, 1941, pp. 22-52, Satz I).

(²) Cf. H. Samelson, *Beiträge zur Topologie der Gruppen-Mannigfaltigkeiten* (*Ann. of Math.*, vol. 42, 1941, pp. 1091-1137, Satz V).

dimension du sous-espace des éléments primitifs de H*(G) *appartenant à l'image canonique de* H*(G/g).

Soit p_i le degré de a_i; le polynome de Poincaré de l'algèbre bigraduée $H^S(B)$ est

$$U(t, \theta) = U_0(t)(1 + \theta t^{p_1})(1 + \theta t^{p_2}) \ldots (1 + \theta t^{p_n}).$$

Compte tenu de (5) on a donc

$$B(t) = S(t)(1 - t^{p_1+1}) \ldots (1 - t^{p_n+1}) U_0(t).$$

En exprimant S(*t*) au moyen des degrés d'une base homogène de P, on obtient ainsi une formule analogue à celle indiquée par G. Hirsch dans le cas où G et *g* ont même rang.

Il résulte immédiatement de (3) que *l'idéal des zéros de l'homomorphisme canonique de* B = H*(G/g) *dans* $H^S(B) \cong$ H*(G) *est engendré par* τx *lorsque* x *parcourt le sous-espace* P *des éléments primitifs de* H*(g); il est donc indépendant du choix de τ. La sous-algèbre de B engendrée par τP et l'unité de B est également indépendante du choix de τ à condition de se limiter aux applications τ définies au moyen d'une connexion à partir de la transgression dans l'algèbre de Weil de *g* (cf. [1]); c'est *la sous-algèbre caractéristique de* H*(G/*g*). A. Weil a démontré que l'on pouvait choisir pour U_0 une sous-algèbre de B telle que B soit isomorphe au produit tensoriel de U_0 et de la sous-algèbre caractéristique (¹). L'idéal désigné plus haut par B_1 est alors le produit tensoriel de $J \otimes U_0$ de U_0 et d'un idéal homogène $J \subset S$. Il résulte de l'étude de B_1 que J est de dimension 0 et qu'il est engendré par *n* éléments; par suite :

(7) *La sous-algèbre caractéristique est le quotient de* S *par un idéal de la classe principale. Dans une base homogène de cet idéal, il y a autant d'éléments de degré* k *qu'il existe d'éléments primitifs de degré* k — 1 *dans* H*(G) *linéairement indépendants modulo l'image de* H*(G/g).

Une base minimale de générateurs de la sous-algèbre caractéristique comprendra en général moins de *n* éléments, car on sait que les zéros de l'application $\tau P \longrightarrow B$ sont les images de H*(G) appartenant à $P \subset H^*(g)$ (cf. [2], Théorème 18.2).

On aboutit à des conclusions analogues pour certains espaces homogènes non symétriques lorsque H*(G) est isomorphe à l'algèbre d'homologie de H*(G/g) munie par trans-

(¹) Lorsque G et *g* ont même rang, B coïncide avec la sous-algèbre caractéristique.

gression d'une structure d'algèbre sur l'algèbre symétrique du sous-espace des éléments primitifs de $H^*(g)$.

Références bibliographiques

[1] H. Cartan, *La transgression dans les espaces fibrés principaux dont le groupe structural est un groupe de Lie* (*Coll. de Topologie*, Bruxelles, 1950).

[2] J. L. Koszul, *Homologie et cohomologie des algèbres de Lie* (*Bull. Soc. Math. de Fr.*, vol. 78, 1950, pp. 65-127).

SUR CERTAINS GROUPES DE TRANSFORMATIONS DE LIE

par J. L. KOSZUL (STRASBOURG)

1. On désignera par G un groupe de Lie et l'on appellera G-variété une variété différentiable CONNEXE où G opère différentiablement à gauche (1). Soit M une G-variété et soit $\mathfrak{D}$ l'algèbre de ses formes différentielles. A tout élément x de l'algèbre de Lie g de G correspond un champ de vecteurs sur M. On notera i (x) l'endomorphisme de $\mathfrak{D}$ qui transforme une forme ω en le produit intérieur de ω par ce champ. Si ω est de degré p, alors i (x). ω est de degré p-1. A la translation par un élément $s \in G$ correspond d'autre part un automorphisme s^* de $\mathfrak{D}$ qui conserve les degrés. On appelle forme BASIQUE de M une forme $\omega \in \mathfrak{D}$ qui est invariante par G (c'est-à-dire que $s^* \omega = \omega$ pour tout $s \in G$) et qui est annulée par tous les endomorphismes i (x) ($x \in g$) (2). Les formes différentielles basiques de M constituent une sous-algèbre de $\mathfrak{D}$ stable par l'opérateur de différentiation extérieure. Les formes basiques de degré 0 sont les fonctions différentiables sur M qui sont invariantes par G.

Lorsque G définit dans M une structure d'espace fibré principal différentiable de groupe G, l'espace M_G quotient de M par la relation d'équivalence que définit G, possède une structure de variété différentiable, et les formes basiques de M s'identifient alors aux formes différentielles de la variété M_G par l'isomorphisme associé à la projection canonique de M sur M_G. Dans le cas général, M_G n'étant pas une variété, les formes basiques ne peuvent plus s'interpréter de cette manière ; elles gardent cependant leur intérêt du point de vue de la cohomologie. On démontre en effet que, sous certaines conditions, toujours vérifiées lorsque G est compact, la cohomologie du complexe des formes basiques de M est la cohomologie réelle de l'espace quotient M_G. Cet exposé est consacré à l'étude de ces conditions qui sont de nature locale dans M_G et concernent donc les voisinages stables des orbites dans M.

2. Modèles de voisinages d'orbites. — On notera H (p) le groupe d'isotropie d'un point p de la G-variété M. Dans le cas principal, c'est-à-dire lorsque H (p) se réduit à l'élément neutre e de G quel que soit p, la condition de

(1) On entendra différentiable au sens de « indéfiniment différentiable ».

(2) Cf. H. Cartan, Notions d'algèbre différentielle, application aux groupes de Lie. Colloque de Topologie algébrique. Bruxelles (1950).

trivialité locale exprime que toute orbite possède un voisinage stable homéomorphe à $G \times U$, U étant une variété où G opère trivialement. Pour étudier le cas non principal, on est conduit à envisager des modèles de voisinages d'orbites plus généraux qui, au lieu d'être des produits directs, sont des espaces fibrés où opère G.

Soit H un sous-groupe fermé, non nécessairement connexe, de G. Soit L un espace vectoriel réel de dimension finie dans lequel est définie une représentation linéaire de H. On munira la variété $G \times L$ du groupe de transformations $G \times H$ en posant.

$$(s, t)(r, a) = (srt^{-1}, ta)$$

pour s, $r \in G$, $t \in H$ et $a \in L$. En se restreignant aux opérations du second facteur H, on obtient dans $G \times L$ une structure de H-variété principale dont la variété quotient $(G \times L)_H$ est une variété différentiable fibrée, de fibre L, de base G/H, de groupe de structure H, d'espace principal G (H opérant dans G par $s \to st^{-1}$). On identifiera L à la FIBRE PRINCIPALE $(H \times L)_H$ de $(G \times L)_H$ et l'on identifiera la base G/H à la SECTION PRINCIPALE $(G \times (O))_H$. On retrouve dans $(G \times L)_H$ le groupe de transformations G. La projection canonique de $(G \times L)$ sur sa base commute avec les opérations de G. L'origine O de L a pour orbite la section principale. Tout voisinage ouvert stable par G de la section principale est de la forme $(G \times U)_H$, où U est un voisinage ouvert de O dans L stable par H.

3. Voisinages d'orbites fibrés transversalement. — On dira que l'orbite d'un point p de la G-variété M possède un VOISINAGE FIBRÉ TRANSVERSALEMENT si il existe une représentation linéaire du groupe d'isotropie $H(p)$ de p dans un espace vectoriel réel L et un homéomorphisme différentiable φ d'un voisinage ouvert stable de la section principale de $(G \times L)_{H(p)}$ sur un voisinage ouvert de l'orbite de p qui commute avec les opérations de G et applique O en p. Il est clair que cette propriété concerne l'orbite de p en tant que classe d'équivalence suivant G et que l'on peut dans cette définition remplacer p par un point arbitraire de son orbite.

Soient $V(p)$ l'espace des vecteurs tangents au point p de M et $G(p)$ le sous-espace des vecteurs de $V(p)$ tangents à l'orbite de p. Le sous-espace $G(p)$ est stable pour la représentation linéaire du groupe d'isotropie $H(p)$ qui est définie dans $V(p)$. Si l'orbite de p admet un voisinage fibré transversalement, la restriction de l'homéomorphisme φ à la fibre principale L est une application différentiable f d'un voisinage U de O dans L à valeurs dans M qui possède les propriétés suivantes :

1° $f(O) = p$;

2° f commute avec les opérations de $H(p)$;

3° l'application linéaire tangente $L \to V(p)$ définie par f au point O est un isomorphisme de L sur un supplémentaire de $G(p)$;

4° Quels que soient a, $b \in U$, si il existe dans G un élément s tel que $f(a) = s f(b)$, alors $s \in H(p)$.

Les propriétés 2 et 3 montrent que f définit un isomorphisme de L sur $V(p)$ $G(p)$ qui commute avec les opérations de $H(p)$.

Réciproquement, si il existe une application différentiable f définie sur un voisinage ouvert U de O dans L = V (p)/G (p) stable par H (p), prenant ses valeurs dans M et qui vérifie ces quatre propriétés, alors l'orbite de p possède un voisinage fibré transversalement. Il existe en effet une application $\bar{f}$ de G × U dans M qui commute avec les opérations de G et vérifie la condition $\bar{f}$ (e, a) = f (a) pour tout a ∈ U. Compte tenu de 2°, il existe une application différentiable $\Psi : (G \times U)_{H(p)} \rightarrow M$ et une seule telle que $\bar{f}$ soit composée de la projection canonique de G × U sur $(G \times U)_{H(p)}$ et de l'application Ψ. Cette application Ψ commute avec les opérations de G et applique O en p d'après 1°. Il résulte de 3° que $(G \times U)_{H(p)}$ et M ont même dimension et que Ψ est de rang maximum en tout point de la section principale. Compte tenu de 4°, la restriction de Ψ à un voisinage convenable de la section principale est une application biunivoque de rang maximum. C'est donc un homéomorphisme qui donne un voisinage fibré transversalement pour l'orbite de p.

Nous allons maintenant voir comment des hypothèses de compacité assurent l'existence d'une application f ayant ces propriétés. Supposons tout d'abord H (p) COMPACT. Il existe alors une métrique riemanienne sur M invariante par H (p). Munissons V (p) de la structure euclidienne tangente et identifions V (p) G (p) au sous-espace L orthogonal à G (p) dans V (p). Soit h l'homéomorphisme différentiable d'un voisinage ouvert de O dans V (p) stable par H (p) sur un voisinage de p qui définisse des coordonnées normales en p. La restriction de h à L est une application différentiable f définie sur un voisinage stable U de O dans L et vérifiant les conditions 1°, 2° et 3°. On peut choisir U assez petit pour qu'elle vérifie en outre la propriété suivante : il existe un voisinage W de e dans G tel que, si a ∈ U, s ∈ WH (p) et (f (a), sp) ≤ (f (a), p), alors s ∈ H (p) (3). Supposons maintenant que le GROUPE G SOIT LUI-MEME COMPACT. L'orbite de p est alors une sous-variété fermée régulièrement plongée dans M. Le voisinage U peut alors être choisi assez petit pour que, si a ∈ U, s ∈ G et (f (a), sp) ≤ (f (a), p), alors s ∈ H (p). On en déduit que si l'on a choisi au départ une métrique riemanienne INVARIANTE PAR G, la condition f (a) = s f (b) (a, b ∈ U et s ∈ G) entraîne (f (a), p) = (f (b), p) et par suite (f (b), p) = (sf (b), p) = (f (b), s^{-1} p), donc s ∈ H (p). Autrement dit, la restriction de f à ce voisinage de O vérifie la condition 4°. On a ainsi démontré le

Théorème. — SI G EST UN GROUPE COMPACT, TOUTE ORBITE D'UNE G-VARIÉTÉ ADMET UN VOISINAGE FIBRÉ TRANSVERSALEMENT.

On dira qu'une G-variété est RÉGULIÈRE si tous ses points ont des groupes d'isotropie compacts et si toutes ses orbites admettent des voisinages fibrés transversalement (4).

4. Propriétés des groupes d'isotropie. — Si M est une G-variété régulière, on pourra décrire un voisinage stable de l'orbite d'un point p de M en partant d'une représentation linéaire de H (p) dans un espace vectoriel, ou, ce qui revient au même, en partant d'une sphère de dimension strictement

---

(3) On désigne par (p, q) la distance des points p et q pour la métrique riemanienne envisagée.

(4) Toute variété fibrée principale est une variété régulière en ce sens.

inférieure à la dimension de M dans laquelle opère H (p). Cette sphère étant elle-même une H (p)-variété régulière (ou de dimension O), on pourra de cette manière obtenir certains résultats sur les variétés régulières par induction sur la dimension.

Un point p de la G-variété régulière M sera dit TRIVIAL si H (p) opère trivialement dans L = V (p) /G (p). Il existe alors un voisinage de l'orbite de p homéomorphe à (G /H (p)) × U, U étant un voisinage ouvert de O dans L qui peut dans ce cas être identifié à un voisinage de la projection de p dans M_G.

Si le point p n'est pas trivial, il existe alors dans tout voisinage de p des points dont le groupe d'isotropie est un sous-groupe propre de H (p) (donc de dimension inférieure à celle de H (p) si H (p) est connexe). Il en résulte que, DANS TOUT VOISINAGE D'UN POINT ARBITRAIRE p, IL EXISTE DES POINTS TRIVIAUX. LES GROUPES D'ISOTROPIE DES POINTS TRIVIAUX APPARTIENNENT TOUS A LA MEME CLASSE DE SOUS-GROUPES CONJUGUÉS DE G. On démontre ceci par induction sur la dimension de la variété. L'hypothèse inductive montre en effet que tout point p de M possède un voisinage dont tous les points triviaux ont des groupes d'isotropie appartenant à la même classe. Si p^o est alors un point trivial de M, l'ensemble des points pour lesquels cette classe est celle de H (p^o) est un ouvert fermé contenant p^o, donc coïncide avec M. L'OUVERT PARTOUT DENSE DES POINTS TRIVIAUX EST UNE VARIÉTÉ FIBRÉE par les classes d'équivalence suivant G qu'elle contient et qui sont toujours homéomorphes à G /H (p^o). Elle admet comme groupe de structure le quotient de G par l'intersection des sous-groupes conjugués de H (p^o). Par un raisonnement analogue au précédent, on démontre que LA BASE DE L'ESPACE FIBRÉ DES POINTS TRIVIAUX EST UNE VARIÉTÉ CONNEXE. Lorsque G est connexe, les points triviaux constituent donc un ensemble connexe.

On observera enfin que les G-variétés régulières possèdent la propriété suivante, généralisation d'une propriété bien connue des espaces fibrés principaux : SI M EST UNE G-VARIÉTÉ RÉGULIÈRE, ALORS POUR TOUTE G-VARIÉTÉ N LA VARIÉTÉ PRODUIT M × N EST UNE G-VARIÉTÉ RÉGULIÈRE. Soient en effet G' le groupe d'isotropie d'un point p de M et soit G' (q) le sous-espace des vecteurs tangents en un point q de N à l'orbite de q suivant G'. On a une suite exacte d'applications linéaires.

$$O \longrightarrow V(q)/G'(q) \longrightarrow V(p, q)/G(p, q) \longrightarrow V(p)/G(p) \longrightarrow 0$$

compatibles avec les opérations du groupe d'isotropie H (p, q) du point (p, q) de M × N, lequel est H (p) ∩ H (q). Ce groupe étant compact, il existe un isomorphisme de V (p, q) /G (p, q) sur V (p) /G (p) × V (q) /G' (q) compatible avec les opérations de H (p, q). Puisque M (respectivement N) est une G-variété (resp. une G'-variété) régulière, il existe une application f : V (p) /G (p) ⟶ M (resp. f' : V (q) /G' (q) ⟶ N) définie au voisinage de l'origine et possédant les quatre propriétés du N° 3. On en déduit une application (f, f') de V (p) /G (p) × V (q) /G' (q) dans la G-variété M × N qui possède encore ces propriétés et définit donc un voisinage fibré transversalement pour l'orbite du point (p, q).

5. Formes basiques des G-variétés régulières. — Soit M une G-variété régulière. L'étude des formes basiques au voisinage de l'orbite d'un point p peut se faire dans l'espace fibré $(G \times L)_{H(p)}$, où $L = V(p)/G(p)$. Or, les formes différentielles de cette variété s'identifient aux formes basiques de la variété $G \times L$ munie du groupe de transformations $H(p)$. Il en résulte que l'algèbre B des formes basiques de $(G \times L)_{H(p)}$ s'identifie à l'algèbre des formes basiques de la $(G \times H(p))$-variété $G \times L$, ou encore à l'algèbre des formes basiques de la $H(p)$-variété $(G \times L)_G = L$. Dans cette identification, les formes de B nulles dans un voisinage de la section principale de $(G \times L)_{H(p)}$ correspondent aux formes basiques de L nulles dans un voisinage de l'origine. Puisque $H(p)$ est un groupe opérant linéairement dans l'espace vectoriel L, on voit que l'on a le

Théorème. — SI M EST UNE G-VARIÉTÉ RÉGULIÈRE ET SI ω EST UNE FORME BASIQUE DE M TELLE QUE $d\omega = 0$ DANS UN VOISINAGE D'UNE ORBITE $\underline{o}$, ALORS IL EXISTE UNE FORME BASIQUE $\bar{\omega}$ DE M TELLE QUE $\omega - d\bar{\omega}$ SOIT NULLE DANS UN VOISINAGE DE $\underline{o}$ (5).

Il est clair que, si M est une G-variété régulière, l'espace quotient M_G est localement compact. Par application des théorèmes généraux de la Théorie des faisceaux (6) on peut déduire du Théorème précédent l'existence d'un isomorphisme canonique de la cohomologie du complexe des formes basiques de M sur la cohomologie réelle à supports fermés de M_G. Si G est compact et si l'on se limite aux formes basiques à support compact dans M, on obtient un complexe qui donne la cohomologie à supports compacts de M_G.

---

(5) L'opérateur conique qui donne des primitives des formes fermées au voisinage de l'origine de L conserve en effet le caractère basique des formes quand le groupe de transformations est un groupe linéaire.

(6) Cf. H. Cartan : Séminaire de Topologie algébrique, 1950-51, Ecole Normale Supérieure.

SUR LES MODULES DE REPRÉSENTATION DES ALGÈBRES DE LIE RÉSOLUBLES.*

par J. L. Koszul.[1]

1. L'effacement des classes de cohomologie. Soit g une algèbre de Lie sur un corps k et soient M et N deux modules de représentation de g (on dira également deux g-modules). Tout homomorphisme $\phi\colon M \to N$ définit une application linéaire ϕ' de l'espace $H^*(g, M)$ des classes de cohomologie de g à valeurs dans M dans l'espace $H^*(g, N)$ des classes de cohomologie à valeurs dans N.[2]

Définition. Soit M un g-module de dimension finie sur k. Une classe de cohomologie $c \in H^*(g, M)$ sera dite *effaçable* si il existe un g-module N *de dimension finie* sur k et un *isomorphisme* $\phi\colon M \to N$ tel que $\phi' \cdot c = 0$.

Ce travail tend essentiellement à déterminer les classes effaçables et à étudier certains modules de représentation en rapport avec cette détermination.

1) *Une classe de cohomologie de degré* 0 *non nulle n'est jamais effaçable.* En effet, une classe $c \in H^0(g, M)$ est un invariant du module M et son image par ϕ' est l'invariant $\phi \cdot c$ du module N.

2) *Toute classe de cohomologie de degré* 1 *est effaçable.* En effet, une classe $c \in H^1(g, M)$ définit une classe d'extension de M par le g-module trivial k. On vérifie immédiatement qu'en prenant pour N une de ces extensions et pour ϕ l'isomorphisme identique de M dans N, on a $\phi' \cdot c = 0$.

3) *Toute classe de cohomologie de degré* 2 *est effaçable.* C'est là un résultat profond, du à Iwasawa, qui exprime en termes de cohomologie l'exis-

* Received November 4, 1953.

[1] Les résultats de cet article ont fait l'objet d'une note " Sur les représentations des algèbres de Lie résolubles," *Comptes Rendus*, 236 (1953), pp. 2371-2372. Il m'a été signalé que le Théorème I du présent travail figure dans la thèse de G. F. Leger (University of Illinois, 1951) avec une démonstration se rattachant au travail de G. Hochschild, " Lie algebras and differentiations in rings of power series," *American Journal of Mathematics*, 62 (1950), pp. 58-80.

[2] Pour les définitions et propriétés fondamentales de la cohomologie des algèbres de Lie, cf. [1] et [2].

tence d'une "splitting algebra" pour toute extension abélienne d'algèbre de Lie.[3]

4) *Pour qu'une algèbre de Lie g sur un corps k de caractéristique* 0 *soit semi-simple, il faut et il suffit que, quel que soit le g-module M de dimension finie sur k, $H^*(g, M)$ ne contienne pas de classe effaçable non nulle.* En effet, si g est semi-simple, pour tout isomorphisme ϕ de M dans un g-module N de dimension finie, il existe un homomorphisme ψ de N sur M tel que $\psi\phi$ soit l'identité de M. Il en résulte que ϕ' est un isomorphisme. Inversement, si pour tout g-module M de dimension finie $H^1(g, M)$ ne contient pas de classe effaçable autre que 0, ceci signifie d'après 2) que $H^1(g, M) = (0)$, donc que tous les g-modules de dimension finie sont complèment réductibles.

5) *Soit g une algèbre de Lie sur un corps k de caractéristique* 0. *Si les classes de cohomologie de degré 3 de g à valeurs dans k sont effaçables, alors g est résoluble.* Soit en effet $g = b + r$ une décomposition de Levi de g (r étant le radical de g et b une sous-algèbre semi-simple supplémentaire de r dans g). Tout g-module L peut être considéré comme b-module et il existe un homomorphisme canonique du complexe des cochaînes de g à valeurs dans L sur le complexe des cochaînes de b à valeurs dans L. Cet homomorphisme définit pour tout entier $p \geqq 0$ une application ρ_L de $H^p(g, L)$ *sur* $H^p(b, L)$.[4] Si $b \neq (0)$, alors $H^3(b, k) \neq (0)$ et il existe donc une classe $c \in H^3(g, k)$ telle que $\rho_k \cdot c \neq 0$. Si il existe un isomorphisme ϕ de k dans un g-module N qui réalise l'effacement de c, cet isomorphisme étant compatible avec les structures de b-modules va définir une application $\phi'_b \colon H^3(b, k) \to H^3(b, N)$ qui vérifie la relation $\phi'_b \rho_k = \rho_N \phi'$. Par conséquent, $\rho_k \cdot c$ serait une classe effaçable non nulle de $H^3(b, k)$, contrairement à 4). On a donc $b = (0)$ et g est résoluble.

Le Théorème suivant est l'un des principaux résultats que l'on a en vue:

THÉORÈME I. *Si g est une algèbre de Lie résoluble sur un corps de caractéristique* 0, *alors, quel que soit le g-module M de dimension finie, toutes les classes de $H^p(g, M)$ sont effaçables pour $p > 0$.*

Sa démonstration sera donnée à la fin du paragraphe 8. Compte tenu de 5), on voit que l'on obtiendra une manière de *caractériser* les algèbres de Lie résolubles par les propriétés d'effacement de leurs modules de représentation.

---

[3] Cf. [3].

[4] Ceci résulte de l'existence d'un homomorphisme de g sur b inverse à gauche de l'isomorphisme $b \to g$.

2. Le module $V(g)$ et son interprétation. Soit A une algèbre associative avec unité de dimension *infinie* sur un corps k. Etant donné un module à gauche M sur A, on dira qu'un élément de M est de *caractère fini* si le sous-module qu'il engendre est de dimension finie sur k. Pour que $u \in M$ soit de caractère fini, il faut et il suffit que son annulateur (idéal à gauche des $a \in A$ tels que $au = 0$) soit de codimension finie dans A. Il revient au même de dire que son annulateur contient un idéal *bilatère* de codimension finie. Les éléments de caractère fini de M constituent un sous-module. Si h est un homomorphisme de M dans un A-module à gauche N, l'image par h d'un élément de caractère fini est un élément de caractère fini de N. On définit de manière analogue les éléments de caractère fini pour un module à droite sur A.

Soit $E(g)$ l'algèbre enveloppante de l'algèbre de Lie g. Les g-modules ne sont autres que les modules unitaires à gauche sur l'algèbre associative $E(g)$. Pour tout g-module M, on définit une structure *canonique* de g-module dans l'espace $\mathfrak{L}(E(g), M)$ des applications k-linéaires de $E(g)$ dans M en posant $(xf) \cdot e = f \cdot (ex)$ pour $f \in \mathfrak{L}(E(g), M)$, $e \in E(g)$ et $x \in g$. L'isomorphisme $\phi_M : M \rightarrow \mathfrak{L}(E(g), M)$ défini par $(\phi_M \cdot a) \cdot e = ea$ pour $a \in M$ et $e \in E(g)$ est alors compatible avec les structures de g-modules. On démontre que, pour tout g-module M et tout entier $p > 0$, $H^p(g, \mathfrak{L}(E(g), M) = (0)$.[5] Toute classe de cohomologie dans $H^p(g, M)$ est donc annulée par ϕ_M lorsque $p > 0$. On observera que, pour $M \neq (0)$, $\mathfrak{L}(E(g), M)$ est *de dimension infinie* sur k, si bien que ϕ_M ne réalise pas l'effacement des classes de $H^p(g, M)$. On va cependant voir que cet isomorphisme ϕ_M est utile dans le problème que l'on a en vue.

Notons $\mathfrak{L}_f(E(g), M)$ le sous-module des éléments de caractère fini du g-module $\mathfrak{L}(E(g), M)$ considéré comme module à gauche sur $E(g)$; c'est le g-module des applications k-linéaires de $E(g)$ dans M qui sont nulles sur un idéal bilatère de codimension finie dans $E(g)$. Si M est de dimension finie sur k, on a $\phi_M \cdot M \subset \mathfrak{L}_f(E(g), M)$. On notera encore ϕ'_M l'application des espaces de cohomologie associée à l'isomorphisme $\phi_M : M \rightarrow \mathfrak{L}_f(E(g), M)$.

THÉORÈME 2. *Quel que soit le g-module de dimension finie M, les classes effaçables de $H^*(g, M)$ sont les zéros de l'application*

$$\phi'_M : H^*(g, M) \rightarrow H^*(g, \mathfrak{L}_f(E(g), M)).$$

---

[5] Ce résultat est lié au suivant: il existe un complexe acyclique pour les degrés $\neq 0$ et muni d'une structure de module libre sur $E(g)$ tel que, pour tout g-module M, $\mathrm{Hom}_{E(g)}(C, M)$ soit le complexe des cochaînes de g à valeurs dans M. On en déduit que le complexe $\mathrm{Hom}_{E(g)}(C, \mathfrak{L}(E(g), M))$ qui s'identifie au complexe des applications

Supposons en effet qu'une classe $c \in H^p(g, M)$ soit un zéro de ϕ'_M. Soit f un cocycle de g à valeurs dans M appartenant à la classe c. Le cocycle $\phi_M f$ de g à valeurs dans $\mathfrak{L}_f(E(g), M)$ est un cobord, donc de la forme dg où g est une cochaîne de degré $p-1$ de g à valeurs dans $\mathfrak{L}_f(E(g), M)$. Soit N le sous-module de $\mathfrak{L}_f(E(g), M)$ engendré par les valeurs de g et l'image de ϕ_M. Etant engendrable par un nombre fini d'éléments de caractère fini, N est de dimension finie sur k.[6] L'isomorphisme $\phi_M : M \rightarrow \mathrm{N}$ réalise visiblement l'effacement de c.

Supposons inversement que c soit une classe effaçable de $H^*(g, M)$ et que ψ soit un isomorphisme de M dans un g-module N qui en réalise l'effacement. Soit ρ une application k-linéaire de N sur M telle que $\rho\psi$ soit l'identité de M. Les applications ψ et ρ définissent des homomorphismes de g-modules ψ_e: $\mathfrak{L}_f(E(g), M) \rightarrow \mathfrak{L}_f(E(g), N)$ et ρ_e: $\mathfrak{L}_f(E(g), N) \mapsto \mathfrak{L}_f(E(g), M)$ tels que $\rho_e\psi_e$ soit l'identité de $\mathfrak{L}_f(E(g), M)$. Par suite ψ'_e est un isomorphisme de $H^*(g, \mathfrak{L}_f(E(g), M))$ dans $H^*(g, \mathfrak{L}_f(E(g), N))$. On a d'autre part $\psi_e\phi_M = \phi_N\psi$, par suite $\psi'_e\phi'_M \cdot c = \phi'_N\psi' \cdot c = 0$ et $\phi'_M \cdot c = 0$.

On est ainsi conduit à étudier la cohomologie de g à valeurs dans le g-module $\mathfrak{L}_f(E(g), M)$. Celle ci se ramène à la cohomologie de g à valeurs dans $\mathfrak{L}_f(E(g), k)$ muni de la structure canonique de g-module. En effet, M étant supposé de dimension finie sur k, on a un isomorphisme naturel du produit tensoriel (sur k) $\mathfrak{L}(E(g), k) \otimes M$ sur $\mathfrak{L}(E(g), M)$, qui est compatible avec les structures de g-modules si dans le produit tensoriel on définit $x(f \otimes u) = xf \otimes u$ pour $x \in g$, $f \in \mathfrak{L}(E(g), k)$ et $u \in M$. Cet isomorphisme applique donc $\mathfrak{L}_f(E(g), k) \otimes M$ sur $\mathfrak{L}_f(E(g), M)$ et il existe un isomorphisme naturel de $H^p(g, \mathfrak{L}_f(E(g), k)) \otimes M$ sur $H^p(g, \mathfrak{L}_f(E(g), M))$ pour tout p. *Le module* $\mathfrak{L}_f(E(g), k)$ *sera noté* $V(g)$.

Soit $A(g)$ l'idéal bilatère de l'algèbre enveloppante de g qui est engendré par les éléments de g.[7] Sa codimension est 1 et tous les idéaux $A(g)^r$ (r entier > 0) sont de codimension finie. Etant donné un g-module M, les éléments de M dont l'annulateur contient un idéal de la forme $A(g)^r$ seront appelés des éléments de *caractère nilpotent* de M. Pour qu'un élément u de M soit de caractère nilpotent, il faut et il suffit qu'il soit de caractère fini et que la représentation de g dans M induise dans le sous-module $E(g)u$ une représen-

---

k-linéaires de C dans M est acyclique pour les degrés $\neq 0$. Les démonstrations de ces résultats, qui ne seront pas utilisés ici, figureront dans le livre de H. Cartan et S. Eilenberg (*Princeton Mathematical Series*).

[6] Une cochaîne de g à valeurs dans M étant une application multilinéaire alternée de g dans M, ses valeurs constituent un sous-espace de dimension finie dans M.

[7] On identifiera toujours une algèbre de Lie avec le sous-espace de son algèbre enveloppante qui lui correspond.

tation par des endomorphismes nilpotents. On aura accessoirement à utiliser le sous-module des éléments de caractère nilpotent de $\mathfrak{L}(E(g),k)$. *Il sera noté* $W(g)$; c'est le module des fonctions k-linéaires sur $E(g)$ nulles sur un idéal de la forme $A(g)^r$.

On donnera dans ce qui suit une interprétation des cochaînes de g à valeurs dans les modules $V(g)$ et $W(g)$ lorsque g est l'algèbre de Lie d'un groupe de Lie G, le corps de base étant alors le corps des réels R. D'une manière précise, on supposera g identifiée à l'algèbre de Lie des champs de vecteurs invariants par les translations à droite sur G. Soit L l'algèbre des fonctions différentiables de classe infinie à valeurs réelles sur G. Soit $\theta(x)$ la transformation infinitésimale du groupe des translations à gauche associée au champ x. En possant $xF=\theta(x)\cdot F$ pour tout $x \varepsilon g$ et $F \varepsilon L$, on définit dans L une structure de module à gauche sur $E(g)$. Soit x' le champ de vecteurs invariant à gauche qui coïncide avec x au point neutre ϵ de G et soit $\theta(x')$ la transformation infinitésimale du groupe des translations à droite qui correspond à x'. On a $\theta(x')\theta(y')-\theta(y')\theta(x')=-\theta([x,y]')$ et par suite, on définit dans L une structure de module à *droite* sur $E(g)$ par la condition $Fx=\theta(x')\cdot F$ pour $x \varepsilon g$ et $F \varepsilon L$. On observera que $(eF)e'=e(Fe')$ quels que soient $e, e' \varepsilon E(g)$, $F \varepsilon L$ et que d'autre part, les fonctions xF et Fx ont même valeur au point ϵ.

Pour tout $F \varepsilon L$, on notera $\lambda\cdot F$ la fonction R-linéaire définie sur $E(g)$ par $(\lambda\cdot F)\cdot e=(eF)(\epsilon)$. On a $(\lambda\cdot(xF))\cdot e=(exF)(\epsilon)=(\lambda\cdot F)\cdot(ex)$. L'application $\lambda: L\rightarrow \mathfrak{L}(E(g),R)$ est donc compatible avec les structures de module à *gauche* sur $E(g)$. On définit dans $\mathfrak{L}(E(g),R)$ une structure de module à droite sur $E(g)$ commutant avec la structure à gauche envisagée jusqu'ici en posant $(he)\cdot e'=h\cdot(ee')$ quels que soient $h \varepsilon \mathfrak{L}(E(g),R)$, $e, e' \varepsilon E(g)$. On a $(\lambda\cdot(Fx))\cdot e=(e(Fx))(\epsilon)=((eF)x)(\epsilon)=(xeF)(\epsilon)$ $=(\lambda\cdot F)\cdot xe$; par suite, l'application λ est également compatible avec les structures de modules à droite sur $E(g)$. Le noyau de λ est l'idéal des fonctions qui sont nulles ainsi que toutes leurs dérivées au point ϵ.

Soit $L_f \subset L$ la sous-algèbre des fonctions sur G dont les translatées à gauche (ou, ce qui revient au même, les translatées à droite) sont dans un espace vectoriel de dimension finie sur R. Ces fonctions étant analytiques et de caractère fini pour la structure de module à gauche sur $E(g)$ définie dans L, *λ applique isomorphiquement L_f dans $V(g)$*. Soit $L_n \subset L_f$ la sous-algèbre des éléments de L_f qui sont de caractère nilpotent pour la structure de module à gauche sur $E(g)$, ou, ce qui revient au même, dont l'image par λ est dans $W(g)$. Il est clair que $W(g)$ est également le sous-module des éléments de $\mathfrak{L}(E(g),R)$ qui sont de caractère nilpotent pour la structure de module à *droite* sur $E(g)$. Les éléments de L_n peuvent donc aussi se définir comme étant les éléments de L_f qui sont de caractère nilpotent pour la structure de module à droite sur $E(g)$.

Supposons maintenant G *simplement connexe.* Tout élément $h \in V(g)$ engendre un sous-module $E(g)h \subset V(g)$ de dimension finie sur R. Puisque G est simplement connexe, à la représentation linéaire de g dans $E(g)h$ qui correspond à la structure de module à gauche sur $E(g)$ est associée une représentation linéaire $s \rightarrow r(s)$ du groupe G dans l'espace vectoriel $E(g)h$.[8] La fonction $F(s)$ définie sur G par $F(s) = (r(s)\cdot h)\cdot I$, où I désigne l'unité de $E(g)$, est un élément de L_f dont l'image par λ est précisément h. Dans ce cas donc, λ applique isomorphiquement L_f sur $V(g)$ et L_n sur $W(g)$.

THÉORÈME 3. *Soit g l'algèbre de Lie d'un groupe simplement connexe G. Le complexe des cochaînes de g à valeurs dans $V(g)$ est canoniquement isomorphe au complexe des formes différentielles sur G dont les translatées sont dans un espace vectoriel de dimension finie. Dans cet isomorphisme, les cochaînes de g à valeurs dans $W(g)$ correspondent aux formes différentielles sur G dont les translatées sont dans un espace vectoriel de dimension finie où les transformations infinitésimales du groupe des translations à droite sont nilpotentes.*

Soit $\omega(C_1, C_2, \cdots C_p)$ une fonction L-linéaire alternée, à valeurs dans L, de p champs de vecteurs de classe infinie sur G, autrement dit, une forme differentielle de degré p sur G. Si les translatées à droite (ou ce qui revient au même, à gauche) de cette forme sont dans un espace vectoriel de dimension finie, alors, pour des C_i invariants à droite, $\omega(C_1, C_2, \cdots, C_p)$ sera dans L_f. Par restriction des formes aux champs invariants à droite, c'est à dire à g, on définit donc une application linéaire canonique λ_e de l'espace des formes différentielles dont les translatées sont dans un espace de dimension finie dans l'espace des cochaînes de g à valeurs dans L_f qui s'identifie à $V(g)$ par l'isomorphisme λ. Le module des champs de vecteurs sur G étant un L-module libre admettant pour base une base de g sur R, λ_e est un isomorphisme sur. D'autre part, la différentielle d'une forme $\omega(C_1, C_2, \cdots, C_p)$ peut s'exprimer par la formule

$$(d\cdot\omega)(C_1, C_2, \cdots C_{p+1}) = \sum_{i<j} (-1)^{i+j+1}\omega([C_i, C_j], \cdots \hat{C}_i, \cdots \hat{C}_j, \cdots) + \sum_i (-1)^i \theta(C_i)\cdot\omega(C_1, C_2, \cdots \hat{C}_i, \cdots C_{p+1})$$

où $\theta(C_i)$ est la transformation infinitésimale correspondant au champ C_i.

[8] Cf. Chevalley, "Theory of Lie Groups," *Princeton*, p. 113.

Comme cette formule est aussi celle qui donne le cobord d'une cochaîne de g, l'isomorphisme λ_e est compatible avec les structures de complexes. Il fait correspondre aux formes qui sont de caractère nilpotent vis à vis des transformations infinitésimales du groupe des translations à droite [9] les cochaînes de g à valeurs dans $W(g)$.

3. Remarques préliminaires. *Invariants des modules* $V(g)$ *et* $W(g)$. Pour qu'une fonction k-linéaire f sur $E(g)$ soit un invariant du g-module $\mathfrak{L}(E(g),k)$, il faut et il suffit qu'elle soit nulle sur l'idéal $A(g) \subset E(g)$ Soit β l'homomorphisme de l'algèbre $E(g)$ sur k ayant pour noyau $A(g)$. En associant à tout $c \in k$ la fonction $e \to c(\beta \cdot e)$ de $E(g)$ dans k, on obtient un isomorphisme de k sur le sous-module des invariants de $\mathfrak{L}(E(g),k)$ qui est contenu dans $W(g) \subset V(g)$. Il lui correspond des applications naturelles $H^*(g,k) \to H^*(g,W(g)) \to H^*(g,V(g))$. Pour le degré 0, ce sont des isomorphismes de $k = H^0(g,k)$ sur $H^0(g,W(g))$ et sur $H^0(g,V(g))$.[10]

Cas d'un produit direct d'algèbres de Lie. Soient g_1 et g_2 deux algèbres de Lie sur un corps k. On identifiera l'algèbre $E(g_1 \times g_2)$ au produit tensoriel (sur k) $E(g_1) \otimes E(g_2)$ au moyen de l'isomorphisme qui prolonge l'application $(x,y) \to x \otimes I + I \otimes y$ de $g_1 \times g_2$ dans $E(g_1) \otimes E(g_2)$ (les unités de $E(g_1)$ et $E(g_2)$ étant notées I). Soit π l'isomorphisme de $\mathfrak{L}(E(g_1),k) \otimes \mathfrak{L}(E(g_2),k)$ dans $\mathfrak{L}(E(g_1 \times g_2),k)$ qui associe à $f_1 \otimes f_2$ la fonction $e_1 \otimes e_2 \to (f_1 \cdot e_1)(f_2 \cdot e_2)$ pour $e_1 \in E(g_1)$ et $e_2 \in E(g_2)$. Les espaces $\mathfrak{L}(E(g_1),k)$ et $\mathfrak{L}(E(g_2),k)$ étant des modules à gauche sur $E(g_1)$ et $E(g_2)$ respectivement, leur produit tensoriel est muni d'une structure de module à gauche sur $E(g_1) \otimes E(g_2)$. L'isomorphisme π est un homomorphisme de modules à gauche sur $E(g_1) \otimes E(g_2)$ et applique donc $V(g_1) \otimes V(g_2)$ dans $V(g_1 \times g_2)$. Quoique l'image de π ne soit qu'un *sous-module* de $\mathfrak{L}(E(g_1 \times g_2),k)$, on vérifie que $\pi \cdot (V(g_1) \otimes V(g_2)) = V(g_1 \times g_2)$. Cet isomorphisme π définit donc un isomorphisme canonique du produit tensoriel du complexe des cochaînes de g_1 à valeurs dans $V(g_1)$ et du complexe des cochaînes de g_2 à valeurs dans $V(g_2)$ sur le complexe des cochaînes de $g_1 \times g_2$ à valeurs dans $V(g_1 \times g_2)$. On en déduit le

---

[9] En général, l'algèbre des formes de caractère nilpotent vis à vis des translations à droite est distincte de celle des formes de caractère nilpotent vis à vis des translations à gauche. La structure multiplicative dans $V(g)$ et $W(g)$ qui résulte de l'isomorphisme λ pourrait se définir algébriquement dans le cas général en prenant l'application transposée de l'isomorphisme diagonal de $E(g)$ dans $E(g) \otimes E(g)$.

[10] Si g est une algèbre semi-simple sur un corps de caractéristique 0, l'isomorphisme de k dans $W(g) \subset V(g)$ induit un isomorphisme de $H^p(g,k)$ sur $H^p(g,V(g))$ et $H^p(g,W(g))$ *pour tout entier* p.

LEMME 1. *Si g_1 et g_2 sont des algèbres de Lie sur un même corps k il existe un isomorphisme canonique du produit tensoriel (sur k)*

$$H^*(g_1, V(g_1)) \otimes H^*(g_2, V(g_2)) \text{ sur } H^*(g_1 \times g_2, V(g_1 \times g_2)).$$

4. Cas des algèbres de Lie abéliennes.

THÉORÈME 4. *Si g est une algèbre de Lie abélienne, alors $H^p(g, W(g)) = H^p(g, V(g)) = (0)$ pour tout entier $p > 0$.*

Soit (x_i) $(i = 1, 2, \cdots n)$ une base de g et soit (x'_i) la base duale dans le dual de g. L'espace $W(g)$ s'identifie à l'algèbre des polynômes en les x'_i, la structure de g-module dans $W(g)$ étant celle qui associe à chaque x_i la dérivation par rapport à x_i dans $W(g)$. On sait que, dans ces conditions, $H^p(g, W(g)) = (0)$ pour tout $p > 0$.[11] Pour démontrer le second résultat, il suffit, en vertu du Lemme 1, de l'établir dans le cas où g est de dimension 1 sur k, auquel cas l'énoncé se ramène à $H^1(g, V(g)) = (0)$.

Soit $f(x)$ un cocycle de degré 1 de g à valeurs dans $V(g)$ et soit u un élément non nul de g. Puisque $f(u) \in V(g)$, c'est une fonction linéaire sur l'algèbre $E(g)$ des polynômes en u qui est nulle sur un idéal de codimension finie, donc sur un idéal engendré par un polynôme $P(u) \neq 0$. Soit h la fonction linéaire sur $E(g)$ définie par $h \cdot I = 0$ et $h \cdot u^p = f(u) \cdot u^{p-1}$ pour $p > 0$. Elle est nulle sur l'idéal engendré par $uP(u)$. C'est donc un élément de $V(g)$ ou encore, une cochaîne de degré 0 de g à valeurs dans $V(g)$. Son cobord dh est un cocycle de degré 1 associant à tout $x = cu$ une fonction $(dh)(x)$ sur $E(g)$. On a $((dh)(x)) \cdot u^p = (xh) \cdot u^p = h \cdot (u^p x) = cf(u) \cdot u^p = f(x) \cdot u^p$. Par conséquent, $dh = f$, ce qui achève la démonstration.

On donnera dans ce qui suit une généralisation du Théorème 4 qui sera utilisée aux paragraphes 7 et 8.

Soient g une algèbre de Lie quelconque et M un g-module. On notera α_M l'application linéaire $f \to f \cdot I$ de $\mathfrak{L}(E(g), M)$ sur M, I désignant l'unité de $E(g)$. On définit deux représentations linéaires $x \to \rho_1(x)$ et $x \to \rho_2(x)$ de g dans l'espace $\mathfrak{L}(E(g), M)$ en posant

$$(\rho_1(x) \cdot f) \cdot e = x(f \cdot e) + f \cdot (ex), \qquad (\rho_2(x) \cdot f) \cdot e = f \cdot (ex)$$

quels que soient $f \in \mathfrak{L}(E(g), M)$, $e \in E(g)$ et $x \in g$. La seconde représentation est celle qui correspond à la structure de g-module envisagée au paragraphe 1. Ces représentations se prolongent en des homomorphismes $e \to \rho_1(e)$ et $e \to \rho_2(e)$ de l'algèbre $E(g)$ dans l'algèbre des endomorphismes

[11] Le raisonnement classique, par récurrence sur l'entier n, sera généralisé dans le Théorème 6.

de l'espace $\mathfrak{L}(E(g), M)$. On va montrer que ces représentations sont équivalentes.

LEMME 2. *Il existe un automorphisme θ et un seul de l'espace $\mathfrak{L}(E(g), M)$ tel que*

1° $\theta\rho_1(x) = \rho_2(x)\theta$ *pour tout* $x \varepsilon g$,

2° $\alpha_M\theta = \alpha_M$.

Un endomorphisme θ de l'espace $\mathfrak{L}(E(g), M)$ vérifiant ces conditions est nécessairement donné par

$$(\theta\cdot f)\cdot e = (\theta\cdot f)\cdot(Ie) = (\rho_2(e)\theta\cdot f)\cdot I = (\theta\rho_1(e)\cdot f)\cdot I = (\rho_1(e)\cdot f)\cdot I$$

lorsque $e \varepsilon E(g)$ et $f \varepsilon \mathfrak{L}(E(g), M)$. Réciproquement,, l'endomorphisme θ défini par $(\theta\cdot f)\cdot e = (\rho_1(e)\cdot f)\cdot I$ vérifie les conditions du Lemme. Il reste à démontrer que θ possède un inverse. Soit μ l'isomorphisme de l'algèbre $E(g)$ dans l'algèbre $E(g) \otimes E(g)$ qui est défini par les conditions $\mu\cdot I = I \otimes I$ et $\mu\cdot x = x \otimes I + I \otimes x$ pour tout $x \varepsilon g$.[12] On notera $e \to \bar{e}$ l'automorphisme involutif de l'espace $E(g)$ qui conserve l'unité et transforme tout monôme $x_1 x_2 \cdots x_p$ $(x_i \varepsilon g)$ en le monôme $(-1)^p x_p x_{p-1} \cdots x_1$. Soit ψ l'endomorphisme de l'espace $\mathfrak{L}(E(g), M)$ défini par $(\psi\cdot f)\cdot e = \sum_i \bar{e}_i(f\cdot e'_i)$ lorsque $f \varepsilon \mathfrak{L}(E(g), M)$ et $\mu\cdot e = \sum_i e_i \otimes e'_i$. On a $\mu\cdot(ex) = \sum_i (e_i x) \otimes e'_i + \sum_i e_i \otimes (e'_i x)$. Comme $\overline{e_i x} = -x\bar{e}_i$, il en résulte que, pour tout $x \varepsilon g$, on a $\rho_1(x)\psi = \psi\rho_2(x)$. D'autre part, $\alpha_M\psi = \alpha_M$ et par suite $\alpha_M\psi\theta = \alpha_M\theta\psi = \alpha_M$. Si $x \varepsilon g$ et $e \varepsilon E(g)$, on a donc

$$(\psi\theta\cdot f)\cdot(ex) = (\rho_1(x)\psi\theta\cdot f)\cdot e - x((\psi\theta\cdot f)\cdot e) = (\psi\theta\rho_1(x)\cdot f)\cdot e - x((\psi\theta\cdot f)\cdot e).$$

Il en résulte que l'ensemble des éléments $e \varepsilon E(g)$ tels que $(\psi\theta\cdot f)\cdot e = f\cdot e$ pour tout $f \varepsilon \mathfrak{L}(E(g), M)$ constitue un idéal à droite de $E(g)$. Puisqu'il contient I, c'est donc que $\psi\theta$ est l'identité. La relation $\rho_2(x)\theta\psi = \theta\psi\rho_2(x)$ montre d'autre part que $\theta\psi$ est l'identité. Par suite ψ est l'inverse de θ.

LEMME 3. *Le sous-espace des invariants de $\mathfrak{L}(E(g), M)$ pour la représentation ρ_1 est appliqué isomorphiquement sur M par l'application α_M.*

Soit en effet f un invariant de $\mathfrak{L}(E(g), M)$ pour la représentation ρ_1; $\theta\cdot f$ est un invariant de $\mathfrak{L}(E(g), M)$ pour la représentation ρ_2. C'est donc une fonction linéaire de $E(g)$ dans M nulle sur l'idéal $A(g)$. Si $\alpha_M\cdot f = 0$, alors $(\theta\cdot f)\cdot I = \alpha_M\theta\cdot f = \alpha_M\cdot f = 0$ et par suite $\theta\cdot f = 0$, donc $f = 0$. D'autre part, quel que soit $a \varepsilon M$, il existe une fonction $f \varepsilon \mathfrak{L}(E(g), M)$ et une seule

[12] Cf. (7).

telle que $f \cdot I = a$ et $f \cdot A(g) = (0)$. Cette fonction est un invariant de $\mathfrak{L}(E(g), M)$ pour la représentation ρ_2. Par suite $\theta^{-1} \cdot f$ est un invariant de $\mathfrak{L}(E(g), M)$ pour la représentation ρ_1 et l'on a $\alpha_M \theta^{-1} \cdot f = \alpha_M \cdot f = a$.

LEMME 4. *Si g est abélienne et si M est de dimension finie, l'espace $V(g) \otimes M$ identifié à un sous-espace de $\mathfrak{L}(E(g), M)$ est stable par θ et θ^{-1}. L'application α_M induit un isomorphisme de l'espace des invariants de $V(g) \otimes M$ pour la représentation ρ_1 sur l'espace M. Si de plus la représentation de g dans M est une représentation par endomorphismes nilpotents, ces résultats subsistent en remplaçant $V(g)$ par $W(g)$.*

Désignons par (ρ_1), (ρ_2) et (ρ_3) les trois structures de g-modules définies dans $L = \mathfrak{L}(E(g), M)$ par les représentations $x \to \rho_1(x)$, $x \to \rho_2(x)$ et $x \to \rho_3(x) = \rho_1(x) - \rho_2(x)$. Si g est abélienne, les endomorphismes $\rho_1(x)$, $\rho_2(y)$ et $\rho_3(z)$ commutent entre eux quels que soient $x, y, z \in g$. Il en résulte que, si un élément de L est de caractère fini pour deux de ces structures, il l'est également pour la troisième. Si M est de dimension finie, tout élément de L est de caractère fini pour (ρ_3) et les éléments de caractère fini pour (ρ_1) sont donc aussi les éléments de caractère fini pour (ρ_2). Puisque $\theta\rho_1(x) = \rho_2(x)\theta$ pour tout $x \in g$, le sous-espace $V(g) \otimes M$ qui est le sous-espace des éléments de caractère fini pour (ρ_2) ou (ρ_1) est donc stable par θ. De même, la relation $\theta^{-1}\rho_2(x) = \rho_1(x)\theta^{-1}$ montre qu'il est stable par θ^{-1}. Tout élément de L invariant pour (ρ_1) étant de caractère fini pour cette structure est donc dans $V(g) \otimes M$. La seconde partie de l'énoncé résulte ainsi du Lemme 3. Dans le cas où la représentation de g dans M est une représentation par endomorphismes nilpotents, on obtiendra des résultats analogues pour $W(g) \otimes M$ en remarquant que les éléments de L sont tous de caractère nilpotent pour la structure (ρ_3) et que les invariants de L pour la structure (ρ_1) sont de caractère nilpotent pour cette structure.

On utilisera dans la suite la situation suivante: b est un idéal de l'algèbre de Lie g sur k; U est un g-module arbitraire; λ est un homomorphisme de U, considéré comme b-module, dans un b-module X. En composant l'homomorphisme canonique du complexe $C(g, U)$ des cochaînes de g à valeurs dans U dans le complexe $C(b, U)$ des cochaînes de b à valeurs dans U avec l'homomorphisme de $C(b, U)$ dans $C(b, X)$ qui prolonge λ, on obtient un homomorphisme $\sigma : C(g, U) \to C(b, X)$ induisant une application $\sigma^* : H^*(g, U) \to H^*(b, X)$. On utilisera dans $H^*(b, U)$ la structure de g/b-module défini comme suit. Dans le complexe $C(b, U)$, on définit une structure de g-module en posant

$$(xf)(y_1, y_2, \cdots y_p) = x(f(y_1, y_2, \cdots y_p)) - \sum_{i=1}^{i=p} f(y_1, \cdots [x, y_i], \cdots y_p)$$

pour f de degré p dans $C(b, U)$, $x \varepsilon g$ et $y_1, y_2, \cdots y_p \varepsilon b$. Comme $x(d \cdot f) = d \cdot (xf)$ pour tout $f \varepsilon C(b, U)$ et $x \varepsilon g$, cette structure se retrouve dans $H^*(b, U)$ où elle induit une structure de g/b-module car $xc = 0$ pour tout $c \varepsilon H^*(b, U)$ lorsque $x \varepsilon b$.

LEMME 5. *Pour que σ^* soit un isomorphisme de $H^*(g, U)$ sur $H^*(b, X)$, il suffit que les conditions suivantes soient vérifiées:*

1° $H^j(g/b, H^*(b, U)) = (0)$ *pour tout* $j > 0$,

2° *l'application* $\lambda' : H^*(b, U) \to H^*(b, X)$ *applique isomorphiquement le sous-espace des invariants du* g/b*-module* $H^*(b, U)$ *sur* $H^*(b, X)$.

Ce Lemme est une conséquence des résultats sur les suites spectrales relatives à un idéal établis par Hochschild et Serre.[13] Soit A^j le sous-complexe de $C(g, U)$ dont les éléments de degré p sont les cochaînes de g à valeurs dans U qui sont nulles lorsque $p - j + 1$ variables au moins sont dans b. A la filtration de $C(g, U)$ par les A^j est associée une suite spectrale E_s $(s = 0, 1, 2, \cdots)$. D'après le Théorème 4 de [2], il existe pour tout entier $j \geqq 0$ un isomorphisme canonique de l'espace $E^j{}_2$ des éléments de E_2 ayant j pour degré de filtration sur l'espace $H^j(g/b, H^*(b, U))$, la structure de g/b-module de $H^*(b, U)$ étant celle qui a été décrite plus haut. Le sous-complexe A^1 est le noyau de l'homomorphisme $C(g, U) \to C(b, U)$. Cet homomorphisme induit donc une application de E_2 dans $H^*(b, U)$ qui, composée avec λ', donne une application canonique $\sigma^*{}_2 : E_2 \to H^*(b, X)$. Cette application est nulle sur $E^j{}_2$ pour $j > 0$. On vérifie d'autre part que, après identification de $E^0{}_2$ à $H^0(g/b, H^*(b, U))$, c'est à dire à l'espace des invariants du g/b-module $H^*(b, U)$, $\sigma^*{}_2$ coïncide sur $E^0{}_2$ avec la restriction de λ'. Les hypothèses du Lemme signifient donc que $\sigma^*{}_2$ applique isomorphiquement E_2 sur $H^*(b, X)$. Ceci entraîne que σ^* applique isomorphiquement $H^*(g, U)$ sur $H^*(b, X)$ d'après un résultat bien connu de la technique des suites spectrales.

On particularisera les hypothèses de ce Lemme sous deux formes. Pour commencer, on supposera $U = V(g/b)$, $X = k$ et λ sera l'homomorphisme canonique $\alpha : V(g/b) \to k$ (les structures de b-modules étant celles qui correspondent aux représentations nulles). On notera dans ce cas σ_v l'homomorphisme de $C(g, V(g/b))$ dans $C(b, k)$. On envisagera également le cas où $U = W(g/b)$, $X = k$, λ étant alors la restriction de α à $W(g/b)$. Il conduit à un homomorphisme $\sigma_w : C(g, W(g/b)) \to C(b, k)$.

[13] Cf. [2], paragraphes 2 et 3.

THÉORÈME 5. *Si b est un idéal de l'algèbre de Lie g sur k tel que g/b soit abélienne, alors σ^*_v est un isomorphisme de $H^*(g, V(g/b))$ sur $H^*(b, k)$. Si de plus g est une algèbre de Lie nilpotente, alors σ^*_w est un isomorphisme de $H^*(g, W(g/b))$ sur $H^*(b, k)$.*

Puisque la représentation de b dans $V(g/b)$ est la représentation nulle, le g/b-module $H^*(b, V(g/b))$ s'identifie au produit tensoriel $V(g/b) \otimes H^*(b, k)$ et l'application $\lambda' : H^*(b, V(g/b)) \to H^*(b, k)$ devient l'application $v \otimes a \to (\alpha \cdot v)a$ pour $v \varepsilon V(g/b)$ et $a \varepsilon H^*(b, k)$. Puisque g/b est abélienne et que $H^*(b, k)$ est de dimension finie, la condition 2° du Lemme 5 est donc vérifiée en vertu du Lemme 4. Il résulte également du Lemme 4 que les représentations de g/b dans $V(g/b) \otimes H^*(b, k)$ définies par $\rho_1(x)(v \otimes a) = xv \otimes a + v \otimes xa$ et $\rho_2(x) \cdot (v \otimes a) = xv \otimes a$ sont équivalentes. Si l'on calcule $H^j(g/b, V(g/b) \otimes H^*(b, k))$ en prenant dans $V(g/b) \otimes H^*(b, k)$ la représentation ρ_1, comme on doit le faire dans la condition 1° du Lemme 5) on obtiendra donc un espace isomorphe à celui qu'on obtiendrait en prenant la représentation ρ_2. Pour cette dernière, on a un isomorphisme de $H^j(g/b, V(g/b) \otimes H^*(b, k))$ sur $H^j(g/b, V(g/b)) \otimes H^*(b, k)$ pour tout entier $j \geqq 0$. Or g/b est abélienne, donc $H^j(g/b, V(g/b)) = (0)$ pour tout $j > 0$ (Théorème 3). La condition 1° du Lemme 5 est donc également vérifiée, ce qui prouve l'assertion sur σ^*_v. Lorsque de plus g est nilpotente, la représentation de g/b dans $H^*(b, k)$ est une représentation par endomorphismes nilpotents et les Lemmes 4 et 5 permettent de démontrer de la même manière l'assertion sur σ^*_w.

5. Filtrations des algèbres enveloppantes. Soit g une algèbre de Lie sur k et soit b une *sous-algèbre* de g. L'isomorphisme $b \to g$ se prolonge en un isomorphisme de $E(b)$ sur la sous-algèbre de $E(g)$ engendrée par l'unité I et les éléments de $b \subset g$. On va dans les paragraphes suivants *identifier* $E(b)$ avec cette sous-algèbre de $E(g)$. L'inclusion $E(b) \subset E(g)$ définit dans $E(g)$ une structure de module à gauche sur $E(b)$. Il résulte du Théorème de Poincaré-Birkhoff [14] que si $x_1, x_2, \cdots x_n$ est une base d'un supplémentaire de b dans g, les monômes de la forme $x_1^{p_1} x_2^{p_2} \cdots x_n^{p_n}$ où les p_i sont des entiers $\geqq 0$, constituent une *base* de $E(g)$ sur $E(b)$.

On suppose désormais que b est un *idéal* de g. Soit A l'idéal bilatère de $E(b)$ engendré par b et soit N le noyau de l'homomorphisme canonique de $E(g)$ sur $E(g/b)$. On peut encore définir N comme l'idéal à gauche (ou

[14] Cf. G. Birkhoff, "Representability of Lie algebras and Lie groups by matrices," *Annals of Mathematics*, 38 (1937), pp. 526-532.

à droite) engendré par b dans $E(g)$. On a donc $N = E(g)A = AE(g)$ et, plus généralement, $N^p = E(g)A^p = A^pE(g)$ pour tout entier $p > 0$. On posera $A^0 = E(b)$ et $N^0 = E(g)$.

LEMME 6. *Etant donnée une base de $E(g)$ considéré comme module à gauche sur $E(b)$, pour qu'un élément de $E(g)$ soit dans N^p, il faut et il suffit qu'il soit combinaison linéaire à coefficients dans A^p des éléments de base.*

La condition est suffisante car $A^p \subset N^p$. Elle est nécessaire car, si $c \in N^p = A^pE(g)$, on peut écrire $c = \sum_i a_ie_i$ avec $a_i \in A^p$ et $e_i \in E(g)$. En exprimant chaque e_i comme combinaison linéaire à coefficients dans $E(b)$ des éléments de base, on obtient pour c une combinaison linéaire à coefficients dans A^p de ces éléments de base.

A la famille d'idéaux N^p correspond une famille de sous-modules C_p dans le g-module $\mathfrak{L}(E(g),k)$, chaque C_p étant le sous-module des fonctions nulles sur N^p. On a $(0) = C_0 \subset C_1 \cdots C_p \subset \cdots$, mais $\mathfrak{L}(E(g),k)$ *ne sera pas la réunion des C_p*. On étudiera dans ce qui suit les modules quotients C_p/C_{p-1}.

A toute fonction $f \in C_p$ $(p > 0)$, on associe l'application linéaire $F: A^{p-1} \to \mathfrak{L}(E(g),k)$ définie par $(F\cdot c)\cdot e = f\cdot(ce)$ quels que soient $c \in A^{p-1}$ et $e \in E(g)$. Si l'on définit dans l'espace $\mathfrak{L}(A^{p-1}, \mathfrak{L}(E(g),k))$ des applications k-linéaires de A^{p-1} dans $\mathfrak{L}(E(g),k)$ une structure de g-module en posant $(xF)\cdot a = x(F\cdot a)$ $(x \in g, a \in A^{p-1})$, l'application $f \to F$ devient un homomorphisme de g-module. Puisque $f\cdot N^p = (0)$, F est nulle sur A^p et peut donc être considérée comme élément du sous-module $\mathfrak{L}(A^{p-1}/A^p, \mathfrak{L}(E(g),k))$. D'autre part, si $e \in N$, alors $(F\cdot c)\cdot e = 0$ pour tout $c \in A^{p-1}$. Par conséquent, $F\cdot c$ est dans $\mathfrak{L}(E(g/b),k)$ considéré comme sous-module de $\mathfrak{L}(E(g),k)$. On a donc obtenu ainsi pour tout entier $p > 0$ un homomorphisme de g-modules

$$\Gamma_p: C_p \to \mathfrak{L}(A^{p-1}/A^p, \mathfrak{L}(E(g/b),k)).$$

Si $f \in C_{p-1}$, alors $\Gamma_p\cdot f = 0$. Réciproquement, si $f \in C_p$ et si $\Gamma_p\cdot f = 0$, alors, pour tout $c \in N^{p-1}$, donc de la forme $\sum_i a_ie_i$ avec $a_i \in A^{p-1}$ et $e_i \in E(g)$, on a $f\cdot c = \sum_i f\cdot(a_ie_i) = \sum_i ((\Gamma_p\cdot f)\cdot a'_i)\cdot e'_i = 0$, où a'_i et e'_i désignent respectivement les images canoniques de a_i et e_i dans les quotients A^{p-1}/A^p et $E(g/b)$. Par suite $f \in C_{p-1}$. Pour tout entier $p > 0$, C_{p-1} est donc le noyau de Γ_p. On va maintenant démontrer que pour tout $F \in \mathfrak{L}(A^{p-1}/A^p, \mathfrak{L}(E(g/b),k))$ il existe un $f \in C_p$ tel que $\Gamma_p\cdot f = F$. Soit en effet (x_i) $(i = 1, 2\cdots n)$ une base d'un supplémentaire de b dans g. Tout élément $e \in N^{p-1}$ s'écrit d'une manière et d'une seule $e = \sum_j a_jm_j$ où les $a_j \in A^{p-1}$ et où les m_j sont des monômes de la forme $x_1^{p_1}x_2^{p_2}\cdots x_n^{p_n}$ (Lemme 6). On peut donc définir une fonction $f'\colon N\to k$ en posant $f'\cdot e=\sum_j (F\cdot a'_j)\cdot m'_j$ où a'_j désigne l'image canonique de a_j dans A^{p-1}/A^p et m'_j l'image canonique de m_j dans $E(g/b)$. La fonction f' est évidemment nulle sur N^p. Soit f une fonction dans $\mathfrak{L}(E(g),k)$ ayant f' pour restriction à N^{p-1}; c'est un élément de C_p dont l'image par Γ_p est F. On notera désormais γ_p *l'isomorphisme de* C_p/C_{p-1} *sur* $\mathfrak{L}(A^{p-1}/A^p,\mathfrak{L}(E(g/b),k))$, déduit de Γ_p par passage au quotient.

7. Filtration des modules $V(g)$ et $W(g)$. Les notations étant celles du paragraphe précédent, on posera $V_p(g)=C_p\cap V(g)$ et $W_p(g)=C_p\cap W(g)$ pour tout entier $p>0$.

LEMME 7. *Le module $W(g)$ est réunion des modules $W_p(g)$. Si g est une algèbre de Lie résoluble sur un corps de caractéristique* 0 *et si b en est l'idéal dérivé, alors $V(g)$ est réunion des $V_p(g)$.*

En effet, si $f\in W(g)$, c'est une fonction linéaire nulle sur un idéal bilatère de la forme $A(g)^r$ dans $E(g)$, donc à fortiori nulle sur N^r puisque $N\subset A(g)$. D'autre part, on sait que si g est une algèbre de Lie résoluble sur un corps de caractéristique 0, pour tout g-module M de dimension finie sur ce corps, les endomorphismes de l'espace M qui correspondent à des éléments de l'idéal dérivé de g sont dans le radical de l'algèbre enveloppante de M.[15] Ceci signifie que, si D est un idéal bilatère de codimension finie dans $E(g)$, l'image inverse dans $E(g)$ du radical de l'algèbre associative $E(g)/D$ contient b, donc également N. Il en résulte que tout idéal bilatère de codimension finie dans $E(g)$ contient un idéal de la forme N^r ce qui prouve que tout élément de $V(g)$ est dans un sous-module $V_r(g)$.

La structure de g-module de $\mathfrak{L}(E(g/b),k)$ étant définie par sa structure canonique de g/b-module et l'homomorphisme de $E(g)$ sur $E(g/b)$, les éléments de caractère fini (respectivement nilpotent) du g-module $\mathfrak{L}(E(g/b),k)$ coïncident avec les éléments de caractère fini (respectivement nilpotent) de $\mathfrak{L}(E(g/b),k)$ muni de sa structure canonique de g/b-module, c'est à dire les éléments de $V(g/b)$ (respectivement $W(g/b)$). Les quotients A^{p-1}/A^p étant de dimension finie sur k, les éléments de caractère fini (respectivement nilpotent) du g-module $\mathfrak{L}(A^{p-1}/A^p,\mathfrak{L}(E(g/b),k))$ sont donc les éléments du sous-module $\mathfrak{L}(A^{p-1}/A^p,V(g/b))$ (respectivement $\mathfrak{L}(A^{p-1}/A^p,W(g/b))$). D'un autre côté, $V_p(g)/V_{p-1}(g)$ s'identifie à un sous-module du module des éléments de carac-

[15] Cf. C. Chevalley, "Algebraic Lie algebras," *Annals of Mathematics*, 48 (1947), pp. 91-100.

tère fini de C_p/C_{p-1}. De même, $W_p(g)/W_{p-1}(g)$ s'identifie à un sous-module du module des éléments de caractère nilpotent de C_p/C_{p-1}. L'isomorphisme γ_p du paragraphe précédent applique donc *isomorphiquement* $V_p(g)/V_{p-1}(g)$ *dans* $\mathfrak{L}(A^{p-1}/A^p, V(g/b))$ et $W_p(g)/W_{p-1}(g)$ *dans* $\mathfrak{L}(A^{p-1}/A^p, W(g/b))$.

Lemme 8. *Si b est un idéal de codimension* 1 *dans une algèbre nilpotente g, alors, pour tout $p > 0, \gamma_p$ applique isomorphiquement $W_p(g)/W_{p-1}(g)$ sur* $\mathfrak{L}(A^{p-1}/A^p, W(g/b))$.

Le seul point restant à démontrer est que tout élément de caractère nilpotent dans le g-module C_p/C_{p-1} est dans $W_p(g)/W_{p-1}(g)$. Soit f un élément de C_p ayant pour image dans C_p/C_{p-1} un élément de caractère nilpotent. Ceci signifie que f est une fonction dans $\mathfrak{L}(E(g), k)$ nulle sur N^p et sur un idéal de la forme $N^{p-1}A(g)^m$ où m désigne un entier $\geqq 0$. On va démontrer que, quels que soient les entiers p et $m \geqq 0$, il existe un entier $r \geqq 0$ tel que $N^{p-1} \cap A(g)^r \subset N^p + N^{p-1}A(g)^m$. Il en résultera bien que la restriction de f à N^{p-1} est aussi la restriction d'une fonction $f' \varepsilon \mathfrak{L}(E(g), k)$ nulle sur $A(g)^r$, donc que $f \varepsilon W_p(g) + C_{p-1}$. Soit x un élément de $g - b$. Quel que soit l'entier $r > 0$, tout élément $e \varepsilon A(g)^r$ s'écrit, modulo N^p, comme somme de monômes ayant au moins $r - p + 1$ facteurs x, les autres facteurs étant dans b et en nombre au plus égal à $p - 1$. Puisque les x^q constituent une base de $E(g)$ considéré comme module à gauche sur $E(b)$ (cf. paragraphe 5), on pourra écrire chacun de ces monômes sous la forme $\sum_q c_q x^q$ avec $c_q \varepsilon E(b)$. Pour cela, on devra effectuer un certain nombre de fois l'opération consistant à permuter un facteur x avec un facteur $y \varepsilon b$, ce qui fait apparaître chaque fois un monôme supplémentaire ayant un facteur x en moins, mais dont l'un des facteurs $y \varepsilon b$ aura été remplacé par $[x, y] = ad(x) \cdot f$. Puisque g est supposée nilpotente, il existe un entier s tel que $ad(x)^s = 0$. Les monômes dont on part comportant au plus $p - 1$ facteurs dans b, on voit que le nombre des facteurs x restera au moins égal à $r - p + 1 - s(p - 1)$. Ainsi, tout élément $e \varepsilon A(g)^r$ est égal, modulo N^p à une somme de termes de la forme $c_q x^q$ avec $q \geqq r - (s - 1)(p - 1)$ et $c_q \varepsilon E(b)$. Si de plus $e \varepsilon N^{p-1}$, alors les c_q sont dans A^{p-1} (Lemme 6). Par conséquent, en choisissant $r \geqq m + (s - 1)(p - 1)$, on a $N^{p-1} \cap A(g)^r \subset N_p + N^{p-1}A(g)^m$, ce qui achève la démonstration.

Lemme 9. *Si b est l'idéal dérivé d'une algèbre de Lie g, alors γ_p applique isomorphiquement $V_p(g)/V_{p-1}(g)$ sur* $\mathfrak{L}(A^{p-1}/A^p, V(g/b))$.

Soit (x_i) $(i = 1, 2, \cdots n)$ une base d'un supplémentaire de b dans g. On notera $S(i, i + r)$ $(i = 1, 2, \cdots n;\ r = 0, 1, \cdots n - i)$ le sous-espace de $E(g)$ engendré par les monômes de la forme $x_i^{p_i} x_{i+1}^{p_{i+1}} \cdots x_{i+r}^{p_{i+r}}$ où les

$p_i, p_{i+1} \cdots p_{i+r}$ sont des entiers $\geqq 0$. On posera pour abréger $S = S(1, n)$ et $S(i) = S(i, i)$. L'homomorphisme canonique ζ de $E(g)$ sur $E(g/b)$ applique isomorphiquement S sur $E(g/b)$. On utilisera dans la démonstration du Lemme 9 le résultat préliminaire suivant:

LEMME 10. *Pour tout sous-espace $U \subset S$ dont l'image par ζ est un idéal de codimension finie dans $E(g/b)$, il existe un sous-espace $U' \subset U$ tel que*

1° *$\zeta \cdot U'$ est un idéal de codimension finie dans $E(g/b)$.*

2° *$U'g \subset U' + bU$.*

On remarquera pour commencer que, si $u \varepsilon S(i, i + r)$, alors quel que soit $z \varepsilon g$,

(A) $zu - uz \varepsilon bS(i, i + r)$.

Pour vérifier cette inclusion, on supposera que u est un monôme et l'on procèdera par induction sur le nombre de ses facteurs en posant $u = u'x_{i+s}$ avec $0 \leqq s \leqq r$ et $u' \varepsilon S(i, i + s)$. On a

$$zu - uz$$
$$= (zu' - u'z)\, x_{i+s} + u'(zx_{i+s} - x_{i+s}z)\ \varepsilon\ bS(i, i + s) + u'b \subset bS(i, i + r)$$

d'après l'hypothèse inductive.

D'autre part, si $u \varepsilon S(i, i + r)$ et si $i \leqq j \leqq i + r$, alors

(B) $ux_j \varepsilon bS(i, i + r) + S(i, i + r)$.

On supposera de même que u est un monôme et l'on procèdera par induction sur le nombre de ses facteurs en posant $u = u'x_{i+s}$ avec $0 \leqq s \leqq r$ et $u' \varepsilon S(i, i + s)$. On a trivialement $ux_j \varepsilon S(i, i + r)$ si $j \geqq i + s$. Si $j < i + s$, on écrira

$$ux_j = u'(x_{i+s}x_j - x_jx_{i+s}) + u'x_jx_{i+s}\ \varepsilon\ u'b + (bS(i, i + s) + S(i, i + s))x_{i+s}$$

d'après l'hypothèse inductive. Ce sous-espace est contenu dans

$$S(i, i + s) + bS(i, i + s) \subset S(i, i + r) + bS(i, i + r)$$

d'après (A).

Ceci étant, soit β l'application linéaire du produit tensoriel (sur k) $g \otimes S(i)$ dans le sous-espace $bS(i) \subset E(g)$ définie par $\beta \cdot (z \otimes u) = zu - uz$ pour $z \varepsilon g$ et $u \varepsilon S(i)$. Posons $K_i = U \cap S(i)$; c'est un sous-espace de codimension finie dans $S(i)$. Puisque b est de dimension finie, bK_i est de codimension finie dans $bS(i)$, et il existe donc un sous-espace de codimension finie dans $g \otimes S(i)$ dont l'image par β est dans bK_i. Puisque g est de dimension finie, il existe donc un sous-espace K'_i de codimension finie dans $S(i)$ tel que $\beta\cdot(g\otimes K'_i)\subset bK_i$. Les deux sous-espaces K_i et K'_i de $S(i)$ étant de codimension finie, leur intersection contient un polynôme $P_i\neq 0$ en x_i. Soit U'_i le sous-espace $S(1,i-1)P_iS(i,n)$ de S.[16] Son image par ζ est l'idéal de $E(g/b)$ engendré par $\zeta\cdot P_i$. Puisque $P_i\,\varepsilon\, U$, on a donc $\zeta\cdot U'_i\subset\zeta\cdot U$ d'où $U'_i\subset U$. D'autre part, $U'_ig\subset U'_i+bU$. En effet, si $z\,\varepsilon\, b$, alors $U'_iz\,\varepsilon\, S(1,i-1)P_ibS(i,n)$ d'après (A). Or, pour tout $y\,\varepsilon\, b$, on a $yP_i-P_iy\,\varepsilon\, bK_i\subset bU$, donc $P_ib\subset bU$ et par suite, $\zeta\cdot U$ étant un idéal, $S(1,i-1)P_ibS(i,n)\subset bU$ d'après (A). D'autre part, si $i\leqq j\leqq n$, on a

$$\begin{aligned}U'_ix_j &= S(1,i-1)P_iS(i,n)x_j\\ &\subset S(1,i-1)P_iS(i,n)+S(1,i-1)P_ibS(i,n)\end{aligned}$$

d'après (B), donc $U'_ix_j\subset U'_i+bU$. Enfin, si $j<i$,

$$U'_ix_j\subset S(1,i-1)P_ix_jS(i,n)+S(1,i-1)P_ibS(i,n)$$

d'après (A). Puisque $P_ix_j-x_jP_i\,\varepsilon\, bK_i$ on a donc

$$U'_ix_j\subset S(1,i-1)x_jP_iS(i,n)+bU$$

d'après (A) et ce sous-espace est contenu dans U'_i+bU d'après (B). Soit alors $U'=\sum_i U'_i$; son image $\zeta\cdot U'$ dans $E(g/b)$ est l'idéal engendré par les $\zeta\cdot P_i$. Puisque $E(g/b)$ est l'algèbre commutative des polynômes en $\zeta\cdot x_i$, l'idéal $\zeta\cdot U'$ est de codimension finie dans $E(g/b)$. D'autre part, $U'\subset U$ et $U'g\subset U'+bU$ par suite des inclusions analogues vérifiées par chaque U'_i. Ceci termine la démonstration du Lemme 10.

Revenons maintenant à la *démonstration du Lemme* 9. Il reste à vérifier que tout élément de caractère fini dans C_p/C_{p-1} est l'image d'un élément de caractère fini de C_p. Soit f un élément de C_p ayant pour image dans C_p/C_{p-1} un élément de caractère fini. Ceci signifie que f est une fonction dans $\mathfrak{L}(E(g),k)$ nulle sur N^p et sur un idéal de la forme $N^{p-1}H$ où H est un idéal bilatère de codimension finie dans $E(g)$. On va démontrer que, quel que soit l'entier p et l'idéal H de codimension finie dans $E(g)$, *il existe un idéal bilatère H' de codimension finie dans $E(g)$ tel que* $N^{p-1}\cap H'\subset N^p+N^{p-1}H$. Il en résultera bien que la restriction de f à N^{p-1} est aussi la restriction à N^{p-1} d'une fonction $f'\,\varepsilon\,\mathfrak{L}(E(g),k)$ nulle sur H, donc contenue dans $V_p(g)$. Soit U_1 l'intersection de S et de H. Le Lemme 10 permet d'y associer une suite de sous-espaces U_k $(k=0,1,\cdots)$ possédant les propriétés suivantes

1) $S=U_0\supset U_1\supset U_2\cdots U_k\supset U_{k+1}\cdots,$

[16] Pour $i=1$, $S(i,i-1)$ représentera le corps des scalaires.

2) quel que soit k, l'image canonique de U_k dans $E(g/b)$ est un idéal de codimension finie,

3) quel que soit $k \geqq 1$, $U_k g \subset U_k + bU_{k-1}$.

Ceci étant, soit $L_k = A^{p-k}U_k$ $(k = 0, 1, 2, \cdots p)$. Le sous-espace $L = \sum_{k=0}^{k=p} L_k$ est un *idéal à droite* de $E(g)$. En effet,

$$L_k g = A^{p-k}U_k g \subset L_k + A^{p-k}bU_{k-1} = L_k + A^{p-k+1}U_{k-1} \subset L_k + L_{k-1}$$

pour $k \geqq 1$, et pour $k = 0$, on a $L_0 = A^p U_0 = A^p S = N^p$. D'autre part, $L_0 + L_p$ est de codimension finie dans $E(g)$. En effet, si (t_j) est une base d'un supplémentaire de U_p dans S, tout élément de $E(g)$ s'écrira modulo $L_p = E(b)U_p$ comme combinaison linéaire à coefficients dans $E(b)$ des t_j. Puisque pour $a_j \in A^p$, $a_j t_j \in N^p = L_0$ et que A^p est de codimension finie dans $E(b)$, l'espace $L_0 + L_p$ est bien de codimension finie dans $E(g)$. A fortiori, l'idéal L *est de codimension finie dans* $E(g)$. On va enfin montrer que l'intersection $L \cap N^{p-1}$ est $L_0 + L_1 = N^p + A^{p-1}U \subset N^p + N^{p-1}H$. Tout élément de L_k $(k = 0, 1, \cdots p)$ s'écrit comme combinaison linéaire à coefficients dans A^{p-k} d'éléments linéairement indépendants de U_k, et s'il est dans N^{p-k+1} ces coefficients sont dans A^{p-k+1} d'après le Lemme 6. On a donc $N^{p-k+1} \cap L_k \subset A^{p-k+1}U_k \subset L_{k-1}$ pour tout $k > 0$. D'autre part, $L_k \subset N^{p-k}$ pour $0 \leqq k \leqq p$. Il en résulte que $L_p \cap N \subset L_{p-1}$ et $(L_p + L_{p-1}) \cap N \subset L_{p-1}$ donc $(L_p + L_{p-1}) \cap N^2 \subset L_{p-1} \cap N^2 \subset L_{p-2}$ et par suite $(L_p + L_{p-1} + L_{p-2}) \cap N^2 \subset L_{p-2}$. De proche en proche, on démontrera ainsi que $(L_p + L_{p-1} \cdots L_1) \cap N^{p-1} \subset L_1$, donc que $L \cap N^{p-1} \subset L_1 + L_0$. On a donc obtenu un idéal à droite L de codimension finie dans $E(g)$ dont l'intersection avec N^{p-1} est dans $N^p + N^{p-1}H$. Puisque tout idéal à droite de codimension finie contient un idéal bilatère de codimension finie, le Lemme 9 est ainsi démontré.

7. Trivialité de $H^*(g, W(g))$ lorsque g est nilpotente.

THÉORÈME 6. *Si g est une algèbre de Lie nilpotente, alors $H^p(g, W(g)) = (0)$ pour tout $p > 0$.*

La démonstration procède par induction sur la dimension de g. Le Théorème est vérifié pour g de dimension 1 (Théorème 4). Supposons le vérifié pour les algèbres nilpotentes de dimension inférieure à la dimension de l'algèbre nilpotente g. Soit b un idéal de codimension 1 dans g et soit η l'homomorphisme de $W(g)$, considéré comme b-module, dans $W(b)$ qui associe à tout $f \in W(g) \subset \mathfrak{L}(E(g), k)$ sa restriction à $E(b) \subset E(g)$. L'homomorphisme η se prolonge en un homomorphisme $\bar{\eta}$ du complexe de cochaînes $C(b, W(g))$ dans $C(b, W(b))$. En composant l'homomorphisme canonique $C(g, W(g)) \to C(b, W(g))$ avec $\bar{\eta}$, on obtient un homomorphisme

$\xi: C(g, W(g)) \to C(b, W(b))$. Compte tenu de l'hypothèse inductive, il suffit de démontrer que cet homomorphisme induit un isomorphisme de $H^*(g, W(g))$ sur $H^*(b, W(b))$. On utilisera pour cela des filtrations de ces deux complexes. Dans $C(g, W(g))$, on prendra la filtration par les sous-complexes $C(g, W_p(g))$ correspondant à la filtration du module $W(g)$ par les $W_p(g)$ relatifs à b (Lemme 7). Dans $C(b, W(b))$, on utilisera la filtration par les sous-complexes $C(b, W_p(b))$ où chaque $W_p(b)$ est le sous-module des fonctions linéaires sur $E(b)$ nulles sur l'idéal A^p. Pour tout $p \geqq 0$, on a $\eta \cdot W_p(g) \subset W_p(b)$ et par suite $\xi \cdot C(g, W_p(g)) \subset C(b, W_p(b))$. D'après le Lemme 8, l'isomorphisme γ_p permet d'identifier $C(g, W_p(g))/C(g, W_{p-1}(g)) = C(g, W_p(g)/W_{p-1}(g))$ avec $C(g, \mathfrak{L}(A^{p-1}/A^p, W(g/b))$ qui est aussi le complexe $\mathfrak{L}(A^{p-1}/A^p, C(g, W(g/b))$ des applications k-linéaires de l'espace A^{p-1}/A^p dans $C(g, W(g/b))$. D'autre part, $C(b, W_p(b))/C(b, W_{p-1}(b))$ s'identifie au complexe $\mathfrak{L}(A^{p-1}/A^p, C(b, k))$. Après ces identifications, l'homomorphisme déduit de ξ par passage au quotient devient l'application de $\mathfrak{L}(A^{p-1}/A^p, C(g, V(g/b))$ dans $\mathfrak{L}(A^{p-1}/A^p, C(b, k))$ qui est définie par l'homomorphisme $\sigma_w: C(g, W(g/b)) \to C(b, k)$ qui a été étudié au paragraphe 4. Compte tenu du Théorème 5, cet homomorphisme induit un isomorphisme de la cohomologie du premier complexe sur la cohomologie du second. Il résulte donc du " Lemme des cinq " que ξ induit bien un isomorphisme de $H^*(g, W(g))$ sur $H^*(b, W(b))$.

8. Trivialité de $H^*(g, V(g))$ lorsque g est résoluble.

THÉORÈME 7. *Si g est une algèbre de Lie résoluble sur un corps de caractéristique* 0, *alors $H^p(g, V(g)) = (0)$ pour tout entier $p > 0$.*

La démonstration consiste à se ramener au Théorème 6. Soit b l'idéal dérivé de g. C'est une algèbre de Lie nilpotente. Tout élément de $V(g)$ étant contenu dans un sous-module $V_p(g)$ relatif à l'idéal b (Lemme 7), sa restriction à $E(b)$ sera nulle sur un idéal $A^p \subset N^p$ et c'est donc un élément de $W(b)$. On a ainsi un homomorphisme canonique η de $V(g)$ considéré comme b-module dans $W(b)$ et cet homomorphisme se prolonge en un homomorphisme $\bar{\eta}: C(b, V(g)) \to C(b, W(b))$. En composant l'homomorphisme canonique $C(g, V(g)) \to C(b, V(g))$ avec $\bar{\eta}$, on obtient un homomorphisme canonique du complexe $C(g, V(g))$ dans le complexe $C(b, W(b))$. Compte tenu du Théorème 6, il suffit de démontrer que cet homomorphisme induit un isomorphisme de $H^*(g, V(g))$ sur $H^*(b, W(b))$. On utilisera pour cela des filtrations de ces deux complexes. Dans $C(g, V(g))$ on prendra la filtration par les sous-complexes $C(g, V_p(g))$ (Lemme 7) et dans $C(b, W(b))$ la filtration par les sous-complexes $C(b, W_p(b))$ déja introduits dans la démonstration du

Théorème 6. Pour tout $p \geqq 0$, on a $\eta \cdot V_p(g) \subset W_p(b)$ et par suite $\xi \cdot C(g, V_p(g)) \subset C(b, W_p(b))$.

D'après le Lemme 9, l'isomorphisme γ_p permet d'identifier

$$C(g, V_p(g))/C(g, V_{p-1}(g)) = C(g, V_p(g)/V_{p-1}(g))$$

avec $C(g, \mathfrak{L}(A^{p-1}/A^p, V(g/b))$ qui est aussi le complexe $\mathfrak{L}(A^{p-1}/A^p, C(g, V(g/b))$ des applications k-linéaires de l'espace A^{p-1}/A^p dans $C(g, V(g/b))$. D'autre part $C(b, W_p(b))/C(b, W_{p-1}(b))$ s'identifie au complexe $\mathfrak{L}(A^{p-1}/A^p, C(b, k))$. Après ces identifications, l'homomorphisme déduit de ξ par passage au quotient devient l'homomorphisme de $\mathfrak{L}(A^{p-1}/A^p, C(g, V(g/b))$ dans $\mathfrak{L}(A^{p-1}/A^p, C(b, k))$ qui est défini par l'homomorphisme $\sigma_v\colon C(g, V(g/b)) \to C(b, k)$ étudié au paragraphe 4. Compte tenu du Théorème 5, cet homomorphisme induit un isomorphisme de la cohomologie du premier complexe sur la cohomologie du second. Il résulte donc du "Lemme des cinq" que ξ induit bien un isomorphisme de $H^*(g, V(g))$ sur $H^*(b, W(b))$.

Démonstration du Théorème I. Soit M un module de représentation d'une algèbre de Lie résoluble g sur un corps de caractéristique 0. Pour tout entier $p > 0$, on a $H^p(g, \mathfrak{L}_f(E(g), M)) = H^p(g, V(g)) \otimes M = (0)$ d'après le Théorème 7. Compte tenu du Théorème 2, ceci prouve que les classes dans $H^p(g, M)$ sont effaçables.

On observera pour terminer que, compte tenu du Théorème 3, le Théorème 8 signifie que, sur un groupe résoluble simplement connexe, donc homéomorphe à R^n, la cohomologie du complexe des formes différentielles réelles dont les translatées sont dans un espace de dimension finie est la même que celle du complexe de toutes les formes différentielles. Nous ne connaissons pas de démonstration directe de ce résultat. Le même circonstance se vérifie trivialement pour un groupe compact; elle n'est cependant pas générale.

UNIVERSITÉ DE STRASBOURG.

REFERENCES.

[1] C. Chevalley et S. Eilenberg, "Cohomology theory of Lie groups and Lie algebras," *Transactions of the American Mathematical Society*, vol. 63 (1948), pp. 85-124.

[2] G. Hochschild et J. P. Serre, "Cohomology of Lie algebras," *Annals of Mathematics*, vol. 57 (1953), pp. 591-603.

[3] Iwasawa, "On the representations of Lie algebras," *Japanese Journal of Mathematics*, vol. 19 (1948), pp. 405-426.

SUR LA FORME HERMITIENNE CANONIQUE DES ESPACES HOMOGENES COMPLEXES

J. L. KOSZUL

Introduction. Soit G un groupe de Lie connexe et soit B un sous-groupe fermé de G. Supposons que la variété homogène G/B ou G opère transitivement à gauche soit munie d'une structure complexe invariante par les opérations de G, et qu'il existe sur G/B un volume invariant par G. Ce volume étant unique à un facteur constant près, la forme hermitienne de G/B qui est canoniquement associée au volume et à la structure complexe se trouve entièrement déterminée par la structure complexe de G/B et le groupe transitif G **(5)**. C'est cette forme hermitienne que nous appelons la *forme hermitienne canonique* de l'espace homogène complexe G/B. L'intérêt que présente cette forme pour la détermination des domaines bornés homogènes a été souligné par E. Cartan: une condition nécessaire pour que G/B soit un domaine borné est en effet que cette forme soit définie positive **(1)**.

Notre premier but est ici de calculer cette forme canonique à partir de données infinitésimales qui sont: l'algèbre de Lie $\mathfrak{g}$ de G, la sous-algèbre de $\mathfrak{g}$ qui correspond à B et un endomorphisme de $\mathfrak{g}$ définissant la structure complexe invariante de G/B. Les paragraphes 1, 2, et 3 contiennent des préliminaires à ce calcul qui est achevé au §4. La formule obtenue met en évidence le rôle joué par une certaîne forme invariante de degré 1 sur G qui est definie par la structure complexe de G/B. Au §5, on en déduit des conditions nécessaires pour que la forme hermitienne de G/B soit non dégénérée. Une étude détaillée du cas où G est semi-simple et B compact fait l'objet du §6. Elle montre que des relations étroites existent dans ce cas entre la compacité de G/B et les carrés négatifs de la forme canonique. Les résultats obtenus prouvent que les domaines bornés homogènes dont le groupe des automorphismes est semi-simple sont des domaines bornés symétriques au sens de E. Cartan **(3)**. Les problèmes que nous envisageons ici du point de vue de la "Théorie des groupes de Lie" se rattachent à un grand nombre de résultats récents de Géométrie différentielle **(2; 12)**.

1. Champs de vecteurs projetables. Soit V une variété différentiable de classe ∞ et soit F l'algèbre sur le corps des nombres réels des fonctions à valeurs réelles indéfiniment différentiables sur V. On notera C le F-module des champs de vecteurs[1] sur V et $T(C)$ l'algèbre tensorielle du F-module C. Les éléments de degré p de $T(C)$ constituent le F-module T_0^p des champs de

Reçu le 1 décembre, 1954.

[1]Dans tout ce mémoire, on ne considère que des variétés et des champs de tenseurs indéfiniment différentiables.

tenseurs de type $(0, p)$ sur V. Le F-module $T_p^q = \mathrm{Hom}_F(T_0^p, T_0^q)$ est le module des champs de tenseurs de type (p, q) sur V. Il y aura parfois avantage à considérer un élément $t \in T_p^q$ comme une fonction F-linéaire de p champs de vecteurs X_j $(j = 1, 2, \ldots, p)$ à valeurs dans T_0^q; on écrira alors cette fonction $t(X_1, \ldots, X_p)$. Par abus de langage, les champs de tenseurs sur V seront appelés des *tenseurs de* V.

Pour tout champ de vecteurs X, on notera $\theta(X)$ la transformation infinitésimale associée à X. Elle transforme un tenseur t de type (p, q) en un tenseur $\theta(X).t$ de même type. On a

$$(1,1) \quad (\theta(X) \,.\, t)(X_1, \ldots, X_p) = \theta(X) \,.\, (t(X_1, \ldots, X_p)) - \sum_{j=1}^{p} t(X_1, \ldots, [X, X_j], \ldots, X_p)$$

quels que soient les champs $X_j \in C$ $(j = 1, 2, \ldots, p)$.

Soit maintenant π une application différentiable de V *sur* une variété différentiable W. A tout tenseur t de type $(p, 0)$ sur W, l'application π fait correspondre un tenseur de même type sur V noté $\pi^*.t$. L'application π^* est un isomorphisme. Soit $F' \subset F$ l'image par π^* l'algèbre des fonctions différentiables de W. Un champ de vecteurs X sur V sera dit *projetable* si $\theta(X)$. $F' \subset F'$. Si X est projetable, il existe sur W un champ de vecteurs X' et un seul tel que $\theta(X)\, \pi^*.f = \pi^*\theta(X').f$ pour toute fonction différentiable f sur W. Ce champ X' sera appelé la *projection* de X et sera noté $\pi.X$. L'application π vérifie les propriétés suivantes:

(1.2) *si X et Y sont projetables, alors $X + Y$ et $[X, Y]$ sont projetables et* $\pi.(X + Y) = \pi.X + \pi.Y, \pi.[X, Y] = [\pi.X, \pi.Y]$,

(1.3) *si X est projetable et si f est une fonction différentiable sur W, alors* $(\pi^*.f)\, X$ *est projetable et* $\pi.((\pi^*.f)\, X) = f(\pi.X)$,

(1.4) *si t est un tenseur de type $(p, 0)$ sur W et si les X_j $(j = 1, 2, \ldots, p)$ sont des champs de vecteurs projetables sur V, on a*

$$(\pi^*.t)(X_1, \ldots, X_p) = \pi^*.(t(\pi.X_1, \ldots, \pi.X_p)),$$

(1.5) *pour tout tenseur t de type $(p, 0)$ de W et tout champ de vecteurs projetable X sur V,* $\theta(X)\, \pi^*.t = \pi^*\theta(\pi.X).t$.

Si V est un espace fibré différentiable *localement trivial* et si $\pi: V \to W$ est la projection de V sur sa base, alors tout champ de vecteurs sur W est projection d'un champ de vecteurs sur V.

Par la suite, on utilisera ces champs projetables dans le cas où V est un groupe de Lie connexe G et W un espace homogène de groupe G. Plus précisément, un sous-groupe fermé B sera donné[2] dans G et $W = G/B$ sera la variété quotient de G par la relation d'équivalence: $s \backsim s'$ lorsque $s'\, s^{-1} \in B$. La projection $\pi: G \to G/B$ associe à chaque $s \in G$ sa classe d'équivalence consid-

[2]Le sous-groupe B ne sera pas supposé connexe.

érée comme élément de G/B. On désignera par $\mathfrak{g}$ l'algèbre de Lie des champs de vecteurs invariants à *gauche* sur G et par $\mathfrak{b}$ la sous-algèbre des $X \in \mathfrak{g}$ qui, au point neutre e de G, sont tangents à B. Cette sous-algèbre $\mathfrak{b}$ est canoniquement isomorphe à l'algèbre de Lie des champs de vecteurs invariants à gauche sur B. La translation à droite par un élément $s \in G$ transforme tout champ de vecteurs X sur G en un champ noté Xs. Pour qu'un champ de vecteurs X sur G soit projetable sur G/B, il faut et il suffit que, pour tout $s \in B$, le champ de vecteurs $Xs - X$ soit dans le F-module $F\mathfrak{b}$ engendré par les éléments de $\mathfrak{b}$. Les champs de vecteurs dont la projection est nulle sont les éléments de $F\mathfrak{b}$. En particulier, les champs de vecteurs invariants à *droite* sur G sont projetables. Les transformations infinitésimales associées à leurs projections correspondent aux opérations de G opérant à gauche sur G/B.

Soit $T(e')$ l'espace vectoriel des vecteurs tangents à G/B au point $e' = \pi.e$. Les opérations de G sur G/B définissent une représentation linéaire de B dans $T(e')$ qui sera notée à gauche. Les $X \in \mathfrak{g}$ ne sont pas projetables en général, mais en associant à tout $X \in \mathfrak{g}$ l'image par l'application linéaire tangente à π du vecteur X_e défini par X au point e, on obtient une application linéaire π' de $\mathfrak{g}$ sur $T(e')$ dont le noyau est $\mathfrak{b}$. Pour tout $s \in B$, on a alors $s(\pi'.X) = \pi'.(X s^{-1})$ quel que soit $X \in \mathfrak{g}$.

2. Structure complexe invariante sur un espace homogène. Les notations restant celles du paragraphe précédent, supposons que la variété G/B soit munie d'une structure presque complexe invariante par les opérations de G. Cette structure est définie par un tenseur I de type (1, 1) sur G/B, c'est à dire un endomorphisme du module des champs de vecteurs sur G/B, qui est invariant par G et vérifie la condition $I^2.U = -U$ pour tout champ de vecteurs U. Soit $I_{e'}$ l'endomorphisme de $T(e')$ défini par I au point e'. De l'invariance de I par G résulte que $I_{e'}$ commute avec les opérations de B dans $T(e')$. Soit J un endomorphisme de l'espace $\mathfrak{g}$ tel que

(2.1) $\pi' J = I_{e'} \pi'$,

(2.2) $J.\mathfrak{b} = (0)$.

Des propriétés de $I_{e'}$ résultent que

(2.3) $J^2.X = -X (\mathrm{mod}\ \mathfrak{b})$ pour tout $X \in \mathfrak{g}$

(2.4) $(J.X)s = J.(Xs) (\mathrm{mod}\ \mathfrak{b})$ pour tout $X \in \mathfrak{g}$ et $s \in B$.

Réciproquement, soit J un endomorphisme de $\mathfrak{g}$ vérifiant les conditions (2.2), (2.3) et (2.4). Il existe un endomorphisme $I_{e'}$ de $T(e')$ et un seul qui vérifie la condition (2.1). Cet endomorphisme est de carré -1 et commute avec les opérations de B. Il définit donc un tenseur I de type (1, 1) sur G/B invariant par G et tel que $I^2.U = -U$ pour tout champ de vecteurs U sur G/B, c'est à dire une structure presque complexe sur G/B.

Le F-module des champs de vecteurs sur G étant un module libre qui admet pour base une base de l'espace $\mathfrak{g}$, l'endomorphisme J de $\mathfrak{g}$ est la restriction d'un tenseur de type (1, 1) sur G qui est invariant par les translations à gauche et que l'on notera encore J. D'après (2.4), $J.(Xs) - (J.X)s \in F\mathfrak{b}$ pour tout $s \in G$ et comme d'après (2.2) $J.(F\mathfrak{b}) = (0)$, on voit que *si X est un champ de vecteurs projetable sur G, alors $J.X$ est également projetable.* De plus, J et I étant invariant par G, la condition (2.1) entraîne que l'on a alors

$$\pi.(J.X) = I.(\pi.X). \tag{2.5}$$

Supposons maintenant que la structure presque complexe donnée sur G/B soit une structure complexe. Le tenseur R de type (2, 1) sur G/B défini par

$$R(U, V) = [U, V] + I.[I.U, V] + I.[U, I.V] - [I.U, I.V]$$

où U et V sont des champs de vecteurs sur G/B est alors **(8)** égal à 0. Associons comme précédemment à I un tenseur J sur G et posons

$$S(X, Y) = [X, Y] + J.[J.X, Y] + J.[X, JY] - [J.X, J.Y]$$

quels que soient les champs de vecteurs X, Y sur G. Si X et Y sont des champs invariants à droite sur G, donc projetables, alors $S(X, Y)$ est projetable et $\pi.S(X, Y) = R(\pi.X, \pi.Y) = 0$ d'après (1.2) et (2.5). Par conséquent, le champ de vecteurs $S(X, Y)$ est dans $F\mathfrak{b}$. Nous allons voir que ceci est encore vérifié pour des champs de vecteurs X, Y arbitraires sur G. Il suffit pour cela d'observer que, pour toute fonction $f \in F$, on a

$$S(X, fY) = f\,S(X, Y) + (\theta(x).f)(Y + J^2.Y)$$

quels que soient les champs[3] de vecteurs X, Y. D'après (2.3), $Y + J^2.Y \in F\mathfrak{b}$, par suite $S(X, fY) = fS(X, Y) \bmod F\mathfrak{b}$. Comme $S(X, Y) = -S(Y, X)$ et que le F-module des champs de vecteurs sur G est engendré par les champs invariants à droite, ceci prouve que la relation $S(X, Y) \in F\mathfrak{b}$ est vérifiée quels que soient X et Y. En particulier, si $X, Y \in \mathfrak{g}$, $S(X, Y) \in F\mathfrak{b} \cap \mathfrak{b} = \mathfrak{b}$. On voit donc que, si I définit sur G/B une structure complexe, alors l'endomorphisme J de $\mathfrak{g}$ vérifie la condition

$$[X, Y] + J.[J.X, Y] + J.[X, J.Y] - [J.X, J.Y] \in \mathfrak{b} \tag{2.6}$$

quels que soient[4] $X, Y \in \mathfrak{g}$.

Réciproquement, si l'on part d'un endomorphisme J de $\mathfrak{g}$ qui vérifie les conditions (2.2), (2.3), (2.4) et (2.6), la structure presque complexe sur G/B qui lui correspond est une structure complexe invariante par G. En effet, $S(X, Y) \in F\mathfrak{b}$ quels que soient les champs de vecteurs X, Y sur G et par suite, si X et Y sont projetables, $R(\pi.X, \pi.Y) = 0$. Tout champ de vecteurs sur

[3]D'après la formule $[X, fY] = f[X, Y] + (\theta(X).f)Y$, valable quels que soient les champs de vecteurs X, Y et la fonction f.

[4]Des conditions (2.2) et (2.3) résulte que $J(J^2 + 1) = 0$. On vérifie facilement que (2.6) équivaut à la condition suivante: si J^C est le prolongement de J à l'algèbre $\mathfrak{g}^C$ complexifiée de $\mathfrak{g}$, le sous-espace des zéros de $J^C(J^C - i)$ est une sous-algèbre de $\mathfrak{g}^C$.

G/B étant projection d'un champ de G, on a $R = 0$ c'est à dire que le tenseur I vérifie la condition d'intégrabilité. Comme I est invariant par G, il est analytique réel pour la structure analytique réelle canonique de G/B. On sait que dans ces conditions, I définit sur G/B une structure *complexe* (8).

3. Une expression de la forme hermitienne associée à un volume. Nous supposerons ici que V est une variété analytique complexe de dimension réelle $2n$ sur laquelle est donnée une forme différentielle réelle ω de degré $2n$ partout de rang $2n$ sur V. Un champ de vecteurs complexes sur V est une combinaison $X + (-i)^{\frac{1}{2}}Y$ où X et Y sont des champs de vecteurs réels. Pour tout champ de vecteurs complexes $\mathfrak{X}$ sur V, on notera $\partial.\mathfrak{X}$ la *divergence* de $\mathfrak{X}$, c'est à dire la fonction différentiable à valeurs complexes définie par $\theta(\mathfrak{X}).\omega = (\partial.\mathfrak{X})\omega$. On vérifie facilement les formules

$$(3.1) \qquad \theta(\mathfrak{X})\, \partial.\mathfrak{Y} - \theta(\mathfrak{Y})\, \partial.\mathfrak{X} = \partial.[\mathfrak{X}, \mathfrak{Y}], \qquad \partial.(f\,\mathfrak{X}) = f(\partial.\mathfrak{X}) + \theta(\mathfrak{X}).f,$$

qui sont valables quels que soient les champs $\mathfrak{X}$, $\mathfrak{Y}$ et quelle que soit la fonction complexe f.

Soient z_j $(j = 1, 2, \ldots, n)$ des coordonnées locales complexes au voisinage d'un point de V et soient $\mathfrak{Z}_i$ les champs de vecteurs complexes tels que $\theta(\mathfrak{Z}_j).f = \partial f/\partial z_j$ pour toute fonction différentiable à valeurs complexes définie au voisinage de ce point. Le volume ω s'écrit localement

$$\omega = K\, dz_1 \wedge \ldots dz_n \wedge d\bar{z}_1 \wedge \ldots d\bar{z}_n$$

où K est une fonction différentiable à valeurs réelles ou imaginaires pures suivant la parité de n. On a, pour tout i,

$$\partial \,.\, \mathfrak{Z}_j = \frac{\partial \operatorname{Log} K}{\partial z_j}, \qquad \partial \,.\, \bar{\mathfrak{Z}}_j = \frac{\partial \operatorname{Log} K}{\partial \bar{z}_j}.$$

Soit $\mathfrak{Y}$ un champ de vecteurs analytique sur V qui s'écrira localement

$$\mathfrak{Y} = \sum_{j=1}^{n} b_j \mathfrak{Z}_j$$

où les b_i sont des fonctions analytiques et soit $\mathfrak{X}$ un champ de vecteurs de type analytique sur V, c'est à dire s'écrivant localement $\mathfrak{X} = \sum a_j \mathfrak{Z}_j$ où les a_j sont des fonctions différentiables à valeurs complexes. D'après (3.1), on a

$$\partial \,.\, \bar{\mathfrak{Y}} = \sum_{j=1}^{n} \frac{\partial \bar{b}_j}{\partial \bar{z}_j} + \sum_{k=1}^{n} \frac{\partial \operatorname{Log} K}{\partial\, \bar{z}_k}\, \bar{b}_k.$$

Puisque $\partial \bar{b}_j/\partial z_k = 0$ quels que soient j et k, on a donc

$$\theta(\mathfrak{X}) \,.\, (\partial \,.\, \bar{\mathfrak{Y}}) = \sum_{j,k=1}^{n} \frac{\partial^2 \operatorname{Log} K}{\partial z_j \partial \bar{z}_k}\, a_j\, \bar{b}_k.$$

Or le tenseur dont les composantes sont localement

$$\frac{\partial^2 \operatorname{Log} K}{\partial z_j \partial \bar{z}_k}$$

est la forme hermitienne **(1)** associé au volume ω. On voit donc que (3.2) *Si* $\mathfrak{Y}$ *est un champ analytique et si* X *est un champ de type analytique, alors* $\theta(\mathfrak{X}).(\partial.\bar{\mathfrak{Y}}) = h(\mathfrak{X}, \bar{\mathfrak{Y}})$ *où* h *désigne la forme hermitienne associée au volume* ω.

On observera que cette expression de h, dont le caractère intrinsèque nous sera commode dans la suite, cesse d'être valable pour des champs $\mathfrak{X}, \mathfrak{Y}$ quelconques.

La restriction de h aux champs de vecteurs réels est une forme bilinéaire symétrique réelle qui vérifie la condition $h(I.X, Y) + h(X, I.Y) = 0$, où I est le tenseur de type (1, 1) sur V qui définit la structure complexe. On désignera par a la forme antisymétrique réelle $a(X, Y) = h(X, IY)$. Si X et Y sont deux champs de vecteurs réels sur V et si $\mathfrak{X} = X - i\,I.X$ et $\mathfrak{Y} = Y - i\,I.Y$ sont les champs de type analytique qui leur correspondent, on a $4\,a(X, Y) = i\,h(\mathfrak{X} + \bar{\mathfrak{X}}, \mathfrak{Y} - \bar{\mathfrak{Y}}) = i\,(h(\bar{\mathfrak{X}}, \mathfrak{Y}) - h(\mathfrak{X}, \bar{\mathfrak{Y}}))$. Si Y est *conforme*, c'est à dire si $\mathfrak{Y}$ est analytique, la formule (3.2) montre donc que

$$2a(X, Y) = \theta(X).(\partial I.Y) - \theta(I.X).(\partial.Y).$$

Compte tenu de (3.1), il en résulte que:

(3.3) *Si* X *et* Y *sont deux champs de vecteurs conformes tels que* $\partial.X = 0$ *et* $\partial.Y = 0$, *alors* $2a(X, Y) = \partial.\,(I\,[X, Y])$.

4. Calcul de la forme hermitienne canonique des espaces homogènes complexes. Les notations étant celles du §1, supposons qu'il existe sur G/B un volume ω invariant par G. Une condition nécessaire et suffisante pour qu'il en soit ainsi est que la représentation linéaire de B dans $T(e')$ se fasse par des endomorphismes de déterminant 1. Le volume invariant, s'il existe, est déterminé à un facteur constant près. Etant donné un endomorphisme γ de l'espace $\mathfrak{g}$ tel que $\gamma.\mathfrak{b} \subset \mathfrak{b}$, on notera $\mathrm{Tr}_{\mathfrak{g}/\mathfrak{b}}\,\gamma$ la trace de l'endomorphisme de $\mathfrak{g}/\mathfrak{b}$ déduit de γ par passage au quotient. L'existence d'un volume invariant sur G/B implique $\mathrm{Tr}_{\mathfrak{g}/\mathfrak{b}}\,\mathrm{ad}(X) = 0$ pour tout[5] $X \in \mathfrak{b}$.

Soit X_j $(j = 1, 2, \ldots m)$ une base de l'espace $\mathfrak{g}$ telle que les X_j dont l'indice vérifie $2n < j \leqslant m$ constituent une base de $\mathfrak{b}$, les entiers m et $2n$ étant respectivement les dimensions de G et G/B. Soient ξ_j $(j = 1, 2, \ldots m)$ les formes de degré 1 invariantes à gauche sur G définies par $\xi_j(X_k) = \delta_{jk}$ (indice de Kronecker). L'image inverse $\Omega = \pi^*.\omega$ de la forme ω est égale, à un facteur constant près, à $\xi_1 \wedge \xi_2 \wedge \ldots \xi_{2n}$. On pourra supposer la base X_j choisie de sorte que ce facteur soit égal à 1.

Lemme 1. *Pour tout champ de vecteurs projetable* X *sur* G, *on a*

$$\pi^* \partial \pi\,.\,X = \sum_{j=1}^{2n} \xi_j([X_j, X]). \tag{4.1}$$

[5]Si B est connexe, cette condition $Tr_{\mathfrak{g}/\mathfrak{b}}\,ad(X) = 0$ pour $X \in \mathfrak{b}$ équivaut à l'existence d'un volume invariant.

En effet, d'après (1.5),

$$(\pi^*\partial\pi.X)\,\Omega = \pi^*.((\partial\pi.X)\,\omega) = \pi^*.(\theta(\pi.X).\omega) = \theta(X)\,\pi^*.\omega = \theta(X).\Omega.$$

D'autre part,

$$\begin{aligned}\theta(X)\,.\,\Omega &= \sum_{j=1}^{2n} \xi_1 \wedge \ldots (\theta(X)\,.\,\xi_j) \wedge \ldots \xi_{2n} \\ &= \sum_{j=1}^{2n}\sum_{k=1}^{m} (\theta(X)\,.\,\xi_j)(X_k)\xi_1 \wedge \ldots \xi_{j-1} \wedge \xi_k \wedge \xi_{j+1} \wedge \ldots \xi_{2n}.\end{aligned}$$

Puisque les fonctions $\xi_j(X_k)$ sont des constantes, la formule (1.1) montre que

$$(\theta(X).\xi_j)(X_k) - \xi_j([X, X_k]) = \theta(X).(\xi_j(X_k)) = 0.$$

Or, pour $2n < k \leqslant m$, $X_k \in \mathfrak{b}$, donc d'après (1.2), $\pi.[X, X_k] = 0$, c'est à dire que $[X, X_k]$ est dans le module $F\mathfrak{b}$ engendré par $\mathfrak{b}$. Il en résulte que $\xi_j\,([X, X_k]) = 0$ pour tout $i > 2n$ et par suite,

$$\theta(X)\,.\,\Omega = \left(\sum_{j=1}^{2n} \xi_j([X_j, X])\right)\Omega.$$

La formule (4.1) en résulte parceque $\Omega \neq 0$ en tout point de G.

Supposons maintenant donnée sur G/B une structure complexe invariante par G. Cette structure sera définie par un endomorphisme J de l'espace $\mathfrak{g}$ vérifiant les propriétés (2.2), (2.3), (2.4) et (2.6). La restriction aux champs de vecteurs réels de la forme hermitienne canonique h de G/B a pour image inverse sur G une forme bilinéaire symétrique invariante à gauche $\eta = \pi^*.h$. De même, la forme antisymétrique a définie par $a(U, V) = h(U, I.V)$ aura pour image inverse une forme antisymétrique $\alpha = \pi.^*a$ invariante à gauche sur G. Il résulte de (1.4) et (2.5) que

$$\eta(X, Y) = \alpha(J.X, Y), \tag{4.2}$$

quels que soient les champs de vecteurs X, Y sur G. Nous allons procéder au calcul de α.

Soit X un champ de vecteurs invariant *à droite* sur G. A sa projection $\pi.X$ est associée une transformation infinitésimale du groupe G opérant sur G/B Comme ces opérations de G conservent le volume ω et la structure complexe de G/B, $\pi.X$ est un champ de vecteurs conforme et $\partial\pi.X = 0$. Si donc X et Y sont deux champs de vecteurs invariants à droite sur G, on a d'après (3. 3), (1. 2) et (2. 5):

$$2a(\pi.X, \pi.Y) = \partial.(I.[\pi.X, \pi.Y]) = \partial.(I\pi.[X, Y]) = \partial.(\pi J.[X, Y]).$$

D'après (1. 4) et (4. 1), on a donc

$$2\alpha(X, Y) = \sum_{j=1}^{2n} \xi_j([X_j, J\,.\,[X, Y]]). \tag{4.3}$$

De cette formule qui donne $\alpha(X, Y)$ lorsque X et Y sont des champs invariants à droite, il nous reste à déduire la valeur de $\alpha(X, Y)$ lorsque X et Y

sont des champs invariants à *gauche* sur G. Soient X' et Y' les champs invariants à droite qui coïncident respectivement au point neutre e de G avec les champs invariants à gauche X et Y. Posons

$$[X', Y'] = \sum_{k=1}^{m} f_k X_k = T$$

où les f_k sont des fonctions différentiables sur G. Comme T est invariant à droite, on a[3] pour tout indice j:

$$0 = [X_j, T] = \sum_{k=1}^{m} (\theta(X_j) \,.\, f_k) X_k + \sum_{k=1}^{m} f_k [X_j, X_k],$$

et par suite,

$$[X_j, J\,.\,T] = \sum_{k=1}^{m} (\theta(X_j) \,.\, f_k)(J\,.\,X_k) + \sum_{k=1}^{m} f_k [X_j, J\,.\,X_k].$$

Or le champ invariant à gauche

$$\sum_{k=1}^{m} f_k(e) X_k$$

qui coïncide en e avec $[X', Y']$ est égal à $-[X, Y]$. Par conséquent, au point e, $[X_j, J.T]$ coïncide avec le champ invariant à gauche $J.[X_j, [X, Y]] - [X_j, J. [X, Y]]$. La formule (4.3) donne donc comme valeur de la fonction $\alpha(X, Y)$ au point e:

$$2\alpha(X, Y) = \sum_{j=1}^{2n} \xi_j([J\,.\,[X, Y], X_j] - J\,.\,[[X, Y], X_j]). \tag{4.4}$$

Comme α est invariante à gauche, cette égalité est vérifiée en tout point de G. Pour interpréter cette formule, on désignera par ψ la forme de degré 1 invariante à gauche sur G qui est définie par

$$\psi(X) = \mathrm{Tr}_{\mathfrak{g}/\mathfrak{b}}(\mathrm{ad}(J.X) - J\,\mathrm{ad}(X)) \tag{4.5}$$

pour tout $X \in \mathfrak{g}$. Cette définition est justifiée car, d'après (2.4), si $Y \in \mathfrak{b}$, $J\,\mathrm{ad}(Y) - \mathrm{ad}(Y)\,J$ applique $\mathfrak{g}$ dans $\mathfrak{b}$ et par suite, l'endomorphisme $\mathrm{ad}(J.X) - J\,\mathrm{ad}(X)$ applique $\mathfrak{b}$ dans $\mathfrak{b}$ quel que soit $X \in \mathfrak{g}$. La formule (4.5) s'écrit alors,

$$2\alpha(X, Y) = \psi([X, Y]) = (\delta.\psi)(X, Y) \tag{4.6}$$

quels que soient $X, Y \in \mathfrak{g}$. D'où le

THÉORÈME 1. *Si h est la forme hermitienne canonique de G/B, l'image inverse sur G de la forme antisymétrique $h(U, I.V)$ est la différentielle extérieure de la forme invariante a gauche ψ que définit* **(4. 5)**.

Cette forme ψ est déterminée sans ambiguité par la structure complexe de G/B. En effet, si J' est un autre endomorphisme de $\mathfrak{g}$ qui définit la même structure complexe sur G/B, on a $J'.X = J.X \bmod \mathfrak{b}$ pour tout $X \in \mathfrak{g}$ et par suite,

$$\mathrm{Tr}_{\mathfrak{g}/\mathfrak{b}}(\mathrm{ad}(J'.X) - J'\mathrm{ad}(X)) - \mathrm{Tr}_{\mathfrak{g}/\mathfrak{b}}(\mathrm{ad}(J.X) - J\,\mathrm{ad}(X))$$
$$= \mathrm{Tr}_{\mathfrak{g}/\mathfrak{b}}(\mathrm{ad}(J'.X - J.X) - (J' - J)\,\mathrm{ad}(X)) = 0$$

car $\mathrm{Tr}_{\mathfrak{g}/\mathfrak{b}}\,\mathrm{ad}(Y) = 0$ pour tout $Y \in \mathfrak{b}$.

(4.7) *La forme ψ est invariante par les translations à droite par des éléments de B.* Soit en effet $r(s)$ l'automorphisme $X \to Xs$ de l'algèbre de Lie $\mathfrak{g}$ que définit la translation à droite par un élément $s \in G$. La condition (2.4) signifie que, si $t \in B$, alors $Jr(t) - r(t)J$ applique $\mathfrak{g}$ dans $\mathfrak{b}$; par suite

$$\mathrm{Tr}_{\mathfrak{g}/\mathfrak{b}}(\mathrm{ad}(Jr(t).X) - \mathrm{ad}(r(t)J.X)) = 0$$

pour tout $X \in \mathfrak{g}$. Il en résulte par un calcul simple

$$\psi(r(t).X) = \mathrm{Tr}_{\mathfrak{g}/\mathfrak{b}}r(t)(\mathrm{ad}(J.X) - J\,\mathrm{ad}(X))\,r(t)^{-1} = \psi(X),$$

c'est à dire l'invariance de ψ par la translation à droite par t.

5. Les espaces homogenes complexes dont la forme hermitienne canonique est non dégénérée. Soit B' le sous-groupe fermé des $t \in G$ tels que ψ soit invariante par la translation à droite par t. Ce sous-groupe qui contient B (4.7) est le sous-groupe de stabilité de ψ dans la représentation duale de la représentation adjointe $s \to r(s)$. Les $X \in \mathfrak{g}$ qui, en e sont tangents à B' constituent une sous-algèbre $\mathfrak{b}'$ de $\mathfrak{g}$ contenant $\mathfrak{b}$. Pour que $X \in \mathfrak{b}'$, il faut et il suffit que $\theta(X).\ \psi = 0$, autrement dit que $2\alpha(X, Y) = \psi([X, Y]) = 0$ pour tout $Y \in \mathfrak{g}$. Ceci signifie que les $X \in \mathfrak{b}'$ sont les éléments de $\mathfrak{g}$ dont l'image par π' (cf. §2) est un élément de $T(e')$ orthogonal à $T(e')$ pour la forme hermitienne canonique de G/B. On a donc le critère:

(5.1) *Pour que la forme hermitienne canonique de G/B soit non dégénérée, il faut et il suffit que $\mathfrak{b}' = \mathfrak{b}$, c'est à dire que B soit un sous-groupe ouvert du groupe de stabilité de ψ dans la représentation duale de la représentation adjointe de G.*

Si la forme canonique est non dégénérée, l'espace homogène G/B est donc un revêtement de la trajectoire G/B' de ψ dans cette représentation duale.[6]

Si l'on suppose G semi-simple, la forme de Killing définit un isomorphisme entre la représentation adjointe et la représentation duale. De (5.1) résulte alors que

(5.2) *Si G est semi-simple et si la forme hermitienne canonique de G/B est non dégénérée, alors B est un sous-groupe ouvert du centralisateur d'un sous-groupe à un paramètre connexe de G.*

Si la forme ψ est nulle sur $\mathfrak{b}$, alors, ψ étant invariante à droite par B, il existe une forme ϕ de degré 1 sur G/B telle que[7] $\pi^*.\phi = \psi$. Cette forme est invariante

[6] Si B est discret, il doit donc exister une trajectoire *ouverte* dans la représentation duale de la représentation adjointe de G.

[7] La forme ψ est *basique* au sens de (7).

par G et, comme

$$2\pi^*.a = 2\alpha = \delta\psi = \delta\pi^*.\phi = \pi^*\delta.\phi,$$

on a $\delta.\phi = 2a$. Si de plus la forme canonique de G/B est non dégénérée, le volume invariant ω sur G/B sera à un facteur constant près la puissance extérieure n-ième de a donc la dérivée extérieure d'une forme invariante $\phi \wedge a \wedge a \ldots a$. On voit donc que

(5.3) *Si le volume invariant sur G/B n'est pas la différentielle extérieure d'une forme invariante de degré $2n - 1$ sur G/B, et si la forme hermitienne canonique de G/B n'est pas dégénérée, alors ψ n'est pas nulle sur $\mathfrak{b}$ et en particulier, $\mathfrak{b} \neq [\mathfrak{b}, \mathfrak{b}]$.*

On sait (**11**, Théorème 12.1) que si G est unimodulaire et si la représentation adjointe de B dans $\mathfrak{g}$ est complètement réductible, alors le volume invariant de G/B n'est pas la différentielle d'une forme invariante. De (5.3) résulte donc que

(5.4) *Si G est unimodulaire, si B est compact et si la forme hermitienne canonique de G/B est non dégénérée, alors le centre de B est de dimension*[8] > 0.

Supposons maintenant que G opère de manière effective sur G/B; le sous-groupe B ne contient alors aucun sous-groupe distingué de G autre que (e). Si la forme hermitienne canonique de G/B est non dégénérée, la composante connexe de l'élément neutre dans le centre de G se réduit à (e) car, d'après (5.1) elle est contenue dans B. Le centre de G est donc un sous-groupe *discret*. D'autre part, la forme canonique étant toujours supposée non dégénérée, si la représentation linéaire de B dans $\mathfrak{g}/\mathfrak{b}$ qui est définie par la représentation adjointe de G est une représentation simple, alors G est un groupe semi-simple. En effet, si $\mathfrak{m}$ est un idéal abélien de $\mathfrak{g}$, son image dans le quotient $\mathfrak{g}/\mathfrak{b}$ est soit (0) soit $\mathfrak{g}/\mathfrak{b}$. Dans le premier cas $\mathfrak{m} \subset \mathfrak{b}$ et donc $\mathfrak{m} = (0)$ puisque G est effectif. Dans le second, la formule $2\alpha(X, Y) = \psi([X, Y])$ montre que $\mathfrak{m} \cap \mathfrak{b}' = \mathfrak{b}$, donc que $\mathfrak{g} = (0)$.

6. Le cas d'un groupe transitif semi-simple. Dans ce paragraphe, on supposera que G est un groupe semi-simple et que le sous-groupe B est un sous-groupe ouvert du centralisateur d'un sous-groupe à un paramètre L de G. On supposera en outre que *B est compact.* On se propose de montrer que G/B possède des structures complexes invariantes et d'étudier les formes hermitiennes correspondantes.

Soit M un sous-groupe compact maximal de G contenant B, donc L. Puisque M est connexe (**10**), le centralisateur de L dans M est un sous-groupe connexe (**9**) de M et il en résulte que B est *connexe.* Soit Z le centre de G et $G_a = G/Z$ le groupe adjoint de $\mathfrak{g}$. L'image canonique de B dans G/Z est un sous-groupe compact B_a de G_a. Soit K_a un sous-groupe compact maximal de G_a contenant

[8]Ce résultat est à rapprocher de certains résultats de Lichnerowicz (**12**).

B_a et soit K le sous-groupe de G image inverse de K_a dans G. La composante connexe de l'élément neutre dans le centre de K_a est un sous-groupe fermé de B car elle est dans la composante connexe de l'élément neutre du centralisateur de $L \subset K$. Par suite, cette composante connexe du centre de K est compacte. Puisque K est connexe **(10)** et localement isomorphe au groupe compact K_a, il en résulte que K est compact. Ainsi, *le centre Z de G est un sous-groupe fini* de G et les sous-groupes compacts maximaux de G et de G_a ont même dimension.

Soit $\mathfrak{k}$ la sous-algèbre des $X \in \mathfrak{g}$ qui, au point neutre, sont tangents au sous-groupe compact maximal K de G. Puisque $\mathfrak{k}$ est également la sous-algèbre qui correspond au sous-groupe compact maximal K_a de G_a, il existe un automorphisme involutif σ de l'algèbre de Lie $\mathfrak{g}$ tel que $\mathfrak{k}$ soit la sous-algèbre des éléments invariante par σ. De plus, les éléments de l'algèbre de Lie $\mathfrak{g}^C$ complexifiée de $\mathfrak{g}$ qui sont de la forme $X + i\,Y$ avec $\sigma.X = X$ et $\sigma.Y = -Y$ constituent une sous-algèbre de Lie $\mathfrak{g}'$ (sur les nombres réels) qui est une forme compacte **(4)** de $\mathfrak{g}$. Soit $\mathfrak{h}$ une sous-algèbre abélienne maximale de $\mathfrak{g}$ contenant la sous-algèbre de dimension 1 qui correspond à L. On a $\mathfrak{h} \subset \mathfrak{b}$ et $\mathfrak{h}$ est également une sous-algèbre abélienne maximale de $\mathfrak{g}'$. Par suite, la sous-algèbre complexe $\mathfrak{h}^C$ de $\mathfrak{g}^C$ engendrée par $\mathfrak{h}$ est une sous-algèbre de Cartan de $\mathfrak{g}^C$. Soient X_γ des vecteurs propres non nuls correspondant aux racines $\gamma \neq 0$ de $\mathfrak{g}^C$ relatives à cette sous-algèbre de Cartan. Si σ^C désigne le prolongement de σ en automorphisme complexe de $\mathfrak{g}^C$, on a $\sigma^C.H = H$ pour tout $H \in \mathfrak{h}^C$ et par suite $\sigma^C.X_\gamma = \pm X_\gamma$ pour toute racine γ.

Soit G' le groupe semi-simple compact adjoint de $\mathfrak{g}'$. Le sous-groupe compact K_a de G_a s'identifie à un sous-groupe de G' et, dans cette identification, B_a devient le sous-groupe fermé de G' qui correspond à la sous-algèbre $\mathfrak{b} \subset \mathfrak{g}'$. Ce sous-groupe B_a de G' est le centralisateur dans G' du sous-groupe image de L dans $B/Z = B_a \subset G'$. Par conséquent, l'espace homogène G'/B_a possède des structures complexes invariantes en nombre fini **(13)**. Soit J' un endomorphisme de l'espace $\mathfrak{g}'$ définissant une de ces structures complexes et soit J^C son prolongement en endomorphisme complexe de l'espace $\mathfrak{g}^C$. Des conditions (2.2), (2.3), (2.4), et (2.6) vérifiées par J', on déduit que J^C vérifie les conditions

(6.1) $J^C.\mathfrak{b}^C = (0)$

(6.2) $(J^C)^2.X = -X \pmod{\mathfrak{b}^C}$ *pour tout* $X \in \mathfrak{g}^C$,

(6.3) $J^C.[X, Y] = [X, J^C.Y] \pmod{\mathfrak{b}^C}$ *quels que soient* $X \in \mathfrak{b}^C$ *et* $Y \in \mathfrak{g}^C$,

(6.4) $[X, Y] + J^C.[J^C.X, Y] + J^C.[X, J^C.Y] - [J^C.X, J^C.Y] \in \mathfrak{b}^C$ *quels que soient* $X, Y \in \mathfrak{g}^C$

Il résulte de (6.3) que, pour toute racine $\gamma \neq 0$,

$$J^C.X_\gamma = \pm\, i\, X_\gamma \pmod{\mathfrak{b}^C}.$$

Par suite, $J^C\sigma^C - \sigma^C J^C$ applique $\mathfrak{g}^C$ dans $\mathfrak{b}^C$ et par conséquent, $J^C.\mathfrak{g} \subset \mathfrak{g}$. La restriction de J^C à $\mathfrak{g}$ est un endomorphisme J de l'espace $\mathfrak{g}$ qui vérifie visiblement les conditions (2.2), (2.3) et (2.6). Il vérifie aussi la condition (2.4) car, *B étant connexe*, cette condition est équivalente à la condition $J.[X, Y] = [X, J.Y]$ (mod $\mathfrak{b}$) quels que soient $X \in \mathfrak{b}$, $Y \in \mathfrak{g}$, laquelle résulte de (6.3). Ainsi, *à toute structure complexe invariante sur G'/B_a est associée une structure complexe invariante sur G/B.* Un raisonnement analogue montre que. réciproquement, *toute structure complexe invariante sur G/B est ainsi associée à une structure complexe invariante sur G'/B_a*

Partant d'une structure complexe invariante sur G'/B_a définie par J' et munissant G/B de la structure complexe invariante associée, nous allons comparer les formes hermitiennes canoniques de G'/B_a et de G/B. D'après (6.3), quels que soit $X \in \mathfrak{g}^C$, l'endomorphisme $\mathrm{ad}(J^C.X) - J^C\mathrm{ad}(X)$ laisse stable $\mathfrak{b}^C$. La trace de l'endomorphisme complexe de $\mathfrak{g}^C/\mathfrak{b}^C$ déduit de $\mathrm{ad}(J^C.X)$ $-J^C\mathrm{ad}(X)$ par passage au quotient est une fonction linéaire complexe de $X \in \mathfrak{g}^C$ que l'on note $\psi^C(X)$. Les formes ψ et ψ' pour G/B et G'/B_a sont respectivement égales aux restrictions de ψ^C à $\mathfrak{g}$ et à $\mathfrak{g}'$. Compte tenu de (4.2) et (4.6), on voit donc que les formes η et η', images inverses des formes hermitiennes canoniques de G/B et G'/B, sont égales respectivement aux restrictions à $\mathfrak{g}$ et $\mathfrak{g}'$ de la forme bilinéaire complexe

$$\eta^C(X, Y) = \tfrac{1}{2}\psi^C([J^C.Y, Y]).$$

Comme σ^C est un automorphisme de $\mathfrak{g}$ et que $\sigma^C J^C - J^C\sigma^C$ applique $\mathfrak{g}^C$ dans $\mathfrak{b}^C$, on voit que $\psi^C(\sigma^C.X) = \psi^C(X)$ pour tout $X \in \mathfrak{g}^C$. La forme η^C est donc invariante par σ^C; en particulier, si $\sigma^C.X = X$ et $\sigma^C.Y = -Y$, on a $\eta^C(X, Y) = 0$. On en déduit que

(6.5) *L'image inverse η de la forme canonique de G/B se déduit de l'image inverse η' de la forme canonique de G'/B_a par les relations:*

$$\begin{aligned} &\eta(X, Y) = \eta'(X, Y) && \text{si } \sigma.X = X \text{ et } \sigma.Y = Y,\\ &\eta(X, Y) = 0 && \text{si } \sigma.X = X \text{ et } \sigma.Y = -Y,\\ &\eta(X, Y) = -\eta'(iX, iY) && \text{si } \sigma.X = -X \text{ et } \sigma.Y = -Y. \end{aligned}$$

On est ainsi ramené à l'étude du cas où G est *compact*, $\mathfrak{g}'$ étant donc l'algèbre de Lie $\mathfrak{g}$ elle-même. Puisque $\mathfrak{g}$ est une forme compacte de $\mathfrak{g}^C$, toute racine α relative à $\mathfrak{h}^C$ vérifie $\bar{\alpha} = -\alpha$. Pour toute racine $\alpha \neq 0$, soit H_α' l'élément de $\mathfrak{h}^C$ tel que $\alpha(H) = \mathrm{Tr}\ \mathrm{ad}\ (H_\alpha')\ \mathrm{ad}(H)$ pour tout $H \in \mathfrak{h}^C$. On sait **(14)** que les X_α peuvent être choisis de telle sorte que, pour toute racine $\alpha \neq 0$,

(6,6) $$\bar{X}_\alpha = -X_{-\alpha}, \quad [X_\alpha, X_{-\alpha}] = H_\alpha \text{ où } H_\alpha = 2\alpha(H_\alpha')^{-1}H_\alpha'$$

Le sous-groupe B étant compact, on peut supposer que l'endomorphisme J de $\mathfrak{g}$ qui définit la structure complexe invariante sur G/B commute avec $\mathrm{ad}(X)$ pour tout $X \in \mathfrak{b}$. Les X_α sont alors des vecteurs propres appartenant aux racines 0, i ou $-i$ de J^C. Soit $\mathscr{D}$ l'ensemble des racines $\alpha \neq 0$ telles que $J^C.X = iX$; les X_α et $X_{-\alpha}$ pour $\alpha \in \mathscr{D}$ constituent une base d'un supplémentaire complexe de $\mathfrak{b}^C$ dans $\mathfrak{g}^C$. Pour toute racine $\gamma \neq 0$, on a $X_\gamma \in [\mathfrak{b}^C, \mathfrak{g}^C]$

et par suite $\psi^C(X_\gamma) = 0$. Pour tout $H \in \mathfrak{h}^C$, on a $J^C.H = 0$ et $J^C \operatorname{ad}(H).\ X_\alpha = i\,\alpha(H)\, X_\alpha$ lorsque $\alpha \in \mathscr{D}$. La définition de ψ^C donne donc[9]

$$\psi^C(H) = -2\,i \sum \alpha(H), \qquad \alpha \in \mathscr{D}. \tag{6.7}$$

Les $U_\alpha = X_\alpha - X_{-\alpha}$ et $V_\alpha = i\,(X_\alpha + X_{-\alpha})$ pour $\alpha \in \mathscr{D}$ constituent une base d'un supplémentaire de $\mathfrak{b}$ dans $\mathfrak{g}$. On a $J.U_\alpha = V_\alpha$ et $J.V_\alpha = -U_\alpha$ pour tout $\alpha \in \mathscr{D}$. Si α et β sont des racines distinctes, $[U_\alpha, V_\beta]$ est combinaison linéaire des X_γ appartenant aux racines $\gamma \neq 0$; il en est de même de $[U_\alpha, U_\beta]$ et $[V_\alpha, V_\beta]$ quelles que soient les racines $\alpha, \beta \neq 0$. Puisque $\psi^C(X_\gamma) = 0$ pour $\gamma \neq 0$, il résulte de (4.6) que les U_α et V_β sont deux à deux orthogonaux pour la forme η. Compte tenu de (6.6), on a

$$\eta(U_\alpha, U_\alpha) = \eta(V_\alpha, V_\alpha) = \tfrac{1}{2}\psi([J.U_\alpha, U_\alpha]) = -\tfrac{1}{2}i\,\psi^C(H_\alpha) \tag{6.8}$$

pour toute racine $\alpha \neq 0$.

LEMME 2. *Pour toute racine $\gamma \in \mathscr{D}$, on a $\sum \alpha(H_\gamma) > 0$ et pour toute racine $\gamma \neq 0$ telle que $X_\gamma \in \mathfrak{b}^C$, on a $\sum \alpha(H_\gamma) = 0$, les sommes portant sur toutes les racines $\alpha \in \mathscr{D}$.*

Soit $\mathscr{G}$ l'ensemble de racines comportant la racine 0, les racines dans $\mathscr{D}$ et les racines $\alpha \neq 0$ telles que $X_\alpha \in \mathfrak{b}^C$. Pour qu'une racine α soit dans $\mathscr{G} - \mathscr{D}$, il faut et il suffit que $\alpha \in \mathscr{G}$ et $-\alpha \in \mathscr{G}$. La condition d'intégrabilité (2.6) vérifiée par J signifie que le sous-espace complexe engendré par les vecteurs propres qui appartiennent à une racine dans $\mathscr{G}$ est une sous-algèbre de Lie de $\mathfrak{g}^C$. Par suite, si $\alpha, \beta \in \mathscr{G}$ et si $\alpha + \beta$ est racine, alors $\alpha + \beta \in \mathscr{G}$. Il en résulte que, *si $\alpha \in \mathscr{G}$, $\beta \in \mathscr{D}$ et si $\alpha + \beta$ est racine, alors $\alpha + \beta \in \mathscr{D}$*. On a en effet $\alpha + \beta \in \mathscr{G}$ et si $\alpha + \beta$ était dans $\mathscr{G} - \mathscr{D}$, on aurait $-(\alpha + \beta) \in \mathscr{G}$, donc $-\beta = \alpha - (\alpha + \beta) \in \mathscr{G}$, d'où $\beta \in \mathscr{G} - \mathscr{D}$ contrairement à l'hypothèse. Soit γ une racine $\neq 0$ dans $\mathscr{G}$ et soit β une racine telle que $\beta + \gamma$ ne soit pas racine. On appellera classe de β (relativement à γ) l'ensemble $\mathscr{D}_\beta$ des racines *dans* $\mathscr{D}$ qui sont de la forme $\beta + k\gamma$ (k entier). Comme l'ensemble de toutes les racines de la forme $\beta + k\gamma$ s'obtient pour $p \leqslant k \leqslant 0$ où p est un entier $\leqslant 0$, il résulte de la remarque précédente que, si $\mathscr{D}_\beta \neq \phi$, il existe un entier s vérifiant $p \leqslant s \leqslant 0$ tel que $\mathscr{D}_\beta$ soit l'ensemble des racines de la forme $\beta + k\gamma$ avec $s \leqslant k \leqslant 0$. Si β et γ sont linéairement indépendantes, on sait **(14)** que $\beta(H_\gamma) = -p$. Puisque $\gamma(H_\gamma) = 2$, on a donc dans ce cas

$$\begin{aligned} \sum \alpha(H_\gamma) &= (\beta + \beta - \gamma + \ldots + \beta + s\gamma)(H_\gamma) \qquad (\alpha \in \mathscr{D}_\beta) \\ &= (1 - s)(s - p) \geqslant 0. \end{aligned}$$

Si β et γ sont linéairement dépendantes, alors $\beta = \gamma$, car $\beta = 0$ et $\beta = -\gamma$ sont exclus du fait que $\beta + \gamma$ n'est pas racine. Dans ce cas, si $\mathscr{D}_\beta \neq \phi$, c'est donc que $\gamma \in \mathscr{D}$ et $\mathscr{D}_\beta = (\gamma)$, donc $\sum \alpha(H_\gamma) = 2 > 0$ pour $\alpha \in \mathscr{D}_\beta$. Comme

[9] La restriction de ψ^C à $\mathfrak{h}$ est bien une forme réelle car, si $H = \overline{H}$, on a $\overline{\alpha(H)} = -\alpha(H)$ pour toute α.

toute racine dans $\mathscr{D}$ appartient à une classe et une seule, on peut calculer $\sum\alpha(H_\gamma)$ pour $\alpha \in \mathscr{D}$, en groupant les racines α par classes. Si $\gamma \in \mathscr{D}$, les sommes partielles sont toutes $\geqslant 0$ et la somme partielle relative à $\mathscr{D}_\gamma$ est >0, d'où la première partie du Lemme. Si $\gamma \in \mathscr{G} - \mathscr{D}$, alors $-\gamma \in \mathscr{G}$; pour toute racine β telle que $\mathscr{D}_\beta \neq 0$, γ est linéairement indépendante de β et $p = s$. On a donc $\sum\alpha(H_\gamma) = 0$ pour $\alpha \in \mathscr{D}_\beta$, d'où la seconde partie du Lemme[10].

De ce Lemme et des formules (6.7), (6.8), il résulte que la forme hermitienne canonique de G/B est *définie négative.* Compte tenu des relations (6.5) qui ramènent le cas d'un groupe G semi-simple au cas où G est compact, on obtient les Théorèmes suivants:

THÉORÈME 2. *Soit G un groupe semi-simple et soit L un sous-groupe à un paramètre de G. Si un sous-groupe compact B de G est un sous-groupe ouvert du centralisateur de L, alors B est connexe et l'espace homogène G/B possède des structures complexes invariantes. Pour chacune de ces structures la forme hermitienne canonique de G/B est non dégénérée. Le nombre de ses carrés négatifs est égal à la différence entre la dimension des sous-groupes compacts maximaux de G et la dimension de B.*

THÉORÈME 3. *Si G est un groupe compact et si G/B est un espace homogène complexe dont la forme hermitienne canonique est non dégénérée, alors cette forme est définie négative.*

En effet, la composante connexe de l'élément neutre dans le centre de G opère trivialement dans G/B d'après les résultats du §5. On peut donc supposer G semi-simple, et la remarque (5.2) permet d'appliquer[11] le Théorème 2.

THÉORÈME 4. *Soient G un groupe semi-simple et B un sous-groupe compact de G. S'il existe sur l'espace homogène G/B une structure complexe invariante pour laquelle la forme hermitienne canonique est non dégénérée, alors B est connexe, le centre de G est fini et le nombre des carrés négatifs de la forme canonique est égal à la différence entre la dimension des sous-groupes compacts maximaux de G et la dimension de B.*

C'est encore une conséquence de la remarque (5.2) et du Théorème 2. En particulier, il résulte du Théorème 4 que si la forme hermitienne canonique

---

[10]Nous n'utiliserons ici que la premiere partie du Lemme. La seconde a l'intéret de montrer que les racines $\gamma \leqslant \mathscr{D}$ peuvent être caractérisées par une inégalité de la forme $\lambda(H_\gamma) \leqslant 0$ où λ est une fonction linéaire sur $\mathfrak{h}^C$. On obtient ainsi une manière de déterminer toutes les structures complexes invariantes sur G/B **(3; 13)**.

[11]D'après un Théorème de Montgomery (*Simply connected homogeneous spaces*, Proc. Amer. Math. Soc., *1* (1950), 467–469), si G/B est compact et a un groupe de Poincaré fini, tout sous-groupe compact maximal dans G opère transitivement sur G/B. Par suite, si un espace homogène complexe compact a un groupe de Poincaré fini et si sa forme hermitienne canonique est non dégénérée, alors cette forme est définie négative. Les Théorèmes 3 et 4 sont en rapports étroits avec les résultats de Bochner et Lichnerowicz sur les champs de vecteurs de Killing et le tenseur de Ricci **(2; 12)**.

est définie positive, alors B est un sous-groupe compact maximal et G/B est un espace riemannien symétrique. Ceci montre que *les domaines bornés homogènes dont le groupe des automorphismes est semi-simple sont des domaines bornés symétriques au sens de E. Cartan* **(5)**; on sait en effet que leur forme hermitienne canonique est définie positive **(1)** et que le groupe de stabilité d'un point est compact **(6)**. Une démonstration plus directe de ce résultat a été donnée par A. Borel qui suppose seulement que le groupe de tous les automorphismes du domaine borné contient un sous-groupe transitif semi-simple **(3)**[12].

[12]On peut conjecturer que la non dégénérescence de la forme hermitienne canonique d'un espace homogène complexe G/B correspond à une propriété intrinsèque du plus grand groupe des automorphismes analytiques de G/B qui conservent le volume (peut être sa semi-simplicité). D'une manière générale, il serait utile de savoir jusqu'où va l'analogie que nos résultats semblent indiquer entre la forme de Killing d'un groupe et la forme hermitienne canonique d'un espace homogène complexe.

Billiographie

1. S. Bergman, *Über die Kernfunktion eines Bereiches und ihr Verhalten am Rande*, J. reine und angew. Math., *169* (1932), 1–42.

2. S. Bochner, *Laplace operator on manifolds*. Int. Congress of Math. (Cambridge, 1950), 189–201.

3. A. Borel, *Kaehlerian coset spaces of semi-simple Lie groups*, Proc. Nat. Acad. Sci., *40* (1954), 1147–1151.

4. E. Cartan, *Groupes simples clos et ouverts et géométrie riemannienne*, J. Math. pures et appliquées, *8* (1929), 1–33.

5. ———, *Sur les domaines bornés de l'espace de n variables complexes*, Abh. Math. Seminar Hamburg, *11* (1935), 116–162.

6. H. Cartan, *Sur les groupes de transformations analytiques* (Paris, 1935).

7. ———, *Notions d'algèbre différentielle . . .* , Coll. de Topologie, Bruxelles (1950), 15–27.

8. B. Eckmann et A. Frölicher, *Sur l'intégrabilité des structures presque complexes*, C. R. Acad. Sci. Paris, *232* (1951), 2284–2286.

9. H. Hopf, *Über den Rang geschlossener Liescher Gruppen*, Comm. Math. Helv., *13* (1940), 119–155.

10. K. Iwasawa, *On some types of topological groups*, Ann. Math., *50* (1949), 507–558.

11. J. L. Koszul, *Homologie et cohomologie des algèbres de Lie*, Bull. Soc. Math. France, *78* (1950), 65–127.

12. A. Lichnerowicz, *Espaces homogènes Kaehleriens*, Coll. Géom Diff. (Strasbourg, 1953), 171–184.

13. H. C. Wang, *Closed manifolds with homogeneous complex structures*, Amer. J. Math., *76* (1954), 1–32.

14. H. Weyl, *Theorie der Darstellung kontinuerlicher halb-einfach Gruppen durch lineare Transformationen*, Math. Z., *23* (1925), 271–309; *24* (1926), 238–395.

Université de Strasbourg

Sur certaines structures fibrées complexes

En hommage à Monsieur KNESER

Par J.-L. KOSZUL et B. MALGRANGE à Strasbourg

Nous nous proposons de montrer que certaines structures presque-compléxes vérifiant la „condition d'intégrabilité“ sont complexes. Depuis que ce travail a èté fait, est paru un article de A. NEWLANDER et L. NIRENBERG qui démontré le résultat précédent en toute généralité [8]; il nous semble cependant intéressant de publier notre démonstration, qui ramène le problème (dans le cas particulier que nous considérons) à une généralisation d'un résultat de A. GROTHENDIECK sur la trivialité locale de la d''-cohomologie.

1. Généralisation d'un résultat de A. GROTHENDIECK.

Notations. Soit G un groupe de Lie complexe, et g l'algèbre de Lie des champs de vecteurs réels invariants à gauche sur G. Si V désigne une variété analytique complexe, et f une application indéfiniment différentiable de V dans G[1]) (resp. α une 1-forme différentiable de type (0,1) sur V à valeurs dans g), nous noterons $f^{-1}d''f$ (resp. $d''\alpha$) la composante de type (0,1) de la forme $f^{-1}df$ (resp. la composante de type (0,2) de la forme $d\alpha$).

Théorème 1. *Soit U un voisinage de zéro dans C^n, et soit α une 1-forme de type (0,1) sur U à valeurs dans g. Pour qu'il existe un voisinage de zéro $V \subset U$ et une application différentiable f de V dans G vérifiant $f^{-1}d''f = \alpha$, il faut et il suffit que, au voisinage de zéro, on ait:*

$$d''\alpha + [\alpha, \alpha] = 0 \quad (1.1)$$
[2]).

La nécessité est immédiate. Pour démontrer la suffisance, nous pouvons nous restreindre au cas où G est un groupe linéaire: en effet, il existe un sous-groupe discret Z de G tel que G/Z soit un groupe linéaire; et toute application différentiable f' dans G/Z est localement composée d'une application différentiable f dans G et de la projection $G \to G/Z$, avec $f'^{-1}df' = f^{-1}df$.

Dans le cas où G est le groupe additif des nombres complexes, le théorème précédent exprime simplement la „trivialité locale de la d''-cohomologie“ (ou, plus exactement, de la d''-cohomologie d'ordre 1), résultat dû à A. GROTHENDIECK (cf. [2], exposé XVIII). Dans le cas général, nous allons nous inspirer de sa démonstration.

1) Lorsque cela n'entrainera aucune confusion, nous dirons „différentiable“ au lieu de „indéfiniment différentiable“.

2) Etant donnée une forme α de degré 1 sur une variété V à valeurs dans une algèbre de Lie g, nous notons $[\alpha, \alpha]$ la forme alternée de degré 2 définie par $[\alpha, \alpha](X, Y) = [\alpha(X), \alpha(Y)]$ quels que soient les champs de vecteurs X et Y sur V.

Montrons d'abord que le théorème 1 résulte du lemme suivant:

Lemme 1. *Soit $F(z_1, \ldots, z_n)$ une fonction différentiable sur un voisinage de zéro (dans C^n), à valeurs dans g. Si F est holomorphe en $z_1, \ldots, z_p$ $(0 \leqq p < n)$, il existe une application différentiable h d'un voisinage de zéro dans G, holomorphe en $z_1, \ldots, z_p$, et vérifiant:*

$$h^{-1} \frac{\partial h}{\partial \bar{z}_{p+1}} = F .$$

Raisonnons en effet par récurrence; posons $\alpha = \sum a_j \, d\bar{z}_j$ et supposons obtenue une application différentiable f_p d'un voisinage de zéro (où (1.1) est vérifié) dans G, vérifiant:

$$f_p^{-1} \frac{\partial f_p}{\partial \bar{z}_j} = a_j \qquad (j = 1, \ldots, p) . \tag{1.2}$$

Posons

$$F = f_p \, a_{p+1} \, f_p^{-1} - \frac{\partial f_p}{\partial \bar{z}_{p+1}} \, f_p^{-1} .$$

Pour $j = 1, \ldots, n$, on a

$$\frac{\partial F}{\partial \bar{z}_j} = \frac{\partial f_p}{\partial \bar{z}_j} \, a_{p+1} \, f_p^{-1} + f_p \frac{\partial a_{p+1}}{\partial \bar{z}_j} \, f_p^{-1} - f_p \, a_{p+1} \, f_p^{-1} \frac{\partial f_p}{\partial \bar{z}_j} \, f_p^{-1} -$$

$$- \frac{\partial^2 f_p}{\partial \bar{z}_j \, \partial \bar{z}_{p+1}} \, f_p^{-1} - \frac{\partial f_p}{\partial \bar{z}_{p+1}} \frac{\partial f_p^{-1}}{\partial \bar{z}_j} .$$

D'après (1.2), on a donc, pour $j = 1, \ldots, p$

$$\frac{\partial F}{\partial \bar{z}_j} = f_p \left[a_j \, a_{p+1} + \frac{\partial a_{p+1}}{\partial \bar{z}_j} - a_{p+1} \, a_j - \frac{\partial a_j}{\partial \bar{z}_{p+1}} \right] f_p^{-1}$$

et, par conséquent, d'après (1.1):

$$\frac{\partial F}{\partial \bar{z}_j} = 0 .$$

D'après le lemme 1, il existe une application différentiable h d'un voisinage de zéro dans G, holomorphe en $z_1, \ldots, z_p$, qui vérifie $h^{-1} \dfrac{\partial h}{\partial \bar{z}_{p+1}} = F$; posons $f_{p+1} = h f_p$; alors:

$$f_{p+1}^{-1} \frac{\partial f_{p+1}}{\partial \bar{z}_j} = f_p^{-1} \frac{\partial f_p}{\partial \bar{z}_j} + f_p^{-1} \, h^{-1} \frac{\partial h}{\partial \bar{z}_j} f_p \qquad (j = 1, \ldots, n) ,$$

d'où

$$f_{p+1}^{-1} \frac{\partial f_{p+1}}{\partial \bar{z}_j} = a_j \qquad \text{pour } j = 1, \ldots, p$$

(puisque h est holomorphe en z_j); et aussi

$$f_{p+1}^{-1} \frac{\partial f_{p+1}}{\partial \bar{z}_{p+1}} = f_p^{-1} \frac{\partial f_p}{\partial \bar{z}_{p+1}} + f_p^{-1} \, F f_p = a_{p+1}$$

(d'après la définition de F).

Par récurrence (en partant de $f_0 = e$, e élément neutre de G), on obtient une application différentiable f_n d'un voisinage de zéro dans G qui vérifie, pour tout $j = 1, \dots, n$

$$f_n^{-1} \frac{\partial f_n}{\partial \bar{z}_j} = a_j$$

c'est-à-dire $f_n^{-1} \, d'' f_n = \alpha$; d'où le théorème.

Pour démontrer maintenant le lemme 1, nous procèderons de la manière suivante: supposons trouvée une application différentiable $K(z_1, \dots, z_n)$ d'un voisinage de zéro dans g, holomorphe en $z_1, \dots, z_n$ et vérifiant:

$$\frac{\partial K}{\partial \bar{z}_{p+1}} - \frac{\partial F}{\partial z_{p+1}} + [F, K] = 0 .$$

Pour $z_1, \dots, z_p, z_{p+2}, \dots, z_n$ fixés, il existe une fonction et une seule h de z_{p+1} (définie sur un voisinage de zéro dans C), à valeurs dans G, et vérifiant:

$$h(0) = e; \; h^{-1} \frac{\partial h}{\partial z_{p+1}} = K; \;\; h^{-1} \frac{\partial h}{\partial \bar{z}_{p+1}} = F .$$

Et l'on vérifie facilement que, lorsque les z_j $(j = 1, \dots, p, p+1, \dots, n)$ varient dans des voisinages convenables de zéro, la fonction $h(z_1, \dots, z_n)$ ainsi obtenue possède les propriétés voulues.

Il nous reste donc à établir l'existence de K; elle résulte du lemme suivant, presque classique:

Lemme 2. *Soit g un espace vectoriel complexe de dimension finie, et soit $\mathfrak{L}(g)$ l'espace des endomorphismes de g. Etant donnée une fonction différentiable $M(z_1, \dots, z_n)$* (resp. $\psi(z_1, \dots, z_n)$) *définie sur un voisinage de zéro dans C^n, à valeurs dans $\mathfrak{L}(g)$* (resp. g), *holomorphe en $z_1, \dots, z_p$ $(0 \leqq p < n)$, il existe une fonction différentiable $\varphi(z_1, \dots, z_n)$ définie sur un voisinage de zéro, à valeurs dans g, holomorphe en $z_1, \dots, z_p$, qui vérifie:*

$$\frac{\partial \varphi}{\partial \bar{z}_{p+1}} = M\varphi + \psi$$

(la démonstration de ce lemme est renvoyée au 4.).

2. Connexions et structures complexes. On désigne par G un groupe de Lie complexe, par V une variété analytique complexe et par P un espace fibré *différentiable* de groupe G et de base V. On suppose que G opère à droite dans P et on désigne par g l'algèbre de Lie des champs de vecteurs réels invariants à gauche sur G. A tout élément $a \in g$ correspond alors un champ de vecteurs Z_a sur P dont la valeur en un point $y \in P$ sera notée ya.

Soit γ une forme de connexion sur P ([4]). C'est une forme de degré 1 sur P, à valeurs dans g, qui vérifie les deux conditions suivantes:

(2.1) $\gamma(ya) = a$ pour tout $y \in P$ et tout $a \in g$,

(2.2) $\gamma(vs) = s^{-1} \gamma(v) \, s$ pour tout $s \in G$ et tout vecteur v de P.

Il existe sur P une structure presque-complexe et une seule telle que γ soit une forme de type (1, 0) et que la projection p de P sur V soit une application presque complexe. Si l'on désigne par I le tenseur de la structure complexe de V, le tenseur

I_γ de la structure presque-complexe définie par γ sur P peut être caractérisé par les conditions:

$$\gamma(I_\gamma v) = i\gamma(v)\,, \tag{2.3}$$

$$dp(I_\gamma v) = I\,dp(v) \tag{2.4}$$ [3])

pour tout vecteur v de P. Soit X un champ de vecteurs sur P; si X est projetable, alors $I_\gamma X$ est projetable et $dp(I_\gamma X) = I dp(X)$ (cf. [7]). On vérifie facilement que, lorsque P est muni de la structure presque-complexe ainsi définie par une connexion, l'application $P \times G \to P$ définie par les opérations de G dans P est presque-complexe, ce qui signifie que P a une structure d'espace fibré principal presque-complexe de groupe G et de base V.

On désigne par R_γ la forme de courbure $d\gamma + [\gamma, \gamma]$ et par E_γ le tenseur deux fois covariant et une fois contravariant défini par

$$E_\gamma(X, Y) = [X, Y] + I_\gamma[I_\gamma X, Y] + I_\gamma[X, I_\gamma Y] - [I_\gamma X, I_\gamma Y]$$

quels que soient les champs de vecteurs X et Y sur P.

Lemme 3. *Quels que soient les champs de vecteurs X et Y sur P*

a) $E_\gamma(X, Y)$ *appartient au sous-module des champs de vecteurs tangents aux fibres de P.*

b) $\gamma(E_\gamma(X, Y)) = - R_\gamma(X + iI_\gamma X, Y + iI_\gamma Y)$.

Si X et Y sont deux champs de vecteurs projetables et si X' et Y' en sont les projections, alors $E(X, Y)$ est projetable et sa projection est $[X', Y'] + I\,[IX', Y'] + I\,[X', IY'] - [IX', IY']$. Puisque V est une variété complexe, cette projection est donc nulle (cf [3]) ce qui prouve que $E_\gamma(X, Y)$ est tangent aux fibres de P. Puisque le module des champs de vecteurs sur P est engendré par les champs de vecteurs projetables, ceci démontre a). Puisque le tenseur I_γ est invariant par les opérations de G dans P, on a $I_\gamma\,[Z_a, X] = [Z_a, I_\gamma X]$ et par suite $E_\gamma(Z_a, X) = 0$ pour tout $a \in g$ et tout champ de vecteurs X sur P. Comme par ailleurs,

$$R_\gamma(Z_a + iI_\gamma Z_a, X + iI_\gamma X) = 0$$

puisque $Z_a + iI_\gamma Z_a$ est tangent aux fibres de P, la relation b) en résulte toutes les fois que l'un des champs X, Y est de la forme Z_a. Supposons maintenant que X et Y soient deux champs de vecteurs *horizontaux*, c'est à dire que $\gamma(X) = \gamma(Y) = 0$. Il en est alors de même des champs $I_\gamma X$ et $I_\gamma Y$ d'après (2.3). De la formule

$$R_\gamma(L, M) = L \cdot \gamma(M) - \gamma([L, M]) - M \cdot \gamma(L) + [\gamma(L), \gamma(M)]\,,$$

qui est valable pour tout couple de champs de vecteurs L et M, on déduit donc
$- \gamma(E_\gamma(X, Y)) = R_\gamma(X, Y) + iR_\gamma(I_\gamma X, Y) + iR_\gamma(X, I_\gamma Y) - R_\gamma(I_\gamma X, I_\gamma Y) =$
$= R_\gamma(X + iI_\gamma X, Y + iI_\gamma Y)$.

Le module des champs de vecteurs sur P étant engendré par les champs horizontaux et les champs de la forme Z_a, ceci achève la démonstration de b).

---

[3]) Dans le second membre de (2.3) intervient la structure d'espace vectoriel complexe définie sur g par la structure complexe de G. Pour toute application différentiable f d'une variété L dans une variété M, on note df l'application de la variété des vecteurs de L dans la variété des vecteurs de M dérivée de f.

3. Intégrabilité des structures presque complexes définies par une connexion.

Théorème 2. *Soient G un groupe de Lie complexe, V une variété analytique complexe et P un espace fibré principal différentiable de groupe G et de base V. Soit γ une forme de connexion sur P; les conditions suivantes sont équivalentes:*

a) *la structure presque-complexe définie par la forme γ est une structure complexe,*

b) *le tenseur E_γ est nul,*

c) *la composante de type* (0, 2) *de la forme de courbure R_γ est nulle*[4]),

d) *P étant muni de la structure presque-complexe définie par γ, tout point $x_0 \in V$ possède un voisinage ouvert sur lequel existe une section presque complexe de P.*

Il est bien connu que a) $\Longrightarrow$ b) ([3]) et le Lemme 3 montre que b) $\Longrightarrow$ c). Montrons que c) $\Longrightarrow$ d). Il s'agit d'un résultat local et l'on pourra donc supposer que V est un voisinage ouvert de 0 dans C^n, que $x_0 = 0$ et que P est l'espace fibré trivial $V \times G$. Désignons par β l'image réciproque de la forme γ par la section h de P définie par $h(x) = (x, e)$, où e est l'élément neutre de G. *La composante de type* (0, 2) *de la forme* $d\beta + [\beta, \beta]$ *est nulle.* En effet, si u et v sont deux vecteurs de v ayant même origine, les vecteurs $I_\gamma\, dh(u) - dh(Iu)$ et $I_\gamma dh\,(v) - dh(Iv)$ sont tangents à une fibre de P d'après (2.4). Il en résulte que

$$(d\beta + [\beta, \beta])\,(u + iIu, v + iIv) = R(dh(u + iIu), dh\,(v + iIv)) = \\ = R_\gamma(dh(u) + i\,I_\gamma dh(u),\ dh(v) + i\,I_\gamma dh(v))$$

qui est égal à 0 d'après c). Soit α la composante de type (0, 1) de β; on a $d''\alpha + [\alpha, \alpha] = 0$. D'après le Théorème 1, il existe donc, sur un voisinage ouvert U de 0 dans V, une application différentiable f à valeurs dans G telle que $f^{-1}d''f = \alpha$, c'est à dire telle que la composante de type (0, 1) de la forme $f^{-1}d''f - \beta$ soit nulle. Soit h' la section de P définie sur U par $h'(x) = (x, f^{-1}(x))$. On va vérifier que cette section est *presque-complexe*. Si (u, sa) est un vecteur de $V \times G$ d'origine (x, s), alors

$$\gamma(u, sa) = \gamma((u, sas^{-1})\,s) = s^{-1}\gamma(u, sas^{-1})\,s = s^{-1}\beta(u)\,s + a\,.$$

D'autre part, il résulte de (2.4) que $I_\gamma(u, sa)$ est de la forme (Iu, sb) avec $b \in g$. Compte tenu de (2.3), on a donc $i\gamma(u, sa) = \gamma(I_\gamma(u, sa)) = \gamma(Iu, sb)$ et par conséquent $is^{-1}\beta(u)s + ia = s^{-1}\beta(Iu)\,s + b$, ce qui donne la relation:

$$I_\gamma(u, sa) = (Iu, s(ia) + \beta(iu - Iu)\,s)\,.$$

En appliquant cette formule on obtient, pour tout vecteur u d'origine $x \in U$:

$$I_\gamma dh'\,(u) - dh'(Iu) = I_\gamma(u, df^{-1}(u)) - (Iu, df^{-1}(Iu)) = \\ = (Iu - Iu, \beta(iu - Iu)\,f^{-1}(x) + df^{-1}(iu - Iu)).$$

Or $df^{-1}(iu - Iu)\,f(x) = -f^{-1}(x)\,df(iu - Iu) = -\beta(iu - Iu)$; par conséquent, $I_\gamma dh'(u) - dh'(Iu) = 0$, ce qui signifie que h' est une section presque-complexe.

Il est enfin évident que d) $\Longrightarrow$ a), car si il existe une section presque-complexe de P sur un ouvert U de V, cette section définit un isomorphisme presque-complexe de

4) Si une forme de connexion γ définit sur P une structure complexe, sa forme de courbure R_γ est donc la somme d'une forme de type (2,0) et d'une forme de type (1,1). Pour que R_γ soit de type (2,0), il faut et il suffit que γ soit *holomorphe* pour la structure complexe qu'elle définit. (cf. [1].)

$U \times G$ sur $p^{-1}(U)$. Puisque $U \times G$ est une variété complexe, il en est de même de l'ouvert $p^{-1}(U)$.

Corollaire. *Si V est de dimension complexe* 1, *alors pour toute forme de connexion γ sur P, la structure presque-complexe définie par γ est une structure complexe.*

En effet, la forme de courbure de γ peut être considérée comme une forme de degré 2 sur V à valeurs dans l'espace fibré vectoriel de fibre g associé à P. C'est donc une forme de type (1.1).

Supposons maintenant que V soit paracompacte. On sait que dans ce cas il existe toujours des connexions dans P. Si V est de dimension 1, le Corollaire du Théorème 2 montre qu'il existe alors toujours une structure complexe dans l'espace fibré P, résultat qui nous à été signalé par J. Frenkel. D'autre part, quelle que soit la dimension de V, toute structure presque-complexe sur l'espace fibré P s'obtient à partir d'une forme de connexion par le procédé du 2. En effet, si J est le tenseur d'une structure presque-complexe sur P et si γ est une forme de connexion sur P, alors la composante de type (1, 0) de γ est une forme de connexion γ', sur P et $J = I_{\gamma'}$. On en déduit que, *si V est de dimension complexe* 1 *et si J et J' sont les tenseurs de deux structures complexes sur l'espace fibré P, alors il existe un tenseur $J(t)$ fonction indéfiniment dérivable de $t \in R$ qui pour chaque valeur de t est le tenseur d'une structure complexe sur P et qui vérifie $J(0) = J$ et $J(1) = J'$.*

On choisit des formes de connexions γ et γ' sur P telles que $I_\gamma = J$ et $I_{\gamma'} = J'$ et on prend pour $J(t)$ le tenseur de la structure complexe définie par la forme $t\gamma' + (1 - t)\gamma$ qui est encore une forme de connexion sur P.

4. Démonstration du lemme 2.

En posant: $\varphi = \dfrac{\partial \chi}{\partial z_{p+1}}$, on se ramène à trouver une fonction indéfiniment différentiable $\chi(z_1, \ldots, z_n)$, définie dans un voisinage de zéro dans C^n, à valeurs dans g, holomorphe en $z_1, \ldots, z_p$, et vérifiant:

$$\frac{\partial^2 \chi}{\partial z_{p+1}\, \partial \bar{z}_{p+1}} - M \frac{\partial \chi}{\partial z_{p+1}} = \psi .$$

Pour simplifier, nous identifierons g à un espace C^r au moyen d'une base, et nous poserons $z = z_{p+1}$, $z' = (z_1, \ldots, z_p, z_{p+2}, \ldots, z_n)$. Soit $\mathfrak{U}$ (resp. $\mathfrak{V}$) un voisinage ouvert relativement compact de zéro dans C (resp. C^{n-1}) tel que M et ψ soient définis et vérifient les hypothèses du lemme 2 lorsque (z, z') est dans un voisinage de $\overline{\mathfrak{U}} \times \mathfrak{V}$.

A) Rappelons d'abord rapidement, dans le cas particulier dont nous allons nous servir, la méthode de résolution du problème de Dirichlet dite „méthode de projection" qui est due à S. L. Sobolev et H. Weyl (la forme que nous lui donnons est due à L. Schwartz [10]; voir aussi [5]).

Soit $\mathfrak{D}(\mathfrak{U})$ l'espace des fonctions indéfiniment différentiables de z à support compact dans $\mathfrak{U}$, et à valeurs dans g; rappelons que le dual $\mathfrak{D}'(\mathfrak{U})$ de $\mathfrak{D}(\mathfrak{U})$ muni de sa topologie naturelle est, par définition, l'espace des distributions dans $\mathfrak{U}$ (cf. [9]). Munissons $\mathfrak{D}(\mathfrak{U})$ de la forme sesquilinéaire suivante:

$$(\varphi, \psi) = \sum_{j=1}^{r} \int \frac{\partial \varphi_j}{\partial z} \cdot \overline{\left(\frac{\partial \psi_j}{\partial z}\right)}\, dx\, dy \qquad (z = x + iy;\ \varphi \in \mathfrak{D}(\mathfrak{u}),\ \psi \in \mathfrak{D}(\mathfrak{u})$$

(dans la formule précédente, φ et ψ ont été identifiées à des systèmes de r fonctions à valeurs complexes, grâce à l'identification de g à C^r); posons $\|\varphi\|^2 = (\varphi, \varphi)$. On vérifie aussitôt que $\|\varphi\| = 0$ entraîne $\varphi = 0$, donc la semi-norme $\|\varphi\|$ est une norme sur $\mathfrak{D}(\mathfrak{U})$; soit $H(\mathfrak{U})$ l'espace de Hilbert obtenu en complétant $\mathfrak{D}(\mathfrak{U})$ pour cette norme. Il est facile de vérifier que les éléments de $H(\mathfrak{U})$ peuvent être interprétés comme des (classes de) fonctions de carré sommable dans $\mathfrak{U}$, dont les dérivées premières au sens des distributions dans $\mathfrak{U}$ sont encore de carré sommable (une fonction f de carré sommable dans $\mathfrak{U}$ étant identifiée à la distribution $\in \mathfrak{D}'(\mathfrak{U})$ définie par la forme linéaire sur $\mathfrak{D}(\mathfrak{U})$: $\varphi \to \sum \int f_j\, \varphi_j\, dx\, dy$. Dans la suite, nous ferons constamment cette identification).

(Notons en passant que la réciproque est inexacte: les fonctions $\in H(\mathfrak{U})$ sont seulement, parmi les précédentes, celles qui, en un certain sens, sont „nulles au bord".)

Soit maintenant $H'(\mathfrak{U})$ le dual de $H(\mathfrak{U})$, muni de sa norme de dual; $H'(\mathfrak{U})$ est un espace de formes linéaires sur $\mathfrak{D}(\mathfrak{U})$ muni de sa topologie naturelle, donc un sous-espace de $\mathfrak{D}'(\mathfrak{U})$; d'autre part, il existe un antiisomorphisme isometrique d de $H(\mathfrak{U})$ sur $H'(\mathfrak{U})$; explicitons d:

Pour tout $\psi \in \mathfrak{D}(\mathfrak{U})$, on a: $(\psi, \varphi) = (d\varphi)(\psi)$; mais le premier membre de cette égalité s'écrit aussi:

$$- \sum_{j=1}^{r} \int \frac{\partial^2 \psi_j}{\partial z\, \partial \bar{z}}\, \varphi\, dx\, dy$$

(évident, par intégration par parties, pour $\varphi \in \mathfrak{D}(\mathfrak{U})$; le cas général s'en déduit par passage à la limite); en utilisant la définition des dérivées des distributions dans $\mathfrak{U}$, on obtient donc:

$$d\varphi = - \frac{\partial^2 \bar{\varphi}}{\partial z\, \partial \bar{z}}.$$

Par conséquent, *l'application* $\varphi \to \dfrac{\partial^2 \varphi}{\partial z\, \partial \bar{z}}$ *est un isomorphisme isométrique de* $H(\mathfrak{U})$ *sur* $H'(\mathfrak{U})$ (cela résoud, en un certain sens, le problème de Dirichlet).

Maintenant, pour z' fixé, l'opérateur $M \dfrac{\partial}{\partial z}$ définit une application continue de $H(\mathfrak{U})$ dans $H'(\mathfrak{U})$ dont la norme peut être rendue aussi petite que l'on veut en prenant $\mathfrak{U}$ assez petit (vérification facile). En restreignant au besoin $\mathfrak{U}$, on pourra donc supposer que, pour $z' = 0$, l'opérateur

$$L_{z'} = \frac{\partial^2}{\partial z\, \partial \bar{z}} - M \frac{\partial}{\partial z}$$

définit un isomorphisme de $H(\mathfrak{U})$ sur $H'(\mathfrak{U})$: comme $L_{z'}$ dépend continuement de z' (pour la topologie définie par la norme dans l'espace $\mathfrak{L}(H(\mathfrak{U}), H'(\mathfrak{U}))$ des opérateurs linéaires continus: $H(\mathfrak{U}) \to H'(\mathfrak{U})$), la même propriété sera vraie pour tous les z' assez voisins de zéro; en restreignant $\mathfrak{V}$, nous pouvons donc supposer qu'elle est vraie pour tout $z' \in \mathfrak{V}$.

B) Revenons maintenant à notre problème; pour $z' \in \mathfrak{V}$ fixé, $\psi(z, z')$ définit un élément $\psi_{z'}$ de $H'(\mathfrak{U})$; et il existe alors un $\chi_{z'} \in H(\mathfrak{U})$ et un seul qui vérifie: $L_{z'}\, \chi_{z'} = \psi_{z'}$.

La fonction $z' \to L_{z'} \in \mathfrak{L}(H(\mathfrak{U}), H'(\mathfrak{U}))$ (resp. $z' \to \psi_{z'} \in H'(\mathfrak{U})$) est indéfiniment différentiable en z' ($z' \in \mathfrak{V}$), et holomorphe en $z_1, \ldots, z_p$; il résulte donc des propriétés classiques des opérateurs linéaires continus dans les espaces de Banach que $z' \to \chi_{z'}$ est une fonction indéfiniment différentiable de $z' \in \mathfrak{V}$, holomorphe en $z_1, \ldots, z_p$, à valeurs dans $H(\mathfrak{U})$.

Pour achever la démonstration du lemme, il nous reste à prouver que la fonction χ: $(z, z') \to \chi_{z'}(z)$ est une fonction indéfiniment différentiable de (z, z') dans $\mathfrak{U} \times \mathfrak{V}$. Appelons „de classe (p, ∞)" ($p \geqq 0$) une fonction indéfiniment différentiable de $z' \in \mathfrak{V}$ à valeurs dans l'espace des fonctions de $z \in \mathfrak{U}$ localement de carré sommable ainsi que leurs dérivées (au sens des distributions) d'ordre $\leqq p$; ce qui précède nous montre, en particulier, que χ est de classe $(1, \infty)$.

Comme il est bien connu, si f est une fonction de z telle que $\frac{\partial^2 f}{\partial z\, \partial \bar{z}}$ soit localement de carré sommable ainsi que ses p premières dérivées, f est elle-même localement de carré sommable ainsi que ses $p + 2$ premières dérivées. En reprenant les raisonnements qui conduisent à ce résultat (ou en appliquant la théorie des produits tensoriels topologiques [6]), on obtient ceci:

si $\frac{\partial^2}{\partial z\, \partial \bar{z}} f(z, z')$ est de classe (p, ∞) ($p \geqq 0$), $f(z, z')$ est de classe $(p + 2, \infty)$.

Alors, de la formule

$$\frac{\partial^2 \chi}{\partial z\, \partial \bar{z}} = M \frac{\partial \chi}{\partial z} + \psi$$

on déduit: si χ est de classe (p, ∞) ($p \geqq 1$), $\frac{\partial^2 \chi}{\partial z\, \partial \bar{z}}$ est de classe $(p - 1, \infty)$, donc χ est de classe $(p + 1, \infty)$.

Comme on sait déjà que χ est de classe $(1, \infty)$ il en résulte qu'il est de classe (∞, ∞) c'est-à-dire est une fonction indéfiniment différentiable de $(z, z') \in \mathfrak{U} \times \mathfrak{V}$; d'où le lemme 2.

Bibliographie

[1] M. F. Atiyah, Complex analytic connections in fibre bundles. Trans. Amer. math. Soc. **85**, 181—207 (1957).

[2] H. Cartan, Séminaire E. N. S. 1953—1954 (polycopié).

[3] B. Eckmann-A. Frölicher, Sur l'intégrabilité des structures presque-complexes. C.r. Acad. Sci., Paris **232**, 2284—2286 (1951).

[4] C. Ehresmann, Les connexions infinitésimales dans un espace fibré différentiable. Coll. Topologie, Bruxelles, 1950, p. 29—55.

[5] L. Gårding, Dirichlet's problem for linear elliptic partial differential equations. Math. Scand. **1**, 55—72 (1953).

[6] A. Grothendieck, Produits tensoriels topologiques et espaces nucléaires. Mem. Amer. math. Soc.

[7] J.-L. Koszul, Sur la forme hermitienne canonique des espaces homogénes complexes. Canadian J. Math. **7**, 562—576 (1955).

[8] A. Newlander — L. Nirenberg, Complex analytic coordinates in almost complex manifolds Ann. of Math., II. Ser. **65**, 391—404 (1957).

[9] L. Schwartz, Théorie des distributions, t. I et II. Paris 1950—1951.

[10] L. Schwartz, Les travaux de L. Garding sur les équations aux dérivées partielles elliptiques. Sém. Bourbaki, Mai 1952.

Eingegangen am 5. 12. 1957

MULTIPLICATEURS ET CLASSES CARACTÉRISTIQUES

PAR

J. L. KOSZUL

Introduction. Soient Y un espace topologique, R une relation d'équivalence dans Y et Y_1 le graphe de cette relation R. Soit d'autre part G un groupe topologique. Les espaces fibrés principaux(1) de base Y/R, de groupe G, qui sont trivialisés par l'application canonique $Y \to Y/R$, c'est à dire dont l'image réciproque par cette application est un espace fibré trivial de base Y, peuvent se définir au moyen de certaines applications continues de Y_1 dans G (les multiplicateurs). Ce mode de définition des espaces fibrés se rencontre lorsqu'on définit un espace fibré par un système de fonctions de passage, ou encore lorsque, dans la théorie des variétés complexes, on définit une classe de diviseurs par un facteur d'automorphie. Le but de cette Note est d'indiquer un procédé de formation des classes caractéristiques d'un espace fibré principal défini par la donnée d'un multiplicateur. Ce procédé repose sur une construction des groupes d'homologie de l'espace quotient Y/R qui est étroitement apparentée, à la fois à la "bar-construction" de Eilenberg-MacLane, et à certains résultats de H. Cartan et J. Leray sur les groupes discrets de transformations. Notre construction n'a cependant pas le caractère strictement algébrique des constructions envisagées par ces auteurs.

1. **Homologie des espaces quotients.** Dans ce paragraphe, on désignera par Y un espace topologique et par R une relation d'équivalence dans Y. Pour tout entier $r \geqq 0$, soit Y_r le sous-espace du produit direct Y^{r+1} constitué par les points $(y_0, y_1, \cdots, y_r)$ tels que $y_i \sim y_0$ pour $i=1, 2, \cdots, r$. Pour tout couple d'entiers (r, i) tels que $r>0$ et $r \geqq i \geqq 0$, on désignera par $a_{r,i}$ l'application continue de Y_r dans Y_{r-1} définie par

$$a_{r,i}(y_0, y_1, \cdots y_r) = (y_0, \cdots, \hat{y}_i, \cdots, y_r).$$

Lorsque $r \geqq 2$ et $r \geqq j > i \geqq 0$, on a: $a_{r-1,j-1}a_{r,i} = a_{r-1,i}a_{r,j}$. On notera $A_{r,p}(R, Y)$, ou simplement $A_{r,p}$, le groupe des chaînes singulières de degré p de l'espace Y_r, les coefficients étant entiers. Soit $A(R, Y)$ le groupe abélien bigradué, somme directe des groupes $A_{r,p}$. On définit dans $A(R, Y)$ deux opérateurs bords:

(1) l'opérateur ∂', de type $(0, -1)$, dont la restriction à $A_r = \sum_p A_{r,p}$ est $(-1)^r\partial$, ∂ désignant l'opérateur bord du complexe des chaînes singulières de Y_r,

(2) l'opérateur ∂'', de type $(-1, 0)$, dont la restriction à A_r est

Received by the editors January 31, 1957.

(1) Il ne sera question que d'espaces fibrés localement triviaux et où le groupe opère à droite.

$\sum_{i=0}^{i=r}(-1)^i\alpha_{r,i}$, $\alpha_{r,i}$ désignant l'homomorphisme de A_r dans A_{r-1} défini par l'application $a_{r,i}$ ($\partial''=0$ sur A_0).

On a visiblement les relations: $\partial'^2=\partial''^2=\partial'\partial''+\partial''\partial'=0$. On définit donc un nouvel opérateur bord Δ, abaissant le degré total d'une unité, en posant $\Delta=\partial'+\partial''$. Les groupes d'homologie (respectivement, les modules de cohomologie(²)) du complexe $A(R, Y)$ ainsi défini seront notés $H_n(R, Y)$ (resp. $H^n(R, Y)$).

On va démontrer que, si R vérifie certaines conditions, les groupes $H_n(R, Y)$ et les modules $H^n(R,Y)$ sont respectivement isomorphes aux groupes d'homologie singulière $H_n(Y/R)$ et aux modules de cohomologie singulière $H^n(Y/R)$ de l'espace quotient Y/R. L'application canonique q de Y sur Y/R définit un homomorphisme χ de A_0 dans le groupe $S(Y/R)$ des chaînes singulières de Y/R.

Lemme 1. *La suite*

$$S(Y/R)\xleftarrow{\chi}A_0\xleftarrow{\partial''}A_1\xleftarrow{\partial''}A_2\cdots$$

est une suite exacte.

Soit en effet τ un simplexe singulier de Y/R et soit $A_r(\tau)$ le sous-groupe de A_r engendré par les simplexes singuliers de Y_r qui sont de la forme $(\tau_0, \tau_1, \cdots, \tau_r)$, où les τ_i sont des simplexes singuliers de Y tels que $q(\tau_i)=\tau$. On a $\partial''A_r(\tau)\subset A_{r-1}(\tau)$ pour tout $r>0$. D'autre part, la suite

$$Z\tau\xleftarrow{\chi}A_0(\tau)\xleftarrow{\partial''}A_1(\tau)\xleftarrow{\partial''}A_2(\tau)\cdots$$

est une suite exacte comme le montre l'opérateur d'homotopie h défini lorsque $A_0(\tau)\neq(0)$ en choisissant un simplexe singulier τ' de Y tel que $q(\tau')=\tau$ et en posant $h(\tau_0, \tau_1, \cdots, \tau_r)=(\tau', \tau_0, \tau_1, \cdots, \tau_r)$. Puisque chaque groupe A_r est somme directe des groupes $A_r(\tau)$, où τ parcourt l'ensemble des simplexes singuliers de Y/R, ceci démontre le Lemme.

On a évidemment $\chi\partial'=\partial\chi$; ceci permet de prolonger χ en un homomorphisme du *complexe* $A(R, Y)$ dans le *complexe* $S(Y/R)$ en posant $\chi(A_r)=(0)$ pour $r>0$.

Théorème 1. *Soit $S'(Y/R)$ le sous-complexe de $S(Y/R)$ image de $A(R, Y)$ par χ. Si les groupes d'homologie du complexe $S(Y/R)/S'(Y/R)$ sont tous nuls, alors χ induit, pour tout entier n, un isomorphisme canonique χ_*: $H_n(R, Y)\rightarrow H_n(Y/R)$ et un isomorphisme canonique χ^*: $H^n(Y/R)\rightarrow H^n(R, Y)$.*

Soit en effet N le noyau de l'homomorphisme prolongé χ. Le Lemme 1 montre que dans chaque classe d'homologie de N, il existe un cycle sans composantes dans $A_0+A_1+\cdots A_r$, et ceci quel que soit l'entier r. Comme

(²) Les modules de cohomologie d'un complexe de chaînes C_n seront formés à partir du complexe de cochaînes $\mathrm{Hom}_Z(C_n, k)$, où k est un anneau commutatif choisi une fois pour toutes.

A_r ne contient pas d'élément $\neq 0$ de degré $<r$, ceci prouve que les groupes d'homologie du complexe N sont tous nuls. On en déduit le Théorème 1 en considérant la suite exacte de complexes:

$$(0) \leftarrow S(Y/R)/S'(Y/R) \leftarrow S(Y/R) \overset{\chi}{\leftarrow} A(R, Y) \leftarrow N \leftarrow (0).$$

On observera que les groupes d'homologie de $S(Y/R)/S'(Y/R)$ sont tous nuls, notamment lorsque Y est un espace fibré localement trivial de base Y/R, et plus généralement, lorsque tout point $x \in Y/R$ possède un voisinage U tel que tout simplexe singulier dans U soit image par q d'un simplexe singulier de Y (cf. [4, Chapter VII, §8]).

Exemple. Soit X un espace topologique et soit $(U_i)_{i\in I}$ un recouvrement ouvert de X. Dans le sous-espace $Y \subset X \times I$ constitué par les points (x, i) tels que $x \in U_i$, soit R la relation d'équivalence pour laquelle $(x, i) \sim (x', j)$ lorsque $x = x'$. L'espace X s'identifie au quotient Y/R. Un point de Y_r est un point de Y^{r+1} de la forme $((x, i_0), (x, i_1), \cdots, (x, i_r))$ où $x \in U_{i_0} \cap U_{i_1} \cap \cdots \cap U_{i_r}$. On peut donc identifier l'espace Y_r au sous-espace des points $(x, i_0, i_1, \cdots, i_r)$ de $X \times I^{r+1}$ tels que $x \in U_{i_0} \cap U_{i_1} \cap \cdots \cap U_{i_r}$. Posons $M_r = \partial' A_{r,1} + \sum_{p>0} A_{r,p}$ et $M = \sum_r M_r$. Le sous-groupe M est un sous-complexe de $A(R, Y)$. Si toute intersection non vide d'une famille finie d'ouverts du recouvrement a même homologie singulière qu'un point, alors pour tout entier n, on a $H_n(M) = (0)$ et $H_n(X) \simeq H_n(R, Y) \simeq H_n(A(R, Y)/M)$ est isomorphe au n-ième groupe d'homologie du nerf du recouvrement. On obtient un résultat analogue en cohomologie, qui est un cas particulier du résultat bien connu de J. Leray ramenant la cohomologie d'un espace à celle du nerf d'un recouvrement simple [6].

2. **Homologie et groupes de transformations.** Dans ce paragraphe, on désignera par G un groupe topologique et par Y un espace topologique dans lequel G opère de manière continue à droite. Partant de ces données, on va construire un complexe analogue au complexe $A(R, Y)$ défini au paragraphe 1. Comme on le montrera du reste, cette nouvelle construction coïncide avec la précédente lorsque Y est un espace fibré principal de groupe G.

Pour tout couple d'entiers (r, i) où $r>0$ et $r \geqq i \geqq 0$, on désignera par $b_{r,i}$ l'application continue de $Y \times G^r$ dans $Y \times G^{r-1}$ définie par

$$b_{r,0}(y, s_1, s_2, \cdots, s_r) = (ys_1, s_2, \cdots, s_r),$$
$$b_{r,i}(y, s_1, s_2, \cdots, s_r) = (y, s_1, \cdots, s_i s_{i+1}, \cdots, s_r) \quad (0 < i < r),$$
$$b_{r,r}(y, s_1, s_2, \cdots, s_r) = (y, s_1, \cdots, s_{r-1}).$$

Lorsque $r \geqq 2$ et $r \geqq j > i \geqq 0$, on a: $b_{r-1,j-1} b_{r,i} = b_{r-1,i} b_{r,j}$. On notera $B_{r,p}(G, Y)$, ou simplement $B_{r,p}$, le groupe des chaînes singulières de degré p de l'espace $Y \times G^r$. Soit $B(G, Y)$ le groupe abélien bigradué somme directe des groupes $B_{r,p}$. On définit dans $B(G, Y)$ deux opérateurs bord:

(1) l'opérateur ∂', de type $(0, -1)$, dont la restriction à $B_r=\sum_p B_{r,p}$ est $(-1)^r\partial$, ∂ désignant l'opérateur bord du complexe des chaînes singulières de $Y\times G^r$.

(2) l'opérateur ∂'', de type $(-1, 0)$, dont la restriction à B_r est $\sum_{i=0}^{i=r}(-1)^i\beta_{r,i}$, $\beta_{r,i}$ désignant l'homomorphisme de B_r dans B_{r-1} défini par l'application $b_{r,i}(\partial''=0$ sur $B_0)$.

On a visiblement les relations: $\partial'^2=\partial''^2=\partial'\partial''+\partial''\partial'=0$. On définit donc un nouvel opérateur bord Δ, abaissant le degré total d'une unité, en posant $\Delta=\partial'+\partial''$. Les groupes d'homologie (resp. les modules de cohomologie) du complexe $B(G,Y)$ ainsi défini seront notés $H_n(G,Y)$ (resp. $H^n(G, Y)$). La filtration de $B(G,Y)$ par les sous-complexes $B_0+B_1+\cdots+B_r$ définit, en homologie, une suite spectrale dont le terme E^1 est somme directe des groupes d'homologie singulière des espaces $Y\times G^r$ (d'une manière précise $E^1_{r,p}=H_p(Y\times G^r)$). L'opérateur ∂^1 de E^1 a pour restriction à $E^1_{r,p}$ l'homomorphisme $\sum(-1)^i(\beta_{r,i})_*$, où $(\beta_{r,i})_*$ est l'homomorphisme de $H_p(Y\times G^r)$ dans $H_p(Y\times G^{r-1})$ défini par l'application $b_{r,i}$.

On précisera maintenant les relations entre la construction précédente et celle qui a fait l'objet du §1. Soit R la relation d'équivalence dans Y définie par G, c'est à dire la relation d'équivalence ayant pour graphe l'ensemble des points $(y, y')\in Y^2$ tels que $yG=y'G$. Le quotient de Y par cette relation R sera noté Y_G. Pour tout entier $r\geqq 0$, on définit une application continue h_r de $Y\times G^r$ dans Y_r en posant

$$h_r(y, s_1, s_2, \cdots, s_r) = (y, ys_1, ys_1s_2, \cdots, ys_1s_2\cdots s_r).$$

Lorsque $r\geqq 1$ et $r\geqq i\geqq 0$, on a $h_{r-1}b_{r,i}=a_{r,i}h_r$. Soit η_r l'homomorphisme de B_r dans A_r défini par l'application h_r. Ces homomorphismes constituent un homomorphisme canonique η du complexe bigradué $B(G,Y)$ dans le complexe bigradué $A(R,Y)$. Soient η_*: $H_n(G,Y)\to H_n(R,Y)$ et η^*: $H^n(R,Y)\to H^n(G, Y)$ les homomorphismes canoniques induits par η. En composant ces homomorphismes avec les homomorphismes $H_n(R,Y)\to H_n(Y_G)$ et $H^n(Y_G)\to H^n(R,Y)$, on obtient des homomorphismes canoniques que l'on notera χ_*: $H_n(G,Y)\to H_n(Y_G)$ et χ^*: $H^n(Y_G)\to H^n(G,Y)$.

Soient maintenant Y et Y' deux espaces où le groupe G opère de manière continue à droite et soit t une application continue de Y dans Y' telle que $t(ys)=t(y)s$ pour tout $y\in Y$ et tout $s\in G$. On notera t_G l'application de Y_G dans Y'_G déduite de t par passage aux quotients. Pour tout entier r, soit t_r l'application continue de $Y\times G^r$ dans $Y'\times G^r$ qui transforme $(y, s_1, \cdots, s_r)$ en $(t(y), s_1, \cdots, s_r)$. Chaque application t_r définit un homomorphisme θ_r: $B_r(G,Y)\to B_r(G,Y')$ et les homomorphismes θ_r constituent un homomorphisme du complexe bigradué $B(G,Y)$ dans le complexe bigradué $B(G,Y')$. Cet homomorphisme induit des homomorphismes θ^*: $H^n(G,Y')\to H^n(G,Y)$. Si θ^*_G: $H^n(Y'_G)\to H^n(Y_G)$ est l'homomorphisme défini par l'application t_G, on voit facilement que le diagramme

$$\begin{array}{ccc} H^n(G, Y) & \xleftarrow{\theta^*} & H^n(G, Y') \\ \uparrow \chi^* & * & \uparrow \chi^* \\ H^n(Y_G) & \xleftarrow{\theta_G} & H^n(Y'_G) \end{array}$$

est commutatif.

3. Cas des espaces fibrés principaux.

THÉORÈME 2. *Si Y est un espace fibré principal de groupe G, alors les homomorphismes canoniques $\chi_*: H_n(G, Y) \rightarrow H_n(Y_G)$ et $\chi^*: H^n(Y_G) \rightarrow H^n(G, Y)$ sont bijectifs.*

En effet, dans ce cas, les applications $h_r: G \times Y^r \rightarrow Y_r$ sont des homéomorphismes, et par suite les homomorphismes η_* et η^* définis au §2 sont bijectifs. Le Théorème résulte donc du Théorème 1.

L'isomorphisme du Théorème 2 a été indiqué explicitement dans différents cas, et en particulier des le cas où G est un groupe discret (le complexe $B(G, Y)$ est alors le complexe dans chaînes non homogènes de G, au sens de Eilenberg-Mac Lane, à coefficients dans le complexe des chaînes singulières . . . de Y, cf. [1; 2]).

Lorsque $Y=I$ est un espace réduit à un point, le complexe $B(G, I)$ ne diffère du complexe obtenu par "bar construction" à partir du complexe $S(G)$ des chaînes singulières de G que dans la mesure où il fait intervenir les complexes des chaînes singulières des espaces G^r et non les produits tensoriels $\otimes_r S(G)$ (cf. [3]). Lorsque $Y=G$, les opérations de G dans Y étant les translations à gauche, il résulte du Théorème 2 que $B(G, G)$ est "acyclique," ses groupes d'homologie étant isomorphes à ceux de l'espace G/G. Ce complexe $B(G, G)$ est, à des détails près, une "construction acyclique" au sens du Séminaire H. Cartan, 1954/55, Exposés 3, 13, 19.

Soit P un espace fibré principal de groupe G, de base P_G. L'application de P sur I (espace réduit à un point) définit des homomorphismes canoniques $H^n(G, I) \rightarrow H^n(G, P)$ qui, composés avec les isomorphismes $\chi^{*-1}: H^n(G, P) \rightarrow H^n(P_G)$ donnent des homomorphismes canoniques $\gamma^*: H^n(G, I) \rightarrow H^n(P_G)$. Ces homomorphismes seront appelés les *homomorphismes caractéristiques* de l'espace fibré P.

4. Interprétation des modules $H^n(G, Y)$. Soit $\mathfrak{P}$ un espace fibré principal universel de groupe G (c'est à dire un espace fibré principal de groupe G ayant même homologie singulière qu'un point, cf. [7]). Soit d'autre part F un espace où G opère de manière continue à droite. En posant $(u, y)s=(us, ys)$ pour tout point $(u, y) \in \mathfrak{P} \times F$, on définit dans $\mathfrak{P} \times F$ une structure d'espace fibré principal de groupe G dont la base est un espace fibré universel de fibre F et de groupe G. La projection de $\mathfrak{P} \times F$ sur F définit un homomorphisme π du complexe bigradué $B(G, \mathfrak{P} \times F)$ dans le complexe bigradué $B(G, F)$. Du fait que $\mathfrak{P}$ a même homologie singulière qu'un point résulte que cet homomorphisme π induit un isomorphisme des termes de rang 1 des suites spectrales obtenues en filtrant ces deux complexes par le degré r. On en déduit le résultat suivant:

THÉORÈME 3. *Si* $\mathfrak{P}$ *est un espace fibré principal universel de groupe* G, *les homomorphismes canoniques* $\pi_*: H_n(G, \mathfrak{P}\times F) \to H_n(G,F)$ *et* $\pi^*: H^n(G,F) \to H^n(G, \mathfrak{P}\times F)$ *sont bijectifs.*

COROLLAIRE. *Si* $\mathfrak{E}$ *est un espace fibré universel de fibre* F *et de groupe* G, *il existe pour tout entier* n *un isomorphisme canonique de* $H^n(G, F)$ *sur* $H^n(\mathfrak{E})$.

On l'obtient en composant π^* avec l'isomorphisme $\chi^{*-1}: H^n(G, \mathfrak{P}\times F) \to H^n(\mathfrak{E})$ (cf. Théorème 2). En particulier, les modules $H^n(G, I)$ sont canoniquement isomorphes aux modules de cohomologie de l'espace classifiant P_G.

Soit maintenant P un espace fibré principal quelconque de groupe G, et soit r une application continue de P dans F telle que $r(ys)=r(y)s$ quels que soient $y\in P$ et $s\in G$. Une telle application correspond à une section continue $\hat{r}_G$ de l'espace fibré de fibre F associé à P qui s'obtient par passage aux quotients à partir de l'homomorphisme $\hat{r}: y\to(y, r(y))$ de P dans $P\times F$. L'application r définit des homomorphismes $\rho^*: H^n(G, F)\to H^n(G, P)$. On va interpréter les homomorphismes $\chi^{*-1}\rho^*: H^n(G, F)\to H^n(P_G)$ dans le cas où il existe un homomorphisme t de P dans un espace fibré universel $\mathfrak{P}$ de groupe G(³). Désignons encore par t l'application de $P\times F$ dans $\mathfrak{P}\times F$ qui prolonge t et notons p la projection de $\mathfrak{P}\times F$ sur F: on a alors $r=pt\hat{r}$. D'autre part, on a le diagramme commutatif:

$$\begin{array}{ccccccc} H^n(G, P) & \xleftarrow{\hat{\rho}^*} & H^n(G, P\times F) & \xleftarrow{\theta^*} & H^n(G, P\times F) & \xleftarrow{\pi^*} & H^n(G, F) \\ \uparrow \chi^* & & \uparrow \chi^* & & \uparrow \chi^* & & \\ H^n(P_G) & \xleftarrow{\hat{\rho}_G^*} & H^n((P\times F)_G) & \xleftarrow{\theta_G^*} & H^n((P\times F)_G) & & \end{array}$$

et par suite: $\chi^{*-1}\rho^*=\chi^{*-1}\hat{\rho}^*\theta^*\pi^*=\hat{\rho}_G^*\theta_G^*\chi^{*-1}\pi^*$. On voit donc que $\chi^{*-1}\rho^*$ est composé: (1) de l'isomorphisme canonique de $H^n(G, F)$ sur le n-ième module de cohomologie de l'espace fibré universel $(\mathfrak{P}\times F)_G$, (2) de l'homomorphisme θ_G défini par l'application t_G de l'espace fibré $(P\times F)_G$ dans l'espace fibré universel $(\mathfrak{P}\times F)_G$, (3) de l'homomorphisme $\hat{\rho}_G^*$ défini par la section de l'espace fibré $(P\times F)_G$.

En appliquant ce qui précède au cas $F=I$, on obtient ce qui suit:

THÉORÈME 4. *Si il existe un homomorphisme* t *de l'espace fibré principal* P *dans un espace fibré principal universel* $\mathfrak{P}$, *alors l'homomorphisme caractéristique* $H^n(G, I)\to H^n(P_G)$ *est composé de l'isomorphisme canonique de* $H^n(G, I)$ *sur* $H^n(\mathfrak{P}_G)$ *et de l'homomorphisme de* $H^n(\mathfrak{P}_G)$ *dans* $H^n(P_G)$ *que définit l'application déduite de* t *par passage aux quotients.*

(³) On sait qu'un tel homomorphisme t existe lorsque la base P_G de P est paracompacte et localement homéomorphe à un complexe simplicial fini.

L'image de l'homomorphisme caractéristique est donc constituée dans ce cas par les classes caractéristiques au sens habituel du terme.

5. Multiplicateurs et espaces fibrés. Dans ce paragraphe, on désigne par R une relation d'équivalence dans un espace topologique Y et par q l'application canonique de Y sur l'espace quotient $X=Y/R$.

Soit P un espace fibré principal de base X, de groupe G, trivialisé par l'application $q: Y\rightarrow X$ et soit p la projection de P sur X. Il existe une application continue $r: Y\rightarrow P$ telle que $q=pr$. Soit f l'application du graphe Y_1 dans G définie par la condition $r(y')=r(y)f(y, y')$ pour tout point $(y, y')\in Y_1$. Cette application f vérifie la condition:

(M) *f est continue et lorsque $y\sim y'\sim y''$, on a*

$$f(y, y'') = f(y, y')f(y', y'').$$

De la trivialité locale de P résulte que f vérifie même là condition plus forte:

(M′) *pour tout point $x\in X$, il existe un voisinage ouvert U de x dans X et une application continue g de $q^{-1}(U)$ dans G telle que $f(y, y')=g^{-1}(y)g(y')$ pour tout point $(y, y')\in Y$ tel que $q(y)\in U$.*

Soit r' une autre application continue de Y dans P telle que $q=pr'$ et soit f' l'application de Y_1 dans G définie par la condition $r'(y')=r'(y)f'(y, y')$ pour $(y, y')\in Y_1$. Il existe une application continue g de Y dans G telle que $r'(y)=r(y)g(y)$ pour tout $y\in Y$. Par conséquent, f et f' vérifient la condition:

(E) *il existe une application continue g de Y dans G telle que*

$$f'(y, y') = g^{-1}(y)f(y, y')g(y')$$

pour tout point $(y, y')\in Y_1$.

Toute application f de Y_1 dans G qui vérifie la condition (M′) sera appelée un *multiplicateur* (sur Y à valeurs dans G). Deux multiplicateurs f et f' qui vérifient la condition (E) seront dits *équivalents*. L'ensemble des classes de multiplicateurs équivalents pour cette relation (E) sea noté $M(Y, G)$. On observera que (M′) est conséquence de (M) toutes les fois que, pour tout point $x_0\in X$, il existe un voisinage ouvert U de x_0 et une application continue t de U dans Y telle que $q(t(x))=x$ pour tout $x\in U$.

Ce qui précède montre comment, à tout espace fibré principal de base X et de groupe G trivialisé par q est associé une classe de multiplicateurs $\in M(Y, G)$. A deux espaces fibrés isomorphes correspond évidemment la même classe de multiplicateurs. On a donc une application naturelle Ψ de l'ensemble des classes de fibrés principaux de base X de groupe G trivialisés par q dans l'ensemble $M(Y, G)$. Cette application Ψ est *bijective*. Pour le voir, on va montrer que tout multiplicateur f sur Y à valeurs dans G définit canoniquement un espace fibré principal de base X, de groupe G trivialisé par q. Dans l'espace produit $Y\times G$, on définit une relation d'équivalence en posant $(y, s)\sim(y', s')$ lorsque $y\sim y'$ et $s=f(y, y')s'$. Soit P l'espace topologique quotient de $Y\times G$ par cette relation d'équivalence et soit h l'application canonique de $Y\times G$ sur P. L'application $(y, s)\to q(y)$ de $Y\times G$ sur X est composée de h et d'une application continue p de P sur X. D'autre part, il existe une loi d'opération de G dans P et une seule telle que $h(y, s)t=h(y, st)$ pour $y\in Y$ et $s, t\in G$. On vérifie que P, muni de ces opérations de G et de l'application p est un espace fibré principal de base X et de groupe G. Il est trivialisé par q car $q(y)=p(h(y, e))$ (e=élément neutre de G). Puisque $h(y', e)=h(y, f(y, y'))=h(y, e)f(y, y')$, la classe de multiplicateur associée à P est la classe de f. Ceci prouve que Ψ est *surjective*. Soient maintenant P' un espace fibré principal de base X, de groupe G trivialisé par q et g' une application de Y dans P' telle que $q=p'g'$. Si le multiplicateur f' défini par $g'(y')=g'(y)f'(y, y')$ est équivalent à f, il existe une application continue g'' de Y dans P' telle que $q=p'g''$ et $g''(y')=g''(y)f(y, y')$ lorsque $y\sim y'$. Soit b l'application continue de P dans P' définie par la condition $b(h(y, s))=g''(y)s$ pour tout $y\in Y$ et tout $s\in G$. On a $p=p'b$ et $b(zs)=b(z)s$ pour tout $z\in P$ et tout $s\in G$. Par conséquent b est un isomorphisme de P sur P' et ceci prouve que Ψ est *injective*(4).

Lorsque Y et R sont construits à partir d'un recouvrement ouvert de X, comme dans l'exemple donné ou paragraphe 1, on voit que les multiplicateurs sur Y à valeurs dans G ne sont pas autre chose que les systèmes de fonctions de passage à valeurs dans G pour le recouvrement donné. Lorsque Y est un espace fibré principal de groupe Γ et que R est le relation d'équivalence définie par les opérations de Γ, alors, en identifiant Y_1 et $Y\times\Gamma$ par l'homéomorphisme $(y, s)\to(y, ys)$, on voit que les multiplicateurs sur Y à valeurs dans G sont les application continues $k: Y\times\Gamma\to G$ telles que $k(y, st)=k(y, s)k(ys, t)$ $(y\in Y, s, t\in\Gamma)$. Les multiplicateurs sont donc dans ce cas les "facteurs d'automorphie."

6. **Homomorphismes caractéristiques et multiplicateurs.** Soit R une relation d'équivalence dans l'espace topologique Y et soit X l'espace quotient Y/R. Soit f un multiplicateur sur Y à valeurs dans un groupe topologique G. Le multiplicateur f définit un espace fibré principal P de groupe G et de base X. On va donner une construction de l'homomorphisme caractéristique $H^n(G, I)\to H^n(X)$ de ce fibré, utilisant le complexe $A(R, Y)$ et le multiplicateur f.

Soit F un espace topologique où le groupe G opère à droite de manière continue et soit c une application continue de Y dans F telle que $c(y')=c(y)f(y, y')$ lorsque $y\sim y'$ (une telle application correspond à une section continue de l'espace fibré de fibre F associé à P). On va montrer que le

(4) Le groupe des applications continues de Y dans G opère dans l'ensemble des multiplicateurs sur Y à valeurs dans G, le transformé d'un multiplicateur f par une application g étant le multiplicateur $(fg)(y, y')=g(y)^{-1}f(y, y')g(y')$. On vérifie facilement que le groupe de stabilité d'un multiplicateur f est canoniquement isomorphe au groupe des automorphismes de l'espace fibré principal défini par f.

multiplicateur f et l'application c définissent un homomorphisme du complexe bigradué $A(R, Y)$ dans le complexe bigradué $B(G, F)$. Pour tout entier $r \geqq 0$, on notera $(c, f)_r$ l'application continue de Y_r dans $F \times G^r$ définie par

$$(c, f)_r(y_0, y_1, \cdots, y_r) = (c(y_0), f(y_0, y_1), f(y_1, y_2), \cdots, f(y_{r-1}, y_r))$$

pour tout $(y_0, y_1, \cdots, y_r) \in Y_r$. Lorsque $0 \leqq i \leqq r$, on a $b_{r,i}(c, f)_r = (c, f)_{r-1} a_{r,i}$. De ces relations résulte que les applications $(c, f)_r$ définissent des homomorphismes $(\gamma, \phi)_r: A_r(R, Y) \to B_r(G, F)$ qui constituent un homomorphisme (γ, ϕ) du complexe bigradué $A(R, Y)$ dans le complexe bigradué $B(G, F)$.

Soit g une application continue de Y dans G. Le multiplicateur $f'(y, y') = g(y)^{-1} f(y, y') g(y')$ et l'application $c'(y) = c(y) g(y)$ définissent un nouvel homomorphisme (γ', ϕ') de $A(R, Y)$ dans $B(G, Y)$. Le lemme suivant montre que (γ', ϕ') et (γ, ϕ) sont homotopes:

LEMME. *Il existe un homomorphisme η du groupe $A(R, Y)$ dans le groupe $B(G, F)$ tel que:*

(a) $$\eta(A_{r,p}) \subset B_{r+1,p},$$

(b) $$\eta\partial' + \partial'\eta = 0,$$

(c) $$\eta\partial'' + \partial''\eta = (\gamma', \phi') - (\gamma, \phi).$$

Pour tout couple d'entiers (r, i) tels que $r \geqq i \geqq 0$, désignons en effet par $h_{r,i}$ l'application continue de Y_r dans $F \times G^{r+1}$ définie par:

$$h_{r,i}(y_0, y_1, \cdots, y_r) = (c(y_0), f(y_0, y_1), \cdots, f(y_{i-1}, y_i), g(y_i), f'(y_i, y_{i+1}), \cdots, f'(y_{r-1}, y_r)).$$

Soit $\eta_{r,i}$ l'homomorphisme de $A_r(R, Y)$ dans $B_r(G, F)$ défini par l'application $h_{r,i}$ et soit η l'homomorphisme du groupe $A(R, Y)$ dans le groupe $B(G, F)$ ayant $\sum_{i=0}^{i=r} (-1)^i \eta_{r,i}$ pour restriction à $A_r(R, Y)$. On vérifie directement que η satisfait aux conditions du lemme.

En appliquant ce qui précède au cas $F = I$, on voit que toute classe de multiplicateurs sur Y à valeurs dans G définit pour tout entier n un homomorphisme $H^n(G, I) \to H^n(R, Y)$.

THÉORÈME 5. *Soit f un multiplicateur sur Y à valeurs dans G et soit P l'espace fibré principal de base Y/R de groupe G défini par f; l'homomorphisme $\phi^*: H^n(G, I) \to H^n(R, Y)$ défini par f est composé de l'homomorphisme caractéristique $H^n(G, I) \to H^n(Y/R)$ de l'espace fibré P et de l'homomorphisme canonique $\chi^*: H^n(Y/R) \to H^n(R, Y)$.*

Soit en effet g une application de Y dans P telle que $g(y') = g(y) f(y, y')$ lorsque $y \sim y'$ et soit p la projection de P sur Y/R. Le multiplicateur f et l'application g définissent un homomorphisme (γ, ϕ) du complexe $A(R, Y)$

dans le complexe $B(G, P)$. En composant (γ, ϕ) avec l'homomorphisme $\theta: B(G, P) \to B(G, I)$ que définit l'application $P \to I$, on obtient l'homomorphisme de $A(R, Y)$ dans $B(G, I)$ défini par f. D'autre part, puisque $q = pg$, le diagramme

$$\begin{array}{ccc} H^n(R, Y) & \xleftarrow{(\gamma, \phi)^*} & H^n(G, P) \\ {\scriptstyle \chi^*} \nwarrow & & \nearrow {\scriptstyle \pi^*} \\ & H_n(Y/R) & \end{array}$$

est commutatif (π^* étant l'isomorphisme canonique du Théorème 2). On a donc $\phi^* = (\gamma, \phi)^* \theta^* = \chi^* \pi^{*-1} \theta^*$, ce qui démontre le théorème. Lorsque $H^n(X) \to H^n(R, Y)$ est bijectif, l'homomorphisme ϕ^* permet donc d'obtenir les classes caractéristiques de l'espace fibré P.

Indiquons pour terminer comment cette méthode s'applique au cas des espaces fibrés principaux de groupe $C^* = C - (0)$ (cf. [5]).

Désignons par c le cocycle de degré 1 de l'espace C défini par $c(\tau) = (1/2\pi i) \cdot \int_\tau dz/z$ pour tout simplexe singulier τ de dimension 1 dans C^*. Ce cocycle peut être considéré comme une cochaîne de degré 2 du complexe $\mathrm{Hom}_Z(B(C^*, I), C)$. On a $d'(c) = c\partial' = 0$ et $d''(c) = c\partial'' = 0$, donc c est un cocycle de ce complexe. La classe de Chern (pour des coefficients dans C) d'un espace fibré principal de groupe C^* est l'image de la classe de c dans $H^2(C^*, I)$ par l'homomorphisme caractéristique.

Soit Y un espace fibré principal de base X et de groupe Γ discret. Soit f un multiplicateur sur Y à valeurs dans C^*, qu'on écrira comme application de $Y \times \Gamma$ dans C^*. La classe de Chern de l'espace fibré principal P_f défini par f a pour image dans $H^2(\Gamma, Y)$ la classe du cocycle $\hat{c}_1$, image réciproque de c_1 par l'application f: $Y \times \Gamma \to C^*$. Supposons que Y soit *simplement connexe*; il existe alors une application continue g: $Y \times \Gamma \to C$ telle que $f(y, s) = e^{2\pi i g(y,s)}$. On peut considérer g comme une 0-cochaîne de l'espace $Y \times \Gamma$, donc comme une 1-cochaîne du complexe $\mathrm{Hom}_Z(B(\Gamma, Y), C)$. On a $\hat{c}_1 = -d'(g)$, donc $\hat{c}_1$ est cohomologue à $d''(g)$. Or $d''(g)$ est la 0-cochaîne de l'espace $Y \times \Gamma \times \Gamma$ définie par $(d''(g))(y, s, t) = g(ys, t) - g(y, st) + g(y, s) = e(s, t)$; elle est à valeurs entières et indépendante de y. On voit donc que la *classe de Chern* (à coefficients dans C) *de l'espace fibré P_f est l'image par l'homomorphisme caractéristique $H^2(\Gamma, I) \to H^2(X)$ de la classe du 2-cocycle $e(s, t)$*. Ce résultat est encore valable pour des coefficients entiers. La classe de Chern à coefficients entiers s'obtiendra en partant d'un cocycle de $\mathrm{Hom}_Z(B(C^*, I), Z)$ de la forme $c_1 + \Delta b$, où b est une 0-cochaîne sur l'espace C^*, à valeurs dans C, telle que $z = e^{2\pi i b(z)}$ pour tout $z \in C$. La classe de Chern de P_f a pour image dans $H^2(\Gamma, Y)$ la classe du cocycle $\hat{c} + \Delta \hat{b}$, où $\hat{b}$ est l'image réciproque de b par l'application f; ce cocycle est encore cohomologue à e dans le complexe de cochaînes $\mathrm{Hom}_Z(B(\Gamma, Y), Z)$.

BIBLIOGRAPHIE

1. H. Cartan and S. Eilenberg, *Homological algebra*, Princeton, 1956.
2. H. Cartan and J. Leray, *Relations entre anneau d'homologie et groupe de Poincaré*, Colloque de Topologie algébrique, C.N.R.S., Paris, 1949, pp. 83–85.
3. S. Eilenberg and S. MacLane, *On the groups* $H(\pi, n)$, I, Ann. of Math. vol. 58 (1953) pp. 55–106.
4. S. Eilenberg and N. Steenrod, *Foundations of algebraic topology*, Princeton, 1952.
5. R. C. Gunning, *The structure of factors of automorphy*, Amer. J. Math. vol. 78 (1956) pp. 357–382.
6. J. Leray, *Sur la forme des espaces topologiques et sur les points fixes des représentations*, J. Math. Pures Appl. vol. 24 (1945) pp. 169–199.
7. J. Milnor, *Construction of universal bundles*, II, Ann. of Math. vol. 63 (1956) pp. 430–436.

UNIVERSITÉ DE STRASBOURG,
STRASBOURG, FRANCE

ESPACES FIBRÉS ASSOCIÉS ET PRÉ-ASSOCIÉS

J. L. KOSZUL

Introduction. Dans la première partie de cet article, on généralise une construction donnée dans [2], conduisant à l'homologie des espaces classifiants de groupe Γ. Cette construction utilise au départ un espace fibré principal Y de groupe Γ, le cas traité dans [2] étant celui où $Y = \Gamma$. Elle permet de définir dans le module de cohomologie de la base X de Y une filtration par une suite de sous-modules dont l'intersection est le module des classes caractéristiques. Dans la seconde partie, la filtration précédente est étendue à $H^1(X, \mathbf{G})$ où $\mathbf{G}$ est le faisceau des germes d'applications continues de X dans un groupe topologique G. On obtient ainsi dans $H^1(X, \mathbf{G})$ des sous-ensembles $Q_2 \subset Q_1 \subset H^1(X, \mathbf{G})$. Cette classification s'étend au cas holomorphe. Les espaces fibrés principaux de base X de groupe G correspondant à Q_2 sont les espaces fibrés de groupe G associés à Y. Les espaces fibrés correspondant à Q_1 sont appelés des espaces fibrés *pré-associés* à Y. Ce sont encore des espaces fibrés trivialisés par la projection de Y sur X. Pour cette raison, ils peuvent être définis par un facteur $k : Y \times \Gamma \to G$. Pour qu'un facteur k corresponde à un espace fibré P pré-associé à Y, il faut et il suffit qu'il existe une application continue $g : Y^2 \to G$ telle que

$$g(y, y')k(y', s) = k(y, s)g(ys, y's)$$

quels que soient $y, y' \in Y$ et $s \in \Gamma$. Le choix d'une application g vérifiant cette condition présente de grandes analogies avec le choix d'une connexion dans l'espace P. En fait, dans le cas différentiable, et pour un groupe Γ discret, on montre que g *détermine* une connexion dans P.

I

1. Complexes topologiques. Soit T la catégorie préadditive dont les objets sont les espaces topologiques, le groupe Hom (X, Y) des homomorphismes d'un

Received March 6, 1959.

espace X dans un espace Y étant le groupe abélien libre ayant pour base l'ensemble des applications continues de X dans Y. La composition des homomorphismes est définie, par linéarité, à partir de la composition des applications. On passe de la manière habituelle de la catégorie T à la catégorie $T(1)$ des complexes de T ou *complexes topologiques.* Un complexe topologique X_* est donc défini par une famille (X_p) (p entier) d'espaces topologiques et par la donnée, pour tout entier p, d'un homomorphisme $d_p \in \operatorname{Hom}(X_p, X_{p-1})$ tel que $d_{p-1}d_p = 0$ pour tout p. Etant donnés deux complexes topologiques X_* et Y_*, un *homomorphisme* h_* de X_* dans Y_* est une famille d'homomorphisme $h_p \in \operatorname{Hom}(X_p, Y_p)$ vérifiant la condition $d_p h_p = h_{p-1} d_p$ pour tout p. Deux homomorphismes h_* et h'_* de X_* dans Y_* sont *homologues* si il existe une famille d'homomorphismes $k_p \in \operatorname{Hom}(X_p, Y_{p+1})$ tels que $d_{p+1}k_p + k_{p-1}d_p = h_p - h'_p$ quel que soit p.

Pour tout espace topologique X, on notera $R(X)$ le complexe topologique défini par

$$R_p(X) = X^{p+1} \quad \text{pour } p \geq 0, \qquad R_p(X) = \phi \quad \text{pour } p < 0$$

$$d_p = \sum_{i=0}^{i=p} (-1)^i d_{p,i} \quad \text{pour } p > 0, \qquad d_p = 0 \quad \text{pour } p \leq 0$$

où $d_{p,i}$ $(i = 0, 1, \ldots, p)$ est l'application $(x_0, x_1, \ldots, x_p) \to (x_0, x_1, \ldots, \hat{x}_i, \ldots, x_p)$ de $R_p(X)$ dans $R_{p-1}(X)$. Toute application continue d'un espace X dans un espace Y définit de manière évidente un homomorphisme de $R(X)$ dans $R(Y)$.

Homologie singulière des complexes topologiques. Pour tout entier p, on désigne par σ^p le simplexe euclidien type de dimension p et par d^p l'homomorphisme de σ^p dans σ^{p+1} somme alternée des applications canoniques de σ^p sur les faces de σ^{p+1}. Etant donné un complexe topologique X_*, on appelle module des *chaînes singulières* de type (p, q) (à coefficients entiers) de X_*, le Z-module $S_p(X_q) = \operatorname{Hom}(\sigma^p, X_q)$. On appelle complexe des chaînes singulières de X_* le complexe double $S_*(X_*)$ somme directe de la famille des $S_p(X_q)$ avec les opérateurs bord ∂' et ∂'' définis par

$$\partial' c = (-1)^{p+q+1} c d^{p-1}$$

$$\partial'' c = d_q c$$

pour tout $c \in S_p(X_q)$. L'opérateur bord total sera noté $\partial = \partial' + \partial''$.

Pour tout anneau commutatif A, le complexe $S_*(X_*) \underset{Z}{\otimes} A$ est appelé le complexe des chaînes singulières de X_* à coefficients dans A et se note $S_*(X_*, A)$. Le complexe $\mathrm{Hom}_Z(S_*(X_*), A)$ est appelé le complexe des cochaînes singulières de X_* à coefficients dans A et se note $S^*(X_*, A)$. On définit les modules d'homologie (resp. de cohomologie) de X_* à coefficients dans A en posant $H_p(X_*, A) = H_p(S_*(X_*, A))$ (resp. $H^p(X_*, A) = H^p(S^*(X_*, A)))$. Si h_* est un homomorphisme du complexe topologique X_* dans le complexe topologique Y_*, h_* définit un homomorphisme du complexe $S_*(X_*)$ dans $S_*(Y_*)$ et par conséquent des homomorphismes $h_p : H_p(X_*, A) \to H_p(Y_*, A)$ et $h^p : H^p(Y_*, A) \to H^p(X_*, A)$ pour tout entier p. Deux homomorphismes homologues définissent les mêmes homomorphismes pour les modules d'homologie et de cohomologie.

2. Complexes $R(X)/G$. Soient G un groupe topologique et X un espace où le groupe G opère de manière continue à droite. On fait opérer G à droite dans chaque espace $R_p(X) = X^{p+1}$ en posant $(x_0, x_1, \ldots, x_p)s = (x_0 s, x_1 s, \ldots, x_p s)$ pour tout $(x_0, x_1, \ldots, x_p) \in X^{p+1}$ et tout $s \in G$. Chaque application $d_{p,i} : X^{p+1} \to X^p$ commute avec les opérations de G et définit, par passage aux quotients une application continue $\mathbf{d}_{p,i} : X^{p+1}/G \to X^p/G$. On définit un complexe topologique $R(X)/G$ en prenant pour espace d'indice p l'espace $R_p(X)/G = X^{p+1}/G$ et pour opérateur $\mathbf{d}_p : X^{p+1}/G \to X^p/G$ l'homomorphisme $\sum_{i=0}^{i=p} (-1)^i \mathbf{d}_{p,i}$. Les projections canoniques $q_p : X^{p+1} \to X^{p+1}/G$ constituent un homomorphisme canonique q_* du complexe $R(X)$ sur le complexe $R(X)/G$.

Soient X et Y deux espaces où le groupe G opère continuement à droite et soit f une application continue de X dans Y qui commute avec les opérations de G. Soit f_* l'homomorphisme de $R(X)$ dans $R(Y)$ défini par f. Chaque application $f_p : X^{p+1} \to Y^{p+1}$ commute avec les opérations de G et définit par passage aux quotients une application continue $\mathbf{f}_p : X^{p+1}/G \to Y^{p+1}/G$. Les applications $\mathbf{f}_p$ constituent un homomorphisme $\mathbf{f}_*$ du complexe $R(X)/G$ dans le complexe $R(Y)/G$.

THÉORÈME 1. *Soient X et Y deux espaces topologiques où le groupe G opère continuement à droite et soient f et g deux applications continues de X dans Y commutant avec les opérations de G. Les homomorphismes $\mathbf{f}_*$ et $\mathbf{g}_*$ de $R(X)/G$ dans $R(Y)/G$ sont homologues.*

En effet, pour tout entier $p \geq 0$, soit k_p l'homomorphisme de X^{p+1} dans Y^{p+2} défini par $k_p = \sum_{i=0}^{i=p} k_{p,i}$ où $k_{p,i}$ est l'application continue définie par

$$k_{p,i}(x_0, x_1, \ldots, x_p) = (f(x_0), f(x_1), \ldots, f(x_i), g(x_i), \ldots, g(x_p));$$

un calcul direct montre que $g_p - f_p = d_{p+1}k_p + k_{p-1}d_p$. Comme chaque application $k_{p,i}$ commute avec les opérations de G dans X^{p+1} et Y^{p+2}, l'homomorphisme k_p définit un homomorphisme $\mathbf{k}_p : X^{p+1}/G \to Y^{p+2}/G$ et $\mathbf{g}_p - \mathbf{f}_p = \mathbf{d}_{p+1}\mathbf{k}_p + \mathbf{k}_{p-1}\mathbf{d}_p$, ce qui démontre le théorème.

Appliquant ce qui précède au cas où G est réduit à son élément neutre, on voit que si I est un espace réduit à un point, alors pour tout espace topologique X, l'application de X sur I définit un isomorphisme canonique de $H_p(R(X), A)$ sur $H_p(R(I), A)$ pour tout entier p. Comme d'autre part, $H_p(R(I), A)$ est visiblement canoniquement isomorphe à $H_p(I, A)$, on voit que pour tout espace topologique X, $H_p(R(X), A) = (0)$ pour $p \neq 0$ et $H_0(R(X), A)$ est canoniquement isomorphe à A.[1]

THÉORÈME 2. *Soit X un espace fibré principal de groupe G. Les applications continues de G dans X qui commutent avec les opérations de G (c'est à dire de la forme $s \to as$ avec $a \in X$) définissent un isomorphisme canonique de $H_*(R(G)/G, A)$ sur $H_*(R(X)/G, A)$ et un isomorphisme canonique de $H_*(R(X)/G)$ sur $H_*(R(G)/G, A)$.*

On se bornera à indiquer le principe de la démonstration qui utilise un "complexe topologique double" D formé avec les espaces $(G^p \times X^q)/G$. On définit des homomorphismes de D dans $R(G)/G$ et dans $R(X)/G$. On montre que ces homomorphismes donnent des isomorphismes pour les modules d'homologie. On vérifie enfin que l'isomorphisme $H_*(R(G)/G, A) \to H_*(R(X)/G, A)$ ainsi obtenu est l'homomorphisme défini par les applications $G \to X$ de la forme $s \to as$.

On observera que, si X est un espace fibré principal de groupe G, alors chaque espace $R_p(X)$ du complexe topologique $R(X)$ est un espace fibré principal de groupe G. D'autre part $R(X)$ est acyclique d'après ce qu'on a vu plus haut.

THÉORÈME 3. *Si X est un espace fibré principal de groupe G et C un espace fibré classifiant de groupe G ([4]), alors $H_*(R(X)/G, A)$ est canoniquement isomorphe à $H_*(C, A)$ et $H^*(R(X)/G, A)$ est canoniquement isomorphe à $H^*(C, A)$.*

---

[1] Ç'est aussi un cas particulier du Théorème 1 de [2].

Le Théorème est démontré dans [2] pour le cas $X=G$. Le cas général en résulte d'après le Théorème 2.

Soit $X\times R(G)$ le complexe topologique dont l'espace d'indice n est $X\times R_n(G)$ et où $d_n=(l_X, d_n)$, l_X désignant l'application identique de X sur X. Les projections $b_n : X\times R_n(G)\to R_n(G)$ définissent un homomorphisme b_* de $X\times R(G)$ dans $R(G)$. On définit d'autre part un homomorphisme f_* de $X\times R(G)$ dans X (considéré comme complexe topologique) en posant $f_n=0$ pour $n\neq 0$ et $f_0(x, s)=x$ pour tout $x\in X$ et $s\in G=R_0(G)$. On a un homomorphisme c_* de X dans $R(X)$ défini par $c_0=l_X$ et $c_n=0$ pour $n\neq 0$. Enfin, pour tout $a\in X$, on désigne par a_* l'homomorphisme de $R(G)$ dans $R(X)$ défini par l'application $s\to as$ de G dans X. Le diagramme

$$\text{(D)}\qquad \begin{array}{ccc} X\times R(G) & \xrightarrow{b_*} & R(G) \\ \downarrow{\scriptstyle f^*} & & \downarrow{\scriptstyle a_*} \\ X & \xrightarrow{c_*} & R(X) \end{array}$$

n'est pas commutatif. Cependant les homomorphismes a_*b_* et c_*f_* sont *homologues*. Pour tout entier $n\geq 0$, soit k_n l'application de $X\times G^{n+1}$ dans X^{n+2} définie par

$$k_n(x, s_0, s_1, \ldots, s_n)=(x, as_0, as_1, \ldots, as_n).$$

Pour tout n, on a $\mathrm{d}_{n+1}k_n+k_{n-1}d_n=a_nf_n-c_nb_n$. Les homomorphismes du diagramme (D) étant des combinaisons linéaires d'applications qui commutent avec les opérations de G, on déduit de (D) le diagramme:

$$\begin{array}{ccc} (X\times R(G))G & \xrightarrow{\mathbf{b}_*} & R(G)/G \\ \downarrow{\scriptstyle \mathbf{f}^*} & & \downarrow{\scriptstyle \mathbf{a}^*} \\ X/G & \xrightarrow{\mathbf{c}_*} & R(X)/G \end{array}$$

Comme les applications k_n commutent avec les opérations de G, on voit que les homomorphismes $\mathbf{a}_*\mathbf{f}_*$ et $\mathbf{c}_*\mathbf{b}_*$ sont homologues. On a donc finalement, en cohomologie, un diagramme commutatif:

$$\text{(D')}\qquad \begin{array}{ccc} H^*((X\times R(G))/G, A) & \xleftarrow{\mathbf{b}_*} & H^*(R(G)/G, A) \\ \uparrow{\scriptstyle \mathbf{f}^*} & & \uparrow{\scriptstyle \mathbf{a}^*} \\ H^*(X/G, A) & \xleftarrow{\mathbf{c}^*} & H^*(R(X)/G, A) \end{array}$$

Il est démontré dans [2] que $\mathbf{f}^*$ est bijectif et que $\mathbf{f}^{*-1}\mathbf{b}^*$ est l'homomorphisme caractéristique de l'espace fibré principal X. Compte tenu du Théorème 2, la commutativité du diagramme (D′) prouve le résultat suivant.

THÉORÈME 4. *L'homomorphisme caractéristique de l'espace fibré principal X est composé de l'isomorphisme* $\mathbf{a}^{*-1} : H^*(R(G)/G, A) \to H^*(R(X)/G, A)$ *et de l'homomorphisme canonique* $\mathbf{c}^* : H^*(R(X)/G, A) \to H^*(X/G, A)$.

Soit X un espace fibré principal de groupe G. Pour tout entier n, soit K^n_* le complexe topologique

$$X/G \leftarrow X^2/G \leftarrow \cdot\cdot\cdot X^{n+1}/G \leftarrow \emptyset \cdot\cdot\cdot$$

qui s'obtient en tronquant le complexe $R(X)/G$. Il existe pour tout n un homomorphisme canonique de X/G dans K^n_* défini par l'application identique de X/G sur K^n_0. Cet homomorphisme définit pour tout p un homomorphisme canonique de $H^p(K^n_*, A)$ dans $H^p(X/G, A)$ dont l'image sera notée Q^p_n. On obtient ainsi dans $H^p(X/G, A)$ une filtration :

$$H^p(X/G, A) = Q^p_0 \supset Q^p_1 \subset \cdot\cdot\cdot Q^p_{p+1} = Q^p_{p+2} = \cdot\cdot\cdot = Q^p_\infty$$

où Q^p_∞ est le sous-module des classes caractéristiques de degré p. Pour tout $p > 0$, le sous-module Q^p_1 est dans le noyau de l'homomorphisme de $H^*(X/G, A)$ dans $H^*(X, A)$ défini par la projection. En effet, l'image par cet homomorphisme d'une classe appartenant à Q^p_1 est une classe de cohomologie de X à laquelle les projections $d_{1,0}$ et $d_{1,1}$ de X^2 sur X font correspondre une même classe de cohomologie de X^2.

II

3. Espaces fibrés associés et pré-associés. Soit Y un espace fibré principal de groupe Γ et de base $X = Y/\Gamma$. Pour tout entier n on désigne par q_n l'application de Y^{n+1} sur Y^{n+1}/Γ. Soit d'autre part G un groupe topologique. Dans l'ensemble $H^1(X, G)$ des classes d'espaces fibrés principaux de base X et de groupe G, on va définir une filtration

$$H^1(X, \mathbf{G}) = Q_0 \supset Q_1 \supset Q_2$$

analogue à celle qui a été définie plus haut pour la cohomologie singulière à coefficients constants.

Les applications $\mathbf{d}_{1,i} : Y^2/\Gamma \to Y/\Gamma$ et $\mathbf{d}_{2,j} : Y^3/\Gamma \to Y^2/\Gamma$ $(i = 0, 1,\ j = 0, 1, 2)$ vérifient les relations

$$
\begin{aligned}
&\mathbf{d}_{1,0}\mathbf{d}_{2,0} = \mathbf{d}_{1,0}\mathbf{d}_{2,1} \\
(1)\qquad &\mathbf{d}_{1,0}\mathbf{d}_{2,2} = \mathbf{d}_{1,1}\mathbf{d}_{2,0} \\
&\mathbf{d}_{1,1}\mathbf{d}_{2,1} = \mathbf{d}_{1,1}\mathbf{d}_{2,2}.
\end{aligned}
$$

Pour tout espace fibré principal de base $X = Y/\Gamma$ et de groupe G, ces applications définissent des fibrés principaux images réciproques de base Y^2/Γ:

$$P_0 = P\mathbf{d}_{1,0}, \qquad P_1 = P\mathbf{d}_{1,1}.$$

L'espace fibré P sera appelé un espace fibré *pré-associé* à Y lorsque P_0 et P_1 sont isomorphes. Le sous-ensemble Q_1 de $H^1(X, G)$ sera l'ensemble des classes de fibrés pré-associés à Y.

LEMME 1. *Pour qu'un espace fibré principal P de base X soit pré-associé à Y, il faut qu'il soit trivialisé par la projection $q_0 : Y \to X$.*

En effet, si P est préassocié à Y, $Pq_0d_{1,0}$ et $Pq_0d_{1,1}$ sont deux espaces fibrés isomorphes de base Y^2. Soit b un point de Y et soit f l'application continue de Y dans Y^2 définie par $f(y) = (b, y)$. L'espace fibré $Pq_0 = Pq_0d_{1,0}f$ est isomorphe à l'espace fibré $Pq_0d_{1,1}f$ qui est trivial puisque l'application $d_{1,1}f$ est constante.

Considérons maintenant les espaces fibrés images réciproques de P_1 et P_0 par les applications $\mathbf{d}_{2,j} : Y^3/\Gamma \to Y^2/\Gamma$:

$$
\begin{aligned}
P_{0,0} &= P_0\mathbf{d}_{2,0}, & P_{0,1} &= P_0\mathbf{d}_{2,1}, & P_{0,2} &= P_0\mathbf{d}_{2,2} \\
P_{1,0} &= P_1\mathbf{d}_{2,0}, & P_{1,1} &= P_1\mathbf{d}_{2,1}, & P_{1,2} &= P_1\mathbf{d}_{2,2}.
\end{aligned}
$$

Les relations (1) montrent qu'il existe des isomorphismes canoniques

$$P_{0,1} \xrightarrow{\lambda_1} P_{0,0}, \qquad P_{1,0} \xrightarrow{\lambda_2} P_{0,2}, \qquad P_{1,1} \xrightarrow{\lambda_3} P_{1,2}.$$

Supposons que P soit pré-associé à Y. Tout isomorphisme h de P_0 sur P_1 définit un isomorphisme h_j de $P_{0,j}$ sur $P_{1,j}$ $(j = 0, 1, 2)$. Ainsi h définit un diagramme :

$$
(\mathrm{H}) \qquad
\begin{array}{ccccccc}
P_{0,1} & \xrightarrow{\lambda_1} & P_{0,0} & \xrightarrow{\quad h_0 \quad} & P_{1,0} & \xrightarrow{\lambda_2} & P_{0,2} \\
 & \searrow^{h_1} & & & & \swarrow^{h_2} & \\
 & & P_{1,1} & \xrightarrow{\lambda_3} & P_{1,2} & &
\end{array}
$$

On dira que l'espace fibré P est *associé* à Y lorsque l'isomorphisme h peut être choisi de telle sorte que ce diagramme soit commutatif. L'ensemble $Q_2 \subset H^1(X, \mathbf{G})$

sera l'ensemble des classes de fibrés associés à Y. Cette terminologie se trouvera justifiée dans le paragraphe suivant.

4. Facteurs des espaces fibrés associés et pré-associés. Les notations restant celles du paragraphe précédent, soit $F(Y, G)$ l'ensemble des facteurs sur Y à valeurs dans G, c'est à dire l'ensemble des applications continues k de $Y \times \Gamma$ dans G telles que

$$k(y, s)k(ys, t) = k(y, st)$$

quels que soient $y \in Y$, $s, t \in \Gamma$. Tout facteur k définit un espace fibré principal de base X et de groupe G: c'est le quotient de $Y \times G$ par Γ, les opérations de Γ dans $Y \times G$ étant définies par $(y, a)s = (ys, ak(y, s))$ quels que soient $y \in Y$, $s \in \Gamma$ et $a \in G$. En associant à tout facteur $k \in F(Y, G)$ la classe $[k]$ de cet espace fibré, on définit une application canonique de $F(Y, G)$ dans $H^1(X, \mathbf{G})$. L'image de cette application est l'ensemble des classes de fibrés trivialisés par la projection $q_0 : Y \to X$, autrement dit c'est le "noyau" de l'application $H^1(X, \mathbf{G}) \to H^1(Y, \mathbf{G})$ définie par q_0. Pour que deux facteurs k et $k' \in F(Y, G)$ aient même image dans $H^1(X, \mathbf{G})$, il faut et il suffit qu'ils soient équivalents en ce sens qu'il existe une application continue $r : Y \to G$ telle que

$$r(y)k'(y, s) = k(y, s)r(ys)$$

quels que soient $y \in Y$ et $s \in \Gamma$.

THÉORÈME 5. *Soit k un facteur sur Y à valeurs dans G. Pour que les espaces fibrés de classe $[k]$ soient pré-associés à Y, il faut et il suffit qu'il existe une application continue g de Y^2 dans G telle que*

$$\text{(PA)} \qquad g(y, y')k(y', s) = k(y, s)g(ys, y's)$$

quels que soient $y, y' \in Y$ et $s \in \Gamma$.

Soit en effet P un espace fibré de classe $[k]$. Il existe une application continue r de Y dans P compatible avec les projections sur X telle que $r(ys) = r(y)k(y, s)$ pour tout $y \in Y$ et tout $s \in \Gamma$. Soit r_i $(i = 0, 1)$ l'application continue de Y^2 dans l'espace fibré $P_i = P\mathbf{d}_{1,i}$ définie par

$$r_i(y, y') = (q_1(y, y'), rd_{1,i}(y, y')).$$

Les applications r_i sont compatibles avec les projections sur Y^2/Γ et vérifient les relations :

$$r_i(ys, y's) = r_i(y, y')k_i(y, y', s)$$

où $k_i(y, y', s) = k(d_{1,i}(y, y'), s)$ quels que soient $y, y' \in Y$ et $s \in \Gamma$. Soit h un isomorphisme de P_0 sur P_1. L'application g de Y^2 dans G définie par

$$h(r_0(y, y')) = r_1(y, y')g(y, y')$$

est continue et vérifie la relation

$$g(y, y')k_0(y, y', s) = k_1(y, y', s)g(ys, y's)$$

c'est à dire (PA). Réciproquement, on voit facilement que si g est une application continue de Y^2 dans G qui vérifie la condition (PA) alors il existe un isomorphisme $h : P_0 \to P_1$ (et un seul) tel que $h(r_0(y, y')) = r_1(y, y')g(y, y')$ quels que soient $y, y' \in Y$.

THÉORÈME 6. *Soit k un facteur sur Y à valeurs dans G. Pour que les espaces fibrés de classe $[k]$ soient associés à Y, il faut et il suffit qu'il existe une application continue $g : Y^2 \to G$ telle que*

(PA) $$g(y, y')k(y', s) = k(y, s)g(ys, y's)$$

(A) $$g(y, y')g(y', y'') = g(y, y'')$$

quels que soient $y, y', y'' \in Y$ et $s \in \Gamma$.

Soit en effet P un espace fibré de classe $[k]$ et r une application continue de Y dans P telle que $r(ys) = r(y)k(y, s)$ pour tout $y \in Y$ et tout $s \in \Gamma$. Posons comme plus haut $r_i(y, y') = (q_1(y, y'), rd_{1,i}(y, y'))$ et $k_i(y, y', s) = k(d_{1,i}(y, y'), s)$ où $i = 0, 1$. Pour $i = 0, 1$ et $j = 0, 1, 2$ on définit une application continue $r_{i,j}$ de Y^3 dans $P_{i,j} = P_i \mathrm{d}_{2,j}$ en posant :

$$r_{i,j}(y, y', y'') = (q_2(y, y', y''), r_i d_{2,j}(y, y', y''))$$

quels que soient y, y', y''. Le diagramme constitué par les applications $r_{i,j}$ et les isomorphismes canoniques $P_{0,1} \xrightarrow{\lambda_1} P_{0,0}$, $P_{1,0} \xrightarrow{\lambda_2} P_{0,2}$, $P_{1,1} \xrightarrow{\lambda_3} P_{1,2}$ est commutatif. Supposons maintenant que P soit préassocié à Y. Soit h un isomorphisme de P_0 sur P_1 et soit h_j l'isomorphisme de $P_{0,j}$ sur $P_{1,j}$ défini par h Soit g l'application continue de Y^2 dans G définie par la condition $hr_0(y, y') = r_1(y, y')g(y, y')$ quels que soient $y, y' \in Y$. On a

$$h_j r_{0,i}(y, y', y'') = r_{1,j}(y, y', y'')g(d_{2,j}(y, y', y''))$$

et par suite

$$\lambda_3 h_1 r_{0,1}(y, y', y'') = r_{1,2}(y, y', y'') g(y, y'')$$
$$h_2 \lambda_2 h_0 \lambda_1 r_{0,1}(y, y', y'') = r_{1,2}(y, y', y'') g(y, y') g(y', y'')$$

quels que soient y, y', y'' Y. Ceci montre que, pour que le diagramme (H) défini par h soit commutatif, il faut et il suffit que g vérifie, en plus de la condition (PA) la condition (A). Le Théorème en résulte aussitôt.

THÉORÈME 7. *Soit k un facteur sur Y à valeurs dans G. Pour qu'il existe une application continue g de Y^2 dans G vérifiant les conditions (PA) et (A) du Théorème* 6, *il faut et il suffit que k soit équivalent à un homomorphisme continu de Γ dans G.*

En effet, si k est un homomorphisme continu de Γ dans G, l'application constante g de Y^2 sur l'élément neutre de G vérifie les conditions (PA) et (A). D'autre part, si g est une application continue de Y^2 dans G vérifiant ces conditions, alors si $b \in Y$, k est équivalent au facteur k' défini par $k'(y, s) = g(y, b)^{-1} k(y, s) g(ys, b)$. Compte tenu de (A), on a $k'(y, s) = g(b, b)^{-1} g(y, b)^{-1} k(y, s) g(ys, bs) g(bs, b) = g(b, b)^{-1} k(b, s) g(bs, b) = k'(b, s)$, ce qui montre que k' est un homomorphisme de Γ dans G.

Avec les Théorèmes 6 et 7, on voit que les espaces fibrés de groupe G associés à Y se déduisent de Y par le procédé habituel d'extension du groupe de structure et sont donc des espaces fibrés associés à Y au sens ordinaire.

Exemple. Supposons que Y soit le revêtement universel d'un espace topologique X connexe localement compact et dénombrable à l'infini, Γ étant le groupe des automorphismes de Y. Soit $0 \longrightarrow \Delta \longrightarrow \mathbf{R}^n \xrightarrow{\rho} G \longrightarrow 0$ une suite exacte de groupes abéliens dans laquelle Δ est un sous-groupe discret de $\mathbf{R}^n$. Puisque Y est simplement connexe, si k est un facteur sur Y à valeurs dans G, il existe une application continue h de $Y \times \Gamma$ dans R^n telle que $k(y, s) = \rho h(y, s)$ pour tout $y \in Y$ et tout $s \in \Gamma$. On a $h(y, s) + h(ys, t) - h(y, st) \in \Delta$ quels que soient $y \in Y$ et $s, t \in \Gamma$. Par conséquent, $m(y, y', s) = h(y, s) - h(y', s)$ est un facteur sur Y^2 (considéré comme espace fibré principal de groupe Γ) à valeurs dans $\mathbf{R}^n$. Comme tout espace fibré principal de base Y^2/Γ de groupe $\mathbf{R}^n$ est trivial, ce facteur m est équivalent au facteur constant nul. Autrement dit, il existe une application continue $r : Y^2 \to \mathbf{R}^n$ telle que $m(y, y', s) = r(y, y')$

$-r(ys, y's)$ quels que soient $y, y' \in Y$ et $s \in \Gamma$. Posons $g(y, y') = \rho r(y, y')$. On a $g(y, y')k(y', s) = \rho(r(y, y') + h(y', s)) = \rho(r(ys, y's) + h(y, s)) = k(y, s)g(ys, y's)$. Par conséquent *tout espace fibré principal de groupe G qui est trivialisé par $Y \to X$ est pré-associé à Y.*

5. Restriction du groupe de structure pour les espaces fibrés pré-associés. On conserve les notations des paragraphes 3 et 4.

LEMME 2. *Soit k un facteur sur Y à valeurs dans G tel que les espaces fibrés de classe [k] soient pré-associés à Y. Il existe une application continue g de Y^2 dans G qui vérifie, en plus de la condition (PA) la condition*

(N) $\qquad g(y, y) = e$ (élément neutre de G)

pour tout $y \in Y$.

En effet, si g' est une application continue de Y^2 dans G vérifiant la condition (PA), alors

$$g'(y, y')g'(y', y')^{-1}k(y', s) = k(y, s)g'(ys, y's)g'(y's, y's)^{-1},$$

donc, en posant $g(y, y') = g'(y, y')g'(y', y')^{-1}$, on obtient une application g qui vérifie les conditions (PA) et (N).

Dans ce qui suit, on suppose que k est un facteur sur Y à valeurs dans G et que g est une application vérifiant les conditions (PA) et (N). Pour tout $b \in Y$, on notera $G(b)$ le sous-groupe de G engendré par les éléments de la forme

$$g(b, y)g(y, y')g(b, y')^{-1}$$

où $y, y' \in Y$. Quels que soient $b, b' \in Y$, on a $G(b) = g(b, b')G(b')g(b, b')^{-1}$. D'autre part, pour tout $s \in \Gamma$, $k(b, s)g(b, bs)^{-1}$ est dans le normalisateur de $G(b)$ dans G. On désigne par $H(b)$ le sous-groupe de G engendré par $G(b)$ et les éléments de la forme $k(b, s)g(b, bs)^{-1}$ avec $s \in \Gamma$. On a $H(b) = g(b, b')H(b')g(b, b')^{-1}$ quels que soient $b, b' \in Y$. L'application $s \to k(b, s)g(b, bs)^{-1}$ composée avec l'homomorphisme canonique de $H(b)$ sur $H(b)/G(b)$ donne un homomorphisme surjectif de Γ sur $H(b)/G(b)$.

THÉORÈME 8. *Le groupe de structure des espaces fibrés préassociés à Y de classe [k] peut être restreint au sous-groupe $H(b)$ de G et l'espace fibré de groupe $H(b)$ obtenu est encore trivialisé par l'application $Y \to X$.*

En effet, le facteur k est équivalent au facteur k' défini par $k'(y, s) = g(b, s)k(y, s)g(b, ys)^{-1} = k(b, s)g(bs, ys)g(b, ys)^{-1} = k(b, s)g(b, bs)^{-1}v$, avec $v \in G(b)$, c'est à dire que k est équivalent à un facteur à valeurs dans le sous-groupe $H(b)$ de G.

6. Espaces fibrés pré-associés et formes de connexions. Dans ce paragraphe, on suppose que Y est un espace fibré principal *différentiable* de base X et de groupe G; on suppose de plus que G est un groupe de Lie. Soit P un espace fibré différentiable de base X et de groupe G trivialisé par la projection $q : Y \to X$ et soit r une application différentiable de Y dans P compatible avec les projections sur X. On désigne par k le facteur différentiable sur Y, à valeurs dans G, tel que $r(ys) = r(y)k(y, s)$ quels que soient $y \in Y$ et $s \in \Gamma$. Pour toute forme de connexion γ sur P,[2] la forme $\omega = \gamma r$, image réciproque de γ par r, est une forme différentielle de degré 1 sur Y, à valeurs dans l'algèbre de Lie $\mathfrak{g}$ de G, telle que

$$\text{(C)} \qquad k(y, s)\,\omega(dys + yds) - \omega(dy)\,k(y, s) = k(dy, s) + k(y, ds)$$

quels que soient les vecteurs dy d'origine $y \in Y$ et ds d'origine $s \in \Gamma$. Réciproquement, soit ω une forme différentielle de degré 1 sur Y à valeurs dans $\mathfrak{g}$ qui vérifie la condition (C). Sur $Y \times G$, on considère la forme η telle que

$$\eta(dy, da) = a\omega(dy)\,a^{-1} - da\,a^{-1}$$

quels que soient les vecteurs dy d'origine $y \in Y$ et da d'origine $a \in G$. On vérifie facilement qu'il existe sur P une forme γ et une seule telle que η soit image réciproque de γ par l'application $(y, a) \to r(y)a^{-1}$ de $Y \times G$ sur P. Et cette forme γ est une forme de connexion sur P. Ainsi, l'application $\gamma \to \gamma r$ est une bijection de l'ensemble des formes de connexion sur P sur l'ensemble des formes différentielles sur Y à valeurs dans $\mathfrak{g}$ qui vérifient la condition (C).

La condition (C) est équivalente aux deux conditions:

$$\text{(C.1)} \qquad k(y, s)\,\omega(dy, s) - \omega(dy)\,k(y, s) = k(dy, s)$$

---

[2] Pour la notion de forme de connexion, voir par exemple K. Nomizu [6]. On utilise ici les conventions d'écriture suivantes. Pour toute application différentiable f, on désigne par $f(dy)$ le vecteur image d'un vecteur dy par l'application "dérivée" de f. Si $(y, s) \in Y \times \Gamma$, on désigne par (dy, s) le vecteur de la variété $Y \times \Gamma$ image du vecteur dy de Y par l'application $z \to (z, s)$. De meme (y, ds) est l'image de ds par l'application $t \to (y, dt)$. On pose $(dy, ds) = (dy, s) + (y, ds)$. L'image de (dy, s) (resp. (y, ds)) par l'application $Y \times \Gamma \to Y$ qui est définie par les opérations de Γ dans Y se note dys (resp. yds).

pour tout $s \in \Gamma$ *et tout vecteur* dy *d'origine* $y \in Y$,

$$k(y, s)\,\omega(yds) = k(y, ds) \tag{C.2}$$

pour tout $y \in Y$ *et tout vecteur* ds *d'origine* $s \in \Gamma$.

Supposons maintenant que P soit un espace fibré pré-associé à Y. Il existe alors une application *différentiable* g de $Y^2 \to G$ telle que les conditions (PA) et (N) soient satisfaites. De (PA) on déduit que

$$g(y, dy')\,k(y', s) + g(y, y')\,k(dy', s) = k(y, s)\,g(ys, (dy')s)$$

pour tout $s \in \Gamma$, $y \in Y$ et tout vecteur dy' d'origine $y' \in Y$. Pour $y = y'$ on obtient $g(y, dy)k(y, s) + k(dy, s) = k(y, s)g(ys, (dy)s)$ ce qui signifie que la *forme différentielle* ω *sur* Y *définie par* $\omega(dy) = g(y, dy)$ *vérifie la condition* (C.1).

Si le groupe Γ est discret, la relation (C.2) est trivialement vérifiée. Dans ce cas, le choix d'une application $g : Y^2 \to G$ vérifiant les conditions (PA) et (N) déterminera donc une forme de connexion sur l'espace fibré principal P. Les groupes d'holonomie de cette connexion sont liés aux groupes $H(b)$ et $G(b)$ définis par g (cf. § 5). D'une manière précise, si r désigne l'application différentiable de Y dans P telle que $r(ys) = r(y)k(b, s)$, et si γ est la forme de connexion sur P telle que $g(y, dy) = \gamma r(dy)$, alors, *pour tout point* $b \in Y$ *le groupe d'holonomie de* γ *au point* $r(b)$ *est contenu dans* $H(b)$ *et le groupe d'holonomie restreinte de* γ *au point* $r(b)$ *est contenu dans* $G(b)$. Soit en effet $c(t)$ un lacet différentiable d'origine et d'extrémité $q(b)$ dans X et soit $y(t)$ le chemin d'origine b dans Y tel que $qp(t) = c(t)$ ($t \in I = [0, 1]$). Le chemin $ry(t)$ est un relèvement de $c(t)$ dans P ayant pour origine $r(b)$. Le relèvement de $c(t)$ dans P ayant pour origine $r(b)$ qui est *intégral* pour la forme de connexion γ s'écrit $(ry(t))\theta(t)$ où θ est un chemin d'origine e dans G. Si s est l'élément de Γ défini par $y(1) = bs$, alors $ry(1) = r(b)k(b, s)$ est l'élément du groupe d'holonomie au point $r(b)$ défini par le lacet $c(t)$ et $k(b, s)\theta(1)$. On a $\gamma((ry(dt))\theta(t) + (ry(t))\theta(dt)) = 0$ pour tout vecteur dt d'origine $t \in I$, par conséquent, $\theta(t)^{-1}(\gamma ry(dt))\theta(t) + \theta(t)^{-1}\theta(dt) = 0$. Puisque $\gamma r(dy) = g(y, dy)$, ceci donne $g(y(t), y(dt)) = -\theta(dt)\theta(t)^{-1}$. D'autre part, d'après la définition de $G(b)$ (cf. § 5) l'application $u : I^2 \to G$ définie par

$$g(b, y(t))\,g(y(t), y(t')) = u(t, t')\,g(b, y(t'))$$

a ses valeurs dans la composante connexe par arcs de l'élément neutre de $G(b)$

qui est un sous-groupe de Lie de G ([3]). En dérivant la relation précédente par rapport à t' puis en posant $t = t'$, on obtient

$$g(b, y(t))g(y(t), y(dt)) = u(t, dt)g(b, y(t)) + g(b, y(dt))$$

pour tout vecteur dt d'origine $t \in I$. Il en résulte que $u(t, dt) = -f(dt)f(t)^{-1}$ où $f(t) = g(b, y(t))\theta(t)$. Par conséquent, $f(t) \in G(b)$ pour tout $t \in I$ et en particulier $f(1) = g(b, y(1))\theta(1) = g(b, bs)\theta(1) \in G(b)$. On a donc $k(b, s)\theta(1) = k(b, s)g(b, bs)^{-1}g(b, bs)\theta(1) \in H(b)$. Si le lacet $c(t)$ est homotope à 0 dans X, alors $y(1) = b$, donc $s = e$ et $k(b, s)\theta(1) = \theta(1) = f(1) \in G(b)$, ce qui démontre l'assertion.

7. Cas des espaces fibrés holomorphes. Soient Γ un groupe de Lie complexe et Y un espace fibré holomorphe de groupe Γ et de base X. On définit comme au paragraphe 3 les espaces fibrés principaux holomorphes de base X associés et pré-associés à Y, les isomorphismes intervenant dans la définition étant alors des isomorphismes holomorphes. Les facteurs étant maintenant des applications holomorphes de Y dans un groupe de Lie complexe G, les Théorèmes 5, 6 ainsi que le Lemme 2 subsistent en y remplaçant le mot "continu" par "holomorphe". La condition, pour un espace fibré principal de base X d'être pré-associé à Y devient très restrictive dans le cadre holomorphe. Compte tenu du paragraphe 6, on voit par exemple que, *si Y est un revêtement galoisien de X, tout espace fibré principal holomorphe pré-associé à Y possède une connexion holomorphe* ([1]).

Dans le cas où $Y = C^n$ et où Γ est un sous-groupe discret opérant par translations dans C^n, tout espace fibré principal holomorphe P de base $X = Y/\Gamma$ qui possède une connexion holomorphe est préassocié à Y. En effet, puisque P est trivialisé par $Y \to X$ il existe une application holomorphe r de Y dans P compatible avec les projections sur X. Soit k le facteur holomorphe sur Y défini par $r(y+s) = r(y)k(y, s)$ pour $y \in Y$ et $s \in \Gamma$. Soit γ une forme de connexion holomorphe sur P. Pour tout $(y, y') \in Y^2$ on désigne par $\theta(y, y', \ )$ l'application différentiable de l'intervalle $I = [0, 1]$ dans G telle que le chemin $t \to r(y + t(y' - y))\theta(y, y', t)$ soit un chemin intégral d'origine $r(y)$ pour la forme de connexion γ. Si $\omega = \gamma r$, on a donc $\theta(y, y', 0) = e$ et $\theta(y, y', dt) = -\omega(y + dt(y' - y))\theta(y, y', t)$ pour tout vecteur dt d'origine t dans I. Puisque γ est holomorphe, il en est de même de la forme ω sur Y et il en résulte que, pour chaque valeur de t, l'application $(y, y') \to \theta(y, y', t)$ est une application holomorphe de Y^2 dans G. Quel que soit $s \in \Gamma$, $t \to r(y+s+t(y'-y))\theta(y+s, y'+s, t) = r(y+t(y'-y))k(y, s)\theta(y+s, y'+s, t)$ et $t \to r(y+t(y'-y))\theta(y, y', t)$ sont deux chemins intégraux dans P qui se projettent suivant le même chemin sur X et qui ont respectivement pour origines $r(y+s) = r(y)k(y, s)$ et $r(y)$. Par suite, $k(y+t(y'-y), s)\theta(y+s, y'+s, t) = \theta(y, y', t)k(y, s)$ quels que soient $y, y' \in Y$, $s \in \Gamma$ et $t \in I$. Pour $t=1$, on a donc $k(y', s)\theta(y+s, y'+s, 1) = \theta(y, y', 1)k(y, s)$, c'est à dire que l'application holomorphe g de Y^2 dans G définie par $g(y, y') = \theta(y, y', 1)^{-1}$ vérifie la condition (PA).

Dans le cas où $n > 1$ et où X est compact, S. Murakami a démontré l'existence d'espaces fibrés holomorphes de base X qui possèdent des connexions holomorphes mais ne possèdent pas de connexion holomorphe intégrable [5]. Il en résulte que, pour $n > 1$, il existe des espaces fibrés holomorphes pré-associés à Y qui ne sont pas associés à Y.

Reférences

[1] A. M. F. Atiyah, *Complex analytic connections in Fibre Bundle*, Trans. of the Amer. Math. Soc. vol. 85 (1957), pp. 181–207.

[2] J. L. Koszul, *Multiplicateurs et classes caracteristiques*, Trans. of Amer. Math. Soc. **89** (1958), pp. 256–267.

[3] H. M. Yamabe, *On arc-wise connected subgroups of a Lie group*, Osaka Math. J. vol. **2** (1957), pp. 13–14.

[4] J. Milnor, *Construction of universal bundles*, II, Ann. of Math. vol. **63** (1956), pp. 430–436.

[5] S. Murakami, *Sur certains espaces fibres principaux holomorphes admettant des connexions holomorphes*, Osaka Math. J. vol. **11** (1959), pp. 43-62.

[6] K. Nomizu, *Lie groups and differential Geometry*, Math. Soc. of Japan **2** (1956).

Université de Strasbourg

Colloques intern. C. N. R. S. [89. 1959. Lille].
Bull. Soc. math. France,
87, 1959, p. 403 à 408.

COMPLEXES D'ESPACES TOPOLOGIQUES;

PAR

JEAN-LOUIS KOSZUL
(Strasbourg).

Les constructions dont il sera question au début de cet exposé sont étroitement liées aux « bar constructions ». Elles en diffèrent par leur caractère géométrique. C'est ce caractère géométrique qui permet d'en donner une version où les classes de cohomologie en jeu sont des classes d'espaces fibrés principaux. La plus grande partie de l'exposé est consacrée à l'une de ces versions qui touche aux problèmes de classification des espaces fibrés.

1. **Définitions.** — Étant donnés deux espaces topologiques X et Y, on notera $M(X, Y)$ le groupe abélien libre ayant pour base l'ensemble des appplications continues de X dans Y. Pour trois espaces X, Y, Z, la composition des applications définit une application bilinéaire de $M(Y, Z)\times M(X, Y)$ dans $M(X, Z)$. Avec pour homomorphismes de X dans Y les éléments de $M(X, Y)$, les espaces topologiques vont constituer une catégorie pré-additive. Les complexes de cette catégorie seront appelés des *complexes d'espaces*. Un complexe d'espaces Y_* est donc une suite d'espaces Y_n (n entier), avec, pour tout n un opérateur bord $d_n\in M(Y_n, Y_{n-1})$, les opérateurs bords vérifiant, pour tout n la condition $d_{n-1}d_n=0$.

Dans les cas qu'on envisagera, on aura toujours $Y_n=\emptyset$ pour $n<0$. Les notions d'homomorphismes de complexes et d'homomorphismes homotopes se définissent comme pour toute catégorie pré-additive. Tout espace topologique X pourra être identifié au complexe d'espaces X_* tel que $X_0=X$ et $X_n=\emptyset$ pour $n\neq 0$.

Pour tout complexe d'espaces X_*, on appelle *chaîne singulière* de type (p, q) de X_* une chaîne singulière de degré p de l'espace X_q c'est-à-dire un élément de $M(\sigma^p, X_q)$ où σ^p est le simplexe euclidien type de dimension p. Dans le groupe bigradué : $S(X_*)=\sum_{p,q} M(\sigma^p, X_q)$, on définit un opérateur bord en posant $d_{p,q} = d'_{p,q} + d''_{p,q}$ avec $d'_{p,q}\, c = (-1)^q\, \partial c \in M(\sigma^{p-1}, X_q)$ et $d''_{p,q}\, c = d_q c \in M(\sigma^p, X_{q-1})$ pour tout $c \in M(\sigma^p, X_q)$. On obtient ainsi un complexe bigradué à partir duquel les modules d'homologie et de cohomologie du complexes d'espace X_* se définissent de la manière habituelle. Pour un anneau de coefficients k, on notera ces derniers $\mathrm{H}^n(X_*, k)$; ce sont des foncteurs contravariants de la catégorie des complexes d'espaces dans la catégorie des k-modules.

2. Complexes. $R(X)/\Gamma$. — Pour tout espace X, on notera $R(X)$ le complexe d'espaces :

$$X \overset{d_1}{\leftarrow} X^2 \overset{d_2}{\leftarrow} X^3 \ldots \overset{d_n}{\leftarrow} X^{n+1} \ldots$$

défini par $\mathrm{R}_n(X) = X^{n+1}$ et $d_n = \Sigma(-1)^i\, d_{n,i}$ avec :

$$d_{n,i}(x_0, x_1, \ldots, x_n) = (x_0, x_1, \ldots \hat{x}_i, \ldots x_n)$$

pour tout point $(x_0, x_1, \ldots, x_n) \in X^{n+1}$ et $0 \leq i \leq n$. Soit Γ un groupe topologique opérant de manière continue à droite dans X. En faisant opérer Γ diagonalement dans chaque produit X^{n+1}, les applications $d_{n,i} : X^{n+1} \to X^n$ permutent avec les opérations de Γ et définissent par passage aux quotients des applications $\mathbf{d}_{n,i} : X^{n+1}/\Gamma \to X^n/\Gamma$. On obtient donc, en posant

$$\mathbf{d}_n = \Sigma(-1)^i\, \mathbf{d}_{n,i},$$

un complexe d'espaces $R(X)/\Gamma$:

$$X/\Gamma \overset{\mathbf{d}_1}{\leftarrow} X^2/\Gamma \leftarrow \ldots X^n/\Gamma \overset{\mathbf{d}_n}{\leftarrow} \ldots$$

Si X et Y sont deux espaces dans lesquels Γ opère continuement à droite, toute application continue f de X dans Y qui permute avec les opérations de Γ va définir un homomorphisme $\mathbf{f}_*$ de $R(X)/\Gamma$ dans $R(Y)/\Gamma$; $\mathbf{f}_n$ est l'application déduite de $f^{n+1} : X^{n+1} \to Y^{n+1}$ par passage aux quotients. Si f et g sont deux applications continues de X dans Y qui permutent avec les opérations de Γ, on démontre que les homomorphismes $\mathbf{f}_*$ et $\mathbf{g}_*$ sont *homotopes*. Ils définissent donc un même homomorphisme de $H^*(R(Y)/\Gamma, k)$ dans $H^*(R(X)/\Gamma, k)$.

Si X et Y sont des espaces fibrés principaux localement triviaux de groupe Γ, *cet homomorphisme est bijectif*. Enfin, il existe un isomorphisme canonique de $H^*(R(\Gamma)/\Gamma, k)$ sur le module de cohomologie d'un espace classifiant pour le groupe Γ. Par suite, pour tout espace fibré principal Y, $H^*(R(Y)/\Gamma, k)$ *peut être identifié au module de cohomologie d'un espace classifiant de groupe* Γ.

Supposons que Y soit un espace fibré principal de groupe Γ. L'application identique de Y/Γ sur l'espace d'indice 0 de $R(Y)/\Gamma$ définit un homomorphisme c_* de Y/Γ (considéré comme complexe d'espaces) dans $R(Y)/\Gamma$. On vérifie que, avec l'identification précédente, $c^* : H^*(R(Y)/\Gamma, k) \to H^*(Y/\Gamma, k)$ *est l'homomorphisme caractéristique de l'espace fibré Y.*

Soit

$$K_*^m = Y/\Gamma \leftarrow Y^2/\Gamma \ldots Y^{n+1}/\Gamma \leftarrow \emptyset \leftarrow$$

le complexe d'espaces obtenu en tronquant $R(Y)/\Gamma$ à l'espace d'indice $n+1$.

Pout tout $n \geqq 0$, on a encore un homomorphisme de $H^*(K_*^n, k)$ dans $H^*(Y/\Gamma, k)$ dont l'image sera notée Q_n. On obtient ainsi pour tout $p \geqq 0$, une filtration :

$$H^p(Y/\Gamma, k) = Q_0^p \supset Q_1^p \supset \ldots Q_{p+1}^p = Q_{p+2}^p \ldots Q_\infty^p$$

où Q_∞^p est le module des classes caractéristiques de degré p.

3. Espaces fibrés associés et pré-associés. — La filtration précédente peut se définir dans l'ensemble $H^1(Y/\Gamma, \mathbf{G})$ des classes de fibrés principaux de base X/Γ et de groupe G. Elle se réduit à :

$$H^1(Y/\Gamma, \mathbf{G}) = Q_0^1 \supset Q_1^1 \supset Q_2^1 = \ldots Q_\infty^1.$$

Les espaces fibrés principaux de base Y/Γ et de groupe G dont la classe est dans Q_2^1 (resp. Q_1^1) sont appelés des espaces fibrés principaux *associés* (resp. *pré-associés*) à l'espace fibré principal Y. Pour tout espace fibré principal P de base Y/Γ et de groupe G, les applications $\mathbf{d}_{1,i}$ ($i = 0, 1$) définissent deux espaces fibrés réciproques : $P_0 = P\,\mathbf{d}_{1,0}$ et $P_1 = P\,d_{1,1}$ de base Y^2/Γ. L'espace P est pré-associé à Y lorsque ces deux espaces P_0 et P_1 sont isomorphes. Compte tenu de la relation $\mathbf{d}_1\mathbf{d}_2 = 0$, les espaces fibrés images réciproques de P_0 et P_1 par les applications $\mathbf{d}_{2,j}$ ($j = 0, 1, 2$) sont deux à deux isomorphes. Posons $P'_0 = P_0\mathbf{d}_{2,0} = P_0\mathbf{d}_{2,1}$, $P'_1 = P_0\mathbf{d}_{2,2} = P_1\mathbf{d}_{2,0}$.

$$P'_2 = P_1\,\mathbf{d}_{2,1} = P_1\,\mathbf{d}_{2,2}$$

Tout isomorphisme de P_0 sur P_1 définit un diagramme :

$$\begin{array}{ccc} P'_0 & \longrightarrow & P'_1 \\ & \searrow \; P'_2 \; \swarrow & \end{array}$$

L'espace P est associé à Y lorsque l'isomorphisme de P_0 sur P_1 peut être choisi de telle sorte que ce diagramme soit commutatif.

On démontre facilement que tout espace fibré P pré-associé à Y est trivialisé par la projection q de Y sur sa base $X = Y/\Gamma$. Si P est pré-associé à Y, il existe donc une application continue r de Y dans P telle que, pour tout $y \in Y$, $r(y)$ soit dans la fibre de P au-dessus de $q(y)$. Une telle application définit un « facteur » sur Y à valeurs dans G; c'est l'application continue $k : Y \times \Gamma \to G$ telle que $r(ys) = r(y)\,k(y, s)$, pour tout $y \in Y$ et $s \in \Gamma$.

On démontre les critères suivants :

Soit P un espace fibré principal de base X de groupe G trivialisé par q : Y → X.

(*A*) *pour que P soit associé à Y, il faut et il suffit que r puisse être choisi de telle sorte que le facteur k soit indépendant de y.* (Dans ce cas, k est un homomorphisme continu de Γ dans G : « associé » à donc ici son sens habituel).

(*P. A*) *pour que P soit pré-associé à Y, il faut et il suffit qu'il existe une application continue g : $Y^2 \to G$ telle que*

$$g(y, y')\, k(y', s) = k(y, s)\, g(ys, y', s)$$

quels que soient $y, y' \in Y$ *et* $s \in \Gamma$.

Dans la fin de ce paragraphe, on supposera que Y est le révêtement universel de X, supposé connexe et localement connexe par arcs, et Γ sera le groupe des automorphismes de Y. Dans le cadre différentiable, on sait que, pour qu'un espace fibré principal P de base X, soit associé à Y, il faut et il suffit qu'il possède une connexion intégrable.

Si $\mathfrak{C}(x, x')$ désigne l'ensemble des classes de chemins homotopes d'origine x et d'extrémité x' dans X, une connexion intégrable dans P fait correspondre à tout $c \in \mathfrak{C}(x, x')$ une application $t(c)$ de la fibre P_x dans la fibre P'_x : le *transport* le long des chemins de classes c. Ces transports vérifient les conditions :

a. chaque $t(c)$ commute avec les opérations de G et $t(c)$ dépend de manière continue de c.

b, pour tout couple de classes de chemins c, c' dont le composé cc' est défini, on a $t(cc') = t(c)\, t(c')$.

On démontre, sans hypothèse de différentiabilité, que l'existence d'une loi de transport t vérifiant les conditions (a) et (b) caractérise les espaces fibrés de base X associés à Y. Et l'existence d'une loi de transport vérifiant la seule condition (a) caractérise les espaces fibrés pré-associés à Y.

4. Cas holomorphe. — La définition des espaces fibrés associés et pré-associés s'étend évidemment au cas des espaces fibrés holomorphes. On se limitera encore au cas où Y est le revêtement universel d'une variété holomorphe connexe X. La condition (*P. A.*) dans laquelle on exige que g soit holomorphe devient alors très restrictive.

THÉORÈME. — *Tout espace fibré principal holomorphe de base X, pré-associé au revêtement universel de X possède une connexion holomorphe.*

Les formes de connexion holomorphe sont données par l'application g de $(P. A.)$.

Dans la suite, on examinera le cas suivant : $Y = C^n$, Γ est un sous-groupe discret de rang maximum de Y, G est un groupe abélien connexe quotient de C par un sous-groupe discret D^m. On considère sur Y les facteurs de type *thêta*, c'est-à-dire de la forme $k(y, s) = \exp h(y, s)$, où exp désigne l'homomorphisme canonique de C^m sur G, et où, pour tout $s \in \Gamma$, $y \to h(y, s) - h(0, s)$ est une application linéaire complexe de Y dans C. L'exposant $h(y, s)$ s'écrit $L(y, s) + H(s)$ où L est une application bilinéaire réelle de Y^2 dans C^m telle que $L(iy, y') = iL(y, y')$, quels que soient $y, y' \in Y$.

Théorème. — *Pour que les espaces fibrés de facteur k soient associés à Y, il faut et il suffit que L soit symétrique. Pour qu'ils soient pré-associés a Y, il faut et il suffit que L soit bilinéaire* complexe.

La première assertion se démontre comme dans le cas classique $(m=1, G=C^*)$. Pour la seconde, on observe que, si les fibrés de facteur k sont pré-associés à Y, alors, d'après $(P. A.)$, il existe une application *holomorphe* f de Y^2 dans C^m telle que :

$$(1) \qquad f(y, y') + h(y', s) = h(y, s) + f(y+s, y'+s) \bmod D$$

quels que soient $y, y' \in Y$ et $s \in \Gamma$. On peut choisir f de sorte que $f(y, y) = 0$ pour tout $y \in Y$. Soit b l'application holomorphe de Y^2 dans C^m définie par $f(y, y') = b(y - y', y + y')$. On a $L(y, s) = b(y, y') - b(y, y' + 2s)$. Il en résulte que, pour tout $y \in Y$, l'application $y' \to b(y, y') - b(y, 0)$ est une application linéaire complexe de Y dans C^m. Puisqu'elle coïncide avec $-\frac{1}{2}L(y, y')$ lorsque $y' \in \Gamma$, ceci prouve que $L(y, y')$ est linéaire complexe en y'. Réciproquement, si L est bilinéaire complexe, alors $f(y, y') = -\frac{1}{2}L(y - y', y + y')$ est holomorphe et vérifie la condition (1), donc les espaces fibrés de facteur k sont pré-associés à Y.

Sotent F_{pa} le groupe abélien des facteurs pour lesquels L est bilinéaire complexe et soit Ω le groupe abélien libre des applications bilinéaires complexes alternées $A : Y^2 \to C^m$ telles que $A(s, t) \in D$ quels que soient $s, t \in \Gamma$. En associant à tout facteur $\exp(L(y, s) + H(s))$ du groupe F_{pa} la forme $L(y, y') - L(y', y)$, on définit un homomorphisme $F_{pa} \to \Omega$ dont le noyau est le groupe F_a des facteurs correspondant à des espaces fibrés associés à Y. Cet homomorphisme est surjectif. En effet, soit γ_i une base de Γ et pour tout $A \in \Omega$, soit H_A l'application de Γ dans C^m définie par

$$H_A\left(\sum p_i \gamma_i\right) = \sum_{j<k} A(p_j \gamma_j, p_k \gamma_k).$$

En associant à tout $A \in \Omega$ le facteur $\exp\left(\frac{1}{2} A(y, s) + H_A(s)\right)$, on définit un isomorphisme de Ω dans F_{pa} qui relève l'homomorphisme $F_{pa} \to \Omega$. D'autre part, il est évident que si k et k' sont deux facteurs de type thêta et si les fibres qui leur correspondent sont isomorphes, alors $k^{-1}k' \in F_a$. Par suite, l'isomorphisme de Ω dans F_{pa} définit *un isomorphisme du groupe Ω sur un sous-groupe de* $H^1(X, \mathbf{G})$. Tout les espacee fibrés dont la classe est dans ce sous-groupe sont pré-associés à Y et possèdent donc une connexion holomorphe. Exception faite des espaces fibrés triviaux, ils ne sont pas associés à Y et ne possèdent donc pas de connexion holomorphe intégrable.

La classification des espaces fibrés de groupe G pré-associés à Y qu'on vient d'esquisser a été faite par S. Murakami qui, à la place des facteurs, utilise la forme de courbure des connexions holomorphes. Son étude concerne tous les espaces fibrés holomorphes de groupe G de base X qui possèdent une connexion holomorphe. Mais lorsque X est un tore complexe, l'existence d'une connexion holomorphe est non seulement nécessaire, mais encore suffisante pour que le fibré soit pré-associé à Y.

BIBLIOGRAPHIE

[1] Koszul (J.-L.). — *Multiplicateurs et classes caractéristiques*, (*Trans. Amer, math. Soc.*, t. 89, 1958, p. 256-266).

[2] Koszul (J.-L.). *Espaces fibrés associés et pré-associés*, (*Nagoya math. J.*, t. 15). 1959 p. 155-169.

[3] Murakami (S.) *Sur certains espaces fibrés principaux holomorphes admettant des connexions holomorphes*, (*Osakamath. J.* t. 11, 1959, p. 43-62).

Jean-Louis Koszul
Professeur à la Faculté des Sciences de Strasbourg
47, rue du Maréchal Foch
Strasbourg (Bas-Rhin).

Bull. Soc. math. France,
89, 1961, p. 515 à 533.

DOMAINES BORNÉS HOMOGÈNES ET ORBITES DE GROUPES DE TRANSFORMATIONS AFFINES ;

PAR

JEAN-LOUIS KOSZUL
(Strasbourg) (¹).

Sur un espace homogène complexe, un volume invariant définit avec la structure complexe une forme hermitienne invariante (forme hermitienne canonique de [5]). Si l'espace homogène est holomorphiquement isomorphe à un domaine borné d'un espace C^n, cette forme hermitienne est définie positive, car elle coïncide avec la métrique de Bergmann du domaine *cf.* [1]). Le but du présent travail est de démontrer la réciproque de cette proposition pour une classe d'espaces homogènes complexes suggérée par les exemples de domaines bornés homogènes non symétriques de PJATECKIJ-ŠAPIRO [7]. Cette classe est constituée par certaines orbites ouvertes de groupes de transformations affines complexes. Elle contient, à notre connaissance, tous les domaines bornés homogènes rencontrés jusqu'ici.

La question de savoir si un espace homogène complexe, dont la forme hermitienne canonique est définie positive, est isomorphe à un domaine borné est abordée ici par l'intermédiaire d'un problème de nature analogue, mais sensiblement plus facile, qui concerne la forme bilinéaire invariante définie sur un espace homogène réel par la donnée d'un volume invariant (ou relativement invariant) et d'une connexion plate invariante. On démontre que, si cette forme bilinéaire est définie positive, alors l'espace homogène, muni de sa connexion plate, est isomorphe à un ouvert convexe ne contenant pas de droite dans un espace vectoriel réel. Ce résultat permet de résoudre le problème initial pour les espaces homogènes complexes obtenus en définissant de la manière naturelle une structure complexe dans la variété des

(¹) Ce travail a été fait à l'Institute for advanced Study, à Princeton, pendant un séjour de l'auteur financé par la National Science Foundation.

vecteurs d'un espace homogène réel muni d'une connexion plate invariante et plus généralement, pour la classe d'espaces homogènes complexes dont il a été question plus haut.

1. Volumes relativement invariants et connexions plates. — Soient G un groupe de Lie connexe et M une variété sur laquelle G opère différentiablement et transitivement à gauche. Par « volume » sur un ouvert U de M, on entend une forme différentielle alternée sur U, de degré égal à la dimension de M et différente de o en tout point de U. On dira qu'un sous-faisceau non vide F du faisceau des germes de volumes sur M est un faisceau de germes de volumes relativement invariants s'il vérifie les conditions suivantes :

a. si σ est une section de F sur un ouvert U, pour toute fonction numérique f localement constante sans zéro sur U, $f\sigma$ est une section de F sur U;

b. si σ et σ' sont deux sections de F sur U, la fonction f définie par $\sigma' = f\sigma$ est localement constante sur U;

c. si σ est une section de F sur U, alors, pour tout $s \in G$, $s\sigma$ est une section de F sur sU.

Tout volume v relativement invariant par G sur M définit un faisceau de germes de volumes relativement invariants dont les sections sur un ouvert U sont les volumes fv, où f est une fonction localement constante et sans zéro sur U. Si M est simplement connexe tout faisceau de germes de volumes relativement invariants sur M s'obtient ainsi. D'une manière générale un faisceau de germes de volumes relativement invariants sur M correspond à un volume sur le revêtement universel de M relativement invariant par le revêtement universel de G.

Supposons donnée sur M une connexion linéaire invariante par G. Si la trace de son tenseur de courbure est identiquement nulle, il existe au voisinage de tout point de M un volume dont la différentielle covariante est nulle, et il existe un faisceau de germes de volumes relativement invariants sur M dont les sections sont les volumes ayant une différentielle nulle.

Dans ce qui suit, on désignera par D une connexion linéaire sur M invariante par G et *localement plate*, c'est-à-dire ayant une courbure et une torsion nulle. On notera F_D le faisceau des germes de volumes ayant une différentielle covariante nulle. Soit F faisceau de germes de volumes relativement invariants sur M; si v et v_D sont respectivement des sections de F et de F_D sur un ouvert $U \subset M$, la fonction f telle que $v = fv_D$ sur U est définie modulo un facteur localement constant par les faisceaux F et F_D. Par suite, il existe sur M une forme différentielle fermée α de degré 1 et une seule, telle que $\alpha = d\,\mathrm{Log} f$ sur l'ouvert U lorsque f est une fonction numérique sur U telle que le produit par f d'une section de F_D sur U soit une section de F sur U. Cette forme α est visiblement invariante par G du fait que F et F_D vérifient la condition (c). Réciproquement, si α est une forme différentielle de degré 1 sur M, fermée et invariante par G, il existe un faisceau de germes de volumes relativement invariants sur M, et un seul, qui admet pour section tout volume de la forme $f v_D$, où $d \operatorname{Log} f = \alpha$ et où v_D est un volume dont la différentielle covariante est nulle.

Soit α une forme différentielle de degré 1 sur M, fermée et invariante par G. La torsion de D étant nulle, la différentielle covariante $D\alpha$ de α est une forme bilinéaire symétrique sur M. Puisque α et D sont invariants par G, il en est de même de $D\alpha$. Soient $a_1, a_1, \ldots, a_n$ des *coordonnées affines* sur un ouvert $U \subset M$, c'est-à-dire des coordonnés sur U telles que $D(da_i) = 0$ pour $i = 1, 2, \ldots, n$. Soit $K\, da_1 \wedge da_2 \wedge \ldots \wedge da_n$ un volume sur U, section du faisceau associé à α, c'est-à-dire tel que $d \operatorname{Log} K = \alpha$. On a alors

$$D\alpha = \sum_{ij} \frac{d^2 \operatorname{Log} K}{da_i\, da_j}\, da_i\, da_j \quad \text{sur } U.$$

Dans la suite, on s'intéressera particulièrement au cas où $D\alpha$ est définie positive.

2. Orbites ouvertes des représentations affines. — Soient G un groupe de Lie connexe et V un espace vectoriel réel ou complexe de dimension finie. Par *représentation affine* de G dans V, on entendra une loi d'opération à gauche de G dans V telle que, pour tout $s \in G$, l'application $a \to sa$ de V dans V soit une tranformation affine. Étant donnée une réprésentation affine de G dans V, on définit une représentation linéaire $\mathbf{f}$ de G dans V, en posant $\mathbf{f}(s)\, a = sa - s o$ quels que soient $s \in G$ et $a \in V$; on définit une application $\mathbf{q}$ de G dans V en posant $\mathbf{q}(s) = s o$ pour tout $s \in G$. Quels que soient $s, t \in G$, on a

$$\mathbf{f}(s)\, \mathbf{q}(t) + \mathbf{q}(s) = \mathbf{q}(st).$$

Réciproquement, si une application $\mathbf{q}$ de G dans V et une représentation linéaire $\mathbf{f}$ de G dans V vérifient cette condition, en posant $sa = \mathbf{f}(s) a + \mathbf{q}(s)$, on définit une représentation affine de G dans V qui sera notée $(\mathbf{f}, \mathbf{q})$. On dira qu'une représentation affine $(\mathbf{f}, \mathbf{q})$ de G dans V est *complexe* si V possède une structure d'espace vectoriel complexe et si $\mathbf{f}$ est une représentation linéaire complexe. Dans ce qui suit, on supposera que V est un espace vectoriel réel et l'on désignera par ζ la forme différentielle canonique de V, c'est-à-dire la forme différentielle de degré 1 sur la variété V, à valeurs dans l'espace vectoriel V, différentielle de l'application identique de V dans V. Soit $(\mathbf{f}, \mathbf{q})$ une représentation affine de G dans V. On notera f la représentation linéaire de l'algèbre de Lie $\mathfrak{g}$ de G définie par $\mathbf{f}$ et l'on notera q la restriction à $\mathfrak{g}$ de la différentielle de $\mathbf{q}$. De la relation

$$\mathbf{f}(s)\, \mathbf{q}(t) + \mathbf{q}(s) = \mathbf{q}(st) \quad \text{quels que soient } s,\ t \in G,$$

il résulte que

$$f(x)\, q(y) - f(y)\, q(x) = q([x, y]) \tag{2.1}$$

quels que soient $x, y \in \mathfrak{g}$.

Pour tout $a \in V$, soit P_a le champ de vecteurs constant défini par a, c'est-à-dire tel que $\zeta(P_a)$ soit l'application constante de V sur a. Pour tout endomorphisme β de V, soit R_β le champ de vecteurs linéaire sur V défini par la condition $\zeta(R_\beta) = \beta$. Si $x \to L_x$ désigne l'homomorphisme de $\mathfrak{g}$ dans l'algèbre de Lie des champs de vecteurs sur V définie par la loi d'opération de G dans V, alors pour tout $x \in \mathfrak{g}$, on a

$$L_x = P_{q(x)} - R_{f(x)}. \tag{2.2}$$

Pour tout point $a \in V$, la dimension de l'orbite de α est égale à la dimension de l'image de l'application linéaire $x \to q(x) - f(x)\,a$ de $\mathfrak{g}$ dans V. Pour que l'orbite de a soit ouverte, il faut et il suffit que cette application soit surjective. En particulier, l'orbite de o est ouverte lorsque q est surjective.

Dans ce qui suit, on suppose que Ω est une orbite ouverte de G dans V. Soit $e_1, e_2, \ldots, e_n$ une base de V, et soit $a_1, a_2, \ldots, a_n$ la base duale. On note $\mathfrak{R}$ le corps des fractions rationnelles à coefficients réels en $a_1, a_2, \ldots, a_n$ et $\mathfrak{R}_\Omega$ l'algèbre des restrictions à Ω des éléments de $\mathfrak{R}$ réguliers sur Ω. Puisqu'il existe une orbite ouverte, il existe des éléments $x_1\, x_2, \ldots, x_n \in \mathfrak{g}$ tels que les champs de vecteurs $L_{x_1}, L_{x_2}, \ldots, L_{x_n}$ soient linéairement indépendants sur $\mathfrak{R}$. Puisque les champs L_{x_i} sont des combinaisons linéaires à coefficients dans $\mathfrak{R}$ des champs P_{e_i}, ceci prouve que chaque champ P_{e_i} est combinaison linéaire à cofficients dans $\mathfrak{R}$ de L_{x_i}. Soit α une forme différentielle fermée de dégré 1 sur Ω invariante par G. Pour tout $x \in \mathfrak{g}$, $\alpha(L_x)$ est une constante et, par conséquent, $\alpha(P_{e_i}) \in \mathfrak{R}_\Omega$ quel que soit i. Ceci prouve que α *est de la forme* $\sum_i A_i\, da_i$, *avec* $A_i \in \mathfrak{R}_\Omega$ pour tout i. La connexion plate naturelle de V induit sur Ω une connexion plate D invariante par G. *La forme bilinéaire symétrique* $D\alpha = \sum_{i,j} \frac{dA_i}{da_j}\, da_i da_j$ *est à coefficients dans* $\mathfrak{R}_\Omega$. Si cette forme n'est pas dégénérée, elle définit un volume $K\, da_1 \wedge da_2 \wedge \ldots \wedge da_n$ sur Ω invariant par G pour lequel $K^2 \in \mathfrak{R}_\Omega$. Ces remarques seront utilisées au paragraphe 4.

On aura également besoin d'une formule donnant la valeur de la forme bilinéaire $D\alpha$ au point o, lorsque $o \in \Omega$. Quels que soient $x, y \in \mathfrak{g}$, on a

$$(D\alpha)(L_x, L_y) = L_x . \alpha(L_y) - \alpha(D_{L_x} L_y),$$

où D_{L_x} désigne la dérivation covariante par rapport au champ de vecteurs L_x. Comme $\alpha(L_y)$ est une constante,

$$(D\alpha)(L_x, L_y) = - \alpha(D_{L_x} L_y).$$

Les champs de vecteurs constants ayant une différentielle covariante nulle,

$$D_{L_x} L_y = - D_{P_{q(x)}} R_f(x) = - P_{f(y)q(x)} \quad \text{au point o.}$$

Soient α_0 et $D\alpha_0$ respectivement les formes linéaires et bilinéaires sur V définies par

$$\alpha_0(\zeta u) = \alpha(u) \qquad \text{et} \qquad (D\alpha_0)(\zeta u, \zeta v) = (D\alpha)(u, v)$$

quels que soient les vecteurs $u, v \in T_0(V)$. Le résultat précédent montre que, quels que soient $x, y \in \mathfrak{g}$, on a

$$(2.3) \qquad (D\alpha_0)(q(x), q(y)) = \alpha_0(f(y)\,q(x)),$$

ce qui détermine $D\alpha_0$ puisque q est surjectif.

3. Champ de vecteurs *H*. — Les lemmes qui suivent permettent moyennant certaines conditions, d'associer à tout point d'une orbite ouverte de représentation affine un point frontière de cette orbite. Ils joueront un rôle essentiel au paragraphe 4.

Soient G un groupe de Lie connexe et M une variété où G opère différentiablement et transitivement. Soit D une connexion linéaire localement plate sur M, invariante par G. Dans le fibre vectoriel $T(M)$ des vecteurs de M, soit N un sous-fibré vectoriel dont les fibres sont de dimension > 0. On suppose N stable par G et stable par transport parallèle. Soit α une forme fermée de degré 1 sur M invariante par G telle que la restriction de $\eta = D\alpha$ à N soit non dégénérée. Il existe alors sur M une section H de N et une seule telle que $\eta(H, X) = \alpha(X)$ pour toute section X de N. Ce champ de vecteurs H est invariant par G et $\alpha(H)$ est donc une constante.

(3.1) LEMME. — $D_H H = -H$.

Comme la courbure et la torsion de D sont nulles, quels que soient les champs de vecteurs X et Y sur M, on a

$$\begin{aligned}(D_H\eta)(X, Y) &= (D_H D_X\alpha)(Y) - (D_{D_H X}\alpha)(Y)\\ &= (D_X D_H\alpha)(Y) - (D_{D_X H}\alpha)(Y)\\ &= (D_X D_H\alpha)(Y) - \eta(D_X H, Y).\end{aligned}$$

Si Y est une section de N, alors

$$(D_H\alpha)(Y) = \eta(H, Y) = \alpha(Y).$$

Comme N est stable par transport paralèlle, il en résulte

$$(D_X D_H\eta)(Y) = (D_X\alpha)(Y) = \eta(X, Y)$$

pour tout champ de vecteurs X. Ainsi, pour tout champ de vecteurs X et toute section Y de N, on a

$$(D_H\eta)(X, Y) = \eta(X, Y) - \eta(D_X H, Y).$$

Il en résulte que, si X et Y sont des sections de N, alors

$$\eta(D_X H, Y) = \eta(X, D_Y H).$$

Pour toute section X de N, on a donc

$$\eta(D_H H, X) = \eta(H, D_X H).$$

Puisque $D_X H$ est encore une section de N, on obtient

$$\eta(D_H H, X) = \alpha(D_X H) = X\alpha(H) - \eta(X, H) = -\eta(X, H).$$

La forme η étant non dégénérée sur N et $D_H H$ étant une section de N, ceci prouve que $D_H H = -H$.

(3.2) LEMME. — *Pour tout point $a \in M$, il existe dans M un arc de géodésique φ défini sur l'intervalle ouvert $[-\infty, 1]$ tel que $\varphi(0) = a$ et $\varphi'(0) = H_a$. Lorsque s tend vers 1, le point $\varphi(s)$ ne tend pas vers un point de M.*

Le champ de vecteurs H étant invariant par le groupe transitif G, il existe une courbe différentiable $\psi : R \to M$ telle que $\psi(0) = a$ et $\psi'(t) = H_{\psi(t)}$ pour tout $t \in R$. Posons $\varphi(s) = \psi(\mathrm{Log}(1-s)^{-1})$ pour tout $s < 1$. On a

$$\varphi'(s) = (1-s)^{-1} H_{\varphi(s)}$$

et, par suite,

$$D_{\varphi'(s)}\varphi'(s) = (1-s)D_{\varphi'(s)}H_{\varphi(s)} + \frac{d}{ds}(1-s)^{-1}H_{\varphi(s)} = (1-s)^{-2}(D_H H + H)_{\varphi(s)}.$$

Compte tenu du lemme (3.1), ceci démontre la première assertion. Si $\varphi(s)$ tendait vers un point $b \in M$ lorsque s tend vers 1, ce point b serait la limite de $\psi(t)$ lorsque t tend vers $+\infty$ et, par suite, on aurait $H_b = 0$. Le champ de vecteurs H étant invariant par G, on aurait $H = 0$, donc $\alpha(X) = 0$ et $\eta(X, Y) = (D\alpha)(X, Y) = 0$ quelles que soient les sections X et Y de N. Or ceci est impossible puisqu'on a supposé que η était non dégénérée sur N et que la dimension des fibres de N était > 0.

Dans ce qui suit, on conserve les hypothèses et les notations précédentes, mais on suppose que M est une orbite ouverte pour une représentation affine $(\mathbf{f}, \mathbf{q})$ de G dans un espace vectoriel réel V et que la connexion invariante D est la connexion induite sur M par la connexion plate naturelle de V. Le lemme (3.2) se traduit alors comme suit :

(3.3) LEMME. — *Pour tout point $a \in M$, la demi-droite $a + t\zeta(H_a)$, où $t < 1$, est contenue dans M et le point $a + \zeta(H_a)$ est un point frontière de M.*

Le point $a' = a + \zeta(H_a)$ étant un point frontière de M, la dimension du sous-groupe de stabilité de a' est plus grande que la dimension du sous-groupe de stabilité de a. Effectivement, on constate facilement que le sous-groupe de stabilité de a' contient le sous-groupe de stabilité de a, ainsi que tout sous-groupe à un paramètre engendré dans G par un élément $x \in \mathfrak{g}$ tel que $L_x - H$ soit nul au point a.

Supposons que $N = T(M)$, la forme $D\alpha$ étant donc non dégénérée. Dans ce cas, s'il existe un point $a^0 \in V$ invariant par G, autrement dit si la représentation affine $(\mathbf{f}, \mathfrak{q})$ est équivalente à une représentation linéaire, alors pour tout point $a \in M$, on a $a^0 = a + \zeta(H_a)$. Pour établir ce résultat, il suffira de traiter le cas où $a_0 = 0$, c'est-à-dire le cas où $\mathfrak{q} = 0$. Si R_ε désigne le champ de vecteurs linéaires tel que $\zeta(R_\varepsilon)$ soit la bijection identique de V, alors pour tout $x \in \mathfrak{g}$, on a

$$\begin{aligned}(D\alpha)(R_\varepsilon, L_x) &= R_\varepsilon\, \alpha(L_x) - \alpha(D_{R_\varepsilon} L_x) \\ &= \alpha(R_{f(x)}) = -\alpha(L_x) = -(D\alpha)(H, L_x).\end{aligned}$$

Puisque $D\alpha$ est non dégénérée, ceci prouve que $H = -R_\varepsilon$, et par suite $a + \zeta(H_a) = 0$ pour tout $a \in M$.

Ce qui précède montre en particulier que si la forme $D\alpha$ est non dégénérée il existe au plus un point de V invariant par G. On indiquera au paragraphe 6 un exemple dans lequel tous les points frontières de l'orbite ouverte M sont de la forme $a + \zeta(H_a)$ avec $a \in M$.

4. Orbites à forme bilinéaire définie positive.. — Dans ce paragraphe on désigne par G un groupe de Lie connexe et par $(\mathbf{f}, \mathfrak{q})$ une représentation affine de G dans un espace vectoriel réel V de dimension finie. On suppose qu'il existe une orbite ouverte Ω de G dans V et que α est une forme différentielle fermée de degré 1, invariante par G sur Ω. Étant donnés deux points a, $b \in \Omega$ tels que le segment d'extrémités a et b soit dans Ω, on notera $\int_a^b \alpha$ l'intégrale de α sur le segment orienté d'origine a et d'extrémité b.

(4.1) LEMME. — *Soient $a \in \Omega$, $b \in V$ tels que $a + \theta b \in \Omega$ pour $0 \leq \theta < 1$ et que $a + b \notin \Omega$. Si $D\alpha$ est définie positive alors $\int_a^{a+\theta b} \alpha \to +\infty$ lorsque $\theta \to 1$.*

Soit $a_1, a_2, \ldots, a_n$ une base de formes linéaires sur V. On a vu (§ 2) que $\alpha = \sum_i A_i\, da_i$, où les A_i sont des fractions rationnelles en $a_1, a_2, \ldots a_n$, régulières sur Ω. Par suite,

$$\int_a^{a+\theta b} \alpha = \int_0^\theta F(t)\, dt,$$

où F est une fraction rationnelle en t, régulière pour $0 \leq t < 1$. Pour la métrique riemannienne

$$D\alpha = \frac{dA_i}{da_j} da_i \, da_j,$$

la longueur du segment d'extrémités a et $a + \theta b$ est

$$l(\theta) = \int_0^\theta \left(\frac{dF}{dt}\right)^{\frac{1}{2}} dt,$$

la fonction $\frac{dF}{dt}$ étant positive du fait que $D\alpha$ est définie positive. Comme la métrique riemannienne $D\alpha$ sur Ω est invariante par le groupe transitif G, cette métrique est complète. Puisque $a + b \notin \Omega$, ceci entraîne que $l(\theta) \to \infty$ lorsque $\theta \to 1$. Il en résulte que, si s est l'ordre de multiplicité de 1 comme pôle de F, on a

$$\frac{s+1}{2} \geq 1, \qquad \text{donc} \quad s \geq 1,$$

ce qui démontre le lemme.

(4.2) Lemme. — *Si la forme $D\alpha$ est définie positive, alors Ω est un convexe de V.*

On désignera par $env(b_1, b_2, \ldots, b_p)$ l'enveloppe convexe d'une famille de points $b_1, b_2, \ldots, b_p \in V$. Puisque Ω est un ouvert connexe, pour prouver que Ω est convexe, il suffit de prouver que si a, b. $c \in \Omega$ et si $env(a, b) \subset \Omega$ et $env(a, c) \subset \Omega$, alors $env(a, b, c) \subset \Omega$. Pour simplifier l'écriture, on pourra supposer que a est l'origine O de V. Soit I l'ensemble des nombres réels t tels que $env(0. b, tc) \subset \Omega$; c'est un intervalle ouvert contenant 0. Pour tout point $c' = tc$ avec $t \in I$, il existe un voisinage ouvert simplement connexe de $env(0, b, c')$ contenu dans Ω. Soit f la primitive de α sur U qui est nulle en 0. Puisque sur U la forme $D\alpha$ est égale à $\sum_{ij} \frac{d^2}{da_i \, da_j} da_i \, da_j$, où les a_i désignent comme plus haut une base de formes linéaires sur V, et $D\alpha$ est définie positive, la fonction f est convexe sur U. Pour tout $e \in env(0, b, c')$ on a donc

$$\int_0^e \alpha = f(e) \leq \sup(0, f(b), f(c')) = \sup\left(0, \int_0^b \alpha, \int_0^{c'} \alpha\right).$$

Si, de plus, $0 \leq t \leq 1$, alors

$$\int_0^{c'} \alpha \leq \sup\left(0, \int_0^c \alpha\right)$$

et pour tout point $e \in env(o, b, c')$ on aura donc

$$\int_0^e \alpha \leqq \sup\left(o, \int_0^b \alpha, \int_0^c \alpha\right)$$

Supposons alors que l'intervalle I admette une plus petite borne supérieure $\nu \leqq 1$ posons $c^0 = \nu c$. Il existe alors un point d de $env(b, c^0)$ qui n'est pas dans Ω et tout point θd avec $o \leqq \theta < 1$ appartient à Ω. Ce qui précède montre que, pour $o \leqq \theta < 1$ on aurait

$$\int_0^{\theta d} \alpha \leqq \sup\left(o, \int_0^b \alpha, \int_0^c \alpha\right),$$

ce qui en contradiction avec le lemme (4.1). Par suite, $1 \in I$ et $env(o, b, c) \subset \Omega$, ce qui achève la démonstration.

(4.3) Lemme. — *Si la forme $D\alpha$ est définie positive, le convexe Ω ne contient pas de droite.*

On peut supposer que Ω contient l'origine o de V. Puisque Ω est convexe, la réunion des droites passant par o et contenues dans Ω est un sous-espace vectoriel π de V et pour tout point $a \in V$, les droites passant par a et contenues dans Ω sont les parallèles à π passant par a. Soit N le sous-fibré de l'espace fibré vectoriel des vecteurs de Ω constitué par les vecteurs u « parallèles à π », c'est-à-dire tels que $\zeta(u) \in \pi$. Puisque les opérations de G dans V sont des transformations affines, N est stable par G. La forme $D\alpha$ étant définie positive, il existe une section H de N telle que $(D\alpha)(H, X) = \alpha(X)$ pour toute section X de N. Compte tenu du lemme (3.3), si π était différent de (o), le point $\zeta(H_0)$ appartiendrait à la frontière de Ω, ce qui est impossible puisque $\zeta(H_0) \in \pi$.

Les deux lemmes qui suivent ne seront utilisés qu'au paragraphe 7. On y suppose que $o \in \Omega$, et l'on note comme plus haut par α_0 la forme linéaire sur V telle que $\alpha_0(\zeta u) = \alpha(u)$ pour tout vecteur $u \in T_0(V)$.

(4.4) Lemme. — *Si la forme $D\alpha$ est définie positive, et si H est le champ de vecteurs sur Ω tel que $(D\alpha)(H, X) = \alpha(X)$ pour tout champ de vecteurs X sur Ω, alors pour tout point $b \in \Omega$, on a*

$$\alpha_0(b) < (D\alpha)(H_0, H_0).$$

Soient $\psi : R \to \Omega$ la courbe intégrale du champ H telle que $\psi(o) = o$ et f une primitive de α sur le convexe Ω. Pour tout $\theta \in \mathcal{R}$, soit Ω_θ l'ensemble des points $b \in \Omega$ tels que $f(b) < f(\psi(\theta))$. Puisque $D\alpha$ est définie positive, la fonction f est convexe, et Ω étant convexe il en résulte que Ω_θ est un ouvert convexe. On va montrer que sur Ω_θ le valeurs de α_0 sont au plus égales à $\alpha_0(\psi(\theta))$. Supposons, en effet, que $b \in \Omega_\theta$. Soit P le champ des vecteurs constant sur V tel que $\zeta(P) = b - \psi(\theta)$ et soit m la fonction $\alpha(P)$ sur Ω. Puisque f est convexe et que $f(b) < f(\psi(\theta))$, on a

$$m(\psi(\theta)) = \left[\frac{d}{dt} f(\psi(\theta) + t(b - \psi(\theta)))\right]_{t=0} \leqq 0.$$

D'autre part, puisque $D_H \alpha = \alpha$, on a

$$H.m = (D_H \alpha)(P) = \alpha(P) = m,$$

ce qui entraîne que

$$m(\psi(t)) = \exp(t)\, m(0) \quad \text{pour tout } t \in R.$$

On a donc $m(\theta) \leqq 0$, et ceci signifie que $\alpha_0(b) \leqq \alpha_0(\psi(\theta))$. Ainsi, sur Ω_0, la forme linéaire α_0 est majorée par $\alpha_0(\psi(\theta))$ et, par conséquent, sur Ω, les valeurs de α_0 sont strictement plus petites que la valeur de α_0 au point frontière $\zeta(H_0)$ qui est la limite de $\psi(\theta)$ lorsque $\theta \to \infty$. Comme

$$\alpha_0(\zeta H_0) = \alpha(H_0) = (D\alpha)(H_0, H_0),$$

ceci démontre le Lemme.

(3.5) Lemme. — *Si la forme $D\alpha$ est définie positive et si K est le cône réunion des demi-droites fermées d'extrémité* o *contenues dans Ω, alors K est un cône convexe fermé et pour tout point $b \in K - (0)$, on a $\alpha_0(b) < 0$.*

Du fait que Ω est convexe résulte que K est un cône convexe, et ce cône est fermé parce que o est intérieur à Ω. Pour tout point $a \in \Omega$, les demi-droites d'extrémité a contenues Ω se déduisent par translation des demi-droites d'extrémité o contenues dans Ω. Comme les opérations G dans Ω sont des transformations affines, K est donc stable par la représentation linéaire $\mathfrak{f}$ dans V. D'après le lemme (4.4), on a $\alpha_0(b) \leqq 0$ pour tout point $b \in K$. Si $b \in K$ et si $\alpha_0(b) = 0$, alors $\alpha_0(f(x)b) = 0$ pour tout élément x de l'algèbre de Lie $\mathfrak{g}$ de G, car autrement, l'orbite $\mathfrak{f}(G)b$ de b pour la représentation linéaire $\mathfrak{f}$ sortirait du demi-espace $\alpha_0 \leqq 0$. D'après la formule (2.3), on a

$$\alpha_0(f(x)b) = (D\alpha_0)(q(x), b) \quad \text{pour tout } x \in \mathfrak{g}.$$

La forme $D\alpha_0$ étant non dégénérée, il en résulte que $b = 0$.

(4.7) Théorème. — *Soient G un groupe de Lie connexe et M une variété différentiable de dimension n où G opère différentiablement et transitivement. Soit D une connexion linéaire plate invariante par G sur M, et soit α une forme différentielle fermée de degré* 1 *invariante par G sur M. Si $D\alpha$ est définie positive, alors il existe un espace vectoriel réel V de dimension n, une représentation affine de G dans V et une orbite ouverte Ω de G dans V vérifiant les conditions suivantes :*

a. Ω est un convexe de V ne contenant aucune droite;

b. Il existe un difféomorphisme de M sur Ω compatible avec les opérations de G et transformant la connexion D en la restriction à Ω de la connexion plate naturelle de V.

Le cas où M est une orbite ouverte d'une représentation affine de G a été démontré plus haut [lemmes (4.2) et (4.3)]. Montrons d'abord que le théorème s'en déduit lorsqu'on suppose M simplement connexe. Soit a un point de M, et soit $V = T_a(M)$ l'espace des vecteurs de M d'origine a. La connexion D étant plate, pour tout $u \in V$, il existe un champ de vecteurs P_u sur M et un seul tel que $DP_u = 0$ et $(P_u)_a = u$. Soit μ la forme différentielle de degré 1 sur M à valeurs dans V telle que $\mu(P_u) = u$ pour tout $u \in V$. On a $d\mu = 0$, et puisque M est simplement connexe, il existe une application différentiable ρ de M dans V telle que $\rho(a) = 0$ et $d\mu = \rho$. Puisque G laisse invariante la connexion D, on définit une représentation linéaire $\mathbf{f}$ de G dans V par la condition $P_{\mathbf{f}(s)u} = sP_u$ pour tout $s \in G$ et tout $u \in V$. Si $\mathbf{q}$ désigne l'application de G dans V telle que $\mathbf{q}(s) = \rho(sa)$ pour tout $s \in G$, alors on voit facilement que $\mathbf{f}(s)\,\rho(b) + \mathbf{q}(s) = \rho(sb)$ quels que soient $s \in G$ et $b \in M$. Il en résulte que $(\mathbf{f}, \mathbf{q})$ est une représentation affine de G dans V. L'orbite $\Omega = \mathbf{q}(G) = \rho(M)$ est un ouvert de V et (M, ρ) est un revêtement de Ω dont la projection ρ commute avec les opérations de G. Pour tout élément x de l'algèbre de Lie de G, soit L_x le champ de vecteur correspondant à x sur M; puisque ρ commute avec les opérations de G, chaque champ L_x se projette sur Ω. Comme $\alpha(L_x)$ est une constante pour tout x, ceci prouve que α est de la forme $\rho^*\beta$, où β est une forme différentielle fermée de degré 1, invariante par G sur Ω. La projection ρ étant compatible avec la connexion D et la connexion plate naturelle D' de V, on a $D\alpha = \rho^* D'\beta$, donc $D'\beta$ est définie positive. Compte tenu des lemmes (4.2) et (4.3), Ω est donc un convexe ne contenant aucune droite. En particulier, Ω est simplement connexe, donc ρ est un isomorphisme, ce qui achève la démonstration dans le cas où M est simplement connexe. On démontrera maintenant le théorème dans le cas général. Soit $\tilde{M}$ le revêtement universel de M et $\tilde{G}$ le revêtement universel de G opérant transitivement sur $\tilde{M}$. Il existe sur M une connexion plate $\tilde{D}$ et une seule telle que la projection π de $\tilde{M}$ sur M soit compatible avec les connexions $\tilde{D}$ et D. Cette connexion $\tilde{D}$ est invariante par $\tilde{G}$. La forme $\tilde{\alpha} = \pi^*\alpha$ est une forme différentielle fermée de degré 1 invariante par $\tilde{G}$ sur $\tilde{M}$. Comme $\tilde{D}\tilde{\alpha} = \pi^* D\alpha$, la forme $\tilde{D}\tilde{\alpha}$ est définie positive et, d'après ce qui précède, on peut identifier $\tilde{M}$ avec une orbite ouverte d'une représentation affine de G dans un espace vectoriel réel V, la connexion D étant induite par la connexion plate naturelle de V. Tout automorphisme σ du revêtement $(\tilde{M}, \pi)$ de M laisse $\tilde{D}$ invariante; c'est donc la restriction à M d'une transformation affine σ' de V. Si σ n'est pas l'identité, alors σ' n'est pas une translation de V, car cela entraînerait l'existence d'une droite contenue dans M, ce qui est exclu d'après le lemme (4.3). Mais si σ n'est pas une translation, il existe un point $a \in \tilde{M}$ et un vecteur $u \in T_a(\tilde{M})$ tels que les vecteurs u et $\sigma^T(u)$ ne se déduisent pas l'un de l'autre par transport parallèle le long du segment de droite d'extrémités a et $\sigma(a)$. La projection de ce segment dans M est un lacet d'origine et d'extrémité $\pi(a)$ et le transport parallèle le long de ce lacet donne un élément du groupe d'holonomie en $\pi(a)$ différent de l'identité. Comme on suppose que D est une connexion plate, ceci est exclu et le revêtement $(\tilde{M}, \pi)$ de M est donc trivial. Ainsi M est simplement connexe et ceci achève la démonstration.

Si dans les hypothèses du théorème ou supposait seulement D localement plate, on ne pourrait plus en déduire les mêmes conclusions. Par exemple, si $G = M = SO(2)$, les opérations de G dans M étant les translations à gauche de G, il existe une forme différentielle $\alpha \neq 0$ de degré 1 sur M, invariante par G, et pour toute connexion invariante D autre que la connexion invariante plate, $D\alpha$ est définie positive (et D est localement plate).

5. Espaces homogènes complexes définis par une connexion plate. — On désigne par M une variété différentiable, par $T(M)$ la variété des vecteurs de M et par p la projection de $T(M)$ sur M. Soit G un groupe de Lie connexe opérant transitivement et différentiablement sur M. Soit D une connexion linéaire sur M, localement plate et invariante par G. Il existe sur $T(M)$ une structure complexe, et une seule, telle que pour toute fonction différentiable réelle f définie sur un ouvert $U \subset M$ et telle que $D\,df = 0$ la fonction $fp + \sqrt{-1}\,df$ soit une fonction holomorphe sur $p^{-1}(U)$. En prolongeant de la manière habituelle à $T(M)$ les opérations de G dans M, on voit que G opère par transformations holomorphes dans $T(M)$. Supposons maintenant que la connexion D soit plate globalement. Soit a un point de M et soit $E = T_a(M)$ l'espace vectoriel des vecteurs de M ayant pour origine a. On identifiera $T(M)$ avec la variété $M \times E$ au moyen du difféomorphisme qui applique un point $(b, u) \in M \times E$ sur le vecteur d'origine b déduit de u par transport parallèle. Les opérations de G dans $T(M)$ sont alors de la forme $s(b, u) = (sb, \mathbf{f}(s)u)$, où $\mathbf{f}$ est une représentation linéaire de G dans E. Soit $G' = G \times E$ le produit semi-direct de G et du groupe additif E défini par $\mathbf{f}$. On fait opérer G' dans $T(M)$ en posant $(s, u)(b, v) = (sb, \mathbf{f}(s)v + u)$ quels que soient $s \in G$, $b \in M$, $u, v \in E$. Chaque opération de G' dans $T(M)$ est alors un automorphisme holomorphe de $T(M)$, et G' opère transitivement dans $T(M)$.

(5.1) THÉORÈME. — *Soient G un groupe de Lie connexe et M une variété où G opère différentiablement et transitivement. Soit D une connexion plate sur M, invariante par G, et soit $T(M)$ la variété des vecteurs de M munie de la structure complexe définie par D. Les conditions suivantes sont équivalentes :*

a. il existe sur $T(M)$ un volume réel invariant par tout automorphisme holomorhe de $T(M)$ et la forme hermitienne définie par ce volume, et la structure complexe de $T(M)$ est définie positive,

b. il existe sur M une forme différentielle α de degré 1, fermée, invariante par G, telle que $D\alpha$ soit définie positive,

c. la variété complexe $T(M)$ est isomorphe à un domaine borné d'un espace C^n.

Supposons vérifiée la condition (a). Soient $c_i (i = 1, 2, \ldots, n)$ des coordonnées affines, c'est-à-dire telles que $D\, dc_i = 0$, sur un ouvert $U \subset M$. Posons $a_i = c_i p$ et $b_i = dc_i$; la restriction à $p^{-1}(U)$ d'un volume v sur $T(M)$ est de la forme

$$K\, da_1 \wedge da_2 \wedge \ldots \wedge da_n \wedge db_1 \wedge db_2 \wedge \ldots \wedge db_n$$

où K est une fonction différentiable. Si v est invariant par les automorphismes holomorphes de $T(M)$, alors K n'est fonction que des a_i. Sur $p^{-1}(U)$, la forme hermitienne définie par v et par la structure complexe de $T(M)$ a donc pour partie réelle

$$\eta = \sum_{ij} \frac{d \operatorname{Log} K}{da_i\, da_j} (da_i\, da_j + db_i\, db_j).$$

Il existe sur M un volume v_M invariant par G dont la restriction à U est $K\, da_1 \wedge da_2 \wedge \ldots \wedge da_n$. Si α est la forme différentielle invariante par G sur M telle que $D v_M = \alpha v_M$, alors la restriction à U de la différentielle covariante $D\alpha$ est

$$\sum_{ij} \frac{d^2 \operatorname{Log} K}{da_i\, da_j} da_i\, da_j.$$

Puisque η est définie positive, il en est de même de $D\alpha$, ce qui démontre que $(a) \Rightarrow (b)$. Montrons maintenant que $(b) \Rightarrow (c)$. D'après le théorème 4.7, si (b) est vérifiée, alors il existe un espace vectoriel V et un ouvert convexe $\Omega \subset V$ ne contenant pas de droite tel que M, avec sa connexion plate, soit isomorphe à Ω muni de la connexion induite par la connexion plate naturelle de V. La variété complexe $T(M)$ est alors isomorphe à l'ouvert $\Omega + \sqrt{-1}\, V \subset V \otimes_R C$ qui est holomorphiquement isomorphe à un domaine borné de l'espace C^n. L'assertion $(c) \Rightarrow (a)$ est une propriété générale des domaines bornés homogènes (*cf.* [1], [10]).

Corollaire. — *Soient G un groupe de Lie connexe et Ω une orbite ouverte d'une représentation affine de G dans un espace vectoriel réel V. Si Ω est contenu dans un ouvert convexe ne contenant pas de droite, alors Ω est un ouvert convexe ne contenant pas de droite.*

En effet, si Ω est contenu dans un ouvert convexe ne contenant pas de droite, alors $\Omega + \sqrt{-1}\, V \subset V \otimes_R C$ est holomorphiquement isomorphe à un domaine borné. Comme la variété complexe $\Omega + \sqrt{-1}\, V$ s'identifie à $T(\Omega)$ muni de la structure complexe définie par la connexion plate de Ω, le théorème montre qu'il existe sur Ω une forme différentielle α fermée de degré 1, invariante par G, dont la différentielle covariante est définie positive. Il en résulte que Ω est un convexe ne contenant pas de droite d'après les lemmes (4.2) et (4.3).

6. **Exemples.** — On dira dans la suite qu'un ouvert d'un espace vectoriel réel est *homogène* s'il admet un groupe transitif de transformations affines. Parmi les ouverts convexes qui ne contiennent pas de droite et qui sont homogènes, les mieux connus sont des cônes admettant un groupe transitif de transformations *linéaires*. A cette classe appartiennent entre autres les domaines de positivité homogènes au sens de Koecher (*cf.* [2], [8], [9]). Dans ce qui suit, on indiquera un procédé de construction d'orbites ouvertes de représentations affines conduisant à des convexes homogènes qui ne sont pas de cônes. Ce procédé est étroitement apparenté aux représentations affines complexes qui feront l'objet du paragraphe suivant.

Soient V et E deux espaces vectoriels réels de dimension finie et Φ une forme bilinéaire symétrique sur E à valeurs dans V. Soient G un groupe de Lie connexe, $(\mathbf{f}, \mathbf{q})$ une représentation affine de G dans V et $\mathbf{h}$ une représentation linéaire de G dans E. On suppose que

$$(6.1) \qquad \mathbf{f}(s)\,\Phi(u, v) = \Phi(\mathbf{h}(s)u, \mathbf{h}(s)v)$$

quels que soient $s \in G$ et $u, v \in E$. Soit $G' = G \times E$ le produit semi-direct de G et du groupe additif E défini par $\mathbf{h}$. On définit une représentation affine $(\mathbf{f}', \mathbf{q}')$ de G' dans l'espace vectoriel $V \times E$ en posant

$$\mathbf{f}'(s, u)(a, v) = (\mathbf{f}(s)a + \Phi(\mathbf{h}(s)v, u), \mathbf{h}(s)v),$$

$$\mathbf{q}'(s, u) = \left(\mathbf{q}(s) + \frac{1}{2}\Phi(u, u), u\right).$$

Si $E \neq 0$, cette représentation affine n'est pas équivalente à une représentation linéaire. Soit $\Omega = \mathbf{q}(G)$ l'orbite de 0 dans V; l'orbite $\Omega' = \mathbf{q}'(G')$ de $(0, 0)$ dans $V \times E$ est alors l'ensemble des points (a, u) tels que

$$a - \frac{1}{2}\Phi(u, u) \in \Omega.$$

Supposons vérifiées les deux conditions suivantes :

(6.2) Ω est un ouvert convexe ne contenant pas de droite ;

(6.3) pour tout $u \in E$, $\Phi(u, u) \in \Omega$.

Dans ces conditions, l'orbite Ω' est un ouvert convexe ne contenant pas de droite dans $V \times E$. En effet, pour tout $u \in E$, $\Phi(u, u)$ appartient au cône convexe K réunion des demi-droites d'extrémité 0 contenues dans Ω. Soit

$\xi_1, \xi_2, \ldots, \xi_n$ une base de formes linéaires sur V telles que $\xi_i(a) < 0$ pour tout $a \in K - (0)$. Les valeurs sur Ω des formes linéaires ξ_i admettent une borne supérieure m, et Ω' est contenu dans l'ouvert U constitué par les points $(a, u) \in V \times E$ tels que $\xi_i\left(a - \frac{1}{2}\Phi(u, u)\right) < m$. Chaque forme $\xi_i \Phi$ étant définie négative, U est un convexe ne contenant pas de droite. Comme Ω' est visiblement ouvert, le corollaire du théorème (5.1) montre donc que Ω' est un convexe ne contenant pas de droite.

Voici le détail de cette construction dans le cas le plus simple. On suppose que $V = R$ (corps des nombres réels) et que G est le groupe multiplificatif des nombres réels > 0. La représentation affine $(\mathbf{f}, \mathbf{q})$ de G dans R est définie par $\mathbf{f}(s)a = s^2 a$ et $\mathbf{q}(s) = s^2 - 1$ pour tout $s \in G$ et tout $a \in R$. On suppose que $E = R^p$ et que la représentation linéaire $\mathbf{h}$ de G dans E est telle que $\mathbf{h}(s)u = su$ pour tout $s \in G$ et tout $u \in E$. Si Φ est la forme euclidienne naturelle de R^p, alors les conditions (6.1), (6.2) et (6.3) sont vérifiées. Soient $x_0, x_1, \ldots, x_p$ les coordonnées naturelles de $V \times E = R \times R^p$ et soit

$$F = x_0 + 1 - \frac{1}{2}\sum_{1=i}^{i=p} x_i^2.$$

L'orbite Ω' a pour équation $F > 0$. Si $r = 1 + p/2$, alors $F^{-r}\, dx_0 \wedge dx_1 \wedge \ldots \wedge dx_p$ est un volume sur Ω' invariant par $G' = G \times E$. La forme différentielle invariante fermée correspondante est

$$\alpha = d\,\mathrm{Log}\,F^{-r} = -\,r\,F^{-1}\left(dx_0 - \sum_{i=1}^{i=p} x_i\, dx_i\right)$$

et l'on a

$$D\alpha = r^{-1}\alpha^2 + rF^{-1}\sum_{1=i}^{i=n} dx_i^2.$$

Si H est le champ de vecteurs sur Ω' tel que $(D\alpha)(H, X) = \alpha(X)$ pour tout champ de vecteurs X sur Ω', on a $H = -F\dfrac{d}{dx_0}$. Tout point de la frontière de H est de la forme $a + \zeta(H_a)$, avec $a \in \Omega'$. Le domaine $\Omega' + \sqrt{-1}\,R^{n+1} \subset C^{p+1}$ est isomorphe à un domaine borné homogène symétrique, forme ouverte de l'espace homogène complexe compact $\mathbf{U}(p+1)/\mathbf{U}(p) \times \mathbf{U}(1)$. On sait que ce domaine n'est pas isomorphe à un domaine de la forme $\Gamma + \sqrt{-1}\,R^{n+1}$, où Γ est un cône ouvert.

7. Domaines de Pjateckij-Šapiro. — On désigne par G un groupe de Lie connexe, par V un espace vectoriel réel et par $(\mathbf{f}, \mathbf{q})$ une représentation affine de G dans V. Soient E un espace vectoriel complexe de dimension finie et Ψ une forme hermitienne sur E à valeurs dans $V^c = V \otimes C$, c'est-à-dire une application de $E \times E$ dans V^c qui est C-linéaire par rapport au premier facteur et qui vérifie la condition $\Psi(u, v) = \overline{\Psi(v, u)}$ quels que soient u, $v \in E$. Soit $\mathbf{h}$ une représentation linéaire complexe de G dans E telle que

$$\mathbf{f}(s)\,\Psi(u, v) = \Psi(\mathbf{h})(s)u, \mathbf{h}(s)v)$$

quels que soient $s \in G$ et u, $v \in E$. On suppose que l'orbite $\Omega = \mathbf{q}(G)$ de o est un ouvert de V. L'ensemble des points $(a + \sqrt{-1}\,b, u)$ de $V^c \times E$ tels que $a - \frac{1}{2}\Psi(u, u) \in \Omega$ est alors un ouvert $\Omega^\star$ de $V^c \times E$. On va montrer qu'il existe un groupe de transformations affines complexes de $V^c \times E$ qui opère transitivement dans $\Omega^\star$. Soit $G^\star$ le groupe de Lie dont l'espace topologique sous-jacent est $G \times V \times E$ et dont la loi de multiplication est donnée par

$$(s, a, u)\,(t, b, v) = (st, \mathbf{f}(s)\,b + a + \lambda(s, u, v), \mathbf{h}(s)v + u),$$

avec

$$\lambda(s, u, v) = \frac{1}{2\sqrt{-1}}\,(\Psi(\mathbf{h}(s)v, u) - \Psi(u, \mathbf{h}(s)\,v))$$

quels que soient $s, t \in G$, $a, b \in V$ et u, $v \in E$. L'application $(s, a, u) \to (s, a, -u)$ est un automorphisme involutif de $G^\star$; le sous-groupe des éléments de $G^\star$ invariants par cet automorphisme est le produit semi-direct de G et du groupe additif V défini par $\mathbf{f}$. On définit une représentation affine complexe $(\mathbf{f}^\star, \mathbf{q}^\star)$ de $G^\star$ dans $V^c \times E$ en posant

$$\mathbf{f}^\star(s, c, u)\,(a + \sqrt{-1}\;b, v) = (\mathbf{f}(s)a + \sqrt{-1}\,\mathbf{f}(s)b + \Psi(\mathbf{h}(s)v, u), \mathbf{h}(s)v),$$
$$\mathbf{q}^\star(s, c, u) = \left(\mathbf{q}(s) + \sqrt{-1}\,c + \frac{1}{2}\Psi(u, u), u\right)$$

quels que soient $s \in G$, a, b, $c \in V$ et u, $v \in E$. L'orbite de l'origine est l'ouvert $\mathbf{q}^\star(G^\star) = \Omega^\star$.

Soient $\mathfrak{g}$ l'algèbre de Lie de G, (f, q) la représentation affine de $\mathfrak{g}$ dans V définie par $(\mathbf{f}, \mathbf{q})$ et h la représentation linéaire de $\mathfrak{g}$ dans E définie par $\mathbf{h}$. L'algèbre de Lie $\mathfrak{g}^\star$ de $G^\star$ s'identifie à $\mathfrak{g} \times V \times E$ et la représentation affine $(f^\star, q^\star)$ de $\mathfrak{g}^\star$ dans $V^c \times E$ définie par $(\mathbf{f}^\star, \mathbf{q}^\star)$ est

$$f^\star(x, c, u)\,(a + \sqrt{-1}\,b, v) = (f(x)a + \sqrt{-1}\,f(x)b - \Psi(v, u), h(x)v),$$
$$q^\star(x, c, u) = (q(x), c, u),$$

où $x \in \mathfrak{g}$, a, b, $c \in V$ et u, $v \in E$.

Soit w un volume réel sur $V^c \times E$ invariant par translation. Supposons qu'il existe sur Ω un volume réel Fw invariant par les opérations de $G^\star$.

L'image réciproque de la forme différentielle $d\,\mathrm{Log} F$ par $\mathfrak{q}^*$ a pour valeur sur $\mathfrak{g}^* \subset T(G^*)$ la forme $\mathrm{Tr} f$. Par suite, l'image réciproque de $d\,\mathrm{Log} F$ par l'injection naturelle $\Omega \to \Omega^*$ est une forme différentielle invariante fermée α sur Ω telle que

$$\alpha_0(q(x)) = \mathrm{Tr} f^*(x, 0, 0) = 2\,\mathrm{Tr} f(x) + \mathrm{Tr} h(x).$$

Soit η la partie réelle de la forme hermitienne invariante définie sur Ω^* par le volume $F w$ et la structure complexe. Si η_0 désigne la forme bilinéaire sur $V^c \times E$ définie par la valeur de η au point origine, un calcul simple montre que

$$\begin{aligned} &\eta((a+\sqrt{-1}\, b, u), (a'+\sqrt{-1}\, b', u')) \\ &\quad = (D\alpha_0)(a, a') + (D\alpha_0)(b, b') - \alpha_0(\Psi(u, u') + (\Psi(u', u)) \end{aligned}$$

quels que soient $a, b, a', b' \in V$ et $u, u' \in E$. Ainsi, pour que η soit définie positive, il faut et il suffit que $D\alpha$ soit définie positive et que $\alpha_0(\mathrm{Re}\,\Psi)$ soit définie négative. On observera qu'en général la forme α_0 est linéairement indépendante de la forme invariante fermée sur Ω qui correspond à un volume sur Ω invariant par G.

(7.1) Théorème. — *Pour que l'espace homogène complexe Ω^* soit isomorphe à un domaine borné, il faut et il suffit que la forme η soit définie positive.*

On sait que la condition est nécessaire. Montrons qu'elle est suffisante. Soit K le cône réunion des demi-droites d'extrémité o contenues dans Ω. Puisque $D\alpha$ est définie positive, on sait que K est fermé et que $\alpha_0(a) < 0$ pour tout point $a \in K - (0)$ [lemme (4.6)]. Soit K' le cône fermé constitué par les points $\Psi(u, u)$, où $u \in E$. Puisque $\alpha_0(\mathrm{Re}\,\Psi)$ est définie négative $\alpha_0(a) < 0$ pour tout point $a \in K' - (0)$. Soit W l'ensemble des formes linéaires ξ sur V telles que $\xi(a) < 0$ pour tout $a \in K \cup K' - (0)$. Puisque $K \cup K'$ est fermé, W est un ouvert du dual V^* de V. Soient $\zeta_1, \zeta_2, \ldots, \zeta_{n-1}$ des éléments de V qui, avec α_0, constituent une base de V^*. Puisque $\alpha_0 \in W$ et que W est ouvert, il existe un nombre $t > 0$ tel que les formes linéaires

$$\xi_i = \alpha_0 + t\zeta_i \quad (i = 1, 2, \ldots, n-1), \qquad \xi_n = \alpha_0 - t\sum_{i=1}^{i=n-1} \zeta_i$$

soient dans W. Les formes ξ_i étant négatives sur $K - (0)$, il existe un nombre m tel que $\xi_i(a) < m/2$ pour tout $a \in \Omega$ et tout i. Les formes ξ_i étant négatives ou nulles sur K', chaque forme bilinéaire $\psi_i = \xi_i(\mathrm{Re}\,\Psi)$ est négative. Pour tout point $(a+\sqrt{-1}\, b, u) \in \Omega^*$, on a

$$a - \frac{1}{2}\Psi(u, u) \in \Omega, \qquad \text{donc } \xi_i(a) - \frac{1}{2}\Psi(u, u) < \frac{m}{2}$$

et, par suite, $\xi_i(a) < m/2$ quel que soit i. Il en résulte que, si $e_1, e_2, \ldots, e_n$ est la base de V duale de la base $\xi_1, \xi_2, \ldots, \xi_n$, on définit un isomorphisme holomorphe θ de Ω^* sur un ouvert Λ de $V^c \times E$ en posant

$$\theta(\Sigma_i z_i e_i, u) = (\Sigma_i (z_i + m)(z_i - m)^{-1} e_i, \Pi_i (z_i - m)^{-1} u)$$

pour tout point $(\Sigma_i z_i e_i, u) \in \Omega^*$. Lorsque $(\Sigma_i z_i e_i, u) \in \Omega^*$, on a

$$z_i + \bar{z}_i < m, \qquad \text{donc} \quad |(z_i + m)(z_i - m)^{-1}| < 2.$$

De plus, si $v = \Pi_i (z - m)^{-1} u$, on a

$$\alpha_0(\Psi(v, v)) = \alpha_0(\Psi(u, u)) \Pi_i |z_i - m|^{-2} = \frac{1}{n} \Sigma_j \psi_j(u, u) \Pi_i |z_i - m|^{-2},$$

car

$$\alpha_0 = \frac{1}{n} \Sigma_j \xi_j.$$

Compte tenu des inégalités $z_i + \bar{z}_i - \psi_i(u, u) < m$, ceci entraîne

$$-\alpha_0(\Psi(v, v)) < \frac{2^{n-1}}{m^n}.$$

Comme la forme $-\alpha_0(\mathrm{Re}\,\Psi)$ est définie positive, il en résulte que Λ est un domaine borné de l'espace $V^c \times E$, ce qui achève la démonstration.

Avec la construction précédente, on obtient une classe d'espaces homogènes complexes $\mathcal{C}$ qui contient les classes de domaines bornés homogènes introduites par P. Šapiro [7] et, par conséquent, tous les domaines bornés symétriques classiques. Les domaines bornés symétriques exceptionnels appartiennent également à la classe $\mathcal{C}$. Pour celui de dimension complexe 27, on choisit pour Ω l'intérieur de l'ensemble des points de la forme $1 - a^2$ dans l'algèbre de Jordan exceptionnelle réelle dont la forme bilinéaire fondamentale est définie positive, et l'on suppose que $E = 0$ (*cf.* [9]). Pour le domaine exceptionnel de dimension complexe 16, la construction se fait avec $\dim V = 8$ et $\dim E = 8$. On observera que, même lorsque $E = 0$, les domaines bornés homogènes qu'on obtient ne sont généralement pas symétriques (*cf.* Vinberg [9]).

BIBLIOGRAPHIE.

[1] Cartan (Élie). — Sur les domaines bornés homogènes de l'espace de n variables complexes, *Abh. math. Sem. Univ. Hamburg*, t. 11, 1936, p. 110-162.

[2] Koecher (Max) — Positivitätsbereiche im R^n, *Amer. J. Math.*, t. 79, 1957, p 575-596.

[3] Koecher (Max). — Die Geodätischen von Positivitätsbereichen, *Math. Ann.*, t. 135, 1958, p. 192-202.

[4] Koecher (Max). — Analysis in reellen Jordan Algebren, *Nachr. Akad. Wiss. Götingen, Math.-phys. Kl.*, 1958, p. 67-74.

[5] Koszul (Jean-Louis). — Sur la forme hermitienne canonique des espaces homogènes complexes, *Can. J. Math.*, t. 7, 1955, p. 562-576.

[6] Pjateckij-Šapiro (I. I). — Sur un problème de É. Cartan (en russe), *Doklady Akad. Nauk S. S. S. R.*, nouv. série, t. 124, 1959, p. 272-273.

[7] Pjateckij-Šapiro (I. I.). — Géométrie des domaines homogènes et théorie des fonctions automorphes : solution d'un problème de É. Cartan (en russe), *Uspekhi mat. Nauh*, t. 14, 1959, p. 190-192.

[8] Rothaus (Oscar S.). — Domains of positivy, *Abh. math. Sem. Univ. Hamburg*, t. 24, 1960, p. 189-235.

[9] Vinberg (E. B.). — Cônes homogènes (en russe), *Doklady Akad. Nauk S.S.S.R.*, nouv. série, t. 135, 1960, p. 9-12.

[10] Weil (André). — *Introduction à l'étude des variétés kählériennes.* — Paris Hermann, 1958 (*Act. scient. et ind.*, n° 1267; Publ. Inst. Math. Univ. Nancago, n° 6).

(Manuscrit reçu le 10 juin 1961.)

Jean-Louis Koszul,
Professeur à la Faculté des Sciences, Université de Strasbourg,
Strasbourg (Bas-Rhin).

Math. Zeitschr. 79, 254–259 (1962)

Ouverts convexes homogènes des espaces affines

Par

J. L. Koszul

Un ouvert Ω dans un espace affine E sera dit *homogène* si le groupe des transformations affines de E laissant stable Ω opère transitivement dans Ω. Un ouvert convexe dans un espace affine réel sera dit *non dégénéré* s'il ne contient pas de droite. Cet article concerne la structure des ouverts convexes non dégénérés et homogènes dans un espace affine réel de dimension finie. On démontre (Théorèmes II et III) qu'ils se déduisent tous de *cônes* ouverts convexes non dégénérés et homogènes par un procédé d'extension décrit dans [*1*] (N° 6). Ce procédé est une version réelle du procédé par lequel Pjateckij Šapiro définit dans [*2*] certaines classes de domaines bornés homogènes dans les espaces C^n. La démonstration utilise des propriétés du groupe des transformations affines laissant stable un ouvert convexe non dégénéré et homogène qui font l'objet du Théorème I.

Dans toute la suite, E désignera un espace affine réel de dimension finie et Ω désignera un ouvert convexe non dégénéré et homogène dans E. On notera G la composante connexe neutre du groupe des transformations affines inversibles de E qui laissent stable Ω et T l'espace vectoriel des translations de E. Les opérations de G dans E définissent une représentation linéaire f de G dans T. Puisque Ω est un convexe non dégénéré, cette représentation f est fidèle. On notera T^0 le sous-espace de T engendré par les translations parallèles aux demi-droites contenues dans Ω. Il est clair que T^0 est stable par la représentation f.

Théorème I. *Soit H^0 le sous-groupe invariant de G constitué par les éléments opérant trivialement dans T^0 et T/T^0. Les opérations de H^0 dans l'espace affine E/T^0 définissent un isomorphisme de H^0 sur le groupe T/T^0 des translations de E/T^0. Le groupe de Lie G est isomorphe au produit semi-direct de H^0 et du sous-groupe de G constitué par les éléments laissant fixe un point de E/T^0.*

Théorème II. *Si E^0 est un sous-espace affine de E, trajectoire du groupe de translations T^0, et si G^0 est le sous-groupe des éléments de G laissant stable E^0, alors G^0 laisse fixe un point de E^0 et $\Omega \cap E^0$ est un cône ouvert convexe non vide et non dégénéré de l'espace E^0 dans lequel G^0 opère transitivement.*

Théorème III. *Les notations étant celles du Théorème II, il existe un sous-espace N^0 de T supplémentaire de T^0 dans T, stable par G^0, et une forme bilinéaire symétrique Φ sur N^0 à valeurs dans T^0 qui satisfait les conditions suivantes:*

1. $f(s)\,\Phi(u, v) = \Phi(f(s)\,u, f(s)\,v)$ *quels que soient* $s \in G^0$ *et* $u, v \in N^0$,

2. *pour qu'un élément* $b+u$ *avec* $b \in E^0$ *et* $u \in N^0$ *appartienne à* Ω, *il faut et il suffit que* $b + \frac{1}{2}\Phi(u, u) \in \Omega \cap E^0$.

La démonstration se fera en prouvant d'abord qu'un certain sous-espace T' de T, associé canoniquement au choix d'un point de Ω, possède les propriétés que les Théorèmes précédents attribuent à T^0. Cela fait, on pourra alors montrer que $T' = T^0$.

1. L'algèbre de Lie de G sera notée $\mathfrak{g}$ et f désignera la représentation linéaire de $\mathfrak{g}$ dans T définie par $\boldsymbol{f}$. On supposera choisi un point $a \in \Omega$, et on notera $\boldsymbol{q}$ l'application de G dans T définie par $\boldsymbol{q}(s) = sa - a$ pour tout $s \in G$.

Si q est l'application linéaire de $\mathfrak{g}$ dans T, différentielle de $\boldsymbol{q}$ en l'élément neutre de G, alors, quels que soient $x, y \in \mathfrak{g}$, on a:

$$f(x)\, q(y) - f(y)\, q(x) = q([x, y]) \quad (1)$$

[1]).

La trajectoire Ω de a étant ouverte, q est surjective. Son noyau est la sous-algèbre $\mathfrak{b}$ de $\mathfrak{g}$ qui correspond au stabilisateur de a. Il existe sur T une forme linéaire α et une seule telle que $\alpha(q(x)) = \mathrm{Tr}\, f(x)$ pour tout $x \in \mathfrak{g}$. Si $x, y \in \mathfrak{g}$ et si $q(x) = 0$, alors $\alpha(f(x)\, q(y)) = \alpha(q([x, y])) = 0$; il existe donc sur T une forme bilinéaire symétrique $\langle\, , \rangle$ et une seule telle que $\langle q(x), q(y)\rangle = \alpha(f(x)\, q(y))$ quels que soient $x, y \in \mathfrak{g}$. Du fait que Ω est un convexe non dégénéré, résulte que cette forme bilinéaire est définie positive (cf. [*1*], N° 5). En exprimant que f est une représentation linéaire de $\mathfrak{g}$ et en tenant compte de (1), on obtient la relation

$$\langle f(x)\, q(y), u\rangle + \langle q(y), f(x)\, u\rangle = \langle f(y)\, q(x), u\rangle + \langle q(x), f(y)\, u\rangle \quad (2)$$

quels que soient $x, y \in \mathfrak{g}$ et $u \in T$.

On désignera par e l'élément de T tel que $\alpha(u) = \langle e, u\rangle$ pour tout $u \in T$. La relation (2) montre que $\langle q(x), f(y)\, e\rangle = \langle q(y), f(x)\, e\rangle$ quels que soient $x, y \in \mathfrak{g}$. Si $q(x) = 0$, on a donc $f(x)\, e = 0$. Par conséquent, il existe un endomorphisme π de T et un seul tel que $\pi\, q(x) = f(x)\, e$ pour tout $x \in \mathfrak{g}$.

Lemme 1. *L'endomorphisme π est un projecteur auto-adjoint.*

Soit en effet t un élément de $\mathfrak{g}$ tel que $q(t) = e$. D'après (2), on a $\langle e, q(y)\rangle = \langle q(y), f(t)\, e\rangle$ pour tout $y \in \mathfrak{g}$, donc $f(t)\, e = e$ ou encore $\pi\, e = e$. D'autre part, pour $x = t$, la relation (2) devient

$$\langle f(t)\, q(y), u\rangle + \langle q(y), f(t)\, u\rangle = \langle \pi\, q(y), u\rangle + \langle q(y), u\rangle$$

quels que soient $y \in \mathfrak{g}$ et $u \in T$. En désignant par $f(t)'$ l'adjoint de $f(t)$ par rapport à la forme bilinéaire $\langle\ ,\ \rangle$, on a donc:

$$f(t) + f(t)' = \pi + \varepsilon \quad (3)$$

où ε est l'identité de T. Ceci prouve que π est auto-adjoint. D'autre part, pour tout $x \in \mathfrak{g}$, on a:

$$\begin{aligned} \pi^2 q(x) + f(t)\, \pi\, q(x) - \pi\, f(t)\, q(x) &= \pi\, f(x)\, e + f(t)\, f(x)\, e - f(x)\, q(t) - q([t, x]) \\ &= f(t)\, f(x)\, e - f([t, x])\, e = f(x)\, f(t)\, e \\ &= f(x)\, e = \pi\, q(x). \end{aligned}$$

[1]) Cf. [1], N° 2; le crochet est défini sur $\mathfrak{g}$ en identifiant $\mathfrak{g}$ avec l'algèbre de Lie des champs de vecteurs invariants à *droite*.

On a donc

$$\pi^2 = \pi + [\pi, f(t)]. \tag{4}$$

De cette relation résulte que, pour tout entier $p > 0$, $\pi^{p+1} = \pi^p + [\pi, f(t)]\,\pi^{p-1}$. Par suite $\mathrm{Tr}\,\pi^p = \mathrm{Tr}\,\pi$ pour tout entier $p > 0$, ce qui entraîne que $\pi^2 = \pi$ puisque π est auto-adjoint.

Compte tenu de (4), en même temps que le Lemme 1, on a obtenu la relation

$$[f(t), \pi] = 0. \tag{5}$$

Il sera commode pour la suite de particulariser l'élément t de $\mathfrak{g}$. Puisque G opère de manière effective dans Ω et qu'il existe sur Ω une métrique riemannienne invariante par G (cf. [1], N° 5), la restriction à $\mathfrak{b}$ de la forme de Killing de $\mathfrak{g}$ est définie négative. On notera $\mathfrak{m}$ le supplémentaire de $\mathfrak{b}$ dans $\mathfrak{g}$ constitué par les éléments de $\mathfrak{g}$ orthogonaux à $\mathfrak{b}$ pour la forme de Killing. La restriction de q à $\mathfrak{m}$ étant une bijection de $\mathfrak{m}$ sur T, on pourra supposer dans la suite que t est l'unique élément de $\mathfrak{m}$ tel que $q(t) = e$. Compte tenu de (1), on a

$$q([t, x]) = f(t)\,q(x) - f(x)\,e = (f(t) - \pi)\,q(x), \tag{6}$$

pour tout $x \in \mathfrak{g}$. Donc t appartient au normalisateur de $\mathfrak{b}$ et par suite $\mathrm{ad}(t)\,\mathfrak{m} \subset \mathfrak{m}$. L'élément t ayant été choisi dans $\mathfrak{m}$, on aura de plus $\mathrm{ad}(t)\,\mathfrak{b} = 0$.

On désignera par T' et N' respectivement l'image et le noyau du projecteur π. La relation (5) montre que ces sous-espaces sont stables par $f(t)$. Les relations (3) et (5) montrent que $f(t)$ est un endomorphisme normal et que les valeurs propres de ses restrictions à T' et à N' ont respectivement pour parties réelles 1 et 1/2. Compte tenu de (6), il en résulte que $\mathrm{ad}(t)$ est un endomorphisme semi-simple de $\mathfrak{g}$ laissant stables les sous-espace supplémentaires $\mathfrak{g}' = q^{-1}(T')$ et $\mathfrak{h}' = \mathfrak{m} \cap q^{-1}(N')$; de plus les valeurs propres des restrictions de $\mathrm{ad}(t)$ à $\mathfrak{g}'$ et à $\mathfrak{h}'$ ont respectivement pour parties réelles 0 et 1/2. Ceci prouve que $\mathfrak{g}'$ est une *sous-algèbre* de $\mathfrak{g}$ et que $\mathfrak{h}'$ est un *idéal abélien* de $\mathfrak{g}$. Les résultats sur les valeurs propres de $f(t)$ et de $\mathrm{ad}(t)$ et la relation $f(\mathrm{ad}(t)\,x) = f(t)\,f(x) - f(x)\,f(t)$ prouvent d'autre part les inclusions:

$$\begin{cases} f(\mathfrak{g}')\,T' \subset T' & f(\mathfrak{g}')\,N' \subset N' \\ f(\mathfrak{h}')\,T' = 0 & f(\mathfrak{h}')\,N' \subset T'. \end{cases} \tag{7}$$

Lemme 2. *Le sous-espace T' est stable par la représentation linéaire f de G dans T. Le sous-groupe G' des éléments de G qui laissent stable le sous-espace affine $E' = a + T'$ a pour algèbre de Lie $\mathfrak{g}'$. Le sous-groupe invariant H' des éléments de G qui opèrent trivialement dans T' et dans T/T' a pour algèbre de Lie $\mathfrak{h}'$.*

Comme G est connexe, la première assertion résulte des inclusions $f(\mathfrak{g}')\,T' \subset T'$ et $f(\mathfrak{h}')\,T' = 0$. Si x est un élément de l'algèbre de Lie de G', alors $q(x) \in T'$, c'est à dire que $x \in \mathfrak{g}'$. Réciproquement, T' étant stable par f, si $x \in \mathfrak{g}'$, le champ de vecteurs sur E défini par x est parallèle à T' en tout point de E'

et par conséquent, x appartient à l'algèbre de Lie de G'. Si $x \in \mathfrak{h}'$, alors, d'après les inclusions (7), $f(x)$ est nul sur T' et induit l'endomorphisme nul dans T/T'. Par suite $\mathfrak{h}'$ est contenu dans l'algèbre de Lie de H'. Si l'algèbre de Lie de H' contient un élément $y \in \mathfrak{g}'$, alors, compte tenu de l'inclusion $f(\mathfrak{g}')N' \subset N'$, on a $f(y)=0$ ce qui entraîne $y=0$ puisque $\boldsymbol{f}$ est une représentation linéaire fidèle de G. Comme $\mathfrak{g}$ est somme directe de $\mathfrak{g}'$ et de $\mathfrak{h}'$, ceci prouve que $\mathfrak{h}'$ est l'algèbre de Lie de H'.

LEMME 3. *L'application ζ de $G' \times H'$ dans G qui transforme (s, t) en $s\,t$ est un isomorphisme du groupe de Lie produit semi-direct de G' et de H' sur le groupe de Lie G.*

Le sous-groupe H' de G étant invariant, G' opère dans H' par restriction des automorphismes intérieurs de G et ζ est un homomorphisme continu du produit semi-direct défini par ces opérations dans le groupe G. Son image est un sous-groupe ouvert de G car $\mathfrak{g}$ est somme de $\mathfrak{g}'$ et de $\mathfrak{h}'$, qui d'après le Lemme précédent sont les algèbres de Lie de G' et de H' respectivement. Puisque G est connexe, ζ est donc surjective. Pour montrer que ζ est injective, il suffit de montrer que $G' \cap H'$ est réduit à l'élément neutre de G. Si $s \in G' \cap H'$, alors s opère trivialement dans l'espace affine E/T' car s opère trivialement dans T/T' et laisse fixe le point E'/T'. Par suite, pour tout point $b \in \Omega$, le sous-espace affine $b+T'$ est stable par s et comme s opère trivialement dans T', la restriction de s à ce sous-espace $b+T'$ est une translation. Comme Ω est un ouvert convexe non dégénéré, il en résulte que $sb=b$ pour tout b dans Ω, c'est à dire que s est l'élément neutre de G. L'homomorphisme ζ étant bijectif continu et ouvert, c'est un isomorphisme de groupes de Lie.

LEMME 4. *Le point $a+e$ de E' est invariant par les opérations de G'. L'intersection $\Omega \cap E'$ est un cône de sommet $a+e$ dans lequel G' opère transitivement.*

Puisque T' est stable par la représentation lineaire $\boldsymbol{f}$ de G dans T, pour tout $s \in G - G'$, on a $sE' \cap E' = \emptyset$. Il en résulte que $\Omega \cap E'$ est une trajectoire de G'. D'autre part, si $x \in \mathfrak{g}$, $\exp(\lambda x)(a+e) = a+e+\lambda\big(q(x) - f(x)e\big) + O(\lambda)$ pour $\lambda \in R$. Si $x \in \mathfrak{g}'$, on a $q(x) = \pi\, q(x) = f(x)\,e$ et par suite $\exp(\lambda x)(a+e) = a+e$ pour tout $\lambda \in R$. Comme G' est connexe d'après le Lemme 3, ceci démontre que $a+e$ est invariant par G'. Toute trajectoire de G' ouverte dans E' est alors un cône de sommet $a+e$. En particulier $\Omega \cap E'$ sera un cône de sommet $a+e$.

2. L'application $\boldsymbol{q}: G \to T$ étant définie comme plus haut par $\boldsymbol{q}(s) = sa - a$, quels que soient $s, t \in G$, on a $\boldsymbol{q}(st) = \boldsymbol{f}(s)\,\boldsymbol{q}(t) + \boldsymbol{q}(s)$. On pose $\boldsymbol{c}(s,t) = \boldsymbol{q}(s) - \boldsymbol{q}(st) + \boldsymbol{q}(t)$ quels que soient $s, t \in H'$. Comme $\boldsymbol{c}(s,t) = \big(\varepsilon - \boldsymbol{f}(s)\big)\,\boldsymbol{q}(t)$ et que $\boldsymbol{f}(s)$ induit l'identité dans T/T', on voit que $\boldsymbol{c}(s,t) \in T'$ quels que soient $s, t \in H'$. D'autre part, H' étant commutatif,

$$\boldsymbol{c}(s,t) = \boldsymbol{c}(t,s) \tag{8}$$

quels que soient $s, t \in H'$. Pour $s, t, t' \in H'$, on a $\boldsymbol{c}(s, tt') = \big(\varepsilon - \boldsymbol{f}(s)\big)\,\boldsymbol{q}(tt') = \big(\varepsilon - \boldsymbol{f}(s)\big)\big(\boldsymbol{f}(t)\,\boldsymbol{q}(t') + \boldsymbol{q}(t)\big) = \boldsymbol{c}(s,t) + \boldsymbol{c}(s,t') - \big(\varepsilon - \boldsymbol{f}(s)\big)\,\boldsymbol{c}(t,t')$; puisque $\boldsymbol{f}(s)$ est l'identité sur T', on obtient

(9) $$\boldsymbol{c}(s, t t') = \boldsymbol{c}(s, t) + \boldsymbol{c}(s, t').$$

Quels que soient $r \in G'$ et $s \in H'$, on a $\boldsymbol{q}(r s r^{-1}) = \boldsymbol{f}(r) \boldsymbol{f}(s) \boldsymbol{q}(r^{-1}) + \boldsymbol{f}(r) \boldsymbol{q}(s) + \boldsymbol{q}(r^{-1})$; puisque $\boldsymbol{q}(r^{-1}) \in T'$, on obtient

(10) $$\boldsymbol{q}(r s r^{-1}) = \boldsymbol{f}(r) \boldsymbol{q}(s).$$

Il en résulte que

(11) $$\boldsymbol{f}(r) \boldsymbol{c}(s, t) = \boldsymbol{c}(r s r^{-1}, r t r^{-1})$$

quels que soient $r \in G'$, $s, t \in H'$.

On définit un homomorphisme continu γ du groupe H' dans le groupe additif T en posant

$$\gamma(s) = \boldsymbol{q}(s) + \tfrac{1}{2} \boldsymbol{c}(s, s)$$

pour tout $s \in H'$.

Lemme 5. *L'homomorphisme γ est un isomorphisme du groupe H' sur le groupe additif N'. Les opérations de H' dans E/T' définissent un isomorphisme de H' sur T/T'.*

L'homomorphisme γ est injectif car, si $\gamma(s) = 0$, alors $\boldsymbol{q}(s) = -\frac{1}{2} \boldsymbol{c}(s, s) \in T'$ et par suite $s \in G' \cap H'$; or $G' \cap H'$ est réduit à l'élément neutre de G (Lemme 3). La différentielle de l'application γ en l'élément neutre de H' est la restriction de q à $\mathfrak{h}'$. Son image étant N' et H' étant connexe d'après le Lemme 3, il en résulte que l'image de γ est N'. Puisque H' opère trivialement dans T/T', il opère par translations dans l'espace affine E/T'. Les opérations de H' dans E/T' définissent donc un homomorphisme de H dans le groupe T/T' des translations de E/T'. Cet homomorphisme associe à un élément $s \in H'$ l'image de $s a - a = \boldsymbol{q}(s)$ dans le quotient T/T'; il est donc composé de γ et de l'homomorphisme canonique de T sur T/T' ce qui prouve que c'est un isomorphisme.

Lemme 6. *Le sous-espace N' de T est stable par les opérations de G'.*

En effet, d'après (10) et (11), on a $\gamma(r s r^{-1}) = \boldsymbol{f}(r) \gamma(s)$ quels que soient $r \in G'$ et $s \in H'$.

On définit une application Φ de $N' \times N'$ dans T' en posant $\Phi(\gamma(s), \gamma(t)) = c(s, t)$ quels que soient $s, t \in H'$. Les relations (8) et (9) montrent que Φ est une *forme bilinéaire symétrique* sur N' à valeurs dans T'. D'après (11), on a

(12) $$\boldsymbol{f}(r) \Phi(u, v) = \Phi(\boldsymbol{f}(r) u, \boldsymbol{f}(r) v)$$

quels que soient $r \in G'$ et $u, v \in N'$.

Lemme 7. *Pour qu'un élément $b + u$ avec $b \in E'$ et $u \in N'$ appartienne à Ω, il faut et il suffit que $b + \frac{1}{2} \Phi(u, u) \in \Omega \cap E'$.*

En effet, il existe un élément $t \in H'$ tel que $\gamma(t) = u$. Puisque $\boldsymbol{q}(t) = u \bmod T'$, on a $t a - b - u \in T'$, donc $t a - b - u = \boldsymbol{f}(t^{-1})(t a - b - u) = a - t^{-1} b - \boldsymbol{f}(t)^{-1} u$ et par conséquent $b + u - \boldsymbol{q}(t) = t^{-1}(b + u)$. On a donc $b + \frac{1}{2} \Phi(u, u) = b + \frac{1}{2} \boldsymbol{c}(t, t) = b + u - \boldsymbol{q}(t) = t^{-1}(b + u)$, ce qui démontre le Lemme.

3. LEMME 8. *Le sous-espace T' est le sous-espace de T engendré par les translations parallèles aux demi-droites contenues dans Ω.*

Puisque $\Omega \cap E'$ est un cône ouvert de E', T' est engendré par des translations parallèles à des demi-droites contenues dans Ω. Inversement, soit w un élément de T différent de 0 parallèle à une demi-droite contenue dans Ω. Puisque $a \in \Omega$, on $a + \lambda w \in \Omega$ pour tout $\lambda \geqq 0$, $\lambda \in R$. Posons $v = \pi(w)$ et $u = w - v \in N$. D'après le Lemme 7, on a $a + \lambda v + \frac{1}{2}\lambda^2 \Phi(u, u) \in \Omega \cap E'$ pour tout $\lambda \geqq 0$. Or on sait (cf. [1], Lemme 4.4) que la fonction $b \to \alpha(b - a)$ admet une borne supérieure lorsque b parcourt Ω. On a donc $\alpha(\Phi(u, u)) \leqq 0$. Or, si $x \in \mathfrak{g}$, $\exp(\lambda x) b = b + (q(x) - f(x)(b - a)) + O(\lambda)$ et il en résulte que $\boldsymbol{c}(\exp(x), \exp(y)) = f(x) q(y)$ quels que soient $x, y \in \mathfrak{h}'$. Par conséquent, si z est l'élément de $\mathfrak{h}'$ tel que $q(z) = u$, on a $q(z) = \gamma(\exp(z))$ et $\langle u, u \rangle = \alpha(f(z) q(z)) = \alpha\, \boldsymbol{c}(\exp(z), \exp(z)) = \alpha(\Phi(u, u)) \leqq 0$, ce qui implique $u = 0$ et montre donc que $w \in T'$.

DÉMONSTRATION DES THÉORÈMES I, II et III. D'après le Lemme 8, on a $T^0 = T'$. Il en résulte que $H^0 = H'$. Le Théorème I est donc conséquence des Lemmes 3 et 5. D'après le Lemme 5, G opère transitivement dans l'espace E/T'. Toute trajectoire E^0 de $T' = T^0$ contient donc un point de Ω. En supposant $a \in E^0$, on a alors $E' = E^0$ et le Théorème II résulte alors du Lemme 4. Avec le même choix de a, et pour $N^0 = N'$, les assertions du Théorème III se ramènent aux Lemmes 6, 7 et à la formule (12).

Bibliographie

[1] KOSZUL, J. L.: Domaines bornés homogènes et orbites de groupes de transformations affines. Bull. Soc. math. France **89**, 515—533 (1961).

[2] PJATECKIJ-ŠAPIRO, I. I.: Géométrie des domaines homogènes et théorie des fonctions automorphes: solution d'un problème de E. Cartan (en russe). Uspekhi mat. Nauk **14**, 190—192 (1959).

Département de Mathématiques de l'Université, Strasbourg (France)

(Manuscrit reçu le 3 Mars, 1962)

Druck der Universitätsdruckerei H. Stürtz AG., Würzburg

Ann. Inst. Fourier, Grenoble
14, 1 (1964), 21-30.

PROPRIÉTÉS DE STABILITÉ DES LOIS D'OPÉRATION PROPRES

par **J. L. KOSZUL** (Strasbourg).

Soient X un espace topologique séparé et G un groupe localement compact. Une loi d'opération continue $m: G \times X \rightarrow X$ de G dans X est dite *propre* lorsque, pout tout couple de points $x, y \in E$, il existe un voisinage U de x et un voisinage V de y tels que l'ensemble des $s \in G$ pour lesquels $m(s, U) \cap V \neq \emptyset$ soit relativement compact dans G [2]. Si X est localement compact, métrisable et paracompact, pour qu'une loi d'opération continue de G dans X soit propre, il est nécessaire qu'elle laisse invariante une métrique compatible avec la topologie de X [4 bis]. Cette condition nécessaire n'est pas suffisante. On démontrera dans cet article que, moyennant certaines hypothèses sur X (vérifiées lorsque X est une variété connexe dont le groupe fondamental est engendré par un nombre fini d'éléments), si m^0 est une loi d'opération propre de G dans X telle que le quotient de X par m^0 soit compact, alors toute loi d'opération m assez voisine de m^0 et laissant invariante une métrique compatible avec la topologie de X est encore une loi propre et le quotient de X par m est compact. Ce résultat généralise un théorème de A. Weil sur la déformation des sous-groupes discrets d'un groupe de Lie [5]. Sa démonstration repose sur un « Critère de propreté » obtenu en aménageant la construction utilisée par divers auteurs pour obtenir une présentation finie de certains groupes discrets opérant proprement dans un espace (Coxeter [3], Gerstenhaber [4], Behr [1]). Une forme simplifiée et affaiblie de ce Critère suffirait dans les questions de stabilité auxquelles on s'intéresse ici. On a cependant voulu le donner avec des hypothèses assez générales pour qu'il soit directement applicable en d'autres circonstances, par exemple dans le cas des groupes définis par des polygones Fuchsiens qui, d'après un théorème classique de Poincaré, sont des groupes discrets opérant proprement dans le demi-plan.

1. Parties adaptées.

Soit G un groupe topologique opérant continuement à gauche dans un espace topologique X et soit A une partie de X. On dira qu'une partie S de G est *adaptée* à A si elle vérifie les conditions suivantes :

1) S *contient l'élément neutre e de* G.

2) *Si* $s, s' \in S$ *et si* $A \cap sA \cap s'A \neq \emptyset$, *alors* $s^{-1}s' \in S$.

Lorsque S est adaptée à une partie A de X, pour tout $s \in S$ tel que $A \cap sA \neq \emptyset$, on a $s^{-1} \in S$. D'autre part, l'ensemble des couples $((t, a), (t', a'))$ de $(G \times A)^2$ tels que $ta = t'a'$ et $t^{-1}t' \in S$ constitue une relation d'équivalence dans $G \times A$.

Dans la suite du N°, on supposera que S est une partie de G adaptée à A et on notera Y l'espace quotient de $G \times A$ par la relation d'équivalence que définit S. L'application canonique de $G \times A$ sur le quotient Y sera notée q. L'application continue $(t, a) \to ta$ de $G \times A$ dans X se factorise en $f \circ q$ où f est une application continue de Y dans X ayant pour image GA.

Lemme 1. — *Si* A *est connexe et si* G *est engendré par les éléments* $s \in S$ *tels que* $A \cap sA \neq \emptyset$, *alors* Y *est connexe.*

Soit en effet S' le sous-ensemble de S constitué par les éléments $s \in S$ tels que $A \cap sA \neq \emptyset$. Si L est une partie de G telle que $q(L, A)$ soit connexe, alors, pour tout $t \in L$ et tout $s \in S'$, $q(L, A) \cup q(st, A)$ est connexe car c'est la réunion de deux parties connexes ayant un point commun. Il en résulte que $q(LS', A)$ est connexe. On en déduit que $q(S'^p, A)$ est connexe pour tout entier $p > 0$. Puisque G est engendré par S' et que $S' = (S')^{-1}$, ceci prouve que Y est connexe.

Lemme 2. — *On suppose que* X *est un espace métrique connexe, que* S *est un voisinage de l'élément neutre e de* G *et que* G *opère isométriquement dans* X. *S'il existe un nombre* $\rho > 0$ *tel que pour tout* $a \in A$, *la boule ouverte de centre a de rayon* ρ *soit contenue dans un* sA *avec* $s \in$ S, *alors* $\overline{\mathrm{G}\mathring{\mathrm{A}}} = \mathrm{X}$ *et* f: Y $\to$ X *est un revêtement de* X.

Soit d la distance sur X invariante par G. Si $x \in \overline{\mathrm{G}\mathring{\mathrm{A}}}$, il existe un point $a \in \mathring{\mathrm{A}}$ et un élément $t \in$ G tels que $d(x, ta) < \rho$ et $d(t^{-1}x, \mathrm{A}) \leqslant d(t^{-1}x, a) < \rho$. On a donc $t^{-1}x \in \mathrm{S}\mathring{\mathrm{A}}$, et $x \in \mathrm{G}\mathring{\mathrm{A}}$ ce qui prouve que $\mathrm{G}\mathring{\mathrm{A}}$ est fermé. Puisque X est connexe, on a donc $\mathrm{G}\mathring{\mathrm{A}} = \mathrm{X}$. Démontrons maintenant la seconde assertion. On commencera par établir que l'application f: Y $\to$ X est *ouverte*. Soit $\mathcal{O}$ un ouvert de G $\times$ A saturé par la relation d'équivalence définie par S et soit $(t, a) \in \mathcal{O}$. Si s est un élément de S tel que sA soit voisinage de a, alors (t, a) est équivalent à $(ts, s^{-1}a)$ qui appartient donc à $\mathcal{O}$. Puisque $\mathcal{O}$ est ouvert, il existe un voisinage V de $s^{-1}a$ contenu dans A tel que $(ts, \mathrm{V}) \subset \mathcal{O}$. Par suite $f(q(\mathcal{O})) \supset ts\mathrm{V}$ qui est un voisinage de $ta = f(q(t, a))$. Donc $f(q(\mathcal{O}))$ est un ouvert de X, ce qui prouve que f est ouverte. Montrons maintenant que f est *localement injective*. Soit $q(t, a)$ un point de Y. On peut supposer a intérieur à A. Soit U un voisinage ouvert de t dans G tel que $\mathrm{U}^{-1}\mathrm{U} \subset \mathrm{S}$. Le saturé de $\mathrm{U} \times \mathring{\mathrm{A}}$ pour la relation d'équivalence définie par S est la réunion des $\mathrm{U}s \times (s^{-1}\mathring{\mathrm{A}}) \cap \mathrm{A}$ où $s \in$ S et c'est par conséquent un ouvert de G $\times$ A. Par suite $q(\mathrm{U} \times \mathring{\mathrm{A}})$ est un voisinage ouvert de $q(t, a)$. Si $(t', a') \in \mathrm{U} \times \mathring{\mathrm{A}}$, $(t'', a'') \in \mathrm{U} \times \mathring{\mathrm{A}}$ et si $t'a' = t''a''$, alors $t^{-1\prime}t'' \in \mathrm{U}^{-1}\mathrm{U} \subset \mathrm{S}$, donc $q(t', a') = q(t'', a'')$, ce qui montre que f est injective sur $q(\mathrm{U} \times \mathring{\mathrm{A}})$. Montrons maintenant que f: Y $\to$ X est un *revêtement*. Soient x un point de X et B la boule ouverte de centre x de rayon $\rho/2$. Soit N l'ensemble des éléments $t \in$ G tels que $t\mathrm{A} \supset \mathrm{B}$. Pour tout $t \in$ N, notons σ_t l'application continue de B dans Y définie par $\sigma_t(z) = q(t, t^{-1}z)$. Il est clair que $f \circ \sigma_t$ est l'identité sur B. Si $t, t' \in$ N et si les images de σ_t et de $\sigma_{t'}$, ne sont pas disjointes, il existe un point $z^0 \in$ B tel que $q(t, t^{-1}z^0) = q(t', (t')^{-1}z^0)$. Ceci entraîne $t^{-1}t' \in$ S et par suite, $\sigma_t(z) = \sigma_{t'}(z)$ pour tout $z \in$ B. Montrons enfin que $f^{-1}(\mathrm{B})$ est réunion des $\sigma_t(\mathrm{B})$ pour $t \in$ N. Soit $q(r, a)$ un point de $f^{-1}(\mathrm{B})$. Soit s un élément de S tel que sA contienne la boule ouverte de centre a de rayon ρ. La boule de centre ra de rayon ρ est contenue dans rsA. Comme $ra \in$ B, on a $\mathrm{B} \subset rs\mathrm{A}$, donc $rs \in$ N et $\sigma_{rs}(ra) = q(rs, s^{-1}a) = q(r, a)$, ce qui achève la démonstration.

2. Critère de propreté.

Théorème 1. — *Soient* G *un groupe localement compact opérant continuement et isométriquement dans un espace métrique connexe et simplement connexe* X. *Soient* A *une partie connexe de* X *et* S *un voisinage de l'élément neutre dans* G *adapté à* A. *On suppose que* G *est engendré par les éléments* $s \in S$ *tels que* $sA \cap A \neq \emptyset$ *et qu'il existe un nombre* $\rho > 0$ *tel que, pour tout* $a \in A$, *la boule ouverte de centre* a *de rayon* ρ *soit contenue dans l'un des* sA *avec* $s \in S$. *Dans ces conditions, si* $t \in G$ *et si* $tA \cap A \neq \emptyset$, *alors* $t \in S$. *Si* S *est relativement compact, alors* G *opère proprement dans* X.

Soit en effet Y le quotient de l'espace $G \times A$ par la relation d'équivalence que définit S et soit f l'application continue de Y dans X introduite au n° 1. Il résulte du Lemme 1 que Y est connexe. Le lemme 2 montre que $f\colon Y \to X$ est un revêtement de X. Puisque X est simplement connexe, f est donc bijective. Si q désigne l'application canonique de $G \times A$ sur Y et si (t, a) est un élément de $G \times A$ tel que $ta \in A$, alors

$$f(q(t, a)) = f(q(e, ta)),$$

donc $q(t, a) = q(e, ta)$, ce qui signifie que $t \in S$ et démontre la première assertion. Soient maintenant x, x' deux éléments de X. Il existe des éléments $r, r' \in G$ tels que rA et $r'A$ soient respectivement des voisinages de x et de x'. Si L désigne l'ensemble des éléments $t \in G$ tels que $(tr'A) \cap (rA) \neq \emptyset$, on a $r^{-1}Lr \in S$, donc L est relativement compact si S l'est; en ce cas, G opère donc proprement.

Corollaire. — *Soit* G *un groupe discret opérant isométriquement dans un espace métrique connexe, localement connexe et simplement connexe* X. *Soient* A *un compact connexe de* X *et* S *une partie finie de* G *adaptée à* A. *On suppose que* SA *est un voisinage de* A *et que* G *est engendré par les éléments* $s \in S$ *tels que* $sA \cap A \neq \emptyset$. *Alors* G *opère proprement dans* X, *le quotient de* X *par* G *est compact et tout élément* $t \in G$ *tel que* $tA \cap A \neq \emptyset$ *appartient à* S.

En effet, A étant compact et S étant fini, S est adaptée à un voisinage V de A. Par suite, S est adaptée au voisinage relativement compact B de A égal à la composante connexe de A dans $V \cap SA$. Puisque $A \subset B$, le groupe G est engendré par les éléments $s \in S$ tels que $sB \cap B \neq \emptyset$. Soit ρ un nombre > 0 tel que B contienne tous les points de X dont la distance à A est $< \rho$. Pour tout $b \in B$, il existe un $s \in S$ tel que $s^{-1}b \in A$, donc tel que sB contienne la boule ouverte de centre b de rayon ρ.

Le corollaire s'obtient alors en appliquant le Théorème à la partie B de X et à la partie S de G qui lui est adaptée.

3. Stabilité.

Soient G un groupe topologique et X un espace topologique. Dans l'ensemble des applications continues de $G \times X$ dans X, la topologie de la convergence compacte induit une topologie sur l'ensemble M(G, X) des lois d'opération continues de G dans X. Par *voisinage* d'une loi $m^0 \in M(G, X)$, on entendra dans la suite un voisinage de m^0 dans M(G, X) pour cette topologie. L'espace des trajectoires de G dans X pour la loi m^0 sera noté X/m^0.

Théorème 2. — *Soient* G *un groupe topologique localement compact et* X *un espace topologique localement compact, connexe et localement connexe. On suppose qu'il existe un compact* K *de* X *tel que tout revêtement connexe de* X *admettant une section sur* K *soit trivial. Soit m^0 une loi d'opération propre de* G *dans* X *telle que X/m^0 soit compact et soit* C *un compact de* X *tel que* $m^0(G, C) = X$. *Pour tout voisinage compact connexe* A *de* C, *il existe un voisinage relativement compact* S *de e dans* G *et un voisinage* W *de m^0 dans* M(G, X) *tels que, si $m \in W$ et si m laisse invariante une métrique compatible avec la topologie de* X:

1) $m(G, \mathring{A}) = X$

2) *si* $t \in G$ *et si* $m(t, A) \cap A \neq \emptyset$, *alors* $t \in S$.

Soient en effet A un voisinage compact connexe de C et B un voisinage ouvert relativement compact de A. Puisque m^0 est propre, l'ensemble S des éléments $s \in G$ tels que $m^0(s, B) \cap B \neq \emptyset$ est un voisinage ouvert relativement compact de l'élément neutre $e \in G$. Le voisinage W de m^0 va s'obtenir comme intersection de voisinages $W_i (i = 1, 2, 3, 4, 5)$, obtenus comme suit :

Il existe un voisinage W_1 *de* m^0 *dans* $M(G, X)$ *tel que, pour toute loi* $m \in W_1$, S *soit adaptée à* A. L'ensemble $L = \overline{S^2} - S$ est un compact de G et $m^0(L, A) \cap A = \emptyset$ puisque

$$m^0(L, B) \cap B = \emptyset.$$

Soit W_1 le voisinage de m^0 constitué par les lois d'opération m telles que $m(L, A) \cap A = \emptyset$. Si $m \in W_1$ et si

$$A \cap m(s, A) \cap m(s', A) \neq \emptyset,$$

avec $s, s' \in S$, alors $m(s^{-1} s', A) \cap A \neq \emptyset$, donc $s^{-1}s' \in \overline{S^2} - L = S$, autrement dit, S est adaptée à A pour la loi m.

Il existe un voisinage W_2 *de* m^0 *dans* $M(G, X)$ *tel que, pour toute loi* $m \in W_2$, G *soit engendré par l'ensemble des éléments* $s \in S$ *tels que* $m(s, A) \cap A \neq \emptyset$. Soient en effet C' un voisinage compact de C contenu dans $\mathring{A}$ et T l'ensemble compact des éléments $s \in G$ tels que $m^0(s, C) \cap C' \neq \emptyset$. Soit G' le sous-groupe de G engendré par T. Puisque $m^0(G, C) \supset C'$, on a $m^0(T, C) \supset C'$ ce qui entraîne que $m^0(G', C)$ est ouvert. Si $r \in G$ et si $m^0(r, C') \cap m^0(G', C) \neq \emptyset$, alors $r \in G'$. Comme $X = m^0(G, C)$, il en résulte que $m^0(G', C)$ est fermé. L'espace X étant connexe, on a $X = m^0(G', C)$. Pour tout $t \in G$, il existe un $t' \in G'$ tel que $m^0(t, C') \cap m^0(t', C) \neq \emptyset$ ce qui entraîne $t^{-1}t' \in T$, donc $t \in G'$. Ainsi $G = G'$. Pour tout $t \in T$, soit $c(t)$ un élément de C tel que $m^0(t, c(t)) \in C'$ et soit $V(t)$ un voisinage compact de t dans G tel que $m^0(V(t), c(t)) \subset \mathring{A}$. Il existe une partie finie $T^* \subset T$ telle que $T = \bigcup_{t \in T^*} V(t)$. Soit W_t le voisinage de m^0 constitué par les lois m telles que $m(V(t), c(t)) \subset \mathring{A}$. Si $W_2 = \bigcap_{t \in T^*} W_t$, alors, pour tout $r \in T$, il existe un $t \in T^*$ tel que $m^0(r, c(t)) \in \mathring{A}$ et par suite $m(r, A) \cap A \neq \emptyset$ quel que soit $m \in W_2$. Puisque $T \subset S$ et que G est engendré par T, on voit que si $m \in W_2$, G est engendré par les éléments $s \in S$ tels que $m(s, A) \cap A \neq \emptyset$.

Il existe un voisinage W_3 *de* m^0 *tel que, pour toute loi* $m \in W_3$, $m(S, \mathring{A})$ *soit un voisinage de* A. En effet, puisque $m^0(S, C) \supset A$ et que $\mathring{A}$ est un voisinage de C, cela résulte facilement de la compacité de A.

Puisque $m^0(\mathrm{G}, \mathrm{C}) = \mathrm{X}$, il existe un compact R dans G contenant S et tel que $m^0(\mathrm{R}, \mathrm{C}) \supset \mathrm{K}$. Puisque $\mathring{\mathrm{A}}$ est un voisinage de C et que K est compact, *il existe donc un voisinage* W_4 *de* m^0 *dans* $\mathrm{M}(\mathrm{G}, \mathrm{X})$ *tel que* $m(\mathrm{R}, \mathring{\mathrm{A}}) \supset \mathrm{K}$ *pour toute loi* $m \in \mathrm{W}_4$. L'ensemble $\mathrm{R}^{-1}\mathrm{R} - \mathrm{S}$ est compact et $m^0(\mathrm{R}^{-1}\mathrm{R} - \mathrm{S}, \mathrm{A}) \cap \mathrm{A} \neq \varnothing$. Par conséquent *il existe un voisinage* W_5 *de* m^0 *dans* $\mathrm{M}(\mathrm{G}, \mathrm{X})$ *tel que, pour toute loi* $m \in \mathrm{W}_5$, *on ait* $m(\mathrm{R}^{-1}\mathrm{R} - \mathrm{S}, \mathrm{A}) \cap \mathrm{A} = \varnothing$.

Soit alors W l'intersection des voisinages W_i $(i = 1,2,3,4,5)$ et soit m une loi appartenant à W. Puisque $m \in \mathrm{W}_1$, S est adaptée à A pour la loi m et les couples

$$((t, a), (t', a')) \in (\mathrm{G} \times \mathrm{A})^2$$

tels que $m(t, a) = m(t', a')$ et $t^{-1}t \in \mathrm{S}$ constituent une relation d'équivalence dans $\mathrm{G} \times \mathrm{A}$. L'espace quotient de $\mathrm{G} \times \mathrm{A}$ par cette relation d'équivalence sera noté Y_m et q_m désignera l'application canonique de $\mathrm{G} \times \mathrm{A}$ sur Y_m. Puisque $m \in \mathrm{W}_2$, G est engendré par les éléments $s \in \mathrm{S}$ tels que $m(s, \mathrm{A}) \cap \mathrm{A} \neq 0$. D'après le Lemme 2, ceci entraîne que Y_m est connexe. Puisque $m \in \mathrm{W}_3$, on a $m(\mathrm{S}, \mathring{\mathrm{A}}) \supset \mathrm{A}$. Supposons désormais que m laisse invariante une métrique compatible avec la topologie de X. Puisque A est compact il existe alors un nombre $\rho > 0$ tel que, pour cette métrique, toute boule ouverte de centre appartenant à A et de rayon ρ soit contenue dans une partie $m(s, \mathrm{A})$ avec $s \in \mathrm{S}$. D'après le lemme 2, ceci montre que $m(\mathrm{G}, \mathring{\mathrm{A}}) = \mathrm{X}$ (première assertion du théorème) et que l'application f_m de Y_m sur X qui se déduit de l'application $(t, a) \to m(t, a)$ par factorisation est un revêtement de X. Soient (r, a) et (r', a') deux éléments de $\mathrm{R} \times \mathring{\mathrm{A}}$ tels que $m(r, a) = m(r', a')$. On a $m(r^{-1}r', \mathrm{A}) \cap \mathrm{A} \neq \varnothing$ et puisque $m \in \mathrm{W}_5$, ceci entraîne que $r^{-1}r' \in \mathrm{S}$. Il en résulte que

$$q_m(r, a) = q_m(r', a')$$

ce qui signifie que la restriction de f_m à $q_m(\mathrm{R}, \mathring{\mathrm{A}})$ est injective. Il existe donc une section continue du revêtement $f_m : \mathrm{Y}_m \to \mathrm{X}$ définie sur $m(\mathrm{R}, \mathring{\mathrm{A}})$ et ayant pour image $q_m(\mathrm{R}, \mathring{\mathrm{A}})$. Puisque $m \in \mathrm{W}_4$, cette section est définie sur K et le revêtement $f_m : \mathrm{Y}_m \to \mathrm{X}$ est donc trivial. La deuxième assertion du Théorème s'obtient alors en exprimant que f_m est injective.

THÉORÈME 3. — *Les hypothèses étant celles du Théorème 2, il existe un voisinage* W *de* m^0 *dans* M(G, X) *tel que si* $m \in$ W *et si m laisse invariante une métrique compatible avec la topologie de* X, *alors m est propre et* X/*m est compact.*

En effet, X étant localement compact, connexe et localement connexe, il existe un voisinage compact connexe A de C. Il résulte immédiatement du théorème que toute loi $m \in$ W est une loi d'opération propre. Puisque *m* est propre, l'espace X/*m* est séparé. Chaque trajectoire rencontrant le compact A, X/*m* est compact.

Remarque. — Dans la pratique, l'hypothèse mettant en jeu les revêtements de X se trouvera vérifiée lorsque X est localement connexe par arcs et que son groupe fondamental est engendré par un nombre fini d'éléments.

Les conclusions du Théorème 2 sont plus fortes que celles du théorème 1. Elles peuvent s'énoncer en termes de propreté de la manière suivante (comparer avec l'Appendice I de [6]). Soit M' l'ensemble des lois $m \in$ M(G, X) qui laissent invariante une métrique compatible avec la topologie de X. D'après le Théorème 3, les lois $m \in$ M' qui sont propres et telles que X/*m* soit compact constituent un ouvert N de M'. On définit une loi d'opération continue de G dans l'espace produit N × X en posant $t(m, x) = (m, m(t, x))$ quels que soient $t \in$ G et $(m, x) \in$ N × X. Il résulte facilement du Théorème 2 que cette loi d'opération est *propre.*

Supposons que X soit une variété différentiable connexe dont le groupe fondamental est engendré par un nombre fini d'éléments. Soient G un groupe de Lie et *m* une famille différentiable à un paramètre de lois d'opération de G dans X. Plus précisément on supposera que *m* est une application différentiable de **R** × G × X dans X telle que, pour tout $\theta \in$ **R**, $(s, x) \rightarrow m_\theta(s, x) = m(\theta, s, x)$ soit une loi d'opération de G dans X laissant invariante une métrique compatible avec la topologie de X. Supposons que pour un $\theta^0 \in$ **R** la loi m_{θ^0} soit propre et le quotient X/m_{θ^0} soit compact. Le Théorème 2 montre qu'il existe un voisinage ouvert I de θ^0 dans **R** tel que la loi $\tilde{m}$ de G dans I × X définie par $\tilde{m}(t, \theta, x) = (\theta, m_\theta(t, x))$ soit propre. On en déduit l'existence d'un champ de vecteurs P sur I × X invariant par $\tilde{m}$ et dont la projection sur I est le champ $d/d\theta$. Comme dans [6], par intégration de ce champ, on obtient pour θ assez voisin de θ^0 un automorphisme différentiable a_θ de X tel que $m_\theta(t, x) = a_\theta^{-1} m_{\theta^0}(t, a_\theta(x))$ quel que soit $(t, x) \in G \times X$. En d'autres termes, pour θ assez voisin de θ, m_θ est conjuguée de m_{θ^0}.

BIBLIOGRAPHIE

[1] H. Behr, Uber die endliche Definierbarkeit von Gruppen, *Crelles Journal*, 211, (1962), 116-122.

[2] N. Bourbaki, *Topologie Générale*, Chap. 3, 3e édition, § 4.

[3] H. Coxeter, *Regular Polytopes*, Methen et Co, Londres, 1948. § 5, 3.

[4] M. Gerstenhaber, On the algebraic structure of discontinuous groups, *Proc. Amer. Math. Soc.* 4 (1953), 745-750.

[4 bis] R. Palais, On the existence of slices for action of non compact Lie groups, *Ann. of Math.* 73 (1961), 295-323.

[5] A. Weil, On discrete subgroups of Lie Groups I, *Ann. of Math.* 72 (1960), 369-384.

[6] A. Weil, On discrete subgroups of Lie Groups II, *Ann. of Math.* 75 (1962), 578-602.

Koszul, J. L.
Osaka J. Math.
2 (1965), 285–290

VARIÉTÉS LOCALEMENT PLATES ET CONVEXITÉ

JEAN LOUIS KOSZUL

(Reçu le 20 Août, 1965)

Soient E un espace affine réel de dimension n et x_i $(i=1, 2, \cdots, n)$ des coordonnées linéaires sur E. Soit Ω un ouvert homogène de E, c'est à dire un ouvert sur lequel un sous-groupe G du groupe de transformations bijectives affines de E opère transitivement. Si il existe sur Ω une forme différentielle fermée $\alpha=\sum_i a_i dx_i$ invariante par G et telle que la forme $\sum_{i,j} \frac{da_i}{dx_j} dx_i dx_j$ soit définie positive en tout point de Ω alors Ω est un convexe de E ne contenant pas de droite. La démonstration de ce résultat utilise essentiellement le fait qu'une primitive de α tend vers $+\infty$ aux points frontières de Ω. Cette propriété de α est démontrée dans [2] en observant que, par suite de l'invariance de α par G, les coefficients a_i sont des fractions rationnelles en les x_i. On se propose dans cet article de montrer que le comportment des primitives de α aux points frontière de Ω peut s'étudier avec des hypotèses beaucoup moins restrictives qui sont vérifiées par exemple lorsque, Ω n'étant plus homogène, un sous-groupe G' du groupe des transformations affines de E opère dans Ω de telle sorte que $G'\backslash\Omega$ soit quasi-compact. Il existe des rapports étroits entre cette étude et certains résultats de Kobayashi sur le volume de Bergmann der variétes complexes [1]. On obtient ainsi une généralisation du théorème cité plus haut et on en déduit une caractérisation des variétés munies d'une connexion linéaire de courbure et de torsion nulles dont le revêtement universel est isomorphe à un ouvert convexe ne contenant pas de droite dans un espace affine.

1. Soit M une variété différentiable connexe munie d'une connexion linéaire de torsion nulle. On notera D la dérivation covariante définie par cette connexion. Soient TM la variété des vecteurs de M et $\mathcal{E}$ l'ouvert de TM domaine de définition de l'application exponentielle. Pour tout $y\in TM$ soit $\lambda(y)$ la borne supérieure, finie ou infinie, des $t\in \mathrm{R}$ tels que $ty\in\mathcal{E}$. On notera $I(y)$ l'intervalle ouvert $]-\lambda(-y), \lambda(y)[$ de $\boldsymbol{R}$. On désignera par P le champ de vecteurs canonique sur $\boldsymbol{R}$, c'est à dire le champ tel que la dérivation par rapport à P soit $\frac{d}{dt}$. Soit $\varphi_y(t)=\exp(ty)$ $(t\in I(y))$ la géodésique de M définie par le vecteur y. On posera $\varphi'_y=\varphi_y^T\circ P$, φ_y^T étant l'application tangente à φ_y. Soit α une forme différentielle fermée de degré 1 sur M. Puisque la torsion est nulle, la différentielle covariante $D\alpha$ est une forme symétrique. Pour tout $y\in TM$ et tout $t\in I(y)$, on a:

$$(P\cdot(\alpha\circ\varphi'_y))(t) = (D\alpha)(\varphi'_y(t), \varphi'_y(t)).$$

On posera

$$g_y(t) = \int_0^t \alpha(\varphi'_y(u))\,du$$

pour tout $y\in TM$ et tout $t\in I(y)$. Si $D\alpha$ est définie positive en tout point de M, la dérivée seconde de g_y est ≥ 0 en tout point de $I(y)$. Elle ne peut s'annuler que si $y=0$.

Lemme 1. *Soient M une variété différentiable connexe munie d'une connexion linéaire de torsion nulle, α une forme différentielle fermée de degré 1 sur M et G un groupe d'automorphismes différentiables de M vérifiant les conditions suivantes:*

1) *la connexion linéaire est invariante par G,*
2) *la forme α est invariance par G,*
3) *$G\backslash M$ est quasi-compact.*

Dans ces conditions, si la différentielle covariante de α est définie positive en tout point de M, pour tout $y\in TM$ tel que $\lambda(y)<\infty$, $\int_0^u \alpha(\varphi'_y(t))dt$ tend vers $+\infty$ lorsque u tend vers $\lambda(y)$.

Il résulte des conditions 1) et 2) que $D\alpha$ est une structure riemannienne sur M invariante par G. Compte tenu de 3), il existe un compact $K\subset M$ tel que $GK=M$. Considérée comme variété riemannienne, M est donc complète. Pour tout $y\in TM$, on notera $||y||$ la longueur $\sqrt{(D\alpha)(y,y)}$ de y. L'ouvert $\mathscr{E}$ étant un voisinage de la section nulle de TM, il existe un nombre $\varepsilon>0$ tel que tout vecteur de longueur $\leq\varepsilon$ dont l'origine appartient à K appartienne à $\mathscr{E}$. Puisque la connexion linéaire est invariante par G et que $GK=M$, tout vecteur de longueur $\leq\varepsilon$ appartient à $\mathscr{E}$. La fonction $y\rightarrow g_y(1)=\int_0^1 \alpha(\varphi'_y(t))dt$ est une fonction continue sur $\mathscr{E}$, invariante par les opérations de G dans TM. Soit A l'ensemble des vecteurs y tels que $||y||=\varepsilon$ et $\alpha(y)\leq 0$. C'est une partie fermée de TM stable par les opérations de G et le sous-ensemble A_K constitué par les éléments de A dont l'origine appartient à K est un compact tel que

$GA_K=A$. Pour tout $y\in A$, on a $\alpha(\varphi_y'(t))>0$ quel que soit $t\in]0,1]$. Par suite $g_y(1)>0$. La borne inférieure r de $g_y(1)$ sur A_K est donc >0 et $g_y(1)\geq r$ quel que soit $y\in A$. Supposons maintenant que y soit un élément de TM tel que $\lambda(y)<\infty$. La longueur de l'arc $\varphi_y(t)$ $(0\leq t<\lambda(y))$ est alors infinie. En effet, dans le cas contraire, puisque M est une variété riemannienne complete, $\varphi_y(t)$ aurait une limite lorsque $t\to\lambda(y)$ et $\lambda(y)$ ne serait pas la borne supérieure des $t\in \boldsymbol{R}$ tels que $ty\in\mathscr{E}$. On va en déduire que $(P\cdot g_y)(t)=\alpha(\varphi_y'(t))\to+\infty$ lorsque $t\to\lambda(y)$. Pour tout $t\in I(y)$, soit en effet $f(t)=\operatorname{Sup}((P^2\cdot g_y)(t),1)$. On a $f_y(t)\geq\sqrt{f_y(t)}\geq \sqrt{(P^2\cdot g_y)(t)}=||\varphi_y'(t)||$ donc $(P^2\cdot g_y)(t)\geq||\varphi_y'(t)||-1$ quel que soit $t\in I(y)$. Il en résulte que $(P\cdot g_y)(t)-(P\cdot g_y)(0)\geq\int_0^t||\varphi_y'(u)||du-t$, donc que $(P\cdot g_y)(t)\to+\infty$ lorsque $t\to\lambda(y)$. Il existe donc des éléments $t\in I(y)$ tels que $\alpha(\varphi_y'(t))>0$. Si $t^0\in I(y)$ vérifie cette condition, alors $\alpha(\varphi_y'(t))>0$ pour $t^0\leq t<\lambda(y)$. D'autre part, si $z=\varphi_y'(t^0)$, alors $\varepsilon\frac{z}{||z||}\in A$. Puisque $A\subset\mathscr{E}$, on a $t^0+\frac{\varepsilon}{||z||}\in I(y)$ et

$$\varphi_z(t)=\exp(tz)=\exp((t^0+t)y)=\varphi_y(t^0+t)$$

pour $0\leq t\leq\frac{\varepsilon}{||z||}$. Il en résulte que

$$\begin{aligned}g_y\left(t^0+\frac{\varepsilon}{||z||}\right)&=g_y(t^0)+\int_0^{\varepsilon/||z||}\alpha(\varphi_z'(u))du\\&=g_y(t^0)+g_{(\varepsilon z)/||z||}(1)\geq g_y(t^0)+r\,.\end{aligned}$$

Ceci montre que $g_y(t)\to+\infty$ lorsque $t\to\lambda(y)$.

Lemme 2. *Les hypothèses étant celles du Lemme* 1, *si* $y\in TM$ *n'est pas un vecteur nul et si* $\alpha(y)\geq 0$, *alors* $\lambda(y)<\infty$.

On utilisera dans la démonstration des notations introduites dans la démonstration du Lemme 1. La fonction $z\to\alpha(\varphi_z'(1))$ est une fonction continue sur $\mathscr{E}$ et >0 en tout point de A. Pour tout $z\in A$, on a $\alpha(z)<\alpha(\varphi_z'(1))$. Les fonctions $\alpha(z)$ et $\alpha(\varphi_z'(1))$ étant invariantes par G, il existe un nombre $M<1$ tel que $\alpha(z)\leq M\alpha(\varphi_z'(1))$ pour tout $z\in A$. Cela étant on définit par récurrence une suite $t_0=0<t_1\cdots t_i<t_{i+1}\cdots$ en passant de t_i à t_{i+1} par la condition $(t_{i+1}-t_i)||\varphi_y'(t_i)||=\varepsilon$. Ceci est possible parceque $y\neq 0$ et parceque $(t_{i+1}-t_i)\varphi_y'(t_i)\in\mathscr{E}$ entraîne que $t_{i+1}\in I(y)$ lorsque $t_i\in I(y)$. Pour tout $i>0$, le vecteur $z_i=(t_{i+1}-t_i)\varphi_y'(t_i)$ appartient à A et $\varphi_{z_i}'(1)=(t_{i+1}-t_i)\varphi_y'(t_{i+1})$. On a donc $\alpha(\varphi_y'(t_i))\leq M\alpha(\varphi_y'(t_{i+1}))$. D'autre part, puisque $\alpha(\varphi_y'(t))$ est une fonction croissante sur l'intervalle $I(y)$, on a

$$(t_{i+1}-t_i)\alpha(\varphi_y'(t_i))\leq\int_{t_i}^{t_{i+1}}\alpha(\varphi_y'(t))dt=\int_0^1\alpha(\varphi_{z_i}'(t))dt=g_{z_i}(1)\,.$$

Or la fonction $z \to g_z(1)$ admet sur A une borne supérieure r'. Posons $a_i = \alpha(\varphi_y'(t_i))$ pour tout $i > 0$. On a $(t_{i+1} - t_i)a_i \leq r'$ et $a_i \leq Ma_{i+1}$ pour tout i. Il en résulte que $t_{i+1} - t_1 \leq \frac{r'}{a_1}(1-M)^{-1}$. Puisque $t_1 \|y\| = \varepsilon$ et que $(t_1 - t_0)a_1 = t_1 a_1 \geq g_{\varepsilon y/\|y\|}(1) \geq r$, on obtient finalement

$$t_{i+1} \leq \left(1 + \frac{r'}{r}(1-M)^{-1}\right) \frac{\varepsilon}{\|y\|}.$$

Lorsque $i \to \infty$, $g_y(t_i) \to +\infty$ car $g_y(t_{i+1}) - g_y(t_i) = g_{z_i}(1) \geq r$ pour tout $i > 0$. Ceci prouve que $t_i \to \lambda(y)$ lorsque $i \to \infty$ et montre que $\lambda(y) \leq \left(1 + \frac{r'}{r}(1-M)^{-1}\right) \frac{\varepsilon}{\|y\|}$.

2. Dans ce qui suit, on appliquera les Lemmes du Numéro précédent aux variétés *localement plates*, c'est à dire aux variétés différentiables munies d'une connexion linéaire de courbure et de torsion nulle. Les variétés localement plates dont le groupe d'holonomie est réduit à l'élément neutre seront appelées des variétés *plates*. Etant données deux variétés localement plates M et M', on appelle *morphisme* de M dans M' une application différentiable f de M dans M' compatible avec les connexions c'est à dire telle que, pour toute géodésique ψ de M, $f \circ \psi$ soit une géodésique de M'. Soit M une variété localement plate connexe et soit $\mathscr{E} \subset TM$ l'ouvert constitué par les points dont l'exponentielle est définie. Pour tout $x \in M$, l'espace vectoriel $T_x M$ des vecteurs d'origine x est muni d'une structure de variéte plate canonique, les géodésiques étant les courbes $t \to ty + z$ avec $y, z \in T_x M$. Cette structure induit sur $\mathscr{E}_x = \mathscr{E} \cap T_x M$ une structure de variéte plate que l'on appellera la structure plate vectorielle.

Lemme 3. *Pour tout* $x \in M$, *l'application* $\exp_x$, *restriction de* $\exp$ *à* $\mathscr{E}_x$ *est un morphisme de* $\mathscr{E}_x$ *muni de la structure plate vectorielle dans* M. *Son rang est en tout point maximum et égal à la dimension de* M. *Si* $\mathscr{E}_x$ *est convexe, alors* $\exp_x : \mathscr{E}_x \to M$ *est un revêtement de* M.

Supposons d'abord que M soit simplement connexe. Pour tout $y \in T_x M$ il existe alors un champ de vecteurs P_y sur M et un seul tel que $P_y(x) = y$ et $DP_y = 0$. Soit ω la forme différentielle fermée de degré 1 sur M à valeurs dans $T_x M$ telle que $\omega(P_y) = y$ pour tout $y \in M$. Les géodésiques de M sont alors les courbes φ telles que l'application $\omega \circ \varphi'$ soit constante. Puisque M est simplement connexe, il existe une application différentiable f de M dans $T_x M$ et une seule telle que $f(x)$ soit l'origine de $T_x M$ et que $df = \omega$. L'application $f \circ \exp_x$ est l'identité sur l'ouvert $\mathcal{E}_x$, domaine de définition de $\exp_x$. Si $t\to\psi(t)=y^0+ty$ est un arc de géodésique de $\mathcal{E}_x$ muni de la structure plate vectorielle, on a $(df\circ\exp_x^T)(\psi'(t))=y$ pour tout t, donc $\exp_x\circ\psi$ est un arc de géodésique de M. Ceci prouve que $\exp_x$ est un morphisme. Puisque $f\circ\exp_x$ est l'identité, $\exp_x$ est injectif de rang égal en tout point à la dimension de T_xM. Montrons que si $\mathcal{E}_x$ est convexe, alors $\exp_x$ est surjectif. Soit x^0 un point de M appartenant à l'adhérence de $\exp_x(\mathcal{E}_x)$ et soit $y^0=f(x^0)$. Puisque $f\circ\exp_x$ est l'identité sur $\mathcal{E}_x$, y appartient à l'adhérence de $\mathcal{E}_x$. Puisque $\mathcal{E}_x$ est un voisinage convexe de l'origine dans T_xM, on a donc $ty^0\in\mathcal{E}_x$ pour $0\leq t<1$. L'application f étant de rang maximum au point x^0, il existe un voisinage ouvert convexe W de y^0 dans T_xM et une application différentiable g de W dans M telle que $g(y^0)=x^0$ et $f\circ g=$ identité sur W. Le point x^0 étant adhérent à $\exp_x\mathcal{E}_x$, $g(W)\cap\exp_x\mathcal{E}_x$ est un ouvert non vide dont l'image par f est un ouvert de T_xM contenu dans $W\cap\mathcal{E}_x$. Si $y\in f(g(W)\cap\exp_x\mathcal{E}_x)$ alors $\exp_x y\in g(W)$ et $f(\exp_x y)=y=f(g(y))$. Puisque f est injectif sur $g(W)$, on a donc $g(y)=\exp_x y$. Les applications g et $\exp_x$ sont deux morphismes de $W\cap\mathcal{E}_x$ dans M considérés comme variétés plates. Puisque $W\cap\mathcal{E}_x$ est connexe et que ces morphismes coïncident sur un ouvert non vide, on a $g(y)=\exp_x y$ pour tout $y\in W\cap\mathcal{E}_x$. Il en résulte que, lorsque $t\to 1$, $\exp_x(ty^0)$ tend vers $g(y^0)=x^0$. Par conséquent, $y^0\in\mathcal{E}_x$ et $x^0\in\exp_x\mathcal{E}_x$. On voit donc que $\exp_x\mathcal{E}_x$ est fermé ; étant ouvert il coïncide donc avec M.

Le cas général s'en déduit en considérant le revêtement universel $q:\tilde{M}\to M$ de M et la structure de variété plate sur $\tilde{M}$ pour laquelle q est un morphisme. Soit $\tilde{x}$ un point de M et soit $\mathcal{E}_{\tilde{x}}$ l'ouvert de $T_{\tilde{x}}\tilde{M}$ intersection de $T_{\tilde{x}}\tilde{M}$ avec l'ouvert de définition de l'application exponentielle $\exp:T\tilde{M}\to\tilde{M}$. Si $x=q(\tilde{x})$, alors la restriction de l'application tangente q^T à $T_{\tilde{x}}\tilde{M}$ est un isomorphisme de $\mathcal{E}_{\tilde{x}}$ sur $\mathcal{E}_x$. Il suffit donc de montrer que $\exp_x\circ q^T:\mathcal{E}_{\tilde{x}}\to M$ est une revêtement. Cela résulte de la relation $\exp_x\circ q^T=q\circ\exp_{\tilde{x}}$ et de la première partie de la démonstration.

Théorème. *Soit M une variété différentiable localement plate connexe.*

1) *Si le revêtement universel de M est isomorphe en tant que variété plate à un ouvert convexe ne contenant pas de droite dans un espace affine réel, il existe sur M une 1 forme différentielle fermée α telle que $D\alpha$ soit définie positive en tout point et qui est invariante par tout automorphisme de M.*

2) *Si G est un groupe d'automorphismes de M tel que $G\backslash M$ soit quasi-compact et si il existe sur M une 1-forme différentielle fermée α invariante par G et telle que $D\alpha$ soit définie positive en tout point, alors*

le revêtement universel de M est isomorphe en tant que variété plate à un ouvert convexe ne contenant pas de droite dans un espace affine réel.

La démonstration de l'assertion 1) est pratiquement celle que est donnée dans [2], (Théorème (5, 1), c)⇒b)) ; elle utilise le volume de Bergmann du tube construit sur le revêtement universel de M. Démontrons l'assertion 2). On se ramène immédiatement au cas où M est simplement connexe. Soient x un point de M et F la primitive de α nulle en x. D'après le Lemme 1, si $y \in T_x M$ et si $\lambda(y) < \infty$, $F(\exp_x(ty)) \to +\infty$ lorsque $t \to \lambda(y)$, c'est à dire lorsque ty tend vers la frontière de $\mathcal{E}_x$. D'autre part la Hessienne de $F \circ \exp_x$ est définie positive en tout point de $\mathcal{E}_x$ car $d(F \circ \exp_x) = \alpha \circ \exp_x^T$ et la différentielle covariante de cette forme est définie positive puisque $D\alpha$ est définie positive et que $\exp_x$ est un morphisme (Lemme 3). Il en résulte que $\mathcal{E}_x$ est convexe de $T_x M$ (cf. [2], Lemme (4, 2)). D'après le Lemme 3, $\exp_x$ est donc un isomorphisme. De plus $\mathcal{E}_x$ ne contient pas de droite car, d'après le Lemme 2, M ne contient pas de géodésique complète non constante.

Corollaire. *Soit M une variété connexe compacte localement plate. Pour que le revêtement univarsel de M soit isomorphe à un ouvert convexe ne contenant pas de droite dans un espace affine réel, il faut et il suffit qu'il existe sur M une 1-forme différentielle fermée dont la différentielle covariante est définie positive en tout point de M.*

On remarquera que les variétés compactes qui vérifient cette condition ont un ler nombre de Betti non nul.

UNIVERSITÉ DE GRENOBLE

Bibliographie

[1] S. Kobayashi : *Geometry of bounded domains*, Trans. Amer. Math. Soc. **192** (1959), 267–290.

[2] J. L. Koszul : *Domaines bornés homogènes et orbites de groupes de transformations affines*, Bull. Soc. Math. France **89** (1961), 515–533.

Ann. Inst. Fourier, Grenoble
18, 1 (1968), 103-114

DÉFORMATIONS DE CONNEXIONS LOCALEMENT PLATES

par J. L. KOSZUL

1. Soient M une variété différentiable(1) connexe de dimension n et TM l'espace fibré des vecteurs de M. Les connexions linéaires sur M constituent un sous-espace de l'espace des applications différentiables du produit fibré $TM \times_M TM$ dans l'espace T(TM) des vecteurs de TM (la topologie considérée est la topologie "compacts-ouverts"). On notera P le sous-espace constitué par les connexions localement plates, c'est-à-dire les connexions dont la courbure et la torsion sont nulles. Toute connexion $D \in P$ définit une connexion localement plate sur les revêtements de M. On dit que D est une connexion *hyperbolique* lorsqu'un revêtement universel de M, muni de cette connexion, est isomorphe à un ouvert convexe saillant dans R^n, c'est-à-dire un ouvert convexe ne contenant pas de droite. On notera P_h le sous-espace de P constitué par les connexions hyperboliques.

THEOREME 1. – *Si* M *est une variété compacte, pour qu'une connexion localement plate sur* M *soit hyperbolique, il faut et il suffit que la condition suivante soit vérifiée :*

Il existe une forme différentielle fermée de degré 1 *sur* M *dont la différentielle covariante est définie positive.*

Ce Théorème n'est qu'une nouvelle formulation du résultat démontré dans [2].

COROLLAIRE. – *Si* M *est une variété compacte, l'espace des connexions hyperboliques sur* M *est un ouvert de l'espace des connexions localement plates sur* M.

(1) Le mot différentiable sera employé dans le sens différentiable de classe ∞.

Soient en effet $D_0 \in P_h$ et α une 1-forme fermée sur M telle que la différentielle covariante $D_0\,\alpha$ soit définie positive. L'application

$$(D\,,\nu) \longrightarrow (D\alpha)\,(\nu\,,\nu)$$

de P x TM dans **R** est une fonction continue. Puisque M est compacte, l'ensemble K des $\nu \in TM$ tels que $(D_0\,\alpha)\,(\nu\,,\nu) = 1$ est compact. Il existe donc un voisinage V de D_0 dans P tel que $(D\alpha)\,(\nu\,,\nu) > 0$ pour tout $D \in V$ et tout $\nu \in K$. Ceci entraîne que $D\alpha$ est définie positive quelle que soit $D \in V$; par conséquent $V \subset P_h$.

On appellera variété localement plate hyperbolique, ou plus brièvement variété hyperbolique, une variété connexe munie d'une connexion hyperbolique. Dans tous les exemples de variétés hyperboliques compactes que je connais, les revêtements universels sont isomorphes à des cônes ouverts dans des espaces R^n . On sait du reste que si un revêtement universel d'une variété hyperbolique compacte est homogène en ce sens qu'il admet un groupe transitif d'automorphismes affines, alors ce revêtement est isomorphe à un cône [1]. Mais, comme l'ont montré Vinberg et Katz, [4], il existe des variétés hyperboliques compactes dont les revêtements universels ne sont pas homogènes.

Lorsque les revêtements universels d'une variété hyperbolique compacte M sont isomorphes à un cône, il existe des déformations non triviales de la connexion localement plate sur M. D'après le Corollaire au Théorème 1, de petites déformations conduisent à des connexions qui sont encore hyperboliques. En général, les revêtements universels ne restent pas isomorphes à un ouvert fixe de R^n (cf. N° 5). Dans cet article, on montrera que, du moins, si au départ les revêtements universels sont isomorphes à un cône, il en sera de même après une petite déformation de la connexion (N° 4, Théorème 3). On commencera par expliciter au N° 2 quelques propriétés élémentaires de l'application exponentielle qui permettent de traduire les déformations de connexions localement plates en termes de déformations de représentations affines du groupe fondamental.

2. *Revêtement et exponentielle.*

Soit M une variété différentiable connexe de dimension n munie d'une connexion linéaire D. Pour tout chemin différentiable par morceaux $\alpha : [0, 1] \longrightarrow M$, d'origine a et d'extrémité b, on note $f_D(\alpha)$ l'application linéaire de $T_a M$ dans $T_b M$ définie par le transport parallèle le long de α. On note $q_D(\alpha)$ le déroulement de α dans $T_b M$, c'est-à-dire l'élément $-\int_0^1 f_D(\alpha_\theta)\,\alpha'(\theta)\,d\theta$ ou α_θ est le chemin défini par $\alpha_\theta(t) = \alpha(\theta + (1-\theta)t)$ pour $0 \leqslant t \leqslant 1$. Si α et β sont deux chemins différentiables dans M et si $\alpha(0) = \beta(1)$, alors en notant $\alpha . \beta$ le chemin composé, on a :

$$f_D(\alpha . \beta) = f_D(\alpha) \circ f_D(\beta), \tag{1}$$

$$q_D(\alpha . \beta) = f_D(\alpha)\, q_D(\beta) + q_D(\alpha), \tag{2}$$

On supposera dans la suite que la connexion D est localement plate. L'application linéaire $f_D(\alpha)$ et l'élément $q_D(\alpha)$ ne dépendent alors que de la classe d'homotopie de α. On fera choix d'un point a dans M et on notera Γ le groupe fondamental de M au point a. Par restriction aux lacets en a et par factorisation, f_D définit une application f_D de Γ dans $Gl(T_a M)$, q_D définit une application q_D de Γ dans $T_a M$. Compte tenu des relations (1) et (2), on a

$$f_D(rs) = f_D(r) \circ f_D(s)$$

$$q_D(rs) = f_D(r)\, q_D(s) + q_D(r)$$

quels que soient $r, s \in \Gamma$. Ces relations signifient que le couple (f_D, q_D) est une représentation affine de Γ dans $T_a M$: le transformé d'un élément $v \in T_a M$ par $s \in \Gamma$ étant $f_D(s)\,v + q_D(s)$. Pour tout $s \in \Gamma$, l'application $D \longrightarrow (f_D(s), q_D(s))$ est une application continue de l'espace des connexions localement plates sur M dans le groupe des automorphismes affines de V.

On notera dans la suite $\exp_D$ l'application exponentielle définie par la connexion D et E_a^D l'ouvert de $T_a M$ constitué par les vecteurs d'origine a sur lesquels $\exp_D$ est définie.

LEMME 1. – *Si* D *est une connexion localement plate sur* M *et si deux points quelconques de* M *appartiennent à l'image d'une géodésique, alors :*

1) E_a^D *est convexe.*

2) $\exp_D : E_a^D \longrightarrow M$ *est un revêtement,*

3) E_a^D *est stable par la représentation affine* (f_D, q_D) *de* Γ *dans* $T_a M$,

4) *pour tout* $s \in \Gamma$, *la transformation affine* $(f_D(s), q_D(s))$ *de* $T_a M$ *a pour restriction à* E_a^D *l'automorphisme de* E_a^D, *considéré comme espace de revêtement de* M *qui est associé au point* 0 *et à l'élément* s.

Puisque deux points quelconques de M appartiennent à l'image d'une géodésique, les revêtements universels de M sont isomorphes à un ouvert convexe de R^n. Il en résulte que E_a^D est convexe. On sait que la convexité de E_a^D entraîne la propriété 2) (cf. [2], Lemme 3). Soit z l'extrémité d'un chemin d'origine 0 dans E_a^D dont la projection dans M est un lacet de classe s au point a. Soit $\rho(s)$ l'automorphisme de E_a^D, considéré comme espace de revêtement de M, qui transforme z en 0. On sait que $\exp_D$ est une application affine de E_a^D dans M. Par suite, en identifiant $T(E_a^D)$ et $E_a^D \times T_a M$,

on a $f_D(s)\, v = \exp_D^T(z, v) = \exp_D^T \rho(s)^T (z, v) = \rho(s)\, v - \rho(s)\, 0$

et $\quad q_D(s) = \exp_D^T(z, -z) = \exp_D^T \rho(s) \; (z, -z) = \rho(s)\, 0$

pour tout $v \in T_a M$. Il en résulte que $\rho(s)\, v = f_D(s)\, v + q_D(s)$ ce qui démontre les assertions 3) et 4).

LEMME 2. – *Si* D *est une connexion hyperbolique sur* M, *pour que* E_a^D *soit un cône, il faut que la représentation affine* (f_D, q_D) *de* Γ *dans* $T_a M$ *soit semblable à la représentation linéaire* f_D, *c'est-à-dire qu'elle laisse fixe un point de* $T_a M$. *Si de plus* M *est compacte cette condition est suffisante.*

Lorsque D est hyperbolique, les hypothèses du Lemme 1 sont vérifiées : $\exp_D E_a^D \longrightarrow M$ est donc un revêtement universel de M et c'est un cône saillant dans $T_a M$. Puisqu'un cône saillant ne possède qu'un sommet, ce sommet est invariant par les transformations affines $(f_D(s), q_D(s))$ qui, d'après le Lemme 1, conservent toutes l'ouvert E_a^D. Inversement, si $x \in T_a M$ et si $f_D(s)x + q_D(s) = x$ quel que soit $s \in \Gamma$, alors la composante connexe neutre du normalisateur de l'image de (f, q) dans le groupe des transformations affines de $T_a M$ contient toutes les homothéties positives de centre x. Or si M est compact, E_a^D est stable par la composante connexe neutre de ce normalisateur (cf. [5]). Par conséquent, E_a^D est un cône de sommet x.

3. *Nullité de certaines classes de cohomologie.*

LEMME 3. – *Soient* M *une variété connexe et* D *une connexion localement plate hyperbolique sur* M. *Si les revêtements universels de* M *sont isomorphes à un cône, il existe sur* M *un champ de vecteurs* H *et une métrique riemannienne de tenseur g tels que :*

1) $D_X H = X$ *pour tout champ de vecteurs* X *sur* M, D_X *désignant la dérivation covariante par rapport à* X,

2) *la dérivée de Lie de g par rapport à* H *est nulle.*

Soient en effet V un espace vectoriel réel de dimension égale à la dimension de M, Ω un cône ouvert convexe saillant de sommet origine dans V et q une application affine de Ω dans M telle que $q : \Omega \longrightarrow M$ soit un revêtement. Soit H′ le champ de vecteurs sur V défini par $H'(x) = (x, x)$ quel que soit $x \in V$, TV étant identifié de la manière habituelle à V × V. C'est le champ de vecteurs dérivé du groupe des homothéties dans V. Pour tout champ de vecteurs X′ sur V, on a $D_{X'} H' = X'$. Le champ H′ est invariant par $Gl(V)$. Puisque Ω est saillant tout automorphisme affine de Ω est restriction d'un élément de $Gl(V)$. La restriction de H′ à Ω est donc invariante par les automorphismes affines de Ω. Par conséquent, il existe un champ de vecteurs H sur M et un seul tel que $H \circ q = q^T \circ H'$. Puisque q est localement un isomorphisme de variétés localement plates, ce champ H vérifie la condition 1). On sait qu'il existe sur Ω une métrique riemannienne invariante par tout automorphisme affine de Ω et en particulier par toute homothétie positive [5]. Par passage au quotient, une telle métrique définit sur M une métrique riemannienne dont le tenseur aura une dérivée de Lie par rapport à H égale à 0.

On observera que tout champ de vecteurs H vérifiant la condition (1) est un champ de vecteurs *affine*. En effet

$$D_{D_X Y} H = D_X Y = D_X D_Y H$$

et par suite

$$[H, D_X Y] = D_{[H,X]} Y + D_X [H, Y]$$

quels que soient les champs de vecteurs X et Y. D'autre part, si M est hyperbolique et compacte, il existe au plus un champ de vecteurs H sur M vérifiant la condition (1) : en effet, sur une variété hyperbolique compacte, le champ de vecteur 0 est le seul champ de vecteurs ayant une différentielle covariante nulle.

Dans la suite de ce N° *on désigne par* M *une variété orientable connexe munie d'une connexion localement plate* D. *On suppose donné un champ de vecteurs* H *sur* M *tel que* $D_X H = X$ *pour tout champ de vecteurs* X *et une métrique riemannienne dont le tenseur à une dérivée de Lie par rapport à* H *égale à* 0. On note w la forme volume définie par la métrique et une orientation. Soient T et T* respectivement les espaces fibrés tangent et cotangent de M. Quels que soient les entiers p, $q \geqslant 0$, on note T^p_q l'espace fibré $(\overset{p}{\otimes} T) \otimes (\overset{q}{\otimes} T^*)$. Les formes différentielles alternées de degré r sur M à valeurs dans T^p_q s'identifient à certaines sections de T^p_{q+r}. Quels que soient p et $q \geqslant 0$, la métrique riemannienne sur M définit une forme bilinéaire (,) sur le module des sections de T^p_q. On note $\theta(H)$ la dérivation de Lie par rapport à H des sections de T^p_q. Puisque $\theta(H)$ annule le tenseur métrique, on a

$$H \,.\, (\sigma, \tau) = (\theta(H)\,\sigma, \tau) + (\sigma, \theta(H)\,\tau) \tag{3}$$

quelles que soient les sections σ et τ de T^p_q.

La connexion D définit dans chaque espace fibre T^p_q une connexion linéaire de courbure nulle. On note D_H la dérivation covariante par rapport à H quel que soit l'espace T^p_q considéré. Pour toute section σ de T^p_q, on a

$$\theta(H)\,\sigma = D_H\,\sigma - (p - q)\,\sigma\,. \tag{4}$$

En effet, si X est un champ de vecteurs sur M,

$$\theta(H)\,X = [H, X] = D_H X - D_X H = D_H X - X$$

puisque la torsion de D est nulle. Si σ est une section de T*, autrement dit une forme différentielle scalaire, alors

$$(\theta(H)\,\sigma)\,(X) = H\,.\,\sigma(X) - \sigma([H, X]) = H\,.\,\sigma(X) - \sigma(D_H X)$$
$$+ \sigma(X) = (D_H \sigma)\,(X) + \sigma(X)$$

pour tout champ de vecteurs X et par conséquent $\theta(H)\,\sigma = D_H\,\sigma + \sigma$. Le cas général s'en déduit en observant que $\theta(H) - D_H$ se comporte comme une dérivation vis-à-vis du produit tensoriel.

On définit un produit scalaire $< \ , \ >$ sur l'espace des sections de T^p_q en posant

$$< \sigma, \tau > = \int_M (\sigma, \tau)\,w$$

quelles que soient les sections σ et τ de T^p_q.

Soient σ et τ deux sections de T^p_q. Puisque $\theta(H)$ annule le tenseur de la métrique riemannienne, on a $\theta(H)\, w = 0$ et par suite :

$$\theta(H)\,((\sigma\,,\tau)\,w) = (\theta(H)\,\sigma\,,\tau)\,w + (\sigma\,,\theta(H)\,\tau)\,w = (D_H\,\sigma\,,\tau)\,w$$
$$+ (\sigma\,, D_H\,\tau)\,w - 2(p-q)\,(\sigma\,,\tau)\,w\,.$$

Puisque M est compacte, la formule de Stokes donne

$$\int_M \theta(H)\,((\sigma\,,\tau)\,w) = 0\,.$$

On a donc :

$$< D_H\sigma\,,\tau > + < \sigma\,, D_H\,\tau > = 2(p-q) < \sigma\,,\tau >\,. \tag{5}$$

Soit ω une forme différentielle alternée sur M à valeurs dans T^p_q. On note $\iota(H)\,\omega$ le produit intérieur de ω par H et $d\omega$ la différentielle extérieure de ω définie par la connexion linéaire dans T^p_q. Si ω est une forme de degré r, $\iota(H)\,\omega$ est de degré $r-1$, $d\omega$ est de degré $r+1$ et l'on a

$$(d\circ\iota(H) + \iota(H)\circ d - D_H)\,\omega = r\omega\,. \tag{6}$$

En effet, pour toute suite $X_1\,, X_2\,, \ldots X_r$ de champs de vecteurs sur M, on a :

$$((d\circ\iota(H) + \iota(H)\circ d)\,\omega)\,(X_1\,, X_2\,, \ldots X_r)$$
$$= D_H(\omega(X_1\,, X_2\,, \ldots X_r)) - \sum_i \omega(X_1\,, \ldots [H\,, X_i]\,, \ldots X_r)$$
$$= (D_H\,\omega)\,(X_1\,, X_2\,, \ldots X_r) - \sum_i \omega(X_1\,, \ldots [H\,, X_i] - D_H X_i\,, \ldots X_r)$$
$$= (D_H\,\omega)\,(X_1\,, X_2\,, \ldots X_r) + r\omega(X_1\,, X_2\,, \ldots X_r)\,.$$

Compte tenu de (4), la relation (6) montre que, quel que soit r,

$$(d\circ\iota(H) + \iota(H)\circ d)\,\omega = \theta(H)\,\omega + (p-q)\,\omega\,.$$

Puisque la courbure de la connexion linéaire dans T^p_q est nulle, on a $d^2 = 0$. Par conséquent, la relation (6) donne

$$d\circ\iota(H)\circ d = d\circ D_H + rd \tag{7}$$

$$d\circ\iota(H)\circ d = D_H\circ d + (r+1)\,d \tag{8}$$

sur les formes différentielles alternées de degré r à valeurs dans T^p_q. De (7) et (8) on déduit que

$$d \circ D_H - D_H \circ d = d. \qquad (9)$$

On définit les formes harmoniques du complexe des formes différentielles alternées à valeurs dans T^p_q en utilisant la restriction du produit scalaire $< \ , \ >$ aux espaces T^p_{q+r} $(r \geqslant 0)$.

PROPOSITION 1. – *Soit* ω *une forme différentielle alternée sur* M *à valeurs dans* T^p_q. *Si* ω *est harmonique, alors* $D_H\,\omega$ *est harmonique.*

La forme $D_H\,\omega$ est fermée d'après (9). Compte tenu des relations (5) et (9), si r est le degré de ω, pour toute forme alternée ω' de degré $r-1$, à valeurs dans T^p_q, on a

$$\begin{aligned} < D_H\omega\,, d\omega' > &= 2(p-q-r) < \omega\,, d\omega' > - < \omega\,, D_H d\omega' > \\ &= 2(p-q-r) < \omega\,, d\omega' > - < \omega\,, dD_H\omega' > \\ &\quad + < \omega\,, d\omega' > . \end{aligned}$$

Cette relation montre que si ω est orthogonale à l'image de d, il en est de même de $D_H\,\omega$.

COROLLAIRE 1. – *Soit* ω *une forme différentielle alternée de degré* r *à valeurs dans* T^p_q. *Si* ω *est harmonique, alors* $D_H\,\omega = -\,r\omega$.

En effet, d'après (6), $(d \circ \iota(H))\omega = r\omega + D_H\,\omega$. Puisque $r\omega + D_H\,\omega$ est harmonique, ceci entraîne $r\omega + D_H\omega = 0$.

COROLLAIRE 2. – *Si* $p \neq q$, *tous les espaces de cohomologie du complexe des formes différentielles alternées à valeurs dans* T^p_q *sont nuls*(2).

En effet, si ω est une forme différentielle harmonique de degré r à valeurs dans T^p_q, on a $< D_H\,\omega\,, \omega > = (p-q-r) < \omega\,, \omega >$ d'après (5) et ceci entraîne $(p-q) < \omega\,, \omega > = 0$ d'après le Cor. 1. Toute classe de cohomologie contenant une forme harmonique, l'assertion en résulte.

(2) Seul interviendra dans la suite le cas $p = 1$, $q = 0$. C'est Y. Matsushima qui m'a fait remarquer que ma démonstration s'étendait à tous les cas où $p \neq q$.

4. *Déformation des connexions hyperboliques.*

En conjugant le Lemme 1 et le Cor. 2 à la Proposition 1, on obtient le résultat suivant :

THEOREME 2. – *Soient* M *une variété localement plate hyperbolique compacte et connexe dont les revêtements universels sont isomorphes à un cône. Quels que soient les entiers* $p, q \geqslant 0$, *soit* T^p_q *l'espace fibré des tenseurs de type* (p, q) *sur* M. *Si* $p \neq q$, *le complexe des formes différentielles alternées sur* M *à valeurs dans* T^p_q *a un espace de cohomologie nul en chaque degré.*

Pour $p = 1$, $q = 0$, ceci signifie en particulier que si la différentielle covariante d'un champ de vecteurs est nulle, ce champ est égal à 0, résultat déjà observé plus haut.

COROLLAIRE 1. – *Soient* V *un espace vectoriel réel de dimension finie,* Ω *un cône ouvert convexe saillant de sommet origine dans* V *et* Γ *un sous-groupe discret de* $Gl(V)$ *tel que* $\Gamma\Omega = \Omega$ *et que* $\Gamma\backslash\Omega$ *soit compact. Si* $p \neq q$, *on a* $H^r(\Gamma, (\overset{p}{\otimes} V) \otimes (\overset{q}{\otimes} V^*)) = (0)$ *pour tout* $r \geqslant 0$(³).

On sait que Γ opère proprement dans Ω. Puisque $\Gamma\backslash\Omega$ est compact, Γ est donc engendré par un nombre fini d'éléments. Par suite Γ contient un sous-groupe invariant Γ' d'indice fini et sans torsion [3]. On peut choisir Γ' de sorte que tous ses éléments aient un déterminant > 0. Compte tenu de la suite spectrale de Hochschild-Serre, il suffit de montrer que la cohomologie de Γ' à valeurs dans $V^p_q = (\overset{p}{\otimes} V) \otimes (\overset{q}{\otimes} V^*)$ est nulle. Or Γ' opère librement dans Ω qui peut donc être considéré comme un espace fibré principal de groupe Γ' et de base $\Gamma'\backslash\Omega$ qui est une variété hyperbolique compacte orientable. L'espace fibré de fibre type V^p_q associé à Ω s'identifie à l'espace fibré T^p_q des tenseurs de type (p, q) sur $\Gamma'\backslash\Omega$. D'après un Théorème de S. Eilenberg, $H^r(\Gamma', V)$ est canoniquement isomorphe à l'espace des classes de cohomologie de degré r du complexe des formes différentielles alternées sur $\Gamma'\backslash\Omega$ à valeurs dans T^p_q, la différentiation étant celle qui se déduit de la connexion localement plate sur $\Gamma'\backslash\Omega$.

(³) La cohomologie se présente donc comme si Γ contenait un groupe d'homothéties non trivial ; cette propriété est en fait vérifiée lorsque Ω est un cône irréductible.

COROLLAIRE 2. – *Les hypothèses étant celles du Corollaire* 1, *les représentations affines de* Γ *dans* V *qui sont semblables à une représentation linéaire, c'est-à-dire qui laissent fixe un point de* V, *constituent un voisinage de l'injection identique* $\Gamma \longrightarrow Gl(V)$.

Soit en effet f_0 l'injection identique de Γ dans $Gl(V)$ et, pour toute représentation linéaire f de Γ dans V, soit V_f l'espace V muni de la structure de Γ-module définie par f. Puisque Γ est engendré par un nombre fini d'éléments et que V est de dimension finie, la dimension de $H^1(\Gamma, V_f)$ est une fonction semi-continue supérieurement de f. D'après le Cor. 1, $H^1(\Gamma, V_{f_0}) = (0)$. Pour toute représentation affine (f, q) de Γ dans V assez voisine de la représentation linéaire f_0, on a donc $H^1(\Gamma, V_f) = (0)$. Si $H^1(\Gamma, V_f) = (0)$, alors q, qui est un 1-cocycle sur Γ à valeurs dans V_f, est le cobord d'ún élément $x \in V_f$, c'est-à-dire de la forme $q(s) = f(s)x - x$ pour tout $s \in \Gamma$. Le point $-x$ est alors un point fixe de la représentation affine (f, q).

THEOREME 3. – *Soit* M *une variété connexe compacte. L'ensemble des connexions localement plates hyperboliques sur* M *telles que les revêtements universels de* M *soient isomorphes à un cône est un ouvert de l'espace des connexions localement plates sur* M.

Soient en effet a un point de M et Γ le groupe fondamental de M au point a. On a défini au N° 2 une application continue $D \longrightarrow (f_D, q_D)$ de l'espace P des connexions localement plates sur M dans l'espace des représentations affines de Γ dans $T_a M$. Soit D_0 une connexion hyperbolique sur M telle que les revêtements universels de M soient isomorphes à un cône. L'ouvert $E_a^{D_0}$ de $T_a M$ sur lequel est définie l'application $\exp_{D_0}$ est alors un cône, d'après le Lemme 1. Par suite, la représentation affine (f_{D_0}, q_{D_0}) admet un point fixe (Lemme 2). Cette représentation étant d'autre part fidèle (d'après le Lemme 1), le Cor. 2 au Théorème 2 montre qu'il existe un voisinage $\mathcal{V}$ de D_0 dans P tel que (f_D, q_D) admette un point fixe pour toute connexion $D \in \mathcal{V}$. Compte tenu du Théorème 1, on peut choisir $\mathcal{V}$ de sorte que tous ses éléments soient des connexions hyperboliques. Si $D \in \mathcal{V}$, il résulte alors du Lemme 1 que $\exp : E_a^D \longrightarrow M$ est un revêtement affine de M (munie de la connexion D) et d'autre part, E_a^D est un cône d'après le Lemme 2.

Remarques et exemples.

Soit M une variété différentiable connexe compacte de dimension n et soit D une connexion hyperbolique sur M. On va voir que si les revêtements universels de M sont isomorphes à un cône, il existe des déformations non triviales de la structure localement plate de M. Pour simplifier, on supposera M orientable. Les notations seront celles du N° 2 : a désigne un point de M, Γ le groupe fondamental de M au point a, et E_a^D le cône ouvert domaine de définition de $\exp_D$ dans $T_a M$. Soient u le sommet de E_a^D et $\Omega = E_a^D - u$ le cône de sommet origine translaté de E_a^D dans $T_a M$. On sait qu'il existe une forme volume sur Ω invariante par tous les automorphismes de $T_a M$ de déterminant > 0 qui appliquent Ω sur Ω. Soient w une forme volume invariante par translations sur $T_a M$ et K la fonction numérique sur Ω telle que $v = Kw$. Pour tout $x \in \Omega$, on a alors $K(x) = K(f_D(s)x) \det f_D(s) = K(\lambda x)\lambda^n$ quels que soient $s \in \Gamma$ et $\lambda > 0$. Pour tout $\lambda \in \mathbf{R}$, on note f_D^λ la représentation linéaire de Γ dans $T_a M$ définie par $f_D^\lambda(s) = (\det f_D(s))^\lambda f_D(s)$ pour tout $s \in \Gamma$. Si $1 - \lambda n > 0$, on définit d'autre part un difféomorphisme θ_λ de M en posant $\theta_\lambda(x) = K(x)^\lambda x$ pour tout $x \in \Omega$. Il est clair que Ω est stable par $f_D(s)$ et que $\theta_\lambda f_D(s) = f_D(s)\, \theta_\lambda$ pour tout $s \in \Gamma$. Compte tenu du Lemme 1, il en résulte que pour tout $\lambda < 1/n$, l'application $q_\lambda : \Omega \longrightarrow M$ définie par $q_\lambda(x) = \exp_D(\theta_\lambda(x) + u)$ est un revêtement universel de M dont les automorphismes sont les $f_D(s)$. Pour tout $\lambda < 1/n$, il existe donc une connexion localement plate D_λ sur M et une seule telle que q_λ soit une application affine. Du fait que M est compact, on déduit que K tend vers ∞ à la frontière de Ω. Par suite, on ne peut avoir $\det f_D(s) = 1$ pour tout $s \in \Gamma$. Si $\lambda \neq 0$, la représentation f_D^λ n'est donc pas semblable à f_D et par suite, les connexions D_λ constituent des déformations non triviales de D.

Dans ces déformations, les revêtements universels (munis des structures localement plates induites) restent isomorphes au cône Ω. En s'inspirant d'exemples donnés par Vinberg et Katz [4], on peut obtenir des variétés localement plates hyperboliques compactes (de dimensions $n \geqslant 3$) dont la structure localement plate admet des déformations continues telles que les revêtements universels ne restent pas isomorphes à un ouvert fixe de $\mathbf{R}^n$. La construction se fait en partant de la représentation linéaire canonique d'un groupe de Coxeter hyperbolique compact(4) dont le graphe comporte un cycle et en déformant cette représentation. On obtient sur une variété compacte M des familles à un paramètre de connexions hyperboliques D_t ayant les propriétés suivantes : pour $t = 0$, les revêtements universels sont isomorphes à un cône homogène défini par une forme quadratique de signature $(n - 1, 1)$ où $n = \dim M$; pour $t \neq 0$, les revêtements universels sont isomorphes à des cônes non homogènes.

BIBLIOGRAPHIE

[1] J.L. KOSZUL, Sous-groupes discrets des groupes de transformations affines admettant une trajectoire convexe, *C.R. Acad. Sc. Paris*, t. 259, (1964), 3675-3677.

[2] J.L. KOSZUL, Variétés localement plates et convexité, *Osaka J. of Math.*, t. 2, (1965), 285-290.

[3] A. SELBERG, On discontinuous groups in higher dimensional symmetric spaces, Proc. Conferences on Analytic Functions, Bombay, (1960).

[4] E. VINBERG-V. KATZ, Kvaziodnorodnye konusy, *Matematiceskie Zametki*, t. 1, (1967), 347-354.

[5] E. VINBERG, Teoria odnorodnyh vypuklyh konusov, *Trudy Moscow, Mat. Obshch.*, t. 12, (1963), 303-358. = *Trans. Moscow Math. Soc.*, t. 12, (1963), 340-403.

Manuscrit reçu le 12 février 1968

Jean-Louis KOSZUL,
Université de Grenoble
B.P. 116,
38 St. Martin d'Hères.

(4) Il s'agit des groupes de Coxeter proprement hyperboliques au sens de J. Tits : cf. J. Tits, Groupes et Géométries de Coxeter, Institut des hautes études scientifiques, Bures sur Yvette, 1961.

Istituto Nazionale di Alta Matematica
Symposia Mathematica
Volume II (1968)

CONNEXIONS HYPERBOLIQUES ET DÉFORMATIONS (*)

JEAN L. KOSZUL

1. Soient M une variété différentiable connexe et $\mathfrak{D}(M)$ l'espace des connexions linéaires localement plates sur M, c'est à dire l'espace des connexions linéaires de courbure et de torsion nulles en tout point de M. On supposera que $\mathfrak{D}(M) \neq \varnothing$. Pour toute connexion $D \in \mathfrak{D}(M)$, on note $\exp_D$ l'application exponentielle relative à la connexion D ; elle est définie sur un ouvert $E(D)$ de l'espace TM des vecteurs tangents à M et prend ses valeurs dans M. Deux connexions localement plates $D, D' \in \mathfrak{D}(M)$ sont dites *équivalentes* si il existe un difféomorphisme φ de M sur M tel que $\varphi \circ \exp_{D'} = \exp_D \circ \varphi^T$ sur $E(D')$.

Une connexion linéaire sur M est dite *hyperbolique* si elle est localement plate et si le revêtement universel de M, muni de la connexion induite, est isomorphe à un ouvert convexe ne contenant pas de droite dans un espace $\mathbf{R}^n$ (pour différentes caractérisations des connexions hyperboliques justifiant la terminologie, cf. Vey [9]). Dans la suite, on appelle *variété hyperbolique* une variété connexe munie d'une connexion hyperbolique. On démontre que, si M est une variété compacte, le sous-espace $\mathfrak{D}_h(M)$ de $\mathfrak{D}(M)$ constitué par les connexions hyperboliques sur M est un ouvert. En ce sens, *sur une variété compacte, le caractère hyperbolique d'une connexion localement plate est une propriété stable* (cf. [3], p. 290). Dans tous les exemples de connexions hyperboliques sur une variété compacte M qui me sont connus, le revêtement universel de M est isomorphe à un cône. Notons $\mathfrak{D}_h^0(M)$ le sous-espace de $\mathfrak{D}_h(M)$ constitué par les connexions hyperboliques ayant cette propriété. On démontre que $\mathfrak{D}_h^0(M)$ est un ouvert de $\mathfrak{D}_h(M)$ (cf. [4], Théorème 3). *Le caractère conique du revêtement universel est donc encore une propriété stable* de la connexion hyperbolique.

(*) Conferenza tenuta il 10 maggio 1968.

2. On dit qu'une variété munie d'une connexion localement plate est *homogène* si le groupe de ses automorphismes affines est transitif. Un procédé naturel de construction de variétés hyperboliques compactes consiste à partir d'un ouvert Ω hyperbolique dans $\mathbf{R}^n$ (c'est à dire un ouvert convexe ne contenant pas de droite) qui est homogène. Le groupe $G(\Omega)$ des automorphismes affines de Ω est alors un sous-groupe fermé du groupe des automorphismes affines de $\mathbf{R}^n$ qui opère proprement dans Ω. Si Γ est un sous-groupe discret de $G(\Omega)$ sans élément d'ordre fini distinct de l'élément neutre, alors Γ opère librement dans Ω et $\Gamma \backslash \Omega$ est une variété hyperbolique. Si de plus $\Gamma \backslash G(\Omega)$ est compact, alors $\Gamma \backslash \Omega$ est une variété hyperbolique compacte. Pour qu'un tel sous-groupe discret existe, il est nécessaire que $G(\Omega)$ soit unimodulaire. Ceci implique que Ω est un cône (cf. [2]) et plus précisément un domaine de positivité homogène (cf. Vinberg [7]). Ce procédé ne permet pas d'obtenir toutes les variétés hyperboliques compactes car il existe des variétés hyperboliques compactes dont le revêtement universel n'est pas homogène (cf. Vinberg-Katz [8]). Eu fait, *le caractère homogène du revêtement universel n'est pas en général une propriété stable :* il existe des variétés hyperboliques compactes dont le revêtement universel est un cône homogène et telles que des déformations arbitrairement petites de la connexion conduisent à des variétés hyperboliques dont le revêtement universel n'est pas homogène. Nous précisons au numéro suivant les circonstances dans lesquelles ce phénomène peut se produire.

3. Sur une variété compacte, les déformations de connexions hyperboliques se traduisent fidèlement en termes de déformations de représentations affines du groupe fondamental. On supposera dans la suite que M est une variété connexe pointée et on notera Γ le groupe fondamental de M au point base a. Toute connexion $D \in \mathfrak{D}(M)$ définit une représentation affine ϱ_D de Γ dans l'espace $T_a M$ des vecteurs d'origine a : la partie linéaire est donnée par l'holonomie en a et les translations par le déroulement dans $T_a M$ des lacets d'origine a. L'application $D \longmapsto \varrho_D$ est une application continue de l'espace $\mathfrak{D}(M)$ dans l'espace des représentations affines de Γ dans $T_a M$. Si $D, D' \in \mathfrak{D}(M)$ sont équivalentes, il existe un automorphisme θ de Γ tel que $\varrho_D \circ \theta$ et $\varrho_{D'}$, soient des représentations affines semblables. Si D est une connexion hyperbolique, l'ouvert $E_a(D) = E(D) \cap T_a M$ est lui même hyperbolique et $\exp_D : E_a(D) \longrightarrow M$ est un revêtement universel de M dont les automorphismes sont donnés

par $\varrho_D(\Gamma)$ (cf. [4]). Par suite, la variété hyperbolique M est isomorphe à $\varrho_D(\Gamma)\backslash E_a(D)$. Lorsque de plus M est compacte, *l'ouvert* $E_a(D)$ *de* T_aM *est déterminé par* ϱ_D. Dans ce cas en effet, on montre que pour tout point $x \in E_a(D)$, l'enveloppe convexe de la trajectoire $\varrho_D(\Gamma)x$ de x dans $T_a M$ coïncide avec $E_a(D)$; en particulier, $E_a(D)$ est l'enveloppe convexe de la trajectoire de l'origine (cf. Kamber-Tondeur [1], Lemme 6.10). On en déduit le résultat suivant:

Si D_0 *est une connexion hyperbolique sur une variété pointée compacte, il existe un voisinage* V *de* D_0 *dans l'espace des connexions localement plates sur* M *ayant la propriété suivante: pour que deux connexions* $D_1, D_2 \in V$ *soient équivalentes, il suffit que les représentations affines* ϱ_{D_1} *et* ϱ_{D_2} *soient semblables.*

On suppose dans la suite que M est compacte, que D est une connexion hyperbolique sur M et que l'ouvert $E_a(D)$ est un cône de sommet c dans l'espace $T_a = T_a M$ des vecteurs d'origine a. Pour tout $s \in \Gamma$, soit $f_D(s)$ la partie linéaire de la transformation affine $\varrho_D(s)$. On démontre que toute représentation affine de Γ dans T_a appartenant à un voisinage assez petit de ϱ_D est semblable à une représentation linéaire de Γ dans T_a. Les petites déformations de ϱ_D sont ainsi semblables à des déformations de f_D dans l'espace des représentations linéaires de Γ dans T_a. En composant f_D et la représentation adjointe de $Gl(T_a)$, on définit une structure de Γ-module sur l'espace $\mathfrak{gl}(T_a)$ des endomorphismes de T_a. Ce Γ-module est somme directe du sous-module trivial de dimension 1 constitué par les homothéties et du sous-module $\mathfrak{sl}(T_a)$ constitué par les endomorphismes de trace nulle. Si $H^1(\Gamma, \mathfrak{sl}(T_a)) = 0$, on montre facilement que toute représentation linéaire de Γ dans T_a appartenant à un voisinage assez petit de f_D est semblable à une representation f de la forme $f(s) = e^{\eta(s)} f_D(s)$ où η est un homomorphisme de Γ dans $\mathbf{R}$. On en déduit que *si* $H^1(\Gamma, \mathfrak{sl}(T_a)) = 0$, *dans une petite déformation de* D, *le revêtement universel de* M *reste isomorphe à un cône fixe.* Nous allons voir de cas où cette rigidité du revêtement universel est assurée.

Les hypothèses sur M et D restant les mêmes, on note Ω le cône $E_a(D) - c$ de sommet origine déduit de $E_a(D)$ par translation. On suppose que Ω est un *domaine de positivité homogène* de dimension $n > 1$ et qu'il est *irréductible,* c'est à dire qu'il n'est pas produit direct de deux cônes de dimensions > 0. Soient $G(\Omega)$ (resp. $S(\Omega)$) le sous-groupe de $Gl(T_a)$ constitué par les $\alpha \in Gl(T_a)$ tels que $\alpha\Omega = \Omega$ et $\det(\alpha) > 0$ (resp. $\det(\alpha) = 1$). Soit Γ_+ le sous groupe de Γ constitué par les $s \in \Gamma$ tels que $\det(f_D(s)) > 0$. Le groupe $f_D(\Gamma_+)$ est un sous groupe discret uniforme de $G(\Omega)$. Soit $p : \alpha \longmapsto (\det(\alpha))^{-1/n} \alpha$ l'homomorphisme canonique de $G(\Omega)$ sur $S(\Omega)$ dont le noyau est le groupe des homothéties de rapport > 0. Du fait que Ω est irréductible, il résulte que $f_D(\Gamma_+)$ contient une homothétie distincte de l'identité (cf. Vey [9]). Par suite, la restriction de $p \circ f_D$ à Γ_+ a un noyau N qui est isomorphe à $\mathbf{Z}$ et une image Γ' qui est un sous-groupe discret uniforme de $S(\Omega)$. Ce noyau N opère trivialement dans $\mathfrak{sl}(T_a)$ qui est ainsi muni d'une structure de Γ'-module. Compte tenu de la suite spectrale de Hochschild-Serre et des relations $H^0(N, \mathfrak{sl}(T_a)) = H^1(N, \mathfrak{sl}(T_a)) = \mathfrak{sl}(T_a)$, on a une suite exade:

$$0 \longrightarrow H^0(\Gamma', \mathfrak{sl}(T_a)) \longrightarrow H^1(\Gamma_+, \mathfrak{sl}(T_a)) \longrightarrow H^1(\Gamma', \mathfrak{sl}(T_a)) \longrightarrow 0.$$

D'autre part, Ω étant irréductible, le commutant $H^0(\Gamma', \mathfrak{sl}(T_a))$ de Γ' dans $\mathfrak{sl}(T_a)$ est réduit à 0. Il en résulte un isomorphisme de $H^1(\Gamma_+, \mathfrak{sl}(T_a))$ sur $H^1(\Gamma', \mathfrak{sl}(T_a))$. Comme Γ_+ est d'indice fini ≤ 2 dans Γ, il existe aussi un isomorphisme de $H^1(\Gamma, \mathfrak{sl}(T_a))$ sur $H^1(\Gamma_+, \mathfrak{sl}(T_a))$. On a donc finalement un isomorphisme de $H^1(\Gamma, \mathfrak{sl}(T_a))$ sur $H^1(\Gamma', \mathfrak{sl}(T_a))$. On sait que si Ω est un domaine de positivité homogène irréductible de dimension > 1, $S(\Omega)$ est un groupe de Lie simple. D'autre part, la structure de Γ'-module de $\mathfrak{sl}(T_a))$ s'obtient par restriction de la représentation linéaire canonique de $S(\Omega)$ dans $\mathfrak{sl}(T_a))$, laquelle ne comporte pas de composante irréductible triviale. Un Théorème de Rhagunathan montre alors que dans ces conditions, les seuls cas où $H^1(\Gamma' \, \mathfrak{sl}(T_a))$ peut être $\neq 0$ sont des cas où $S(\Omega)$ est localement isomorphe à $SO_0(r, 1)$ ou $SU(r, 1)$ pour un certain entier r (cf. [5], Théorème 1). La classification des domaines de positivité homogènes et la liste de leurs groupes d'automorphismes (cf. par exemple [6]) conduit finalement au résultat suivant:

Si Ω n'est pas isomorphe au cône $Q_n \subset \mathbf{R}^n$ d'équations

$$x_1^2 + x_2^2 + \dots x_{n-1}^2 < x_n^2, \qquad x_n > 0$$

alors $H^1(\Gamma, \mathfrak{sl}(T_a)) = 0$ et dans une petite déformation de la connexion D, le revêtement universel de M reste isomorphe à Ω_n.

Lorsque Ω est isomorphe à Q_n, on connait des cas où $H^1(\Gamma, \mathfrak{sl}(T_a)) \neq 0$. Plus précisément, on peut construire en dimensions $n = 3, 4$ ou 5 des variétés hyperboliques compactes ayant la propriété suivante: leur revêtement universel est isomorphe à Q_n; des déformations arbitrairement petites de leur connexion conduisent à des variétés hyperboliques dont le revêtement universel est un cône ouvert non homogène (et par conséquent non isomorphe à Q_n) dans $\mathbf{R}^n$. Dans ces exemples, Γ est le produit direct de $\mathbf{Z}$ et d'un sous-groupe d'indice fini W' dans un groupe de Coxeter hyperbolique compact irréductible, W. La restriction de f_D à $\mathbf{Z}$ donne un groupe discret d'homothéties et la restriction de f_D à W' coïncide avec la restriction de la représentation linéaire canonique de W. Lorsque le graphe de W contient un cycle, on constate que la représentation linéaire canonique de W admet des déformations non triviales. On en déduit des déformations non triviales de f_D dont on montre qu'elles proviennent de déformations de la connexion hyperbolique. Ces représentations déformées appartiennent au type envisagé par Vinberg et Katz dans [8].

Testo pervenuto il 14 ottobre 1968.
Bozze licenziate il 30 giugno 1969.

BIBLIOGRAPHIE

[1] F. Kamber - P. Tondeur, *Flat Manifolds*, Lecture Notes in Math. Springer (1968).

[2] J. L. Koszul, *Sous-groupes discrets des groupes de transformations affines admettant une trajectoire convexe*, C. R. Acad. Sc. Paris, 259 (1964), 3675-3677.

[3] J. L. Koszul, *Variétés localement plates et convexité*, Osaka J. Math. 2 (1965) 385-390.

[4] J. L. Koszul, *Déformations de connexions localement plates*, à paraitre aux Ann. Inst. Fourier (1968).

[5] M. S. Raghunathan, *On the first cohomology of discrete subgroups of semi-simple Lie groups*, Amer. J. of Math. 87 (1965), 133-139.

[6] E. B. Vinberg, *Homogeneous cones*, Dokl. Akad. Nauk SSSR 133 (1960), 9-12 = Soviet Math. Dokl. 1 (1961), 787-790.

[7] E. B. Vinberg, *The structure of the group of automorphisms of a convex cone*, Trudy Moscow Mat. Obshch. 13 (1964), 56-83 = Trans. Moscow Math. Soc. 13 (1964).

[8] E. B. Vinberg - V. Katz, *Kvasiodnoronye konusy*, Mathematiceslie Zametki, 1 (1967), 347-354.

[9] J. Vey, *Une notion d'hyperbolicité sur les variétés localement plates.*, C. R. Acad. Sc. Paris, 266 (1968), 622-624.

Trajectoires convexes de groupes affines unimodulaires

JEAN-LOUIS KOSZUL

On démontre dans cet article qu'un ouvert convexe saillant[1] dans $\mathbf{R}^n$ qui admet un groupe transitif unimodulaire d'automorphismes affines est un cône self-dual. C'est là une sorte de version "plate" du résultat suivant, démontré par J. Hano ([1]): un domaine borné de $\mathbf{C}^n$ qui admet un groupe transitif unimodulaire d'automorphismes holomorphes est un domaine borné symétrique.

Soit $\Omega \subset \mathbf{R}^n$ un ouvert convexe saillant; dans [3] il est montré que si Ω admet un groupe transitif unimodulaire d'automorphismes affines, alors Ω est un cône. Dans le cas d'un cône, le résultat que l'on a en vue est essentiellement contenu dans les résultats de E. Vinberg sur les automorphismes des cônes convexes ([5]). La démonstration donnée ici est une démonstration plus géométrique où les propriétés des groupes unimodulaires n'interviennent que par le biais du résultat de [3] cité plus haut. Elle utilise un résultat de T. Ochiai ([4]) disant que si Ω est un cône ouvert convexe saillant de sommet origine dans $\mathbf{R}^n$ et si le groupe de ses automorphismes linéaires est complètement réductible et transitif, alors Ω est un cône self-dual. On commence par compléter ce résultat en montrant que tout groupe linéaire connexe complètement réductible transitif dans Ω coïncide avec la composante connexe neutre du groupe des automorphismes linéaires de Ω. Ceci permet de ramener le cas général au cas traité par Ochiai au moyen d'une récurrence sur la dimension.

1. Préliminaires

On désigne par G un groupe de Lie connexe et par f une représentation linéaire fidèle de G dans un espace vectoriel réel E de dimension finie. On suppose que G admet dans E une trajectoire Ω qui est un ouvert convexe saillant non vide. Soient $\mathfrak{g}$ l'algèbre de Lie de G et f la représentation linéaire de $\mathfrak{g}$ dans E définie par f. On choisit un point

---

[1] Par convexe saillant on entend un convexe ne contenant pas de droite.

$e \in \Omega$ et on définit une application linéaire $q: \mathfrak{g} \to E$ en posant $q(a) = f(a)e$ pour tout $a \in \mathfrak{g}$. La trajectoire de e étant ouverte, q est surjective; le noyau de q est la sous-algèbre de Lie $\mathfrak{b} \subset \mathfrak{g}$ qui correspond au sous-groupe de stabilité B de e. Puisque Ω est un ouvert convexe saillant, $f(B)$ est borné dans $\mathrm{End}(E)$, donc $\mathrm{Tr}\, f(a) = 0$ pour tout $a \in \mathfrak{b}$. Soit ω la forme linéaire sur E définie par

$$\omega(q(a)) = \mathrm{Tr}\, f(a)$$

pour tout $a \in \mathfrak{g}$. On définit une forme bilinéaire symétrique $\langle , \rangle$ en posant

$$\langle q(a), q(b) \rangle = \omega(f(a) q(b))$$

quels que soient $a, b \in \mathfrak{g}$. Cette forme est définie positive (cf. [2], N. 5) et vérifie l'identité:

$$(1) \qquad \langle f(a)\, q(b), q(c) \rangle - \langle f(b)\, q(a), q(c) \rangle = \langle q(a), f(b)\, q(c) \rangle - \langle q(b), f(a)\, q(c) \rangle$$

quels que soient $a, b, c \in \mathfrak{g}$. Si $b \in \mathfrak{b}$, on a $f(b) = -f(b)'$ en désignant par α' le transposé d'un endomorphisme α de E vis à vis de la forme $\langle , \rangle$. Puisque f est une représentation linéaire fidèle de $\mathfrak{g}$, il en résulte que la forme bilinéaire $(a, b) \mapsto \mathrm{Tr}\, f(a) f(b)$ est définie négative sur $\mathfrak{b}$. Comme $q \circ ad(b) = f(b) \circ q$ pour tout $b \in \mathfrak{b}$, on en déduit que la forme de Killing de $\mathfrak{g}$ est définie négative sur $\mathfrak{b}$.

Lemme. *Si la représentation linéaire f est complètement réductible, alors:*

1. *Ω est un cône self-dual,*

2. *$f(G)$ est la composante connexe neutre du groupe des automorphismes linéaires de E laissant Ω stable.*

La représentation linéaire f de $\mathfrak{g}$ étant fidèle et complètement réductible, $\mathfrak{g}$ est une algèbre de Lie réductive. Soient $\mathfrak{g}' = [\mathfrak{g}, \mathfrak{g}]$ l'idéal dérivé de $\mathfrak{g}$ et G' le sous-groupe connexe de G engendré par $\exp(\mathfrak{g}')$. Le groupe G' est un groupe de Lie semi-simple ayant une représentation linéaire fidèle; son centre est donc fini. Soit K un sous-groupe compact maximal de G'. Le groupe $f(K)$ laisse fixe un point de Ω. On peut donc choisir K de sorte que $K \subset B$. Le centre de G' étant fini, il existe une involution σ de l'algèbre de Lie $\mathfrak{g}'$ telle que le noyau de $\sigma - I_{\mathfrak{g}'}$ soit l'algèbre de Lie $\mathfrak{k}$ de K et la forme de Killing de $\mathfrak{g}'$ a pour signature $(\dim \mathfrak{g}' - \dim \mathfrak{k}, \dim \mathfrak{k})$. La forme de Killing de $\mathfrak{g}$ n'est donc définie négative sur aucun sous-espace de dimension $> \dim \mathfrak{k}$. Ceci montre que $\mathfrak{k} = \mathfrak{b}$. L'involution σ de $\mathfrak{g}'$ se prolonge d'une manière et d'une seule en une involution de $\mathfrak{g}$, notée encore σ, telle que $\sigma a = -a$ pour tout élément a appartenant au centre de $\mathfrak{g}$. Soit $\mathfrak{p}$ l'orthogonal de $\mathfrak{b}$ dans $\mathfrak{g}$ pour la forme de Killing; c'est le noyau de $\sigma+I_{\mathfrak{g}}$. Compte tenu des inclusions $[\mathfrak{b},\mathfrak{p}]\subset\mathfrak{p}$ et $[\mathfrak{p},\mathfrak{p}]\subset\mathfrak{b}$, la relation (1) montre que

$$\langle q(a), f(c)\,q(b)\rangle-\langle q(b), f(c)\,q(a)\rangle=\langle q(a), f(b)\,q(c)\rangle$$
$$-\langle q(b), f(a)\,q(c)\rangle=\langle q([a,b]), q(c)\rangle=0$$

quels que soient $a,b,c\in\mathfrak{p}$. On a donc $f(c)=f(c)'$ pour tout $c\in\mathfrak{p}$ et par conséquent, $f(a)'=-f(\sigma a)$ pour tout $a\in\mathfrak{g}$. On en déduit facilement que Ω est self-dual vis à vis du produit scalaire $\langle\,,\rangle$, c'est à dire que Ω est l'ensemble des $y\in E$ tels que $\langle x,y\rangle>0$ pour tout $x\in\bar{\Omega}-\{0\}$ (cf. [4]).

Soit maintenant $\tilde{\mathfrak{g}}$ la sous-algèbre de Lie de l'algèbre des endomorphismes de E qui correspond au groupe des automorphismes linéaires de E laissant Ω stable. Soit $\mathfrak{b}$ la sous-algèbre de $\tilde{\mathfrak{g}}$, ensemble des $\alpha\in\tilde{\mathfrak{g}}$ tels que $\alpha e=0$. Comme plus haut, on voit que $\operatorname{Tr}\alpha=0$ pour tout $\alpha\in\tilde{\mathfrak{b}}$. Il en résulte que $\operatorname{Tr}\alpha=\omega(\alpha e)$ et $\langle\alpha e, q(a)\rangle=\omega(f(a)\alpha e)$ $=\omega(\alpha q(a))+\omega([f(a),\alpha]e)=\omega(\alpha q(a))$ quels que soient $\alpha\in\tilde{\mathfrak{g}}$ et $a\in\mathfrak{g}$. On en déduit que

$$\langle\alpha q(b), q(c)\rangle-\langle f(b)\alpha e, q(c)\rangle=\langle[\alpha, f(b)]e, q(c)\rangle$$
$$=\omega([\alpha, f(b)]\,q(c)=\langle\alpha e, f(b)\,q(c)\rangle-\langle q(b), \alpha q(c)\rangle$$

quels que soient $\alpha\in\tilde{\mathfrak{g}}$ et $b,c\in\mathfrak{g}$. Il en résulte que $\tilde{\mathfrak{b}}$ est l'ensemble des $\alpha\in\tilde{\mathfrak{g}}$ tels que $\alpha'=-\alpha$ et que $f(\mathfrak{p})$ est l'ensemble des $\alpha\in\tilde{\mathfrak{g}}$ tels que $\alpha'=\alpha$. On a donc $[\tilde{\mathfrak{b}}, f(\mathfrak{p})]\subset f(\mathfrak{p})$ et $[f(\mathfrak{p}), f(\mathfrak{p})]\subset\tilde{\mathfrak{b}}$; la somme $f(\mathfrak{p})+[f(\mathfrak{p}), f(\mathfrak{p})]$ est donc un idéal de $\mathfrak{g}$. L'orthogonal de cet idéal pour la forme bilinéaire invariante $(\alpha,\beta)\mapsto\operatorname{Tr}\alpha\beta$ est un idéal de $\mathfrak{g}$ contenu dans $\mathfrak{b}$. Un tel idéal est nécessairement nul, car si $\alpha\in\tilde{\mathfrak{b}}$ et si $[\alpha,\tilde{\mathfrak{g}}]\subset\tilde{\mathfrak{b}}$, alors $\alpha q(a)=[\alpha, f(a)]e+f(a)\alpha e=0$ pour tout $a\in\mathfrak{g}$. On a donc $\tilde{\mathfrak{g}}=f(\mathfrak{p})+[f(\mathfrak{p}), f(\mathfrak{p})]\subset f(\mathfrak{g})$, ce qui achève la démonstration du Lemme.

2. Propriétés des groupes transitifs unimodulaires

Théorème. *Soit Ω un ouvert convexe saillant non vide dans* $\mathbf{R}^n$. *Si le groupe $Af(\Omega)$ des automorphismes affines de Ω contient un sous-groupe connexe unimodulaire G transitif dans Ω, alors:*

1. *Ω est un cône self-dual,*

2. *G est la composante connexe neutre de $Af(\Omega)$.*

Puisque Ω admet un groupe unimodulaire transitif d'automorphismes affines, Ω est un cône (cf. [3]). Etant saillant, Ω possède un seul sommet que l'on supposera ramené à l'origine par une translation. Le groupe $Af(\Omega)$ est alors un sous-groupe fermé de $Gl(n,\mathbf{R})$. On va montrer, par récurrence sur la dimension, que G vérifie la propriété 2. et que l'espace $E=\mathbf{R}^n$ est un G-module semi-simple. On choisit un point $e\in\Omega$. Soit F un sous-espace de E stable par G et tel que E/F soit un G-module simple. Si $F=\{0\}$, E est un G-module simple. On suppose $F\neq\{0\}$. Soit π la projection canonique de E sur E/F et soit $\varepsilon=\pi e$. On note G_F le sous-groupe invariant de G, noyau de la représentation linéaire de G dans F obtenue par restriction. On note $G_{E/F}$ le sous-groupe invariant de G, noyau de la représentation linéaire de G dans E/F obtenue par passage au quotient. Le groupe $G_{E/F}$ est contenu dans le stabilisateur G_ε de ε, c'est à dire le groupe des éléments $s\in G$ tels que $se\in e+F$.

1. *Ω est un cône ouvert convexe saillant dans E/F.* C'est évidemment un cône ouvert convexe. Il ne contient pas l'origine de E/F, car autrement on aurait $\Omega\cap F\neq\emptyset$, donc $\Omega=G(\Omega\cap F)\subset F$. Soit V l'ensemble des $v\in E/F$ tels que $\varepsilon+\mathbf{R}v\subset\pi\Omega$. Puisque $\pi\Omega$ est convexe, V est un sous-espace vectoriel de E/F. Puisque $G(\pi\Omega)=\pi\Omega$, V est stable par G. Le G-module E/F étant simple, on a soit $V=\{0\}$, soit $V=E/F$. Le second cas est exclu puisque $0\notin\pi\Omega$. Par conséquent $V=\{0\}$, c'est à dire que $\pi\Omega$ est saillant.

2. *Le groupe G_ε est un groupe unimodulaire connexe.* Puisque G est connexe et que $\pi\Omega=G\varepsilon$ est simplement connexe, G_ε est un sous-groupe connexe de G. Soient $\mathfrak{g}$ (resp. $\mathfrak{g}_\varepsilon$) l'algèbre de Lie de G (resp. G_ε). Puisque $\pi\Omega$ est un ouvert convexe saillant, pour tout $a\in\mathfrak{g}_\varepsilon$, on a $\mathrm{Tr}_{E/F}a=0$. Mais $\mathrm{Tr}_{E/F}a=\mathrm{Tr}_{\mathfrak{g}}ad(a)-\mathrm{Tr}_{\mathfrak{g}_\varepsilon}ad(a)$. Puisque G est unimodulaire, ceci prouve que $\mathrm{Tr}_{\mathfrak{g}_\varepsilon}ad(a)=0$ pour tout $a\in\mathfrak{g}_\varepsilon$, c'est à dire que G_ε est unimodulaire.

3. *L'intersection $\Omega\cap(e+F)$ est un cône.* L'action de G_ε dans E définit par restriction une représentation affine de G_ε dans $e+F$. Si $s\in G_\varepsilon\cap G_F$, alors s opère par translation dans $e+F$. Puisque Ω est un convexe saillant, cette translation ne peut être que l'identité. Il en résulte que le noyau de l'action de G_ε dans $e+F$ est $G_\varepsilon\cap G_F$ qui est contenu dans le stabilisateur G_e de e. Comme au N. 1, on en déduit que la forme de Killing de $\mathfrak{g}$ est définie négative sur l'algèbre de Lie de $G_\varepsilon\cap G_F$, c'est à dire sur $\mathfrak{g}_\varepsilon\cap\mathfrak{g}_F$ où g_F désigne l'algèbre de Lie de G_F. L'orthognal de $\mathfrak{g}_\varepsilon\cap\mathfrak{g}_F$ dans $\mathfrak{g}_\varepsilon$ pour la forme de Killing de $\mathfrak{g}$ est donc un idéal de $\mathfrak{g}_\varepsilon$ isomorphe à $\mathfrak{g}_\varepsilon/(\mathfrak{g}_\varepsilon\cap\mathfrak{g}_F)$. Puisque $\mathfrak{g}_\varepsilon$ est unimodulaire, cet idéal est unimodulaire, c'est à dire que le groupe $G_\varepsilon/(G_\varepsilon\cap G_F)$ est unimodulaire. Comme G_ε opère transitivement dans l'ouvert convexe saillant $\Omega\cap(e+F)$, compte tenu du résultat de [3], ceci prouve que $\Omega\cap(e+F)$ est un cône.

4. *On a $G=G_\varepsilon G_F$.* Soit e' le sommet du cône $\Omega\cap(e+F)$. C'est un point invariant par G_ε. On a $G_\varepsilon(e-e')=G_\varepsilon e-e'=\Omega\cap(e+F)-e'$. Il en

résulte que $G_\varepsilon(e-e')$ est l'intérieur du cône $\bar{\Omega}\cap(e+F)-e'$ dans F, qui est aussi l'intérieur de $\bar{\Omega}\cap F$. Puisque $G\Omega=\Omega$, on a $G(e-e')\subset G(\bar{\Omega}\cap F)=\bar{\Omega}\cap F$. Il en résulte que $G(e-e')=G_\varepsilon(e-e')$ est un cône ouvert convexe saillant dans F. On a vu plus haut que $G_\varepsilon/(G_\varepsilon\cap G_F)$ est unimodulaire. Puisque $\dim F<\dim E$, l'hypothèse de récurrence montre que $G_\varepsilon/(G_\varepsilon\cap G_F)$ est la composante connexe neutre du groupe des automorphismes de $G(e-e')$. On a donc $G/G_F=G_\varepsilon/(G_\varepsilon\cap G_F)$, c'est à dire $G=G_\varepsilon G_F$.

5. *On a* $G=G_{E/F}G_F$. Soit G_F^0 la composante connexe neutre de G_F. C'est un groupe unimodulaire et $G_F^0\varepsilon=G_F\varepsilon=G_FG_\varepsilon\varepsilon=\pi\Omega$. D'autre part, Ω ne contenant pas de droite, G_F opère fidèlement dans E/F. Puisque $\dim E/F<\dim E$ et que $\pi\Omega$ est un ouvert convexe saillant, l'hypothèse de récurrence montre que G_F^0, considéré somme sous-groupe du groupe linéaire de E/F, est la composante connexe neutre du groupe des automorphismes de $\pi\Omega$. On a donc $G_F^0=G/G_{E/F}$, c'est à dire $G=G_{E/F}G_F$.

6. *Le sous-espace* $\mathfrak{g}_F e$ *est un supplémentaire de* F *dans* E *stable par* G. Puisque $G=G_{E/F}G_F$ et que Ge est ouvert, si l'on note $\mathfrak{g}_{E/F}$ l'algèbre de Lie de $G_{E/F}$, on a $E=\mathfrak{g}_{E/F}e+\mathfrak{g}_Fe\subset F+\mathfrak{g}_Fe$. La représentation linéaire de G dans E et le point e permettent de définir comme au N. 1 un produit scalaire $\langle,\rangle$ sur E. Ce produit est caractérisé par la relation $\langle ae,be\rangle=\omega((ab)e)$, où ω est la forme linéaire sur E telle que $\omega(ae)=\operatorname{Tr}a$, quels que soient $a,b\in\mathfrak{g}$. On a alors $\langle\mathfrak{g}_Fe,F\rangle\subset\omega(\mathfrak{g}_FF)=0$, donc $\mathfrak{g}_Fe$ est l'orthogonal de F dans E. Ceci permet de vérifier que $\mathfrak{g}_Fe$ est stable par G. Puisque $G_{E/F}\cap G_F$ est réduit à l'identité, on a $[\mathfrak{g}_F,\mathfrak{g}_{E/F}]=0$, donc $(\mathfrak{g}_{E/F}\mathfrak{g}_F)e=(\mathfrak{g}_F\mathfrak{g}_{E/F})e\subset\mathfrak{g}_FF=0$. D'autre part, $\langle F,\mathfrak{g}_F(\mathfrak{g}_Fe)\rangle\subset\langle\mathfrak{g}_{E/F}e,\mathfrak{g}_F(\mathfrak{g}_Fe)\rangle\subset\langle\mathfrak{g}_Fe,\mathfrak{g}_{E/F}(\mathfrak{g}_Fe)\rangle=0$ d'après la relation (1). Ceci montre que $\mathfrak{g}_F(\mathfrak{g}_Fe)\subset\mathfrak{g}_Fe$, d'où finalement la stabilité de $\mathfrak{g}_Fe$ par $\mathfrak{g}$, ou encore la stabilité de $\mathfrak{g}_Fe$ par G puisque G est connexe.

Il résulte de (6) que E est un G-module semi-simple. Le Lemme du N. 1 montre alors que la condition 2. de l'énoncé est vérifiée, ainsi du reste que la condition 1. (mais comme on voit cette condition 1. n'intervient pas dans la récurrence).

Bibliographie

[1] Hano, J. I.: On kaehlerian homogeneous spaces of unimodular groups. Amer. J. of Math. **69**, 885–900 (1957).

[2] Koszul, J. L.: Domaines bornés homogènes et orbites de groupes de transformations affines. Bull. Soc. math. France **89**, 515–533 (1961).

[3] — Sous-groupes discrets des groupes de transformations affines admettant une trajectoire convexe. C. R. Acad. Sc. Paris **259**, 3675–3677 (1964).

[4] Ochiai, T.: A lemma on open convex cones. J. of the Fac. of Sc. Univ. of Tokyo **12**, 231–234 (1966).

[5] Vinberg, E. B.: The structure of the group of automorphisms of a convex cone. Trudy Moscow Mat. Obshch. **13**, 56–83 (1964).

Istituto Nazionale di Alta Matematica
Symposia Mathematica
Volume X (1972)

SOUS-GROUPES D'ISOTROPIE DES GROUPES DE TRANSFORMATIONS AFFINES RÉDUCTIFS (*)

JEAN-LOUIS KOSZUL

1. – Soient G un groupe de Lie et $(s, x) \mapsto sx$ une loi d'opération différentiable de G dans une variété M. Pour tout $x \in M$, soit G_x le groupe d'isotropie en x. On dira que l'isotropie est *stable* en x si, pour tous les points y d'un voisinage de x, G_y est conjugué de G_x par un automorphisme intérieur de G. On notera $\mathfrak{g}_y$ l'isotropie infinitésimale en y, c'est à dire l'algèbre de Lie de G_y, et on dira que l'isotropie infinitésimale est *stable* en x si, pour tous les points y d'un voisinage de x, $\mathfrak{g}_y$ est conjuguée de $\mathfrak{g}_x$ par le groupe adjoint $Ad(G)$. On connait un certain nombre de cas où l'ouvert des points de M en lesquels l'isotropie est stable est un ouvert dense dans M. Citons le cas des lois d'opération propres ([5], [8]) et le cas des actions linéaires rationnelles de groupes algébriques semi-simples (Richardson [9]).

Dans le cas des lois d'opération propres, la possibilité de contrôler le comportement de l'isotropie au voisinage d'un point quelconque $x \in M$ résulte des deux circonstances suivantes:

1) L'espace T_xM est somme directe de l'espace des vecteurs tangents à la trajectoire de x et d'un sous-espace V stable par G_x (conséquence de la compacité de G_x).

2) Le groupe G laisse invariante une connexion linéaire sur M, définie par exemple à partir d'une métrique riemannienne invariante.

Pour $v \in V$ assez voisin de 0, on a $G_{\exp(v)} = (G_x)_v$, ce qui ramène l'étude de l'isotropie dans l'action de G au voisinage de x à celle de l'isotropie dans l'action linéaire de G_x dans V. Lorsque G n'opère pas proprement, la propriété 1) n'est généralement pas vérifiée en tout point. Mais pour contrôler l'isotropie au voisinage d'un point x, il suffit de la contrôler au voisinage d'un point appartenant à l'adhérence de la trajectoire de x. La méthode de Richardson con-

(*) I risultati conseguiti in questo lavoro sono stati esposti nella conferenza tenuta il 25 maggio 1971.

siste à utiliser pour cela, par exemple dans le cas des groupes linéaires semi-simples, un point de cette adhérence où le groupe d'isotropie est un groupe algébrique réductif. L'existence d'un tel point résulte d'un Théorème de Y. Matsushima ([6]) et A. Bialynicki-Birula ([1]). On se retrouve alors dans une situation très proche de celle des lois d'opération propres.

Notre but est ici d'indiquer d'autres cas dans lesquels l'adhérence de toute trajectoire contient un point où la composante connexe neutre du groupe d'isotropie est un groupe réductif opérant de manière semi-simple dans l'espace tangent. On en déduit dans ces mêmes cas la densité de l'ouvert des points où l'isotropie infinitésimale est stable.

2. Actions de $\mathfrak{sl}(2, \boldsymbol{R})$.

On désignera par $\mathfrak{g}'$ une algèbre de Lie de dimension finie sur $\boldsymbol{R}$ et par $\mathfrak{b}$ une sous-algèbre de $\mathfrak{g}'$. On suppose qu'il existe dans $\mathfrak{g}'$ un sous-espace $\mathfrak{m}$, supplémentaire de $\mathfrak{b}$, tel que $[\mathfrak{b}, \mathfrak{m}] \subset \mathfrak{m}$. On appelle TDS une algèbre de Lie isomorphe à $\mathfrak{sl}(2, \boldsymbol{R})$. Si $\mathfrak{g}$ est une TDS, une base de Weyl de $\mathfrak{g}$ est une base X, H, Y de l'espace $\mathfrak{g}$ telle que:

$$[H, X] = 2X\,, \qquad [H, Y] = -2Y\,, \qquad [X, Y] = -H\,.$$

Lemme 1: *Si* $\mathfrak{g}$ *est une* TDS *sous-algèbre de* $\mathfrak{g}'$ *alors* $\dim(\mathfrak{g} \cap \mathfrak{b}) \neq 2$.

Supposons en effet que $\dim(\mathfrak{g} \cap \mathfrak{b}) = 2$. Il existe alors une base de Weyl X, H, Y de $\mathfrak{g}$ telle que X, H soit une base de $\mathfrak{g} \cap \mathfrak{b}$. Ecrivons $Y = Y_{\mathfrak{b}} + Y_{\mathfrak{m}}$, avec $Y_{\mathfrak{b}} \in \mathfrak{b}$ et $Y_{\mathfrak{m}} \in \mathfrak{m}$. Les relations $[X, Y] = -H$ et $[H, Y] = -2Y$ entraînent $[H, Y_{\mathfrak{m}}] = -2Y_{\mathfrak{m}}$ et $[X, Y_{\mathfrak{m}}] = 0$. Or $ad(X)$ est injectif sur le sous-espace de $\mathfrak{g}'$ noyau de $ad(H) - p$ pour tout $p < 0$. Par suite $Y_{\mathfrak{m}} = 0$ et $Y \in \mathfrak{g} \cap \mathfrak{b}$, contrairement à l'hypothèse.

Ce Lemme est un cas particulier d'un résultat concernant les actions « affines » de $\mathfrak{sl}(2, \boldsymbol{R})$. Soit M une variété différentielle munie d'une connexion linéaire et soit $\mathfrak{g}$ une TDS formée de champs de vecteurs sur M laissant invariante la connexion. *En tout point $x \in M$, la dimension de l'espace des éléments de* $\mathfrak{g}$ *nuls en x est différente de* 2. Soit en effet X, H, Y une base de Weyl de $\mathfrak{g}$ telle que X et H soient nuls en x. En coordonnées normales, pour les points v d'un voisinage de 0 dans $T_x M$, on a:

$$X_v = -f(X)v\,,$$

$$H_v = -f(H)v\,,$$

$$Y_v = Y_0 - f(Y)v + Y'_v\,,$$

où $f(X)$, $f(H)$, $f(Y)$ sont des endomorphismes de T_xM et où Y'_v est un champ de vecteurs sur un voisinage de 0 dans T_xM qui est nul à l'ordre 2 à l'origine. En écrivant à l'ordre 1 les relations $[H, X] = 2X$, $[H, Y] = -2Y$ et $[X, Y] = -H$, on constate que les endomorphismes $f(X)$, $f(Y)$ et $f(H)$ définissent une représentation linéaire de $\mathfrak{g}$ dans T_xM et que $f(X)Y_0 = 0$, $f(H)Y_0 = -2Y_0$, ce qui implique $Y_0 = 0$. Par suite tous les éléments de $\mathfrak{g}$ sont nuls en x.

LEMME 2: *Soient* $\mathfrak{g}$ *une* TDS *sous-algèbre de* $\mathfrak{g}'$ *et* X, H, Y *une base de Weyl de* $\mathfrak{g}$. *Si* $X \in \mathfrak{g} \cap \mathfrak{b}$, *il existe un élément* $Z \in \mathfrak{g}'$ *tel que*

i) $ad(Z)$ *est nilpotent*,

ii) $[Z, X] = 0$,

iii) $\exp[ad(Z)]\mathfrak{g} \subset \mathfrak{b}$.

Soit $\mathfrak{m}$ un supplémentaire de $\mathfrak{b}$ dans $\mathfrak{g}'$ stable par $ad(\mathfrak{b})$. Posons $H = H_{\mathfrak{b}} + H_{\mathfrak{m}}$, $Y = Y_{\mathfrak{b}} + Y_{\mathfrak{m}}$ avec $H_{\mathfrak{b}}, Y_{\mathfrak{b}} \in \mathfrak{b}$ et $H_{\mathfrak{m}}, Y_{\mathfrak{m}} \in \mathfrak{m}$. On a alors $[X, H_{\mathfrak{m}}] = 0$ et $[X, Y_{\mathfrak{m}}] = -H_{\mathfrak{m}}$, c'est à dire que $H_{\mathfrak{m}}$ appartient au sous-espace $\mathfrak{p} = (\operatorname{Ker} ad(X)) \cap (\operatorname{Im} ad(X))$. Pour tout entier p, soit $\mathfrak{g}'^p = \operatorname{Ker}(ad(H) - p)$. On a $\mathfrak{p} \subset \sum_{p>0} \mathfrak{g}'^p$. Puisque $[\mathfrak{g}'^p, \mathfrak{g}'^q] \subset \subset \mathfrak{g}'^{(p+q)}$ quels que soient $p, q \in \mathbf{Z}$, ceci montre que, pour tout $Z \in \mathfrak{p}$, $ad(Z)$ est nilpotent. Dans ces conditions, d'après un Lemme de Kostant ([4], Th, 3.6), on a $\exp[ad(\mathfrak{p})]H = H + \mathfrak{p}$. Il existe donc un élément $Z \in \mathfrak{p}$ tel que $\exp[ad(Z)]H = H - H_{\mathfrak{m}} = H_{\mathfrak{b}}$. Puisque $[X, Z] = 0$. on a $\exp[ad(Z)]X = X$. Par suite $\exp[ad(Z)]\mathfrak{g}$ est une TDS dans $\mathfrak{g}'$ dont l'intersection avec $\mathfrak{b}$ contient X et H. Compte tenu du Lemme 1, on a donc $\exp[ad(Z)]\mathfrak{g} \subset \mathfrak{b}$, ce qui achève la démonstration.

THÉORÈME 1: *Soit* $\mathfrak{g}$ *une algèbre de Lie réductive sur* $\mathbf{R}$ *et* $\mathfrak{b}$ *une sous-algèbre de* $\mathfrak{g}$ *admettant un supplémentaire stable par* $ad(\mathfrak{b})$. *Alors tout élément nilpotent de* $\mathfrak{g}$ *contenu dans* $\mathfrak{b}$ *appartient à une sous-algèbre semi-simple de* $\mathfrak{b}$. *L'algèbre de Lie* $\mathfrak{b}$ *est réductive.*

En effet, d'après le Théorème de Jacobson-Morosov, on sait que tout élément nilpotent $X \neq 0$ de $\mathfrak{g}$ fait partie d'une base de Weyl d'une TDS $\mathfrak{a} \subset \mathfrak{g}$ ([3], Chap. III). Le Lemme 2 montre que si $X \in \mathfrak{b}$, X appartient alors à une TDS contenue dans $\mathfrak{b}$, ce qui prouve la première assertion. Soit $\mathfrak{n}$ le radical nilpotent de $\mathfrak{b}$ ([2], §5, n. 3). Si $X \in \mathfrak{n}$, alors $ad(X)$ est nilpotent et $X \subset [\mathfrak{g}, \mathfrak{g}]$ car $\mathfrak{n} \subset [\mathfrak{b}, \mathfrak{b}]$. Par conséquent X est un élément nilpotent de $\mathfrak{g}$. Soit $\mathfrak{a}$ une sous-algèbre semi-simple de $\mathfrak{b}$ contenant X. On a $\mathfrak{n} \cap \mathfrak{a} = (0)$ et par suite $X = 0$. Ceci montre que $\mathfrak{n} = 0$, autrement dit que $\mathfrak{b}$ est réductive.

On notera qu'en général, l'algèbre de Lie $\mathfrak{b}$ n'est pas réductive *dans* $\mathfrak{g}$: son centre peut contenir un élément Z tel que $ad(Z)$ ne soit pas un endomorphisme semi-simple de $\mathfrak{g}$.

3. Points à isotropie infinitésimale réductive.

On désigne par G' un groupe de Lie réel et par B un sous-groupe fermé de G. On suppose que l'espace homogène $M = G'/B$ est réductif au sens de Nomizu: cela signifie que l'algèbre de Lie $\mathfrak{g}'$ de G' est somme directe de l'algèbre de Lie $\mathfrak{b}$ de B et d'un sous-espace $\mathfrak{m}$ stable par $Ad(B)$ ([7], p. 190). Il existe alors sur M une connexion linéaire invariante par G telle que pour tout $a \in \mathfrak{m}$, $\exp[ta]B$ soit une géodésique.

LEMME 3: *Soit G un sous-groupe connexe de G' dont l'algèbre de Lie $\mathfrak{g}$ est une* TDS. *Si $x \in M$ et si $\mathfrak{g}_x$ contient un élément nilpotent non nul de $\mathfrak{g}$, alors il existe un élément $H \in \mathfrak{g}$ tel que $\exp[tH]x$ ait pour limite, lorsque $t \to -\infty$, un point de M invariant par G.*

On peut supposer que $x \in B$, auquel cas $\mathfrak{g}_x = \mathfrak{b} \cap \mathfrak{g}$. Soit $X \in \mathfrak{b} \cap \mathfrak{g}$ un élément nilpotent non nul de $\mathfrak{g}$. D'après le Lemme 2, il existe un élément $Z \in \mathfrak{g}'$ tel que $ad(Z)$ soit nilpotent, $[Z, X] = 0$ et $\exp[ad(Z)]\mathfrak{g} \subset \mathfrak{b}$. Posons $s = \exp[Z] \in G'$ et $y = \bar{s}^1 x$. On a $\exp[ad(Z)]\mathfrak{g} = Ad(s)\mathfrak{g}$ donc $sG\bar{s}^1 \subset B$ ce qui signifie que y est invariant par G. Soit f l'application de $\mathfrak{g}'$ dans M définie par $f(a) = \exp[a]y$ pour tout $a \in \mathfrak{g}'$. Si $r \in G$, on a $f(Ad(r)a) = (r \exp[a]\bar{r}^1)y = rf(a)$ pour tout $a \in \mathfrak{g}'$ puisque $\bar{r}^1 y = y$. Soient H et Y des éléments de $\mathfrak{g}$ tels que X, H, Y soit une base de Weyl de $\mathfrak{g}$. Puisque $[X, Z] = 0$, $Z \in \sum_{p \geqslant 0} \operatorname{Ker}[ad(H) - p]$, donc lorsque $t \to -\infty$, $\exp[ad(tH)]Z$ a pour limite un point $Z^0 \in \mathfrak{g}'$ tel que $[\mathfrak{g}, Z^0] = (0)$. Or $\exp[ad(tH)]Z = Ad(\exp[tH])Z$, donc $\exp[tH]x = \exp[tH]f(Z) = f(Ad(\exp[tH])Z) = f(\exp[ad(tH)]Z)$ a pour limite $f(Z^0)$ lorsque $t \to -\infty$. Puisque $[\mathfrak{g}, Z^0] = (0)$, pour tout $r \in G$, $rf(Z^0) = f(Ad(r)Z^0) = f(Z^0)$, donc $f(Z^0)$ est invariant par G.

THÉORÈME 2: *Soit $M = G'/B$ un espace homogène réductif et soit G un sous-groupe connexe de G' dont l'algèbre de Lie $\mathfrak{g}$ est réductive dans $\mathfrak{g}'$. Dans l'adhérence de toute trajectoire de G dans M, il existe un point y dont l'isotropie infinitésimale vérifie la condition suivante:*

C) *Si $X \in \mathfrak{g}_y$ est un élément nilpotent de $\mathfrak{g}$, alors X appartient à une sous-algèbre semi-simple de $\mathfrak{g}_y$.*

Par le même raisonnement que celui qui a été fait dans la démonstration du Théorème 1, on déduit de cet énoncé le Corollaire suivant:

COROLLAIRE: *Les hypothèses étant celles du Théorème* 2,

i) *l'adhérence de toute trajectoire de G dans M contient un point x tel que $\mathfrak{g}_x$ soit réductive,*

ii) *si la trajectoire Gx de $x \in M$ est fermée, alors $\mathfrak{g}_x$ est réductive.*

DÉMONSTRATION DU THÉORÈME 2: Pour tout $y \in M$, soit $\mathfrak{r}_y$ le radical de $\mathfrak{g}_y$ et soit $\mathfrak{c}_y$ l'ensemble des éléments de $\mathfrak{r}_y$ qui sont des éléments nilpotents de $\mathfrak{g}$. On va commencer par montrer que si $x \in M$ et si $\mathfrak{c}_x \neq 0$, l'adhérence de la trajectoire Gx contient un point y tel que $\dim Gy < \dim Gx$. En remplaçant au besoin G par un sous-groupe conjugué, on se ramène au cas où $x = B$ et $\mathfrak{g}_x = \mathfrak{g} \cap \mathfrak{b}$. Si $a, b \in \mathfrak{c}_x$, alors $ad(a+b)$ est nilpotent ([2], p. 67). D'autre part $a + b \in [\mathfrak{g}, \mathfrak{g}]$. Par suite $a + b$ est un élément nilpotent de $\mathfrak{g}$. Ceci montre que $\mathfrak{c}_x$ est un sous-espace vectoriel de $\mathfrak{r}_x$. Supposons $\mathfrak{c}_x \neq 0$ et soit $X \in \mathfrak{c}_x - (0)$. D'après le Théorème de Jacobson-Morosov, il existe une TDS $\mathfrak{a}$, sous-algèbre de $\mathfrak{g}$, telle que $X \in \mathfrak{a}$. Soit A le sous-groupe connexe de G ayant $\mathfrak{a}$ pour algèbre de Lie. D'après le Lemme 3, il existe un élément $H \in \mathfrak{a}$ tel que $\exp[tH]x$ ait pour limite, lorsque $t \to -\infty$, un point y invariant par A. On va montrer que $y \in Gx$. Supposons que $y = sx$ avec $s \in G$. On a $\mathfrak{g}_y = ad(s)g_x$ et $\mathfrak{c}_y = ad(s)\mathfrak{c}_x$. Puisque y est invariant par A, on a $\mathfrak{a} \subset \mathfrak{g}_y$ et puisque $\mathfrak{a}$ est semi-simple, $\mathfrak{a} \cap \mathfrak{c}_y = (0)$. Si $r \in G$ est assez voisin de l'élément neutre, on a donc $ad(r)\mathfrak{c}_y \cap \mathfrak{a} = (0)$. Puisque y est limite de $\exp[tH]x$ lorsque $t \to -\infty$, il existe des éléments $r \in G$, arbitrairement voisins de l'élément neutre, tels que $ry \in Ax$. Soient alors $r \in G$ et $r' \in A$ tels que $ry = r'x$ et $ad(r)\mathfrak{c}_y \cap \mathfrak{a} = (0)$. On a $ad(r)\mathfrak{c}_y = ad(r')\mathfrak{c}_x$, donc $ad(r')(\mathfrak{a} \cap \mathfrak{c}_x) = \mathfrak{a} \cap (ad(r')\mathfrak{c}_x) = \mathfrak{a} \cap (ad(r)\mathfrak{c}_y) = 0$ d'où $\mathfrak{a} \cap \mathfrak{c}_x = (0)$ contrairement à l'hypothèse $X \neq 0$. Par conséquent, y n'appartient pas à Gx. Compte tenu de l'existence d'une connexion invariante, on en déduit facilement que $\dim Gy < \dim Gx$.

En itérant la construction précédente, on arrivera à un point y appartenant à l'adhérence de Gx tel que le radical de $\mathfrak{g}_y$ ne contienne pas d'élément nilpotent de $\mathfrak{g}$ autre que 0. Le radical nilpotent de $\mathfrak{g}_y$ est alors évidemment nul, ce qui signifie que $\mathfrak{g}_y$ est réductive. Soit alors a un élément nilpotent de $\mathfrak{g}$ appartenant à $\mathfrak{g}_y$. Puisque $\mathfrak{g}_y$ est réductive, a est somme d'un élément a' appartenant au centre de $\mathfrak{g}_y$ et d'un élément $a - a'$ appartenant à $[\mathfrak{g}_y, \mathfrak{g}_y]$. Puisque $a \in [\mathfrak{g}, \mathfrak{g}]$, on a $a' \in [\mathfrak{g}, \mathfrak{g}]$. Il est d'autre part évident que $ad(a')$ est nilpotent. Donc a' est un élément nilpotent de $\mathfrak{g}$. Puisque a' appartient au radical de $\mathfrak{g}_y$, on a $a' = 0$. On a donc $a \in [\mathfrak{g}_y, \mathfrak{g}_y]$, ce qui démontre le Théoréme puisque $[\mathfrak{g}_y, \mathfrak{g}_y]$ est semi-simple.

On observera que, si la condition (C) implique que $\mathfrak{g}_y$ est réductive, elle n'implique pas que $\mathfrak{g}_y$ soit réductive *dans* $\mathfrak{g}'$. Nous allons voir des cas où l'on peut cependant déduire de (C) que $\mathfrak{g}_y$ est réductive dans $\mathfrak{g}'$, ou ce qui revient au même dans $\mathfrak{g}$.

LEMME 4: *Soient* $\mathfrak{g}$ *une algèbre de Lie réductive sur* $\boldsymbol{R}$ *et* $\mathfrak{g}^0$ *une sous-algèbre de* $\mathfrak{g}$ *ayant la propriété suivante: tout élément nilpotent de* $\mathfrak{g}$ *appartenant à* $\mathfrak{g}^0$ *appartient à une sous-algèbre semi-simple de* $\mathfrak{g}^0$. *Si* $\mathfrak{g}^0$ *contient les composantes semi-simples et nilpotentes de tous ses éléments, alors* $\mathfrak{g}^0$ *est réductive dans* $\mathfrak{g}$.

On a vu que $\mathfrak{g}^0$ est réductive. Soit a un élément du centre de $\mathfrak{g}^0$ et soient a_s et a_n les composantes semi-simples et nilpotentes de a dans $\mathfrak{g}$. Puisque $a_n \in \mathfrak{g}^0$, a_n appartient à une sous-algèbre semi-simple de $\mathfrak{g}^0$. Mais a_n appartient au centre de $\mathfrak{g}^0$. Par suite $a_n = 0$ et $a = a_s$ est semi-simple, ce qui prouve que $\mathfrak{g}^0$ est réductive dans $\mathfrak{g}$.

THÉORÈME 3: *Soient* $M = G'/B$ *un espace homogène et* G *un sous-groupe connexe de* G' *dont l'algèbre de Lie est réductive dans* $\mathfrak{g}'$. *On suppose vérifiée l'une des conditions suivantes:*

1) *L'algèbre de Lie de* B *est réductive dans* $\mathfrak{g}'$.

2) *L'espace homogène* G'/B *est symétrique.*

3) *Le groupe* B *est ouvert dans le normalisateur de sa composante connexe neutre et* G'/B *est un espace homogène réductif. Dans ces conditions:*

i) *quel que soit* $y \in M$, $\mathfrak{g}_y$ *contient les composantes semi-simples et nilpotentes (dans* $\mathfrak{g}$*) de ses éléments.*

ii) *l'adhérence de toute trajectoire de* G *dans* M *contient un point* y *tel que* $\mathfrak{g}_y$ *soit réductive dans* $\mathfrak{g}'$,

iii) *l'adhérence de toute trajectoire de* G *dans* M *contient un point* y *tel que* $\mathfrak{g}_y$ *opère de manière semi-simple dans* T_yM.

i) En remplaçant au besoin G par un sous-groupe conjugué, on peut supposer que $y = B$ et $\mathfrak{g}_y = \mathfrak{g} \cap \mathfrak{b}$. Soit a un élément de $\mathfrak{g} \cap \mathfrak{b}$ et soit a_s (resp. a_n) la composante semi-simple (resp. nilpotente) de a dans $\mathfrak{g}$. Puisque $\mathfrak{g}$ est réductive dans $\mathfrak{g}'$, $\mathfrak{g}'$ est somme directe de son centre $\mathfrak{c}'$ et d'un sous-espace $\mathfrak{w}$ stable par $ad(\mathfrak{g})$. Puisque $ad(a)\mathfrak{w} \subset \mathfrak{w}$, on a $ad(a_n)\mathfrak{w} \subset \mathfrak{w}$. D'après le Théorème de Jacobson-Morosov, $a_n \in [a_n, \mathfrak{g}] \subset [a_n, \mathfrak{g}'] \subset [a_n, \mathfrak{w}] \subset \mathfrak{w}$. Dans le cas 1), puisque $\mathfrak{b}$ est réductive dans $\mathfrak{g}'$, on peut également décomposer a en $a_s^0 + a_n^0$ où a_s^0 (resp. a_n^0) est la composante semi-simple (resp. nilpotente) de a dans $\mathfrak{b}$. On a $ad(a_n) = ad(a_n^0)$ car $\mathfrak{g}$ et $\mathfrak{b}$ étant réductives dans $\mathfrak{g}'$, ces endomorphismes sont la composante nilpotente de $ad(a)$ dans End $(\mathfrak{g}')$. Par conséquent $a_n - a_n^0 \in \mathfrak{c}'$. Par suite $a_n' \in [a_n', \mathfrak{b}] \subset [a_n^0, \mathfrak{g}'] = [a_n, \mathfrak{g}'] \subset \mathfrak{w}$, ce qui montre que $a_n - a_n^0 \in \mathfrak{w}$. On a donc $a_n = a_n^0 \in \mathfrak{b}$. Dans le cas 2), soit ϑ une involution de $\mathfrak{g}'$ telle que $\mathfrak{b} = \mathrm{Ker}\,(\vartheta - 1)$. Puisque $\vartheta a = a$, $ad(a) = ad(\vartheta a_s) + ad(\vartheta a_n)$ et $ad(\vartheta a_n) = ad(a_n)$ est la composante nilpotente de $ad(a)$ dans End $(\mathfrak{g}')$. On a donc $a_n - \vartheta a_n \in \mathfrak{c}'$. Le Théorème de Jacobson-Morosov, appliqué à l'algèbre de Lie réductive $\vartheta\mathfrak{g}$, montre que $\vartheta a_n \in [\vartheta a_n, \vartheta\mathfrak{g}] \subset [\vartheta a_n, \mathfrak{g}'] = [a_n, \mathfrak{g}'] \subset \mathfrak{w}$. Par conséquent $a_n - \vartheta a_n \in \mathfrak{w}$, et $a_n = \vartheta a_n \in \mathfrak{b}$. Enfin dans le cas 3) puisque $ad(a)\mathfrak{b} \subset \mathfrak{b}$, on a $ad(a_n)\mathfrak{b}$ $\mathfrak{b}$, donc a_n appartient au normalisateur de $\mathfrak{b}$ dans $\mathfrak{g}'$. Ce normalisateur étant $\mathfrak{b}$, on a $a_n \in \mathfrak{b}$.

ii) Compte tenu de (i), l'assertion résulte du Théorème 2 et du Lemme 4.

iii) Si $\mathfrak{g}_y$ est réductive dans $\mathfrak{g}'$, la représentation linéaire de $\mathfrak{g}_y$ dans T_yM est semi-simple. En effet, si $y = sB$, la représentation linéaire de $\mathfrak{g}_y$ dans T_yM est semblable à la représentation linéaire de $\mathfrak{g}_y$ dans $\mathfrak{g}'/Ad(s)\mathfrak{b}$ déduite par passage au quotient de $ad\colon \mathfrak{g}_y \to \mathrm{End}\,(\mathfrak{g}')$.

Le Théorème 3 s'applique notamment au cas où M est un espace affine réel et où G est un sous-groupe semi-simple du groupe des transformations affines de M, ou encore un sous-groupe connexe dont l'algèbre de Lie est réductive dans $\mathfrak{g}'$.

COROLLAIRE: *Les hypothèses étant celles du Théorème* 3, *l'ensemble des points de M en lesquels l'isotropie infinitésimale est stable est un ouvert dense dans M.*

Compte tenu de l'existence d'une connexion linéaire sur M invariante par G, le Théorème 3 montre qu'il suffit d'établir le Corollaire dans le cas d'un groupe réductif opérant de manière semi-simple et linéaire dans un espace vectoriel. On traite ce cas par récurrence sur la dimension: c'est une variante de la démonstration donnée par Richardson dans le cas des groupes linéaires semi-simples.

Testo pervenuto l'11 agosto 1971.
Bozze licenziate il 27 luglio 1972.

BIBLIOGRAPHIE

[1] BIALYNICKI-BIRULA, *On homogeneous affine spaces of linear algebraic groups.* Amer. J. of Math., 85 (1963), 577-582.

[2] N. BOURBAKI, *Groupes et algèbres de Lie*, chap. I.

[3] N. JACOBSON, *Lie algebras*, Interscience Tracts, no. 10 (1962).

[4] B. KOSTANT, *The principal three-dimensional subgroups and the Betti numbers of a complex simple Lie group*, Amer. J. of Math., 81 (1959), 973-1032.

[5] J. L. KOSZUL, *Sur certains espaces de transformations de Lie*, Coll. Géom. Diff. C.N.R.S., Strasbourg, 1963.

[6] Y. MATSUSHIMA, *Espaces homogènes de Stein des groupes de Lie complexes*, Nag. Math. J., 16 (1960), 205-218.

[7] S. KOBAYASHI et K. NOMIZU, *Foundations of differential geometry*, Interscience Tracts, no. 15 (1969).

[8] R. S. PALAIS, *On the existence of slices for actions of noncompact Lie groups*, Ann. of Math., 73 (1961), 295-323.

[9] R. RICHARDSON, *Principal orbit types for algebraic transformation spaces in characteristic zero*, Inventiones math. 16 (1972), 6-14.

Istituto Nazionale di Alta Matematica
Symposia Mathematica
Volume XVI (1975)

COHOMOLOGIE DES ACTIONS LOCALES DE GROUPES DE LIE (*)

J. L. Koszul

1. Soient G un groupe de Lie, M une variété différentielle de dimension n et $G\times M \to M$ une loi d'opération C^∞ de G dans M. A tout élément a de l'algèbre de Lie $\mathfrak{g}$ de G correspond un champ de vecteurs L_a sur M dont la valeur en un point $x\in M$ est ax. Pour tout $x\in M$, on note $\mathfrak{a}_x(M)$ l'algèbre de Lie des jets en x des champs de vecteurs C^∞ définis sur un voisinage de x. L'application $a \mapsto j_x L_a$ est un homomorphisme de $\mathfrak{g}$ dans $\mathfrak{a}_x(M)$. Toute carte de M d'origine x, c'est à dire toute carte de M définie sur un voisinage ouvert de x qui applique x sur l'origine de $\mathbb{R}^n$, définit un isomorphisme de l'algèbre de Lie $\mathfrak{a}_x(M)$ sur l'algèbre de Lie $\mathfrak{a}(n)$ des jets de champs de vecteurs à l'origine sur $\mathbb{R}^n$. Par composition avec l'homomorphisme $a \mapsto j_x L_a$, toute carte d'origine x détermine donc un homomorphisme φ_x de $\mathfrak{g}$ dans $\mathfrak{a}(n)$. Soit $\mathrm{Diff}_0(n)$ le groupe des germes de difféomorphismes de $\mathbb{R}^n$ laissant l'origine fixe. Il opère à gauche par automorphismes dans $\mathfrak{a}(n)$. Un changement de carte d'origine x remplace φ_x par le composé de φ_x et d'une opération de $\mathrm{Diff}_0(n)$ dans $\mathfrak{a}(n)$.

L'algèbre de Lie $\mathfrak{a}(n)$ est munie d'une topologie définie par sa filtration naturelle. On note $H^\bullet(\mathfrak{a}(n))$ la cohomologie du complexe des cochaînes sur $\mathfrak{a}(n)$ à valeurs dans $\mathbb{R}$ qui sont continues lorsque l'on muni $\mathbb{R}$ de la topologie discrète. On sait que le groupe $\mathrm{Diff}_0(n)$ opère trivialement dans $H^\bullet(\mathfrak{a}(n))$ ([2]); il en résulte que l'homomorphisme $\varphi_x^*\colon H^\bullet(\mathfrak{a}(n)) \to H^\bullet(\mathfrak{g})$ défini par φ_x est indépendant du choix de la carte d'origine x. Ainsi l'action de G dans M associe à tout point $x\in M$ un homomorphisme $\varphi_x^*\colon H^\bullet(\mathfrak{a}(n)) \to H^\bullet(\mathfrak{g})$ bien déterminé. Sa définition n'utilise que l'action infinitésimale $a \mapsto L_a$; elle s'étend donc au cas des actions locales de groupes de Lie.

On se propose d'indiquer quelques propriétés des homomorphismes φ_x^*. Pour commencer, on montrera que si la dimension de la

(*) I risultati conseguiti in questo lavoro sono stati esposti nella conferenza tenuta il 24 gennaio 1974.

trajectoire de x est $< n$, φ^*_x admet une factorisation canonique qui introduit d'autres invariants homologiques pour l'action de G au point x.

Soit x un point de M dont la trajectoire est de dimension r. Identifions $\mathbf{R}^r$ au sous-espace engendré par les r premiers vecteurs de la base naturelle $e_1, \ldots, e_n$ de $\mathbf{R}^n$. Il existe des cartes d'origine x qui appliquent dans $\mathbf{R}^r$ un voisinage de x dans sa trajectoire, c'est à dire un ensemble Vx où V est un voisinage de l'élément neutre de G. Une carte ayant cette propriété définit un homomorphisme $\varphi_x\colon \mathfrak{g} \to \mathfrak{a}(n)$ dont l'image est contenue dans la sous-algèbre $\mathfrak{a}(n, r)$ de $\mathfrak{a}(n)$ formée par les jets de champs de vecteurs tangents à $\mathbf{R}^r$, c'est à dire de la forme

$$\sum_{i=1}^{r} f_i(x) e_i + \sum_{j,k=r+1}^{n} x_j g_{jk}(x) e_k$$

où les f_i et g_{jk} sont des séries formelles en les coordonnées naturelles $x_1, \ldots, x_n$ sur $\mathbf{R}^n$. On notera $H^\bullet(\mathfrak{a}(n, r))$ l'homologie du complexe des cochaînes continues sur $\mathfrak{a}(n, r)$. L'homomorphisme $\varphi^*_x\colon H^\bullet(\mathfrak{a}(n)) \to H^\bullet(\mathfrak{g})$ est composé de l'homomorphisme canonique $H^\bullet(\mathfrak{a}(n)) \to H^\bullet(\mathfrak{a}(n, r))$ défini par l'inclusion $\mathfrak{a}(n, r) \subset \mathfrak{a}(n)$ et d'un homomorphisme $\varphi^*_{x,r}$: $H^\bullet(\mathfrak{a}(n, r)) \to H^\bullet(\mathfrak{g})$. Soit $\mathrm{Diff}_0(n, r)$ le sous-groupe de $\mathrm{Diff}_0(n)$ formé par les germes de difféomorphismes qui laissent fixe l'origine et appliquent $\mathbf{R}^r$ dans $\mathbf{R}^r$. La sous-algèbre $\mathfrak{a}(n, r)$ est stable par $\mathrm{Diff}_0(n, r)$ et $\mathrm{Diff}_0(n, r)$ opère trivialement dans $H^\bullet(\mathfrak{a}(n, r))$ (cf. n. 2). Par suite l'homomorphisme $\varphi^*_{x,r}\colon H^\bullet(\mathfrak{a}(n, r)) \to H^\bullet(\mathfrak{g})$ est indépendant du choix de la carte d'origine x, adaptée comme il a été dit à la trajectoire de x. Pour tout point x dont la trajectoire est de dimension r, on a donc une factorisation canonique de φ^*_x en

$$H^\bullet(\mathfrak{a}(n)) \to H^\bullet(\mathfrak{a}(n, r)) \xrightarrow{\varphi^*_{x,r}} H^\bullet(\mathfrak{g}) .$$

2. Cohomologie des algèbres de Lie $\mathfrak{a}(n, r)$.

Puisque $\mathfrak{a}(n, r)$ contient $\sum_1^n x_i e_i$, sa cohomologie est de dimension finie (cf. [3]). On peut l'expliciter par les mêmes méthodes que celles qui ont été utilisées dans le cas de $\mathfrak{a}(n) = \mathfrak{a}(n, n)$. Nous indiquerons ici comment s'adapte la méthode donnée dans [4] et [5].

Soient $\mathfrak{a}$ une algèbre de Lie sur $\mathbf{R}$, $\mathfrak{m}$ et $\mathfrak{h}$ deux sous-algèbres de $\mathfrak{a}$. On suppose que $\mathfrak{m}$ est de codimension finie n et que $\mathfrak{h} \cap \mathfrak{m}$ est de codimension r dans $\mathfrak{h}$. Soit p une application linéaire de $\mathfrak{a}$ dans $\mathbf{R}^n$

telle que la suite $0 \to \mathfrak{m} \to \mathfrak{a} \xrightarrow{p} \mathbf{R}^n \to 0$ soit exacte et que $p(\mathfrak{h}) = \mathbf{R}^r$. On posera dans la suite $\mathfrak{gl}(n) = \mathfrak{gl}(n, \mathbf{R})$ et on notera $\mathfrak{gl}(n, r)$ la sous-algèbre de $\mathfrak{gl}(n)$ formée par les endomorphismes de $\mathbf{R}^n$ laissant stable le sous-espace $\mathbf{R}^r$.

LEMME 1. *Il existe une* 1-*forme* ω *sur* $\mathfrak{a}$ *à valeurs dans* $\mathfrak{gl}(n)$ *telle que*:

1) $p([a, b]) = \omega(a)p(b) - \omega(b)p(a)$ *quels que soient* $a, b \in \mathfrak{a}$

2) $\omega(\mathfrak{h}) \subset \mathfrak{gl}(n, r)$.

Puisque Ker $p = \mathfrak{m}$ est une sous-algèbre de $\mathfrak{a}$, on sait qu'il existe une 1-forme ω sur $\mathfrak{a}$ à valeurs dans $\mathfrak{gl}(n)$ telle que $dp = -\omega \wedge p$, ce qui signifie que ω vérifie la condition 1). Montrons que l'on peut modifier ω de manière à satisfaire en plus à la condition 2). Soit q l'application canonique de $\mathbf{R}^n$ sur $\mathbf{R}^n/\mathbf{R}^r$. Puisque $\mathfrak{h}$ est une sous-algèbre, si $a, b \in \mathfrak{h}$, on a $p([a, b]) \in p(\mathfrak{h}) \subset \mathbf{R}^r$, donc $q(\omega(a)p(b)) = q(\omega(b)p(a))$. Il existe donc une forme bilinéaire symétrique B sur $\mathbf{R}^r$ à valeurs dans $\mathbf{R}^n$ telle que $q\big(B(p(a), p(b))\big) = q(\omega(a)p(b))$ quels que soient $a, b \in \mathfrak{h}$. Cette forme se prolonge en une forme bilinéaire symétrique sur $\mathbf{R}^n$ à valeurs dans $\mathbf{R}^n$ que l'on note encore B. On définit alors une 1-forme ω' sur $\mathfrak{a}$ à valeurs dans $\mathfrak{gl}(n)$ en posant

$$\omega'(a) = \omega(a) - B(p(a)),$$

où $B(u)$ désigne l'endomorphisme de $\mathbf{R}^n$ tel que $B(u)(v) = B(u, v)$ quels que soient $u, v \in \mathbf{R}^n$. On a alors $\omega'(a)p(b) - \omega'(b)p(a) = \omega(a)p(b) - \omega(b)p(a) = p([a, b])$ quels que soient $a, b \in \mathfrak{a}$ et $q(\omega'(a)p(b)) = q(\omega(a)p(b)) - q\big(B(p(a), p(b))\big) = 0$ quels que soient $a, b \in \mathfrak{h}$, ce qui prouve que ω' vérifie les conditions voulues.

On désigne dans la suite par ω une 1-forme vérifiant les conditions du Lemme 1. Soit $W(n, r)$ l'algèbre de Weil de l'algèbre de Lie $\mathfrak{gl}(n, r)$ (cf. [1]). C'est le produit tensoriel de l'algèbre extérieure $\Lambda(\mathfrak{gl}(n, r)^*)$ et de l'algèbre symétrique $S(\mathfrak{gl}(n, r)^*)$. L'opérateur différentiel de $W(n, r)$ est l'unique antidérivation d telle que, pour tout $f \in \mathfrak{gl}(n, r)^*$, on ait

$$d(f \otimes 1) = df \otimes 1 + 1 \otimes f,$$

où df est la différentielle de la 1-cochaîne f. On définit un homomorphisme γ de $W(n, r)$ dans l'algèbre $C(\mathfrak{h})$ des cochaînes sur $\mathfrak{h}$ en posant, pour tout $f \in \mathfrak{gl}(n, r)^*$:

$$\gamma(f \otimes 1) = f \circ (\omega|\mathfrak{h}),$$

$$\gamma(1 \otimes f) = f \circ (\Omega|\mathfrak{h}) \quad \text{où} \quad \Omega = d\omega + \omega \wedge \omega .$$

Quels que soient $f \in \mathfrak{gl}(n, r)^*$ et $a, b \in \mathfrak{a}$, on a

$$\begin{aligned}(d\gamma(f \otimes 1))(a, b) &= -\gamma(f \otimes 1)([a, b]) = -f\big(\omega([a, b])\big)\\ &= (f \circ d\omega)(a, b) = (f \circ \Omega)(a, b) - \big(f \circ (\omega \wedge \omega)\big)(a, b)\\ &= (f \circ \Omega)(a, b) - f\big(\omega(a)\omega(b) - \omega(b)\omega(a)\big)\\ &= (f \circ \Omega)(a, b) + df\big(\omega(a), \omega(b)\big) = \big(\gamma d(f \otimes 1)\big)(a, b).\end{aligned}$$

Par conséquent, γ est un homomorphisme de complexes. Puisque $dp = -\omega \wedge p$, on a $\Omega \wedge p = 0$, c'est à dire que $\Omega(a, b)p(c) + \Omega(b, c)p(a) + \Omega(c, a)p(b) = 0$ quels que soient $a, b, c \in \mathfrak{a}$. Ceci montre que $\Omega(a, b) = 0$ quels que soient $a, b \in \mathfrak{m}$. Puisque $\mathfrak{h}/\mathfrak{h} \cap \mathfrak{m}$ est de dimension r, tout produit extérieur de plus de r cochaînes de la forme $f \circ (\Omega|\mathfrak{h})$ avec $f \in \mathfrak{gl}(n, r)^*$ est nul. Le noyau de γ contient donc l'idéal $J(r)$ engendré par les éléments de $W(n, r)$ de la forme $1 \otimes \eta$ où η est de degré $> 2r$ (rappellons que les éléments de $1 \otimes S^k(\mathfrak{gl}(n, r)^*)$ sont de degré $2k$). Cet idéal $J(r)$ est stable par l'opérateur différentiel de $W(n, r)$. Le complexe quotient $W(n, r)/J(r)$ sera noté $\hat{W}(n, r)$. C'est l'*algèbre de Weil de* $\mathfrak{gl}(n, r)$ *tronquée au niveau* $2r$. Par factorisation, k définit un homomorphisme, noté encore k, de $\hat{W}(n, r)$ dans $C(\mathfrak{h})$.

Lemme 2: *L'homomorphisme* $\gamma\colon \hat{W}(n, r) \to C(\mathfrak{h})$ *définit un homomorphisme de* $H(\hat{W}(n, r))$ *dans* $H^\bullet(\mathfrak{h})$ *indépendant du choix des formes* p *et* ω.

Ceci se démontre comme dans le cas $r = n$ (cf. [5]).

Soit $W(r \times (n - r))$ l'algèbre de Weil de l'algèbre de Lie $\mathfrak{gl}(r) \times \mathfrak{gl}(n - r)$ et $\hat{W}(r \times (n - r))$ l'algèbre qui s'en déduit en tronquant $W(r \times (n - r))$ au niveau $2r$, c'est à dire en faisant le quotient de $W(r \times (n - r))$ par l'idéal engendré par les éléments de la forme $1 \otimes \eta$ où η est un élément de degré $> 2r$ dans $S\big((\mathfrak{gl}(r) \times \mathfrak{gl}(n - r))^*\big)$. L'homomorphisme canonique de $\mathfrak{gl}(n, r)$ sur $\mathfrak{gl}(r) \times \mathfrak{gl}(n - r)$ définit un homomorphisme injectif de $W(r \times (n - r))$ dans $W(n, r)$ et, par passage aux quotients, un homomorphisme de $\hat{W}(r \times (n - r))$ dans $\hat{W}(n, r)$. On vérifie que cet homomorphisme définit un *isomorphisme de* $H\big(\hat{W}(r \times (n - r))\big)$ *sur* $H(W(n, r))$. On montre pour cela qu'il applique isomorphiquement de sous-complexe des éléments de $\hat{W}(r \times (n - r))$ invariants par $Gl(r) \times Gl(n - r)$ sur le sous-complexe des éléments de $\hat{W}(n, r)$ invariants par ce même groupe. L'algèbre de Lie $\mathfrak{gl}(r) \times \mathfrak{gl}(n - r)$ étant réductive, on dispose de résultats complets sur l'homologie de $\hat{W}(r \times (n - r))$ (cf. [6]). On a notamment $H\big(\hat{W}(r \times (n - r))\big) = 0$ pour $0 < i < 2r + 1$ et $i > r^2 + (n - r)^2 + 2r$.

On applique maintenant ce qui précède au cas $\mathfrak{a} = \mathfrak{a}(n)$, $\mathfrak{h} = \mathfrak{a}(n, r)$ et $\mathfrak{m} =$ sous-algèbre des jets de champs de vecteurs sur $\mathbf{R}^n$ nuls à l'origine. Puisque $\mathfrak{m}$ et $[\mathfrak{m}, \mathfrak{m}]$ sont des voisinages de 0 pour la topologie définie sur $\mathfrak{a}(n)$ par la filtration, pour tout $f \in \mathfrak{gl}(n, r)^*$, $f \circ (\omega|\mathfrak{h})$ et $f \circ (\Omega|\mathfrak{h})$ sont des cochaînes *continues* sur $\mathfrak{a}(n, r)$. L'homomorphisme γ applique donc $W(n, r)$ dans le complexe $C(\mathfrak{a}(n, r))$ des cochaînes continues sur $\mathfrak{a}(n, r)$ et il définit un homomorphisme canonique $\tilde{\gamma}$ de $H(\hat{W}(n, r))$ dans $H^\bullet(\mathfrak{a}(n, r))$.

THÉORÈME: *Quel que soit $r \leqslant n$, l'homomorphisme*

$$\tilde{\gamma}: H(\hat{W}(n, r)) \to H^\bullet(\mathfrak{a}(n, r))$$

est un isomorphisme.

Pour $r = n$, c'est un des résultats de Gelfand et Fuks ([2], [4]). Le cas général se traite de manière analogue. Le groupe $Gl(r) \times \times Gl(n-r)$ s'identifie à un sous-groupe de $Gl(n)$ et opère semi-simplement dans $W(n, r)$ et $C(\mathfrak{a}(n, r))$. La démonstration consiste à prouver que k applique isomorphiquement le complexe des éléments de $\hat{W}(n, r)$ qui sont basiques vis à vis de $Gl(r) \times Gl(n-r)$ sur le complexe des éléments de $C(\mathfrak{a}(n, r))$ basiques vis à vis de ce même groupe. Indiquons seulement ici comment se présentent les éléments basiques de $C(\mathfrak{a}(n, r))$. Pour alléger les notations, posons $E = \mathbb{R}^r$, $F = \sum_{r+1}^{n} \mathbb{R}e_i$ et identifions E^* et F^* à des espaces de formes linéaires sur $\mathbb{R}^n$. Pour tout $p \geqslant -1$, soit $\mathfrak{a}_p(n)$ le sous-espace de $\mathfrak{a}(n)$ formé par les jets ξ tels que $\left[\sum_1^n x_i e_i, \xi\right] = p\xi$ et soit $\mathfrak{a}_p(n)^*$ l'espace des 1-cochaînes continues sur $\mathfrak{a}(n)$ nulles sur $a_q(n)$ pour tout $q \neq p$.

Soit c une p-cochaîne sur $\mathfrak{a}(n, r)$, basique vis à vis de $Gl(r) \times \times Gl(n-r)$ et soit $\xi_1, \ldots, \xi_p$ une suite d'éléments de $\mathfrak{a}(n, r)$ de la forme

$$\xi_i = f_i^{p_i} g_i^{q_i} u_i \qquad (1 \leqslant i \leqslant k)$$

$$\xi_i = f_i^{p_i} g_i^{q_i} v_i \qquad (k < i \leqslant p),$$

où $f_i \in E^*$, $g_i \in F^*$, $u_i \in E$, $v_i \in F$ et $p_i \leqslant p_{i+1}$ pour $1 \leqslant i \leqslant k$. Puisque c est invariante par le centre de $Gl(n-r)$, si $c(\xi_1, \ldots, \xi_p) \neq 0$, on a $\sum_1^p q_i = p - k$. Puisque $\xi_i \in \mathfrak{a}(n, r)$ pour tout i, on a $q_i > 0$ pour $i > k$ et par conséquent, $q_i = 0$ pour $1 \leqslant i \leqslant k$ et $q_i = 1$ pour $k < i \leqslant p$. L'invariance de c par le centre de $Gl(r)$ montre d'autre part que, si $c(\xi_1, \ldots, \xi_p) \neq 0$, on a $\sum_1^p p_i = k$. Enfin, en écrivant que le produit intérieur de c par des jets de la forme $x_i e_j$ avec $i, j \leqslant r$ ou $i, j > r$ est nul, on constate que, dans les mêmes conditions, on a $p_i \neq 1$ pour $i \leqslant k$ et $p_i \geqslant 1$ pour $i > k$. Soit s le plus grand entier i tel que $p_i = 0$. On a $s \leqslant k$ et $k \geqslant 2(k-s) + (p-k)$ c'est à dire $2s \geqslant p$ et par conséquent, $k-s \leqslant p-s \leqslant s$. Puisque E est de dimension r, si $c(\xi_1, \ldots, \xi_p) \neq 0$, on a d'autre part $s \leqslant r$. Supposons que $\det f_i(u_j)$ $(s < i, j \leqslant k)$ soit non nul et que les f_i $(i = s+1, \ldots, p)$ soient linéairement indépendantes Alors $\mathbf{R}^n$ est somme directe du sous-espace $L = \bigcap_{s<i\leqslant p} \operatorname{Ker} f_i$ et d'un sous-espace L' de E contenant $u_{s+1}, \ldots, u_p$. Soit A l'élément de $Gl(r) \times \times Gl(n-r)$ égal à 1 sur L' et à $e > 1$ sur L. Les jets $\xi_{s+1}, \ldots, \xi_p$ sont invariants par A. En exprimant que c est invariante par A, on constate donc que $(w_1, \ldots, w_s) \mapsto c(w_1, \ldots, w_s, \xi_{s+1}, \ldots, \xi_p)$ est une forme alternée sur E, invariante par A. Si $c(\xi_1, \ldots, \xi_p) \neq 0$, cette forme n'est pas nulle et cela entraîne que $s \leqslant \dim L' = p - s$. Par suite $p = 2s$ et $p_i = 2$ pour $s < i \leqslant k$, $p_i = 1$ pour $k < i \leqslant p$. Par densité, on voit que ces relations sur les exposants sont vérifiées sans restriction sur les f_i et u_j. En résumé, si $c(\xi_1, \ldots, \xi_p) \neq 0$, la suite ξ_i est de la forme

$$u_1, \ldots, u_s, f_{s+1}^2 u_{s+1}, \ldots, f_k^2 u_k, \qquad f_{k+1} g_{k+1} v_{k+1}, \ldots, f_{2s} g_{2s} v_{2s}.$$

En d'autres termes les formes basiques de $C(a(n, r))$ *sont de degré pair*; une forme basique de degré $2s$ appartient à $\Lambda^s \mathfrak{a}_{-1}(n, r)^* \wedge \Lambda^s \mathfrak{a}_1(n, r)^*$ où $\mathfrak{a}_i(n, r)^*$ est l'espace des 1-cochaînes continues nulles sur $\mathfrak{a}_j(n, r)$ pour tout $j \neq i$. De plus ces cochaînes basiques sont annulées par les produits intérieurs par les éléments $x_i x_j e_k$ avec $i \leqslant r < j$ et $k \leqslant r$ ou $i, j, k > r$.

3. Le cas $r = n$.

Reprenons les notations du n. 1.

Théorème: *La fonction qui associe à tout point $x \in M$ l'homomorphisme φ_x^*: $H^\bullet(\mathfrak{a}(n)) \to H^\bullet(\mathfrak{g})$ est localement constante.*

Par le choix d'une carte d'origine $x \in M$, on identifie un voisinage de x avec un voisinage V de 0 dans $\mathbf{R}^n$. Pour tout $y \in V$, on choisit la carte d'origine y définie par $z \to z - y$. Soit μ_y l'isomorphisme de l'algèbre de Lie $\mathfrak{a}_y(M)$ sur $\mathfrak{a}(n)$ défini par cette carte. Pour tout champ de vecteurs $X = \sum_i f_i e_i$ sur V, on a

$$\mu_y j_y(X) = \sum_\alpha \frac{1}{\alpha!} x^\alpha (\partial^\alpha \quad {}_i)(y) e_i$$

où α parcourt $\mathbf{N}^n$. La dérivée de la fonction $y \to \mu_y j_y(X)$ par rapport au vecteur (z, y) d'origine y est $[z, \mu_y j_y(X)]$. Il en résulte que, si ω est une p-cochaîne continue sur $\mathfrak{a}(n)$, on a

$$\frac{d}{dt}(\varphi_{y+tz}^*\omega)_{t=0}(a_1, \ldots, a_p) = \sum_{i=1}^{i=p} \omega(\varphi_y(a_1), \ldots, [z, \varphi_y(a_i)], \ldots, \varphi_y(a_p))$$

quels que soient $a_1, \ldots, a_p \in \mathfrak{g}$. Cette relation signifie que

$$\frac{d}{dt}(\varphi_{y+tz}^*\omega)_{t=0} = -\theta(z)\varphi_y^*\omega$$

où $\theta(z)$ est l'opérateur de dérivation par rapport à z défini sur les cochaînes de $\mathfrak{a}(n)$. Si $d\omega = 0$, $\theta(z)\varphi_y^*\omega$ est un cobord quel que soient y et z. Par suite la classe de $\varphi_y^*\omega$ est constante au voisinage de 0.

Cette rigidité de φ_x^* a pour contrepartie que, dans de nombreux cas, on aura $\varphi_x^* = 0$ sur $H^+(\mathfrak{a}(n)) = \bigoplus_{p>0} H^p(\mathfrak{a}(n))$.

PROPOSITION: *L'homomorphisme* $\varphi_x^*: H^\bullet(\mathfrak{a}(n)) \to H^\bullet(\mathfrak{g})$ *est nul sur* $H^+(\mathfrak{a}(n))$ *notamment dans les cas suivants:*

a) la trajectoire de x est de dimension 0,

b) le groupe G est abélien,

c) il existe sur M une connexion linéaire invariante par G.

DÉMONSTRATION:

a) Si la trajectoire de x est de dimension 0, pour toute carte d'origine x, $\varphi_x(g)$ est contenu dans $\mathfrak{a}(n, 0)$. Il résulte du Théorème de Gelfand-Fuks (cf. n. 2) que l'inclusion $\mathfrak{a}(n, 0) \subset \mathfrak{a}(n)$ définit un homomorphisme de $H^\bullet(\mathfrak{a}(n))$ dans $H^\bullet(\mathfrak{a}(n, 0))$ qui est nul en degrés > 0.

b) Soit r la dimension de la trajectoire de x. Par un choix convenable de la carte d'origine x, l'image de φ_x contient les éléments $e_1, \ldots, e_r \in \mathfrak{a}_{-1}(n)$. Soit $\mathfrak{b}$ la sous-algèbre de $\mathfrak{a}(n)$ formée par les jets ξ tels que $[e_i, \xi] = 0$ pour $0 < i \leqslant r$. On a $\alpha_x(\mathfrak{g}) \subset \mathfrak{b}$ et on vérifie que l'inclusion $\mathfrak{b} \subset \mathfrak{a}(n)$ définit un homomorphisme de $H^\bullet(\mathfrak{a}(n))$ dans $H^\bullet(\mathfrak{b})$ qui est nul en degrés > 0.

c) On choisit la carte d'origine x que définissent des coordonnées normales en ce point pour la connexion invariante. L'action du groupe d'isotropie en x est alors linéaire, c'est à dire que si $\mathfrak{g}_x = \{a \in \mathfrak{g}, ax = 0\}$, on a $\varphi_x(\mathfrak{g}_x) \subset \mathfrak{a}_0(n)$. D'après J. Vey (cf. [4]) on sait que pour $p > 0$, $H^p(\mathfrak{a}(n))$ est engendré par des classes contenant des cocycles de la forme $\alpha\wedge\beta$ où β est un cocycle *de degré* $> n$, basique vis à vis de $Gl(n)$. Quel que soit $a \in \mathfrak{g}_x$, β est annulé par le produit intérieur par $\varphi_x(a) \in \mathfrak{a}_0(n)$. Puisque $\dim \mathfrak{g}/\mathfrak{g}_x \leqslant n$, il en résulte que la restriction de β à $\varphi_x(\mathfrak{g})$ est nulle. A fortiori, la classe du cocycle $\alpha\wedge\beta$ appartient au noyau de φ_x^*.

Il existe des cas où φ_x^* n'est pas nul en degrés positifs. Ceux que nous connaissons sont tous donnés par une action transitive de G dans une variété compacte. On a par exemple le cas du groupe $G = Sl(n+1, \mathbb{R})$ opérant dans l'espace projectif réel $P(n)$. Pour un choix convenable d'une carte d'origine $x \in P(n)$, $\varphi_x(\mathfrak{sl}(n+1)) = \mathfrak{a}_{-1}(n) + \mathfrak{a}_0(n) + \mathfrak{t}$ où $\mathfrak{t}$ est l'espace des jets de la forme $\sum_{i,j} \lambda_j x_j x_i e_i$ $(\lambda_j \in \mathbb{R})$. On vérifie que l'image de $\varphi_x^*: H^\bullet(\mathfrak{a}(n)) \to H^\bullet(\mathfrak{sl}(n+1))$ est $H^\bullet(\mathfrak{sl}(n+1)) + m$, où m est le noyau de l'homomorphisme $H^\bullet(\mathfrak{sl}(n+1)) \to H^\bullet(\mathfrak{sl}(n))$ défini par l'injection canonique $\mathfrak{sl}(n) \to \mathfrak{sl}(n+1)$. Ce noyau m est l'idéal de $H^\bullet(\mathfrak{sl}(n+1))$ engendré par l'élément de degré $2n+1$ d'une famille génératrice de l'algèbre $H^\bullet(\mathfrak{sl}(n+1))$.

4. Les cas $r = 0$ et $0 < r < n$.

L'algèbre de Weil de $\mathfrak{gl}(n)$ tronquée au niveau 0 s'identifie à l'algèbre des cochaînes sur $\mathfrak{gl}(n)$ à valeurs dans $\mathbb{R}$. D'après le Théorème du n. 2, on a donc un isomorphisme canonique λ de $H^\bullet(\mathfrak{gl}(n))$ sur $H^\bullet(\mathfrak{a}(n, 0))$. Pour tout point $x \in M$ dont la trajectoire est de dimension 0, le composé de $\varphi_{x,0}^*$ et de λ est un homomorphisme de $H^\bullet(\mathfrak{gl}(n))$ dans $H^\bullet(\mathfrak{g})$. Cet homomorphisme peut s'obtenir directement en considérant l'homomorphisme de $\mathfrak{g}$ dans $\mathfrak{gl}(n)$ composé de l'homomorphisme de $\mathfrak{g}$ dans $\mathfrak{gl}(T_x M)$ défini par l'action de G et l'isomorphisme de $\mathfrak{gl}(T_x M)$ sur $\mathfrak{gl}(n)$ défini par le choix d'une carte d'origine x.

On sait que $H^\bullet(\mathfrak{gl}(n))$ est l'algèbre antisymétrique libre engendrée par les classes $\tilde{u}_p$ des cocycles u_p $(p = 1, 3, \ldots, 2n-1)$ où

$$u_p(A_1, \ldots, A_p) = \sum_\alpha sg(\alpha)\,\mathrm{Tr}\,(A_{\alpha 1} \ldots A_{\alpha p})$$

et où α parcourt le groupe des permutations de $[1, p]$. Si ϱ est une représentation linéaire de $\mathfrak{g}$ dans $\mathbb{R}^n$ et si $p > 1$, $u_p(\varrho(a_1), \ldots, \varrho(a_p)) = 0$ toutes les fois que $a_1, \ldots, a_p$ est une suite d'éléments de $\mathfrak{g}$ comportant un terme dans le radical de $\mathfrak{g}$. Compte tenu de la rigidité des représentation linéaires des algèbres de Lie semi-simples, il en résulte que, pour $p > 1$, la classe $\varrho^* \tilde{u}_p \in H^\bullet(\mathfrak{g})$ n'est pas modifiée dans une déformation continue de ϱ. On voit donc que, si N est le sous-espace de M formé par les points dont la trajectoire est de dimension 0, et si

$p > 1$, la fonction $x \mapsto \varphi^*_{x,0}\tilde{u}_p$ est *localement constante* sur N. Il est facile de voir que, en général, $x \mapsto \varphi^*_{x,0}\tilde{u}_1$ n'est pas localement constante.

Cette stabilité de $\varphi^*_{x,0}$ est à rapprocher de la stabilité de $\varphi^*_{x,n} = \varphi^*_x$ démontrée au n. 3. J'ignore dans quelle mesure un phénomène analogue se produit pour $0 < r < n$. La fonction associant à x l'homomorphisme $\varphi^*_{x,r}$ est elle localement constante sur le sous-espace des points dont la trajectoire est de dimension r?

Nous terminerons avec un exemple qui montre que, pour $n = 2$ et $r = 1$, l'homomorphisme $\varphi^*_{x,1}$ n'est pas déterminé par l'isotropie en x.

Pour $i = 1, 2$, notons α_i la 1-cochaîne sur $\mathfrak{a}(2,1)$ telle que $\alpha_i \in \mathfrak{a}_0(2,1)^*$ et $\alpha_i(x_j e_k) = \delta_{ij}\delta_{jk}$. On a $H^p(\mathfrak{a}(2,1)) = 0$ sauf pour $p = 0, 3, 4$. Une base de $H^3(\mathfrak{a}(2,1))$ est donnée par les classes des cocycles $\alpha_i \wedge d\alpha_j$ $(i \leqslant j)$. Une base de $H^4(\mathfrak{a}(2,1))$ est donnée par les classes de cocycles $\alpha_1 \wedge \alpha_2 \wedge d\alpha_i$ $(i = 1, 2)$. On considère les deux actions locales de $Sl(2, \mathbb{R})$ au voisinage de l'origine de $\mathbb{R}^2$ définies par les transformations infinitésimales:

$$(A) \qquad \frac{\partial}{\partial x_1}, \; 2x_1 \frac{\partial}{\partial x_1}, \; x_1^2 \frac{\partial}{\partial x_1};$$

$$(B) \qquad \frac{\partial}{\partial x_1}, \; 2\left(x_1 \frac{\partial}{\partial x_1} + x_2 \frac{\partial}{\partial x_2}\right), \; x_1^2 \frac{\partial}{\partial x_1} + 2x_1 x_2 \frac{\partial}{\partial x_2}.$$

Dans le cas (A) $\alpha_1 \wedge d\alpha_2$ et $\alpha_2 \wedge d\alpha_2$ appartiennent au noyau de $\varphi^*_{0,1}$. La classe de $\alpha_1 \wedge d\alpha_1$ a pour image un élément non nul de $H^3(\mathfrak{sl}(2))$. Dans le cas (B), les classes des cocycles $\alpha_i \wedge d\alpha_j$ $(i \leqslant j)$ ont pour image par $\varphi^*_{0,1}$ le même élément non nul de $H^3(\mathfrak{sl}(2))$.

Testo pervenuto il 2 aprile 1974.
Bozze licenziate il 18 luglio 1975.

BIBLIOGRAPHIE

[1] H. Cartan, *Notions d'algèbre différentielle, application aux groupes de Lie et aux variétés où opère un groupe de Lie*, Coll. de Topologie, Bruxelles (1950), pp. 15-27.

[2] I. M. Gelfand - D. B. Fuks, *Cohomology of the Lie algebra of formal vector fields*, Izv. Akad. Nauk SSSR, 34 (1970), pp. 322-337.

[3] I. M. Gelfand - D. B. Fuks, *Upper bounds for cohomology of infinite dimensional Lie algebras*, Funct. Analiz., 4, no. 4 (1970), pp. 323-324.

[4] C. Godbillon, *Cohomologie d'algèbres de Lie de champs de vecteurs formels*, Séminaire Bourbaki, no. 421 (1972).

[5] A. Haefliger, *Sur les classes caractéristiques des feuilletages*, Séminaire Bourbaki, no. 412 (1972).

[6] F. W. Kamber - P. Tondeur, *Cohomologie des algèbres de Weil relatives tronquées*, C. R. Ac. Sc. Paris, 276 (1973), pp. 459-462.

Ann. scient. Éc. Norm. Sup.
4e série, t. 7, 1974, p. 139 à 154.

HOMOLOGIE DES COMPLEXES DE FORMES DIFFÉRENTIELLES D'ORDRE SUPÉRIEUR

PAR JEAN-LOUIS KOSZUL

Soit M une variété différentielle réelle de dimension $n > 0$. On suppose M de classe C^∞, de même que toutes les variétés, fonctions et champs de tenseurs envisagés dans la suite. Soient $\mathfrak{a}(M)$ l'algèbre de Lie sur **R** des champs de vecteurs sur M et E un fibré de tenseurs sur M. La dérivation de Lie définit une représentation linéaire de $\mathfrak{a}(M)$ dans l'espace des sections de E. Une p-cochaîne ω sur $\mathfrak{a}(M)$ à valeurs dans cet espace associe à toute suite $X_1, \ldots, X_p \in \mathfrak{a}(M)$ une section $\omega(X_1, \ldots, X_p)$ de E. On dit que ω est une forme différentielle d'ordre $\leqq k$ (à valeurs dans E) si pour tout $x \in M$, la valeur en x de la section $\omega(X_1, \ldots, X_p)$ est déterminée par les jets d'ordre k des champs X_i au point x. Pour tout entier $k \geqq 0$, les formes différentielles d'ordre $\leqq k$ à valeurs dans E forment un sous-complexe du complexe des cochaînes sur $\mathfrak{a}(M)$ à valeurs dans l'espace des sections de E. La réunion de ces sous-complexes est le complexe des formes différentielles d'ordre supérieur à valeurs dans E. Son homologie sera notée $H^*_\infty(M, E)$ (*cf.* Guillemin [2], Losyk [3]).

Cet article repose sur l'observation suivante. Dans certains cas, c'est-à-dire pour certains fibrés E, il apparaît dans $H^*_\infty(M, E)$ des classes « canoniques » dont on montre qu'elles sont toujours non nulles. L'exemple le plus simple est donné par la classe de la divergence.

Supposons M orientable. Soit v un volume sur M. La divergence (relative à v) d'un champ $X \in \mathfrak{a}(M)$ est la fonction définie par $(\operatorname{div} X)\, v = \theta(X)\, v$, $\theta(X)$ désignant la dérivation de Lie par rapport à X. C'est une forme de degré 1, d'ordre $\leqq 1$, à valeurs dans le fibré trivial $T^0_0 M$ des tenseurs de type (0, 0) sur M. Quels que soient $X, Y \in \mathfrak{a}(M)$, on a $\operatorname{div}[X, Y] = X.(\operatorname{div} Y) - Y.(\operatorname{div} X)$, autrement dit, div est un cocycle. On voit facilement que sa classe dans $H^1_\infty(M, T^0_0 M)$ est indépendante du choix de v et n'est jamais nulle.

Voici maintenant un exemple de classe représentée par un cocycle d'ordre $\leqq 2$. Soit D une connexion linéaire dans TM et, pour tout $X \in \mathfrak{a}(M)$, soit $\theta(X)\, D$ la dérivée de Lie de D par rapport à X. La différence de deux connexions linéaires étant une forme de degré 2 à valeurs dans TM, c'est-à-dire une section de $T^1_2 M$, $X \mapsto \theta(X)\, D$ est une forme de degré 1 à valeurs dans $T^1_2 M$. La formule

$$(\theta(X) D)(Y, Z) = [X, D_Y Z] - D_{[X, Y]} Z - D_Y [X, Z] \qquad (X, Y, Z \in \mathfrak{a}(M))$$

montre que c'est une forme d'ordre $\leqq 2$. Il est évident que c'est un cocycle et on vérifie que sa classe est un élément de $H^1_\infty(M, T^1_2 M)$ indépendant du choix de la connexion D. Pour $n > 0$, cette classe n'est pas nulle car il n'existe pas de connexion sur M annulée par $\theta(X)$ quel que soit X.

Pour expliquer l'origine de ces classes, on montrera qu'il existe pour tout E, un homomorphisme canonique $H(C) \to H^*_\infty(M, E)$, où C est le complexe des cochaînes sur l'algèbre de Lie des jets de champs de vecteurs nuls à l'origine sur $\mathbf{R}^n$, prenant leurs valeurs dans la fibre type de E et basiques vis-à-vis du groupe orthogonal. On déterminera toutes les classes de degré 1 qui s'obtiennent en prenant l'image de ces homomorphismes.

1. Homologie du complexe des formes différentielles équivariantes sur un espace fibré principal

Soient G un groupe de Lie et ρ une représentation linéaire continue de G dans un espace vectoriel V de dimension finie sur **R**. Soit $M \times G \to M$ une loi d'opération C^∞ de G dans la variété M. On note $\Omega_G(M, V)$ le complexe des formes différentielles sur M à valeurs dans V qui sont équivariantes par rapport à G. L'homologie de $\Omega_G(M, V)$ sera notée $H^*_G(M, V)$; c'est la cohomologie équivariante de M à valeurs dans V.

Soit B un sous-groupe fermé de G. Une cochaîne c sur l'algèbre de Lie $\mathfrak{g}$ de G à valeurs dans V est dite B-basique si elle est équivariante vis-à-vis de B et si le produit intérieur de c par tout élément de l'algèbre de Lie de B est nul. Les cochaînes B-basiques forment un sous-complexe $C^*(\mathfrak{g}, B, V)$ du complexe $C^*(\mathfrak{g}, V)$ des cochaînes sur $\mathfrak{g}$ à valeurs dans V. Son homologie sera notée $H^*(\mathfrak{g}, B, V)$.

Il existe un isomorphisme canonique η du complexe $\Omega_G(B\backslash G, V)$ sur le complexe $C^*(\mathfrak{g}, B, V)$. Si $\omega \in \Omega^p_G(B\backslash G, V)$ et si ε est l'élément origine de $B\backslash G$, $\eta\omega$ est défini par

$$(\eta\omega)(a_1, \ldots, a_p) = \omega(\varepsilon a_1, \ldots, \varepsilon a_p)$$

quels que soient $a_1, \ldots, a_p \in \mathfrak{g}$. Si $c \in C^p(\mathfrak{g}, B, V)$:

(1.1) $$(\eta^{-1} c)(\varepsilon s a_1, \ldots, \varepsilon s a_p) = \rho(s)^{-1} c(s a_1 s^{-1}, \ldots, s a_p s^{-1})$$

quels que soient $s \in G$ et $a_1, \ldots, a_p \in \mathfrak{g}$.

Soit P un fibré principal de classe C^∞ de groupe G. Une restriction à B du groupe de structure de P correspond à un G-morphisme $\varphi : P \to B\backslash G$ qui définit des homomorphismes $\varphi^* : \Omega_G(B\backslash G, V) \to \Omega_G(P, V)$ et $\tilde{\varphi}^* : H^*_G(B\backslash G, V) \to H^*_G(P, V)$. Si $\xi \in P$ et si $\varphi(\xi) = \varepsilon$, le G-morphisme $s \mapsto \xi s$ de G dans P, composé avec φ, donne le G-morphisme canonique $s \mapsto \varepsilon s$ de G sur $B\backslash G$. Par conséquent,

(1.2) *le noyau de* $\tilde{\varphi}^* : H^*_G(B\backslash G, V) \to H^*_G(P, V)$ *est contenu dans le noyau de l'homomorphisme canonique* $H^*_G(B\backslash G, V) \to H^*_G(G, V)$.

Si l'espace $B\backslash G$ est contractile, deux G-morphismes de P dans $B\backslash G$ appartiennent à une famille à un paramètre de G-morphismes et définissent donc le même homomorphisme de $H_G^*(B\backslash G, V)$ dans $H_G^*(P, V)$. Il en résulte que si G a un nombre fini de composantes connexes et si B est un sous-groupe compact maximal de G, l'homomorphisme $\tilde{\varphi}^* : H_G(B\backslash G, V) \to H_G^*(P, V)$ est *canonique*, c'est-à-dire indépendant du choix de φ. Lorsque B est un sous-groupe compact maximal de G, on peut interpréter $H_G^*(B\backslash G, V)$ comme la cohomologie équivariante à valeurs dans V d'un fibré principal universel de groupe G. Plus précisément, quel que soit l'entier $n > 0$, il existe un entier N tel que, si P est N-universel, $\tilde{\varphi}^* : H_G^p(B\backslash G, V) \to H_G^p(P, V)$ soit un isomorphisme pour $p \leqq n$. Ce résultat est implicitement démontré par Van Est en passant par l'intermédiaire du complexe standard des cochaînes différentiables sur G à valeurs dans V (*cf.* [4]. p. 290, rem. et [5], p. 403, th. 2). Il n'en sera pas fait usage dans la suite.

Soit φ un G-morphisme de P dans $B\backslash G$ et soit Q le sous-fibré principal de groupe B dans P, image réciproque de ε par φ. Pour expliciter l'homomorphisme

$$\varphi^* : \quad \Omega_G(B\backslash G, V) \to \Omega_G(P, V),$$

il est commode, et semble-t-il conforme à la nature des choses, de choisir une forme de connexion γ sur Q. Cette forme se prolonge d'une manière et d'une seule en une forme de connexion sur P qui sera notée encore γ.

(1.3) LEMME. — *Quels que soient* $\xi \in P$ *et* $u \in T_\xi P$, *on a* $\varphi^T(u) = \varphi(\xi)\gamma(u)$.

Soit en effet $s \in G$ tel que $\xi s \in Q$. On a $\varphi^T(u) = \varphi^T(us)s^{-1}$. Si u est horizontal, c'est-à-dire si $\gamma(u) = 0$, alors us est horizontal et par suite $us \in T_{\xi s}Q$. On a donc $\varphi^T(us) = 0$ et $\varphi^T(u) = 0 = \varphi(\xi)\gamma(u)$. Si u est vertical, donc de la forme ξa avec $a \in \mathfrak{g}$, alors

$$\varphi^T(u) = \varphi^T(\xi a) = \varphi(\xi) a = \varphi(\xi)\gamma(u).$$

Ce lemme permet d'expliciter l'homomorphisme $\varphi^* \circ \eta^{-1}$ de $C^*(\mathfrak{g}, B, V)$ dans $\Omega_G(B\backslash G, V)$: quels que soient $c \in C^p(\mathfrak{g}, B, V)$, $\xi \in P$ et $u_1, \ldots, u_p \in T_\xi P$, on a

$$((\varphi^* \circ \eta^{-1})c)(u_1, \ldots, u_p) = \rho(s)^{-1} c(s\gamma(u_1)s^{-1}, \ldots, s\gamma(u_p)s^{-1}),$$

où s est un élément de G tel que $\xi s \in Q$. En particulier, si $\xi \in Q$, on a

$$(1.4) \qquad ((\varphi^* \circ \eta^{-1})c)(u_1, \ldots, u_p) = c(\gamma(u_1), \ldots, \gamma(u_p)).$$

Bien que cette formule fasse intervenir la forme de connexion γ, l'homomorphisme $\varphi^* \circ \eta^{-1}$ ne dépend que du G-morphisme φ ou, ce qui revient au même, du sous-fibré Q.

2. Formes différentielles d'ordre supérieur et homomorphisme $\tilde{\psi}$

Soit n un entier > 0. On note $\mathfrak{a}$ l'algèbre de Lie des jets de champs de vecteurs à l'origine sur $\mathbf{R}^n$. Pour tout $k \geqq -1$, on note $\mathfrak{a}_k$ l'espace des applications polynomiales homogènes de degré $k+1$ de $\mathbf{R}^n$ dans $\mathbf{R}^n$. Chaque $\mathfrak{a}_k$ s'identifie à un sous-espace de $\mathfrak{a}$ et si l'on pose $\mathfrak{a}_k = (0)$ pour $k < -1$, on a $[\mathfrak{a}_p, \mathfrak{a}_q] \subset \mathfrak{a}_{p+q}$ quels que soient $p, q \in \mathbf{Z}$. On note $\mathfrak{g}$ la sous-algèbre de $\mathfrak{a}$ formée par les jets de champs de vecteurs nuls à l'origine. On a $\mathfrak{a} = \mathfrak{a}_{-1} \oplus \mathfrak{g}$ et $\mathfrak{a}_{-1} = \mathbf{R}^n$. Pour tout $k > 0$, les jets des champs de vecteurs ayant l'origine pour zéro d'ordre k forment un idéal $\mathfrak{m}_k$ de $\mathfrak{g}$ et $\mathfrak{g} = \mathfrak{a}_0 \oplus \mathfrak{a}_1 \oplus \ldots \mathfrak{a}_k \oplus \mathfrak{m}_{k+1}$.

On note G_k le groupe des jets d'ordre k à l'origine des difféomorphismes locaux de $\mathbf{R}^n$ laissant l'origine fixe. Pour tout $k \geqq 1$, G_k est un groupe de Lie dont l'algèbre de Lie $\mathfrak{g}_k$ est canoniquement isomorphe à $\mathfrak{g}/\mathfrak{m}_k$. On identifiera dans la suite l'espace $\mathfrak{g}_k$ et le supplémentaire $\mathfrak{a}_0+\mathfrak{a}_1+\ldots+\mathfrak{a}_{k-1}$ de $\mathfrak{m}_k$ dans $\mathfrak{g}$.

L'action de Gl (n) dans $\mathbf{R}^n$ définit une représentation linéaire de G dans $\mathfrak{a}$ laissant stable chaque sous-espace $\mathfrak{a}_k$. En associant à tout élément de Gl (n) son jet à l'origine, on obtient d'autre part pour tout $k \geqq 1$, un homomorphisme injectif Gl $(n) \to G_k$. Si $k = 1$, cet homomorphisme est bijectif et permet d'identifier G_1 à Gl (n). Pour $1 \leqq k \leqq r$, il existe un homomorphisme surjectif canonique $h : G_r \to G_k$. L'homomorphisme $h : G_k \to G_1$ est inverse à gauche de l'injection $G_1 \to G_k$.

On désigne dans la suite par M une variété C^∞ connexe de dimension $n > 0$. Pour tout entier $k \geqq 1$, soit P_k le fibré des repères d'ordre k de M. C'est un fibré principal de groupe G_k. Si $1 \leqq k \leqq r$, il existe un homomorphisme surjectif canonique h_P de P_r dans P_k tel que $h_P(\xi s) = h_P(\xi)\, h(s)$ quels que soient $\xi \in P_r$ et $s \in G_r$.

On suppose maintenant donnée une forme de connexion γ sur P_1 ou, ce qui revient au même, une connexion linéaire dans TM. Elle définit une application exponentielle (notée exp) d'un voisinage de la section nulle de TM dans M. Pour tout $\xi \in P_1$ et tout $k \geqq 1$, on pose $\xi_k = j_k(\exp \circ \xi)$ (jet d'ordre k de $\exp \circ \xi$ à l'origine de $\mathbf{R}^n$). Le jet ξ_k est un repère d'ordre k. Pour tout $s \in$ Gl (n), $(\xi s)_k = \xi_k s_k$, où s_k est l'image de s dans G_k. L'application $\xi \mapsto \xi_k$ est donc un isomorphisme de P_1 sur un sous-fibré principal de P_k ayant pour groupe l'image de G_1 dans G_k. Ce sous-fibré sera noté P_k^{nor} et ses éléments seront appelés les repères *normaux* d'ordre k (pour la forme de connexion γ).

Par transport de structure, γ définit une forme de connexion sur P_k^{nor} qui se prolonge canoniquement en une forme de connexion γ_k sur le fibré P_k. Supposons $1 \leqq k \leqq r$; si h est l'homomorphisme canonique de G_r sur G_k, et si h_P est l'homomorphisme canonique de P_r sur P_k, on a $h_P(P_r^{\text{nor}}) = P_k^{\text{nor}}$ et $h^T \circ \gamma_r = \gamma_k \circ h_P^T$.

Soit B un sous-groupe fermé de G_1 et soit Q_1 un sous-fibré principal de groupe B dans P_1. On note Q_k^{nor} le sous-fibré de P_k^{nor} formé par les ξ_k où $\xi \in Q_1$. En identifiant G_1 à son image dans G_k, Q_k^{nor} est un sous-fibré principal de groupe B. Si la connexion γ sur P_1 prolonge une connexion sur Q_1, alors la connexion γ_k sur P_k prolonge une connexion sur Q_k^{nor}.

Soit V un Gl (n)-module, c'est-à-dire un espace vectoriel réel de dimension finie dans lequel est donnée une représentation linéaire continue de Gl (n). On notera $P_1 V$ le fibré vectoriel de base M de fibré type V associé à P_1. Pour tout entier $k \geqq 1$, l'homomorphisme canonique $G_k \to G_1 =$ Gl (n) définit sur V une structure de G_k-module. On peut considérer $P_1 V$ comme associé à P_k, l'application $P_k \times V \to P_1 V$ étant composée des applications $P_k \times V \to P_1 \times V$ et $P_1 \times V \to P_1 V$. On notera multiplicativement les applications $P_k \times V \to P_1 V$.

On sait qu'il existe un isomorphisme canonique μ du complexe $\Omega_{G_k}(P_k, V)$ sur le complexe $\Omega_k(M, P_1 V)$ des formes différentielles d'ordre $\leqq k$ sur M à valeurs dans $P_1 V$ (*cf.* [3]). Rappelons sa construction. Tout champ de vecteurs X sur M a un prolongement canonique $X^{(k)}$ sur P_k. Le champ $X^{(k)}$ est invariant par G_k et se projette sur X. Si $\omega \in \Omega^p_{G_k}(P_k, V)$ et si ξ est un repère d'ordre k au point $x \in M$, quels que soient les champs de vecteurs

$X_1, \ldots, X_p$ sur M, on a

$$((\mu\omega)(X_1, \ldots, X_p))_x = \xi\omega(X_1^{(k)}(\xi), \ldots, X_p^{(k)}(\xi)).$$

D'après le paragraphe 1, la restriction à B du groupe de structure de P_k définie par Q_k^{nor} détermine un homomorphisme $\varphi^* \circ \eta^{-1}$ de $C^*(\mathfrak{g}_k, B, V)$ dans $\Omega_{G_k}(P_k, V)$. En composant cet homomorphisme avec μ, on obtient un homomorphisme de complexes

$$\psi_k : \quad C^*(\mathfrak{g}_k, B, V) \to \Omega_k(M, P_1 V)$$

qui est caractérisé comme suit : si $c \in C^p(\mathfrak{g}_k, B, V)$ et si ξ est un repère d'ordre 1 au point x appartenant à Q_1, quels que soient $X_1, \ldots, X_p \in \mathfrak{a}(M)$, on a

$$(2.1) \qquad ((\psi_k c)(X_1, \ldots, X_p))_x = \xi\, c(\gamma_k(X_1^{(k)}(\xi_k)), \ldots, \gamma_k(X_p^{(k)}(\xi_k))).$$

Notons $H_k^*(M, P_1 V)$ l'homologie du complexe $\Omega_k(M, P_1 V)$. L'homomorphisme ψ_k définit un homomorphisme

$$\tilde{\psi}_k : \quad H^*(\mathfrak{g}_k, B, V) \to H_k^*(M, P_1 V).$$

La propriété 1.2 se traduit par

(2.2) *le noyau de* $\tilde{\psi}_k$ *est contenu dans le noyau de l'homomorphisme canonique* $H^*(\mathfrak{g}_k, B, V) \to H^*(\mathfrak{g}_k, V)$.

L'homomorphisme ψ_k dépend non seulement du sous-fibré Q_1 mais aussi de la forme de connexion γ qui détermine Q_k^{nor} à partir de Q_1. Si l'on remplace la connexion γ par une connexion γ' on obtient un nouveau sous-fibré de repères normaux $(Q_k^{\text{nor}})'$, mais les sous-fibrés Q_k^{nor} et $(Q_k^{\text{nor}})'$ correspondent à des G_k-morphismes homotopes de P_k dans $B\backslash G_k$. Il en résulte que $\tilde{\psi}_k$ est indépendant du choix de la connexion γ; il ne dépend que du sous-fibré Q_1. Du reste, si B contient un sous-groupe compact maximal de Gl (n), alors G_k/G_1 étant contractile, B considéré comme sous-groupe de G_k contient un sous-groupe compact maximal de G_k. On a vu que dans ce cas, $\tilde{\varphi}^*$ est déterminé par B. *Par suite, si* B *contient un sous-groupe compact maximal de* Gl (n), *l'homomorphisme* $\tilde{\psi}_k$ *est déterminé par* B.

Soit B' un sous-groupe fermé de Gl (n) contenu dans B et soit Q_1' un sous-fibré principal de groupe B' dans P_1. Soit γ une forme de connexion sur P_1 prolongeant une forme de connexion sur Q_1'. L'homomorphisme $\psi_k : C^*(\mathfrak{g}_k, B, V) \to \Omega_k(M, P_1 V)$ défini par $Q_1 = Q_1' B$ et γ est composé de l'homomorphisme canonique $C^*(\mathfrak{g}_k, B, V) \to C^*(\mathfrak{g}_k, B', V)$ et de l'homomorphisme $\psi_k' : C^*(\mathfrak{g}_k, B', V) \to \Omega_k(M, P_1, V)$ défini par Q_1' et γ. Lorsqu'il s'agira comme aux paragraphes 5 et 6 de calculer l'image dans $H_k^*(M, P_1 V)$ d'une classe de $H^*(\mathfrak{g}_k, O(n), V)$ appartenant à l'image de $H^*(\mathfrak{g}_k, B, V) \to H^*(\mathfrak{g}_k, O(n), V)$, où B est un sous-groupe de Gl (n) contenant $O(n)$, cette remarque permettra de limiter la restriction du groupe de structure de P_1 à B.

On désigne par $C^*(\mathfrak{g}, B, V)$ le complexe des cochaînes B-basiques sur $\mathfrak{g}$, à valeurs dans V, qui sont continues pour la topologie définie par la filtration $(\mathfrak{m}_k)$. On note $H^*(\mathfrak{g}, B, V)$ son homologie.

Soit Ω_∞ (M, P_1 V) la réunion des Ω_k (M, P_1 V); c'est le complexe des formes différentielles d'ordre supérieur sur M à valeurs dans P_1 V. Par passage à la limite, les homomorphismes ψ_k associés à un choix de Q et de γ définissent un homomorphisme

$$\psi : \quad C^*(\mathfrak{g}, B, V) \to \Omega_\infty(M, P_1 V).$$

Soit H^*_∞ (M, P_1 V) l'homologie du complexe Ω_∞ (M, P_1 V). L'homomorphisme ψ définit un homomorphisme

$$(2.3) \qquad \tilde{\psi} : \quad H^*(\mathfrak{g}, B, V) \to H^*_\infty(M, P_1 V)$$

qui est la limite des $\tilde{\psi}_k$. Il dépend en général du choix du sous-fibré Q_1. *Lorsque* B = O (n), *l'homomorphisme* $\tilde{\psi}$ est *canoniquement associé à la variété* M *et au* Gl (n)-*module* V.

On remarquera que C^0 ($\mathfrak{g}_k$, B, V) et Ω^0_k (M, P, V) sont indépendants de k. Il en résulte que les homomorphismes canoniques

$$H^1(\mathfrak{g}_k, B, V) \to H^1(\mathfrak{g}, B, V) \qquad \text{et} \qquad H^1_k(M, P_1 V) \to H^1_\infty(M, P_1 V)$$

sont injectifs.

3. Champs de translation

On suppose donnée une connexion linéaire D *de torsion nulle* dans le fibré TM des vecteurs de la variété M. On note γ la forme de connexion sur P_1 définie par D et γ_k le prolongement de γ à P_k tel qu'il a été défini plus haut. Dans ce paragraphe, on va faire le calcul des valeurs de γ_k sur le champ $X^{(k)}$ auquel conduit la relation (2.1).

(3.1) DÉFINITION. — *Un champ de vecteurs* X *sur un voisinage de* $x \in M$ *est appelé un champ de translation en* x *s'il vérifie les conditions suivantes :*

(1) *la différentielle covariante* DX *de* X *est nulle au point* x;

(2) *il existe un voisinage ouvert étoilé* U *de* 0 *dans* $T_x M$ *tel que pour tout* $a \in U$, $t \mapsto X(\exp(ta))$ *soit un champ de Jacobi le long de l'arc de géodésique*

$$t \mapsto \exp(ta) \qquad (0 \leqq t \leqq 1).$$

Le champ de vecteurs initial d'une famille à un paramètre de difféomorphismes de M respectant la connexion D vérifie la condition (2) quel que soit $x \in M$; mais il ne vérifie en général pas (1).

(3.2) LEMME. — *Quel que soit* $b \in T_x M$, *il existe un champ de vecteurs* X *défini sur un voisinage ouvert de* x *ayant les propriétés suivantes :*

(i) $X(x) = b$;

(ii) X *est un champ de translation en* x;

(iii) *Pour tout* $k \geqq 1$, *en tout point de la fibre de* P_k *au-dessus de* x, *le prolongement* $X^{(k)}$ *est horizontal pour la forme de connexion* γ_k.

Soit $\xi \in P_1$ un repère d'ordre 1 au point x et soit $\xi(t)$ un arc de courbe horizontal C^∞ dans P_1 tel que $\xi(0) = \xi$ et $p^T \xi'(0) = b$, p désignant la projection $P_1 \to M$. Soient I un intervalle ouvert contenant 0 dans $\mathbf{R}$ et U un voisinage ouvert étoilé de 0 dans $\mathbf{R}^n$ tel que exp soit définie sur $\xi(t)$ U pour tout $t \in I$ et que $\exp \circ \xi \mid U$ soit un difféomorphisme de U sur un voisinage ouvert V de x dans M. Pour tout $t \in I$, soit $f_t = ((\exp \xi(t)) \circ (\exp \xi)^{-1}$. Soit X le champ de vecteurs défini sur V par

$$X(y) = \frac{d}{dt}(f_t(y))_{t=0}.$$

Puisque $f_t(x) = \exp(\xi(t)\, 0) = p\,\xi(t)$, on a $X(x) = b$. Pour tout $k \geqq 1$, la courbe $\xi_k(t) = j_k(\exp \circ \xi(t))$ est une courbe horizontale dans P_k et $\xi'_k(0) = X^{(k)}(\xi_k)$. Le vecteur $X^{(k)}(\xi_k)$ est donc horizontal. Puisque $X^{(k)}$ est invariant par G_k, il en résulte que ses valeurs sont horizontales en tout point de la fibre de P_k contenant ξ_k, c'est-à-dire en tout point de la fibre au-dessus de x. Montrons maintenant que X est un champ de translation en x. Notons ξ^0 le relèvement de $\xi : \mathbf{R}^n \to TM$ dans T (TM) tel que

$$\xi^0(a) = \frac{d}{dt}(\xi(t)\,a)_{t=1} \quad \text{pour tout } a \in \mathbf{R}^n.$$

Sur U, on a $X_0(\exp \xi) = (\exp^T) \circ \xi^0$. Par suite, quel que soit $a \in \mathbf{R}^n$, $\theta \mapsto X(\exp(\theta\xi(a)))$ est un champ de Jacobi le long de la géodésique $\theta \mapsto \exp(\theta\xi(a))$. Puisque $\xi(t)$ est un arc de courbe horizontal dans P_1, $\xi^0(a)$ est un vecteur horizontal de TM quel que soit $a \in \mathbf{R}^n$. Il en résulte que le champ de Jacobi $\theta \mapsto X(\exp.(\theta\xi(a)))$ a une dérivée covariante nulle au point $\theta = 0$. Par conséquent, la différentielle covariante de X est nulle au point x et X est un champ de translation en x.

Les germes en x des champs de vecteurs qui sont champs de translation en x forment un sous-espace vectoriel de l'espace des germes de champs de vecteurs en x.

(3.3) PROPOSITION. — *L'application qui associe à un germe de champ de vecteurs en x sa valeur en x définit un isomorphisme de l'espace des germes de champs de translation en x sur l'espace* $T_x M$. *Si* X *est un champ de translation en x, pour tout $k \geqq 1$ et tout repère ξ d'ordre k en x, le vecteur $X^{(k)}(\xi)$ est un vecteur horizontal de P_k.*

Si X est un champ de translation en x et si $X(x) = 0$, alors X est nul sur un voisinage de x. En effet, pour tout a appartenant à un voisinage de 0 dans $T_x M$, la restriction de X à l'arc de géodésique $\rho(t) = \exp(ta)$ $(0 \leqq t \leqq 1)$ est un champ de Jacobi nul au point $t = 0$. De plus $D_{\rho'(0)}(X \circ \rho) = 0$ puisque DX est nulle au point x. Par conséquent $X \circ \rho = 0$ et $X(\exp(a)) = 0$. La surjectivité et l'horizontalité résultent du lemme 3.2.

Les notations étant celles du paragraphe 2, pour tout entier $k \geqq 1$ et tout repère ξ d'ordre 1 en $x \in M$, $\exp \circ \xi$ définit un isomorphisme f_ξ de g_k sur l'espace des jets d'ordre k de champs de vecteurs nuls en x.

(3.4) LEMME. — *Soient ξ un repère d'ordre* 1 *au point $x \in M$, X un champ de vecteurs défini sur un voisinage de x et* Y *un champ de translation en x ayant même valeur que* X *au* *point x. Pour tout $k \geqq 1$, on a*

$$f_\xi(\gamma_k(X^{(k)}(\xi_k))) = j_k^x(X-Y)$$

(*jet d'ordre k de* X−Y *au point x*).

En effet, puisque $Y^{(k)}(\xi_k)$ est horizontal, $\gamma_k(X^{(k)}(\xi_k)) = \gamma_k((X-Y)^{(k)}(\xi_k))$. Or pour tout champ de vecteurs Z nul au point x, on a $f_\xi(\gamma_k(Z^{(k)}(\xi_k))) = j_k^x Z$.

Pour calculer le jet des champs de translation en x, on écrira sous une autre forme la condition (2) du 3.1. Soit U un voisinage ouvert étoilé de 0 dans $T_x M$ tel que $\exp|U$ soit un difféomorphisme de U sur un ouvert de M. On note H le champ de vecteurs sur exp (U) tel que, pour tout $a \in U$:

$$H(\exp(a)) = \frac{d}{dt}(\exp(ta))_{t=0}.$$

(3.5) PROPOSITION. — *Soit* R *le tenseur de courbure de la connexion* D. *La condition* (2) *de* 3.1 *est équivalente aux conditions*

$$(2') \qquad D_H^2 X - D_H X = R(H, X)H \quad \textit{sur} \quad \exp(U),$$

$$(2'') \qquad (\theta(X)D)(H, H) = 0 \quad \textit{sur} \quad \exp(U)$$

[$\theta(X)D$ *étant la dérivée de Lie de* D *par rapport à* X].

Supposons en effet que le champ de vecteurs X vérifie la condition (2). Soit $a \in U$ et soit $\rho(t) = \exp(ta)$ $(0 \leqq t \leqq 1)$. L'équation des champs de Jacobi entraîne que $D_{\rho'}^2(X \circ \rho) = R(\rho', X \circ \rho)\rho'$ sur $[0, 1]$. Puisque $H(\rho(t)) = t\rho'(t)$, on en déduit que $D_{H\circ\rho}(X \circ \rho) - D_{H\circ\rho}(X \circ \rho) = R(H \circ \rho, X \circ \rho)(H \circ \rho)$ sur $[0, 1]$. Pour $t = 1$, ceci donne la relation (2′) au point $\exp(a)$. La réciproque se vérifie par le même calcul. On a d'autre part

$$\begin{aligned}(\theta(X)D)(Y, Z) &= [X, D_Y Z] - D_{[X, Y]} Z - D_Y [X, Z]\\ &= D_X D_Y Z - D_{D_Y Z} X - D_{[X, Y]} Z - D_Y D_X Z + D_Y D_Z X\end{aligned}$$

ou encore

$$(3.6) \qquad (\theta(X)D)(Y, Z) = D_Y D_Z X - D_{D_Y Z} X - R(Y, X)Z$$

quels que soient X, Y, $Z \in \mathfrak{a}(M)$. Puisque $D_H H = H$, la condition (2′) s'écrit donc $(\theta(X)D)(H, H) = 0$.

Il existe sur exp (U) une connexion linéaire ∇ et une seule telle $\nabla_H H = H$ et que la courbure et la torsion de ∇ soient nulles. Cette connexion devient la connexion plate définie par la structure vectorielle de $T_x M$ lorsque l'on identifie U et exp (U) par le difféomorphisme $\exp|U$. Pour tout $a \in T_x M$, il existe un champ de vecteurs P_a sur exp (U) et un seul tel que $P_a(x) = a$ et $\nabla P_a = 0$. On notera ∇_a la dérivation covariante par rapport au champ P_a.

Soit t un champ de tenseur de type (p, q) sur exp (U). En tout point de exp (U) on a

$$(3.7) \qquad \theta(H)t = \nabla_H t + (p-q)t.$$

Le jet $j^x t$ de t au point x s'identifie à $a \to \sum_{r \geqq 0} (1/r\,!)\,(\nabla_a^r t)_x$, qui est une série formelle sur $T_x M$ à valeurs dans l'espace $\otimes_p^q T_x M$ des tenseurs de type (p, q) sur $T_x M$. La composante $a \to (1/r\,!)\,(\nabla_a^r t)_x$ de $j^x t$ sera notée t_{t+p-q}. Pour tout $i \geqq p-q$, t_i est une application polynomiale homogène de degré $i+p-q$ de $T_x M$ dans $\otimes_p^q T_x M$ et le jet de t au point x s'écrit

$$j^x t = t_{p-q} + t_{p-q+1} + \ldots .$$

Compte tenu de (3.7), on a

$$(3.8) \qquad (\theta(H)\,t_r) = r t_r, \qquad (\nabla_H t)_r = (r+q-p)\,t_r$$

pour tout r.

On a $j^x H = H_0$ = identité sur $T_x M$. Si l'on considère t comme une forme différentielle de degré p sur exp (U) à valeurs dans $\otimes^q TM$, on a

$$(t(H, \ldots, H))_r = t_r(H_0, \ldots, H_0),$$

où t_r est considéré comme application polynomiale de $T_x M$ dans Hom $(\otimes^p T_x M, \otimes^q T_x M)$. En particulier,

$$(3.9) \qquad (t(H, \ldots, H))_{p-q}(a) = t_{p-q}(a, \ldots, a) = t(a, \ldots, a)$$

pour tout $a \in T_x M$.

Soit α le champ de tenseurs de type (2,1) sur exp (U) tel que $D_X Y = \nabla_X Y + \alpha(X, Y)$ quels que soient les champs de vecteurs X, Y sur exp (U). On a $j^x \alpha = \alpha_1 + \alpha_2 + \ldots$. Puisque $\alpha(H, H) = D_H H - \nabla_H H = 0$, il résulte de (3.9) que $\alpha(a, a) = \alpha_1(a, a) = 0$ pour tout $a \in T_x M$. Puisque *la torsion de* D *est nulle*, le tenseur α est symétrique et par conséquent $\alpha_1 = 0$, autrement dit α est nul au point x. Il en résulte que, si X est un champ de vecteurs sur exp (U), les différentielles covariantes DX et ∇X coïncident au point x et que, par suite, X_0 est la valeur en x de DX. On a d'autre part d'après (3.6) :

$$\begin{aligned}(\theta(X)D)(H, H) &= (\theta(X)\nabla)(H, H) + (\theta(X)\alpha)(H, H)\\ &= \nabla_H \nabla_H X - \nabla_H X - 2\alpha([X, H], H).\end{aligned}$$

Compte tenu de (3.8) ceci prouve

$$(3.10) \qquad ((\theta(X)D)(H, H))_r = r(r+1)X_r + 2\sum_{i=-1}^{i=r-2} i\,\alpha_{r-i}(X_i, H_0)$$

pour tout $r \geqq -1$. Cette relation et la proposition 3.5 donnent le résultat suivant :

(3.11) LEMME. — *Si la torsion de* D *est nulle et si* X *est un champ de translation en* x, *alors* $j^x X = X_{-1} + X_0 + \ldots$ *vérifie les conditions :*

(1) $X_0 = 0$,

(2) $r(r+1)X_r + 2\sum_{i=-1}^{i=r-2} i\,\alpha_{r-i}(X_i, H_0) = 0$ *pour* $r \geqq 0$.

Ces conditions déterminent la suite X_r à partir de $X_{-1} = X(x)$. En particulier,

$$(3.12) \qquad X_1 = \alpha_2(X_{-1}, H_0).$$

Notons que l'on sait exprimer la suite α_i au moyen des valeurs en x de la courbure de D et de ses différentielles covariantes (*cf.* [1], p. 326).

4. Calcul de $H^1(\mathfrak{g}, O(n), V)$

On se limitera au cas où V est un $Gl(n)$-module semi-simple et où $n > 1$.

(4.1) Lemme. — $H^1(\mathfrak{sl}(n), O(n), V) = 0$.

Soit en effet c un 1-cocycle $O(n)$-basique sur $\mathfrak{sl}(n)$. Puisque $\mathfrak{sl}(n)$ est semi-simple, il existe un $u \in V$ tel que $c(a) = au$ pour tout $a \in \mathfrak{sl}(n)$. Comme c est nul sur $\mathfrak{o}(n)$, c'est donc que $u \in V^{\mathfrak{o}(n)}$. Soit $s \in O(n) - SO(n)$; puisque c est $O(n)$-basique :

$$c(s^{-1}as) = s^{-1}c(a) \quad \text{et} \quad c(a) = a\left(\frac{su+u}{2}\right)$$

pour tout $a \in \mathfrak{sl}(n)$. Puisque $(su+u)/2 \in V^{O(n)}$, ceci prouve que la classe de c dans $H^1(\mathfrak{sl}(n), O(n), V)$ est nulle.

(4.2) Lemme. — *Soit* $\mathfrak{g}^+$ *l'idéal de* $\mathfrak{g}$ *formé par les jets de champs de vecteurs ayant l'origine pour zéro d'ordre au moins* 2. *Si* $n > 1$, *pour tout* $p > 1$, *on a* $\mathfrak{a}_p \subset [\mathfrak{g}^+, \mathfrak{g}^+]$.

La démonstration est une vérification facile.

Pour tout $f \in \mathrm{Hom}_{Gl(n)}(\mathfrak{a}_1, V)$, soit c_f la 1-cochaîne sur $\mathfrak{g}$ à valeurs dans V définie par $c_f = f$ sur $\mathfrak{a}_1$ et $c_f \mid \mathfrak{a}_i = 0$ pour $i \neq 1$. Elle est évidemment $O(n)$-basique. C'est un cocycle. La relation $ac_f(b) - bc_f(a) = c_f([a, b])$ est vérifiée lorsque $a \in \mathfrak{a}_0$ parce que f est $Gl(n)$-équivariante. Si $a, b \in \mathfrak{g}^+$ elle est vérifiée car $\mathfrak{g}^+ V = 0$ et $c([a, b]) = 0$ (lemme 4.2). L'application $\lambda : f \mapsto c_f$ est une application linéaire injective de $\mathrm{Hom}_{Gl(n)}(\mathfrak{a}_1, V)$ dans l'espace $Z^1(\mathfrak{g}, O(n), V)$ des 1-cocycles sur $\mathfrak{g}$ à valeurs dans V qui sont $O(n)$-basiques.

Soit e la base du centre de $\mathfrak{a}_0$ égale à l'élément unité de $\mathfrak{gl}(n)$. Quels que soient $p \geqq -1$ et $a \in \mathfrak{a}_p$, on a $[e, a] = pa$. Pour tout $u \in V^{Gl(n)}$, on définit une cochaîne c_u sur $\mathfrak{g}$ à valeurs dans V en posant $c_u(e) = u$ et $c_u(a) = 0$ si $a \in \mathfrak{sl}(n) + \mathfrak{g}^+$. Il est clair que c_u est $O(n)$-basique. C'est un cocycle. La relation $ac_u(b) - bc_u(a) = c_u([a, b])$ est trivialement vérifiée si $a, b \in \mathfrak{sl}(n) + \mathfrak{g}^+$ ou si $a, b \in \mathbf{R}e$. Si $b \in \mathfrak{sl}(n) + \mathfrak{g}^+$, on a $[e, b] \in \mathfrak{sl}(n) + \mathfrak{g}^+$ et $bc_u(e) = bu = 0$ parce que $\mathfrak{g}^+ V = 0$ et que $u \in V^{Gl(n)}$. L'application $\mu : u \mapsto c_u$ est une application linéaire injective de $V^{Gl(n)}$ dans $Z^1(\mathfrak{g}, O(n), V)$.

(4.3) Lemme. — *L'espace* $Z^1(\mathfrak{g}, O(n), V)$ *est somme directe des sous-espaces* $\mathrm{Im}(\lambda)$, $\mathrm{Im}(\mu)$ *et* $d(C^0(\mathfrak{g}, O(n), V))$.

Il est clair que $\mathrm{Im}(\lambda) \cap \mathrm{Im}(\mu) = (0)$. Montrons que tout cobord appartenant à $\mathrm{Im}(\lambda) + \mathrm{Im}(\mu)$ est nul. Soit $v \in C^0(\mathfrak{g}, 0(n), V) = V^{O(n)}$ tel que $dv \in \mathrm{Im}(\lambda) + \mathrm{Im}(\mu)$. Puisque dv est nulle sur $\mathfrak{a}_1$, $dv \in \mathrm{Im}(\mu)$. Soit u l'élément de $V^{Gl(n)}$ tel que $dv = c_u$. On a $u = c_u(e) = (dv)(e) = ev \in eV$. Puisque V est un $Gl(n)$-module simple, $V^{Gl(n)} \cap eV = (0)$, donc $u = 0$ et $dv = 0$. Il reste à montrer que tout $c \in Z^1(\mathfrak{g}, O(n), V)$ est cohomologue à un élément de $\mathrm{Im}(\lambda) + \mathrm{Im}(\mu)$. Puisque $\mathfrak{g}^+ V = 0$, on a $c([\mathfrak{g}^+, \mathfrak{g}^+]) = (0)$, donc pour tout $p > 1$, $c(\mathfrak{a}_p) = (0)$ d'après le lemme 4.2. Soit f la restriction de c à $\mathfrak{a}_1$. Pour tout $a \in \mathfrak{a}_0$ et tout $b \in \mathfrak{a}_1$, on a $af(b) = f([a, b])$. Ceci montre que f est équivariante par rapport à la composante connexe neutre $\mathrm{Gl}(n)^0$ de $\mathrm{Gl}(n)$. Puisque c est $\mathrm{O}(n)$-équivariant, il en résulte que $f \in \mathrm{Hom}_{\mathrm{Gl}(n)}(\mathfrak{a}_1, \mathrm{V})$. Posons $c' = c - \lambda(f)$. On a $c' \in \mathrm{Z}^1(\mathfrak{g}, \mathrm{O}(n), \mathrm{V})$ et $c'(\mathfrak{a}_p) = (0)$ pour tout $p \geqq 1$. D'après le lemme 4.1, il existe un élément $v \in \mathrm{V}^{\mathfrak{o}(n)}$ tel que $c' - dv$ soit nul sur $\mathfrak{sl}(n) + \mathfrak{g}^+$. Posons $c'' = c' - dv \in \mathrm{Z}^1(\mathfrak{g}, \mathrm{O}(n), \mathrm{V})$. Pour tout $a \in \mathfrak{sl}(n)$, on a $ac''(e) = ec''(a) + c''([a, e]) = 0$, donc $c''(e) \in \mathrm{V}^{\mathfrak{sl}(n)}$. Puisque V est un $\mathrm{Gl}(n)$-module semi-simple, $\mathrm{V}^{\mathfrak{sl}(n)}$ est somme directe de $\mathrm{V}^{\mathfrak{gl}(n)}$ et de $e\,\mathrm{V}^{\mathfrak{sl}(n)}$. Puisque $c''(e) \in \mathrm{V}^{\mathfrak{o}(n)}$, la composante de $c''(e)$ dans $e\,\mathrm{V}^{\mathfrak{sl}(n)}$ appartient à $\mathrm{V}^{\mathfrak{o}(n)} \cap e\,\mathrm{V}^{\mathfrak{sl}(n)} = \mathrm{V}^{\mathfrak{o}(n)} \cap \mathrm{V}^{\mathfrak{sl}(n)}$. Il existe donc un élément $w \in \mathrm{V}^{\mathfrak{o}(n)} \cap \mathrm{V}^{\mathfrak{sl}(n)}$ tel que $c''(e) - ew \in \mathrm{V}^{\mathfrak{gl}(n)}$. Le cocycle $c''' = c'' - dw$ est $\mathrm{O}(n)$-basique, nul sur $\mathfrak{sl}(n) + \mathfrak{g}^+$ et $c'''(e) \in \mathrm{V}^{\mathfrak{gl}(n)}$. Puisque e est invariant par $\mathrm{O}(n)$, on a $c'''(e) \in \mathrm{V}^{\mathrm{Gl}(n)}$ et $c''' = \mu(c'''(e))$, ce qui achève la démonstration.

(4.4) COROLLAIRE. — $\mathrm{H}^1(\mathfrak{g}, \mathrm{O}(n), \mathrm{V})$ *est canoniquement isomorphe à*

$$\mathrm{V}^{\mathrm{Gl}(n)} \times \mathrm{Hom}_{\mathrm{Gl}(n)}(\mathfrak{a}_1, \mathrm{V}).$$

(4.5) COROLLAIRE. — *Pour tout* $k > 1$, $\mathrm{H}^1(\mathfrak{g}_k, \mathrm{O}(n), \mathrm{V}) \to \mathrm{H}^1(\mathfrak{g}, \mathrm{O}(n), \mathrm{V})$ *est un isomorphisme et pour tout* $k \geqq 1$, $\mathrm{H}^1(\mathfrak{g}_k, \mathrm{O}(n), \mathrm{V}) \to \mathrm{H}^1(\mathfrak{g}_k, \mathrm{V})$ *est injectif.*

Lorsque $n > 1$, le $\mathrm{Gl}(n)$-module $\mathfrak{a}_1$ est somme directe de deux sous-modules simples : le module $\mathrm{S}\,\mathfrak{a}_1$ des formes bilinéaires symétriques sur $\mathfrak{a}_{-1} = \mathbf{R}^n$ à valeurs dans $\mathbf{R}^n$ dont la contraction est nulle et le module isomorphe à $(\mathfrak{a}_{-1})^*$, ensemble des formes bilinéaires $(x, y) \mapsto f(x)\,y + f(y)\,x$ où $x, y \in \mathfrak{a}_{-1}$ et $f \in (\mathfrak{a}_{-1})^*$. Si V est un module simple, les seuls cas où $\mathrm{H}^1(\mathfrak{g}, \mathrm{O}(n), \mathrm{V}) \neq (0)$ sont donc :

(1) V est isomorphe à $\mathbf{R}$ muni de la structure de $\mathrm{Gl}(n)$-module trivial,

(2) V est isomorphe à $(\mathfrak{a}_{-1})^*$,

(3) V est isomorphe à $\mathrm{S}\,\mathfrak{a}_1$.

Les commutants de ces modules simples étant formés par les homothéties, dans chacun de ces cas $\dim \mathrm{H}^1(\mathfrak{g}, \mathrm{O}(n), \mathrm{V})$ est de dimension 1. On notera que

$$\mathrm{H}^1(\mathfrak{g}_1, \mathrm{O}(n), \mathrm{V}) \to \mathrm{H}^1(\mathfrak{g}, \mathrm{O}(n), \mathrm{V})$$

est surjective si V est isomorphe à $\mathbf{R}$ et que c'est l'application nulle si V est isomorphe à $(\mathfrak{a}_{-1})^*$ ou $\mathrm{S}\,\mathfrak{a}_1$.

Lorsque $n = 1$, si V est simple, les seuls cas où $\mathrm{H}^1(\mathfrak{g}, \mathrm{O}(n), \mathrm{V}) \neq (0)$ s'obtiennent pour V isomorphe à $\mathbf{R} = \mathfrak{a}_0$, $\mathfrak{a}_1 = (\mathfrak{a}_{-1})^*$ ou $\mathfrak{a}_2$.

5. La classe de divergence

Les notations étant celles du paragraphe précédent, soit $c_n = \mu(ne)$. La restriction de c_n à $\mathfrak{a}_0 = \mathfrak{gl}(n)$ est la trace. Puisque c_n est nul sur $\mathfrak{g}^+$, c'est l'image d'un cocycle appartenant à $\mathrm{C}^1(\mathfrak{g}_1, \mathrm{O}(n), \mathbf{R})$ que l'on note encore c_n. Soit M une variété C^∞ de dimension n. On va calculer l'image dans $\mathrm{H}^1_1(\mathrm{M}, \mathrm{P}_1\,\mathbf{R})$ de la classe $\mathfrak{c}_n$ de c_n dans $\mathrm{H}^1(g_1, \mathrm{O}(n), \mathbf{R})$ par l'homomorphisme canonique $\tilde{\psi}$ [*cf.* (2.3)]. Soit B le sous-groupe de $\mathrm{Gl}(n)$ formé par les matrices de déterminant ± 1. Le cocycle c_n est visiblement B-basique. D'après la remarque de la fin du paragraphe 2, pour calculer $\tilde{\psi}\, c_n$, on peut donc utiliser l'homomorphisme ψ défini par un sous-fibré Q_1 de groupe B dans P_1. Il en existe toujours puisque $B \supset O(n)$; le choix de Q_1 équivaut au choix d'une forme différentielle impaire de rang maximal en tout point de M. Soit γ une forme de connexion sur P_1, prolongement d'une forme de connexion sur Q_1 et soit D la connexion linéaire dans TM définie par γ. On supposera γ choisie en sorte que la torsion de D soit nulle. Soit x un point de M. On utilisera la connexion D pour identifier les jets de champs de vecteurs en x à des séries formelles sur $T_x M$ à valeurs dans $T_x M$ (*cf.* § 3).

Soient X un champ de vecteurs sur M et Y un champ de translation en x tels que $X(x) = Y(x)$. D'après 3.11, on a $Y_0 = 0$ et par suite $j_1^x(X-Y) = X_0$. Soit ξ un repère d'ordre 1 au point x appartenant à Q_1. Si l'on identifie $\mathbf{R}^n$ et $T_x M$ par l'isomorphisme ξ, on a $\gamma(X^{(1)}(\xi)) = j_1^x(X-Y) = X_0$ (lemme 3.4) et par conséquent $c_n(\gamma(X^{(1)}(\xi))) = \operatorname{Tr} X_0$. Compte tenu de (2.1), on voit donc que

$$((\psi c_n)(X))_x = \xi \operatorname{Tr} X_0. \tag{5.1}$$

Soit DX la différentielle covariante de X. On a $(DX)(a) = D_a X = X_0(a)$ pour tout $a \in T_x M$, donc $\operatorname{Tr} X_0 = \operatorname{Tr}(DX)_x$. En identifiant les sections de $P_1 \mathbf{R}$ et les fonctions numériques sur M, la relation (5.1) s'énonce comme suit :

(5.2) Proposition. — *La classe* $\tilde{\psi}\, c_n \in H_1^1(M, P_1 \mathbf{R})$ *est la classe du cocycle* $X \to \operatorname{Tr}(DX)$ *où* D *est une connexion linéaire sans torsion dans* TM *telle qu'il existe sur* M *une forme différentielle impaire de rang maximum invariante par transport parallèle.*

Si M est orientable et si D est une connexion linéaire vérifiant cette condition, il existe sur M une forme volume v telle que la differentielle covariante Dv soit nulle. En notant div la divergence relative à v, on a

$$\begin{aligned}(\operatorname{div} X)\, v(Y_1, \ldots, Y_n) &= (\theta(X)v)(Y_1, \ldots, Y_n)\\ &= X.v(Y_1, \ldots, Y_n) - \sum_i v(Y_1, \ldots, [X, Y_i], \ldots, Y_n)\\ &= \sum_i v(Y_1, \ldots, D_{Y_i}X, \ldots, Y_n) = (\operatorname{Tr}(DX))\, v(Y_1, \ldots, Y_n)\end{aligned}$$

quels que soient les champs de vecteurs $X, Y_1, \ldots, Y_n$ sur M. Par conséquent

$$(\tilde{\psi}\, c_n)(X) = \operatorname{div} X.$$

On notera que $\tilde{\psi}\, c_n$, de même que son image dans $H_\infty^1(M, P_1 \mathbf{R})$, n'est jamais nulle [*cf.* (2.2) et (4.5)].

6. Classes de degré 1 et d'ordre 2

Des notations étant celles du paragraphe 4, soit f l'application identique de $\mathfrak{a}_1$ dans $\mathfrak{a}_1$. Le cocycle $\lambda(f) \in Z^1(\mathfrak{g}, O(n), \mathfrak{a}_1)$ étant nul sur $\mathfrak{a}_p$ pour tout $p > 1$, c'est l'image d'un cocycle $c \in Z^1(\mathfrak{g}_2, O(n), \mathfrak{a}_1)$. Soit M une variété C^∞ de dimension n. On va calculer l'image dans $H_2^1(M, P_1 \mathfrak{a}_1)$ de la classe $\tilde{c}$ de c dans $H^1(\mathfrak{g}_2, O(n), \mathfrak{a}_1)$ par l'homomorphisme canonique $\tilde{\psi}$ défini au paragraphe 2. Il est clair que c est $Gl(n)$-basique. On peut donc prendre l'homomorphisme ψ défini par le sous-fibré $Q_1 = P_1$ et une forme de connexion γ sur P_1 dont la torsion est nulle. D'après (2.1), pour tout champ de vecteurs X sur M, tout point $x \in M$ et tout repère ξ d'ordre 1 au point x, on a

$$((\psi c)(X))_x = \xi c(\gamma_2(X^{(2)}(\xi_2))).$$

Soit Y un champ de translation en x tel que $Y(x) = X(x)$. Si l'on identifie les jets de champs de tenseurs en x à des séries formelles sur $T_x M$ à valeurs tensorielles au moyen de la connexion linéaire D définie par γ, on obtient $j_2^x(X-Y) = X_0+X_1-Y_1$. En identifiant $\mathbf{R}^n$ et $T_x M$ par l'isomorphisme ξ, on a d'après (3.4) :

$$\gamma_2(X^{(2)}(\xi_2)) = j_2^x(X-Y) = X_0+X_1-Y_1,$$
$$\xi c(\gamma_2(X^{(2)}(\xi_2)) = c(\gamma_2(X^{(2)}(\xi_2)) = X_1-Y_1.$$

Compte tenu de (3.10) et (3.12) :

$$X_1-Y_1 = X_1-\alpha_2(X_{-1}, H_0) = \frac{1}{2}((\theta(X)D)(H, H))_1$$

ce qui, avec (3.9), donne $X_1-Y_1 = (1/2)((\theta(X)D)_x$ et $(\psi c)(X) = (1/2)\,\theta(X)D$. En résumé :

(6.1) PROPOSITION. – *La classe* $\tilde\psi\tilde c \in H_2^1(M, P_1\,\mathfrak{a}_1)$ *est la classe du cocycle* $X \mapsto (1/2)\,\theta(X)D$, *où* D *est une connexion linéaire de torsion nulle dans* TM.

Soit q la contraction qui à une forme bilinéaire symétrique $\beta \in \mathfrak{a}_1$ associe la forme linéaire $q\beta$ définie par $(q\beta)(x) = \mathrm{Trace}(y \mapsto \beta(x, y))$. La cochaîne $q \circ c$ est un cocycle sur $\mathfrak{g}_2$ dont la classe $\widetilde{q \circ c}$ est une base de $H^1(\mathfrak{g}_2, O(n), (\mathfrak{a}_{-1})^*)$. Il est clair que la forme $\psi(q \circ c)$ s'obtient en composant la forme ψc et la contraction des tenseurs de type (2, 1) sur les tenseurs de type (1, 0).

(6.2) PROPOSITION. – *Soit* D′ *une connexion linéaire dans le fibré vectoriel* Λ^nTM. *La forme* $X \mapsto \theta(X)D'$, *considérée comme forme de degré* 1 *à valeurs dans le fibré* TM* *est un cocycle appartenant à la classe* $2\tilde\psi(\widetilde{q \circ c})$.

Supposons d'abord que D′ soit la connexion définie par la connexion D introduite plus haut. Soient X, Y, $X_1, \ldots, X_n$ des champs de vecteurs sur M. On a

$$\begin{aligned}(\theta(X)D')_Y(X_1 \wedge \ldots \wedge X_n) &= \sum_i X_1 \wedge \ldots \wedge (\theta(X)D)(Y, X_i) \wedge \ldots \wedge X_n \\ &= t(X, Y)(X_1 \wedge \ldots \wedge X_n),\end{aligned}$$

où $t(X, Y)$ est la trace de $Z \mapsto (\theta(X)D)(Y, Z)$. Dans ce cas $2\psi(q \circ c)$ est donc le cocycle $X \mapsto \theta(X)D'$. Toute autre connexion linéaire dans Λ^nTM étant de la forme $D'+\nu$ où ν est une forme différentielle scalaire de degré 1, la classe du cocycle $X \mapsto \theta(X)D'$ dans $H_2^1(M, P_1(\mathfrak{a}_{-1})^*) = H_2^1(M, TM^*)$ est indépendante du choix de D′ et coïncide avec $2\tilde\psi(\widetilde{q \circ c})$.

Notons que les classes $\tilde\psi\tilde c$ et $\tilde\psi(\widetilde{q \circ c})$, de même que leurs images dans $H^1(M, P_1\,\mathfrak{a}_1)$ et $H^1(M, TM^*)$ ne sont jamais nulles [*cf.* (2.2) et (4.5)].

REMARQUE 1. — Soit $\Omega_k(M, \Lambda^q TM^*)$ le complexe des formes différentielles d'ordre $\leqq k$ sur M dont les valeurs sont des formes différentielles (d'ordre 0) de degré q sur M. Si $\omega \in \Omega_k^p(M, \Lambda^q TM^*)$, la différentiation extérieure, appliquée aux valeurs de ω, donne une forme $d'\omega \in \Omega_{k+1}^p(M, \Lambda^{q+1} TM^*)$ (*cf.* [2], [3]). On définit ainsi un homomorphisme de complexes $d' : \Omega_k(M, \Lambda^q TM^*) \to \Omega_{k+1}(M, \Lambda^{q+1} TM^*)$ donc un homomorphisme canonique $H_k^*(M, \Lambda^q TM^*) \to H_{k+1}^*(M, \Lambda^{q+1} TM^*)$.

Appliquant ceci au cocycle $\psi c_n \in \Omega_1^1(M, \Lambda \circ TM^*)$ défini au paragraphe 5, on obtient un cocycle $d'(\psi c_n) \in \Omega_2^1(M, TM^*)$. Quels que soient les champs de vecteurs X, Y sur M, on a

$$((d'(\psi c_n))(X))(Y) = Y.((\psi c_n)(X)) = Y.\mathrm{Tr}(DX),$$

où D est, comme au paragraphe 5, une connexion linéaire dont la courbure est en tout point de trace nulle. Si $X_1, \ldots, X_n$ est une base de sections de TM sur un ouvert W de M et si $\omega_1, \ldots, \omega_n$ est la base de sections de TM* duale de (X_i), on a sur W

$$\begin{aligned} Y.\mathrm{Tr}(DX) &= \sum_i Y.\omega_i(D_{X_i}X) = \sum_{ij}(D_Y\omega_i)(X_j)\,\omega_j(D_{X_i}X) + \sum_i \omega_i(D_Y D_X X) \\ &= \sum_i \omega_i(D_Y D_{X_i}X - D_{D_Y X_i}X). \end{aligned}$$

Compte tenu de (3.6), on obtient

$$Y.\mathrm{Tr}(DX) = \mathrm{Trace}(Z \mapsto (\theta(X)D)(Y, Z)),$$

ce qui prouve que $d'(\psi c_n) = 2\psi(q \circ c)$.

REMARQUE 2. — Soit $C^*(\mathfrak{a}, \mathbf{R})$ le complexe des cochaînes continues sur $\mathfrak{a}$ à valeurs dans le $\mathfrak{a}$-module trivial **R**. La décomposition $\mathfrak{a} = \mathfrak{a}_{-1} + \mathfrak{g}$ définit sur $C^*(\mathfrak{a}, \mathbf{R})$ une bigraduation, l'espace des éléments de bidegré (p, q) étant

$$C^q(\mathfrak{g}, \mathbf{R}) \otimes C^p(\mathfrak{a}_{-1}, \mathbf{R}) = C^q(\mathfrak{g}, \Lambda^p(\mathfrak{a}_{-1})^* \qquad (cf.\ [2]\ \text{et}\ [3]).$$

Puisque $\mathfrak{g}$ et $\mathfrak{a}_{-1}$ sont des sous-algèbres de $\mathfrak{a}$, l'opérateur d de $C^*(\mathfrak{a}, \mathbf{R})$ est somme de deux composantes d' et d'' de types respectifs (1, 0) et (0, 1). Sur $C^*(\mathfrak{g}, \Lambda^p(\mathfrak{a}_{-1})^*)$, d'' coïncide avec l'opérateur $(-1)^p d$, où d est l'opérateur du complexe des cochaînes sur $\mathfrak{g}$ à valeurs dans $\Lambda^p(\mathfrak{a}_{-1})^*$. Si une cochaîne $c \in C^*(\mathfrak{g}, \Lambda^p(\mathfrak{a}_{-1})^*)$ est nulle sur $\mathfrak{a}_r$ pour $r > k$, alors $d'c$ est nulle sur $\mathfrak{a}_r$ pour $r > k+1$. D'autre part, si c est O (n)-basique, il en est de même de $d'c$. Puisque $d'd'' + d''d' = 0$, pour tout p et tout k, d' est un homomorphisme du complexe $C^*(\mathfrak{g}_k, O(n), \Lambda^p(\mathfrak{a}_{-1})^*)$ dans le complexe $C^*(\mathfrak{g}_{k+1}, O(n), \Lambda^{p+1}(\mathfrak{a}_{-1})^*)$. On vérifie que le diagramme

$$\begin{array}{ccc} C^*(\mathfrak{g}_k, O(n), \Lambda^p(\mathfrak{a}_{-1})^*) & \xrightarrow{d'} & C^*(\mathfrak{g}_{k+1}, O(n), \Lambda^{p+1}(\mathfrak{a}_{-1})^*) \\ \psi\downarrow & & \psi\downarrow \\ \Omega_k(M, \Lambda^p TM^*) & \xrightarrow{d'} & \Omega_{k+1}(M, \Lambda^{p+1} TM^*) \end{array}$$

dans lequel les homomorphismes ψ sont définis par une métrique riemannienne sur M est un diagramme commutatif. En passant à la limite sur k, on obtient donc un homomorphisme du complexe $C^*(\mathfrak{a}, O(n), \mathbf{R})$ dans le complexe $L = \bigoplus_{p,q} \Omega_\infty^q(M, \Lambda^p TM^*)$

dont l'opérateur bord se définit en combinant les opérateurs d et d'. On sait que l'homologie de L est canoniquement isomorphe à l'homologie du « complexe diagonal » de Gelfand-Fuks (*cf.* [2] et [3]); les homomorphismes ψ donnent ainsi un homomorphisme canonique de $H^* (\mathfrak{a}, O(n), \mathbf{R})$ dans l'homologie du complexe diagonal. Cet homomorphisme a été défini par Bott et Haefliger en utilisant une méthode beaucoup plus directe.

BIBLIOGRAPHIE

[1] M. Atiyah, R. Bott et V. K. Patodi, *On the Heat Equation and the Index Theorem* (*Invent. Math.*, vol. 19, 1973, p. 279-330).

[2] V. W. Guillemin, *Cohomology of Vector fields on a manifold* (*Advances in Math.*, vol. 10, n° 2, 1973, p. 192-220).

[3] M. V. Losyk, *Cohomologies of the Lie algebra of vector fields with coefficients in a trivial unitary representation* (*Funkt. Anal.*, vol. 6, n° 1, 1972, p. 24-36).

[4] W. T. Van Est, *On the algebraic cohomology concepts in Lie groups* (*Indag. Math.*, vol. 17, n° 3, 1955, p. 286-294).

[5] W. T. Van Est, *A generalisation of the Cartan-Leray Spectral Sequence I.* (*Indag. Math.*, vol. 20, n° 4, 1958, p. 399-413).

(Manuscrit reçu le 10 décembre 1973.)

J.-L. Koszul
Laboratoire de Mathématiques pures,
associé au C. N. R. S.,
B. P. n° 116,
38402 Saint-Martin d'Hères.

C. R. Acad. Sc. Paris, t. 292 (12 janvier 1981) Série I — 139

ALGÈBRE. — *Les algèbres de Lie graduées de type* $\mathfrak{sl}(n, 1)$ *et l'opérateur de A. Capelli.* Note (*) de **Jean-Louis Koszul**, Correspondant de l'Académie.

En utilisant l'algèbre enveloppante universelle d'une algèbre de Lie graduée on donne une nouvelle définition de l'opérateur de Capelli et on calcule l'invariant symétrique qui lui correspond.

Using the universal enveloping algebra of a Lie superalgebra we give a new definition of the Capelli operator and compute the corresponding symmetric invariant.

Soient P et V deux espaces vectoriels de dimensions finies sur un corps commutatif k et soit $\mathfrak{gl}(\mathrm{P})$ l'algèbre de Lie des endomorphismes de P. On désigne par d la représentation linéaire de $\mathfrak{gl}(\mathrm{P})$ dans $\mathrm{P} \otimes \mathrm{V}$ telle que $d(\alpha)(x \otimes v) = \alpha(x) \otimes v$ pour $\alpha \in \mathfrak{gl}(\mathrm{P})$, $x \in \mathrm{P}$ et $v \in \mathrm{V}$. En prolongeant d à l'algèbre symétrique $\mathrm{S}(\mathrm{P} \otimes \mathrm{V})$ en sorte que chaque $d(\alpha)$ soit une dérivation, on obtient sur $\mathrm{S}(\mathrm{P} \otimes \mathrm{V})$ une structure de module à gauche sur l'algèbre enveloppante universelle $\mathrm{U}(\mathfrak{gl}(\mathrm{P}))$. En théorie classique des invariants, on a un sous-groupe G de $\mathfrak{Gl}(\mathrm{V})$ dont on étend l'action à $\mathrm{S}(\mathrm{P} \otimes \mathrm{V})$; la sous-algèbre des invariants $\mathrm{S}(\mathrm{P} \otimes \mathrm{V})^{\mathrm{G}}$ est alors un sous-$\mathrm{U}(\mathfrak{gl}(\mathrm{P}))$-module. L'opérateur de Capelli est l'endomorphisme de $\mathrm{S}(\mathrm{P} \otimes \mathrm{V})$ donné par un certain élément du centre de $\mathrm{U}(\mathfrak{gl}(\mathrm{P}))$ ([1], § XVIII). On va montrer que ce même endomorphisme peut être obtenu, à condition d'agrandir $\mathrm{S}(\mathrm{P} \otimes \mathrm{V})$, à partir d'un élément très simple de l'algèbre enveloppante universelle d'une algèbre de Lie graduée dont $\mathfrak{gl}(\mathrm{P})$ est la sous-algèbre des éléments de degré 0.

1. L'ALGÈBRE $\mathfrak{sl}(\mathrm{P}, k)$ ET SA REPRÉSENTATION LINÉAIRE DANS $\Lambda(\mathrm{V}) \otimes \mathrm{S}(\mathrm{P} \otimes \mathrm{V})$. — Soit (P, k) l'espace gradué constitué par P en degré 0 et k en degré 1. On note $\mathfrak{sl}(\mathrm{P}, k)$ l'algèbre de Lie graduée des endomorphismes de « trace » nulle de (P, k). C'est une super-algèbre de Lie à degrés dans **Z** au sens de Kac ([2], 2.1.1). Si $\dim \mathrm{P} = n > 1$ et si la caractéristique de k est 0, elle est simple de type $\mathfrak{sl}(n, 1)$. La matrice d'un élément de $\mathfrak{sl}(\mathrm{P}, k)$ est de la forme :

$$\begin{pmatrix} \alpha & x \\ f & t \end{pmatrix},$$

où $\alpha \in \mathfrak{gl}(\mathrm{P})$, $x \in \mathrm{P}$, $f \in \mathrm{P}'$ (dual de P), $t \in k$ et $\mathrm{Tr}\,\alpha - t = 0$. Notons $\mathfrak{sl}_i$ l'espace des éléments de degré i dans $\mathfrak{sl}(\mathrm{P}, k)$. On a $\mathfrak{sl}_{-1} = \mathrm{P}$, $\mathfrak{sl}_1 = \mathrm{P}'$; la sous-algèbre $\mathfrak{sl}_0$ est canoniquement isomorphe à $\mathfrak{gl}(\mathrm{P})$ et les autres $\mathfrak{sl}_i$ sont nuls. En identifiant $\mathfrak{sl}_0$, $\mathfrak{gl}(\mathrm{P})$ et $\mathrm{P} \otimes \mathrm{P}'$, on a :

$$[x, f] = x \otimes f,$$

$$[\alpha, x] = \alpha(x) - (\mathrm{Tr}\,\alpha)\, x,$$

$$[\alpha, f] = -\alpha \circ f + (\mathrm{Tr}\,\alpha)\, f,$$

quels que soient $\alpha \in \mathfrak{sl}(\mathrm{P})$, $x \in \mathrm{P}$ et $f \in \mathrm{P}'$. On va voir que la représentation linéaire d de $\mathfrak{gl}(\mathrm{P})$ dans $\mathrm{S}(\mathrm{P} \otimes \mathrm{V})$ se prolonge en une représentation linéaire de $\mathfrak{sl}(\mathrm{P}, k)$ dans l'algèbre $\Lambda(\mathrm{V}) \otimes \mathrm{S}(\mathrm{P} \otimes \mathrm{V})$, graduée par les $\Lambda^r(\mathrm{V}) \otimes \mathrm{S}(\mathrm{P} \otimes \mathrm{V})$, où $\Lambda(\mathrm{V})$ désigne l'algèbre extérieure de V. On observera que $\Lambda(\mathrm{V}) \otimes \mathrm{S}(\mathrm{P} \otimes \mathrm{V})$ est l'algèbre « symétrique » de l'espace gradué $(\mathrm{P}, k) \otimes \mathrm{V}$. Identifions $\Lambda(\mathrm{V})$ et $\mathrm{S}(\mathrm{P} \otimes \mathrm{V})$ à des sous-algèbres de leur produit tensoriel; pour $\alpha \in \mathfrak{sl}(\mathrm{P})$, $x \in \mathrm{P}$, $f \in \mathrm{P}'$, on définit $d(\alpha)$, $d(x)$, $d(f)$ comme étant les dérivations de $\Lambda(\mathrm{V}) \otimes \mathrm{S}(\mathrm{P} \otimes \mathrm{V})$ de degrés respectifs 0, -1, $+1$ telles que :

$$d(\alpha)\, v = (\mathrm{Tr}\,\alpha)\, v, \qquad d(\alpha)(y \otimes v) = \alpha(y) \otimes v,$$

$$d(x)\, v = x \otimes v, \qquad d(x)(y \otimes v) = 0,$$

$$d(f)\, v = 0, \qquad d(f)(y \otimes v) = f(y)\, v.$$

quels que soient $v \in V$ et $y \in P$. Ces dérivations sont une représentation linéaire d de $\mathfrak{sl}(P, k)$ dans $\Lambda(V) \otimes S(P \otimes V)$ qui a ainsi une structure de module gradué sur l'algèbre enveloppante universelle graduée $U(\mathfrak{sl}(P, k))$. Puisque chaque $\mathfrak{sl}_i$ est une sous-algèbre de $\mathfrak{sl}(P, k)$, l'algèbre enveloppante $U(\mathfrak{sl}_i)$ s'identifie à une sous-algèbre de $U(\mathfrak{sl}(P, k))$ ([2], 1.1.3) et l'espace $U(\mathfrak{sl}(P, k))$ est isomorphe à $U(\mathfrak{sl}_{-1}) \otimes U(\mathfrak{gl}(P)) \otimes U(\mathfrak{sl}_1)$. On notera que $\mathfrak{sl}_{-1} = P$ et $\mathfrak{sl}_1 = P'$ sont commutatives de degré impair, ce qui donne $U(\mathfrak{sl}_{-1}) = \Lambda(P)$ et $U(\mathfrak{sl}_1) = \Lambda(P')$.

Soit **m** l'idéal à gauche de $U(\mathfrak{sl}(P, k)$ engendré par P. Quel que soit $x \in P$, $d(x)$ est de degré -1; par suite **m** est contenu dans l'annulateur de $S(P \otimes V) = \Lambda^0(V) \otimes S(P \otimes V)$. D'autre part, la sous-algèbre des éléments de degré 0 dans $U(\mathfrak{sl}(P, k))$ stabilise $S(P \otimes V)$.

LEMME. — *La sous-algèbre des éléments de degré* 0 *de* $U(\mathfrak{sl}(P, k)$ *est somme directe de son intersection avec* **m** *et de la sous-algèbre* $U(\mathfrak{gl}(P))$.

C'est une conséquence facile du théorème de Poincaré-Birkhoff-Witt.

2. L'OPÉRATEUR DE CAPELLI. — Soient x_i $(i = 1, \ldots, n)$ une base de P et f_i la base duale de P'. L'élément :

$$C = x_1 \ldots x_n f_n \ldots f_1,$$

de $U(\mathfrak{sl}(P, k))$ est un élément de degré 0 indépendant du choix de la base x_i.

THÉORÈME 1. — *L'élément c du centre de* $U(\mathfrak{gl}(P))$ *qui définit l'opérateur de Capelli est déterminé par la relation* $c = C \bmod \mathbf{m}$.

Pour le démontrer on prouve d'abord par une récurrence sur s que dans $U(\mathfrak{sl}(P, k))$:

$$y_1 \ldots y_s g - (-1)^s g y_1 \ldots y_s = \sum_{i=1}^{i=s} (-1)^i (y_i \otimes g + (s-1) g(y_i)) y_1 \ldots \hat{y}_i \ldots y_s,$$

quels que soient $y_1, \ldots, y_s \in P$ et $g \in P'$. Une seconde récurrence conduit à l'égalité *modulo* **m** :

$$y_1 \ldots y_s g_s \ldots g_1 = \sum_{\gamma \in \mathfrak{S}(s)} sg(\gamma)(y_{\gamma s} \otimes g_s + (s-1) g_s(y_{\gamma s})) \ldots (y_{\gamma 2} \otimes g_2 + g_2(y_{\gamma 2}))(y_{\gamma 1} \otimes g_1),$$

quels que soient $g_1, \ldots, g_s \in P'$. En appliquant cette dernière relation au cas $s = n$, $y_i = x_i$ et $g_i = f_i$, on obtient l'expression classique de c comme déterminant [1].

Compte tenu du lemme, l'action de c dans $S(P \otimes V)$ coïncide avec celle de C, laquelle est beaucoup plus facile à expliciter. Ainsi pour $\dim P > \dim V$, C annule $S(P \otimes V)$ car $f_n \ldots f_1$ élève les degrés de n cependant que $\Lambda^n(V) = (0)$. De même chaque f_i abaisse le degré symétrique d'une unité ce qui entraîne que C est nul sur $S^r(P \otimes V)$ pour $r < \dim P$. Supposons enfin que $\dim P = \dim V = n$. Soit v_i $(i = 1, \ldots, n)$ une base de V et h_i la base duale de V'. Soit Δ_{ij} la dérivation de degré 0 de $\Lambda(V) \otimes S(P \otimes V)$ telle que $\Delta_{ij} v = 0$ et $\Delta_{ij}(x \otimes v) = f_i(x) h_j(v)$ pour $v \in V$ et $x \in P$. On a alors $d(f_i) = \sum_j \mu(v_j) \Delta_{ij}$, où $\mu(v_j)$ désigne la multiplication à gauche par v_j. Tous les endomorphismes de la forme $\mu(v_j)$ ou Δ_{ij} commutent entre eux au signe près. Il en résulte que pour tout $\xi \in S(P \otimes V)$:

$$c\,\xi = C\,\xi = (\det(x_i \otimes v_j))(\det \Delta_{ij}(\xi)).$$

C'est l'identité de Capelli, qui exprime l'opérateur de Cayley $\det \Delta_{ij}$ en termes des polarisations $d(\alpha)$.

C. R. Acad. Sc. Paris, t. 292 (12 janvier 1981) Série I — 141

3. INVARIANT SYMÉTRIQUE DE LA REPRÉSENTATION ADJOINTE DE $\mathfrak{gl}(P)$ CORRESPONDANT A L'ÉLÉMENT DE CAPELLI. — On suppose ici que $V=P'$. Soit ε l'identité dans $\mathfrak{gl}(P)=P\otimes P'$. Partant de la représentation linéaire d de $\mathfrak{gl}(P)$ dans $S(P\otimes P')$ on obtient une nouvelle représentation linéaire ρ de $\mathfrak{gl}(P)$ dans $S(\mathfrak{gl}(P))$ en posant :

$$\rho(\alpha)=d(\alpha)+\mu(d(\alpha)\varepsilon)=d(\alpha)+\mu(\alpha),$$

pour tout $\alpha\in\mathfrak{gl}(P)$ [on note $\mu(\alpha)$ la multiplication par α]. Le procédé consiste à ajouter à d la multiplication par un cocycle de degré 1 qui se trouve être un cobord.

THÉORÈME 2. — *L'application linéaire* φ *de* $U(\mathfrak{gl}(P))$ *dans* $S(\mathfrak{gl}(P))$ *telle que* $\varphi(\alpha_1\ldots\alpha_p)=\rho(\alpha_1)\ldots\rho(\alpha_p).1$ *pour toute suite* $\alpha_i\in\mathfrak{gl}(P)$ *est un isomorphisme. L'image par* φ *du centre de* $U(\mathfrak{gl}(P))$ *est la sous-algèbre des invariants de* $S(\mathfrak{gl}(P))$ *pour la représentation adjointe de* $\mathfrak{gl}(P)$.

THÉORÈME 3. — *L'image par* φ *de l'élément central de Capelli est* $\det(x_i\otimes f_j)$, *où* x_i *est une base de* P *et* f_i *la base duale.*

La vérification du théorème 2 est banale. Pour démontrer le théorème 3, on prolonge ρ en une représentation linéaire de $\mathfrak{sl}(P, k)$ dans $\Lambda(P')\otimes S(P\otimes P')$; on part de la représentation linéaire d de $\mathfrak{sl}(P, k)$ définie plus haut dans ce produit tensoriel et on pose :

$$\rho(\alpha)=d(\alpha)+\mu(d(\alpha)\varepsilon)=d(\alpha)+\mu(\alpha),$$
$$\rho(x)=d(x)+\mu(d(x)\varepsilon)=d(x),$$
$$\rho(f)=d(f)+\mu(d(f)\varepsilon)=d(f)+\mu(f).$$

On prolonge alors φ en une application linéaire $\tilde{\varphi}$ de $U(\mathfrak{sl}(P, k))$ dans $\Lambda(P')\otimes S(P\otimes P')$ en sorte que $\tilde{\varphi}(z_1\ldots z_p)=\rho(z_1)\ldots\rho(z_p).1$ pour toute suite $z_i\in\mathfrak{sl}(P, k)$. Visiblement $\tilde{\varphi}(\mathbf{m})=(0)$, donc :

$$\varphi(c)=\tilde{\varphi}(C)=\rho(x_1)\ldots\rho(x_n)\rho(f_n)\ldots\rho(f_1).1=d(x_1)\ldots d(x_n)\rho(f_n)\ldots\rho(f_1).1.$$

Or $\rho(f_n)\ldots\rho(f_1).1=f_n\wedge\ldots\wedge f_1$ modulo des éléments de degré $< n$. Par conséquent :

$$\varphi(c)=d(x_1)\ldots d(x_n)(f_n\wedge\ldots\wedge f_1)=\det(x_i\otimes f_j).$$

(*) Remise le 5 janvier 1981.

[1] A. CAPELLI, *Lezioni sulla Teoria delle forme algebriche*, Naples, Pellerano, 1902.

[2] V. G. KAC, *Lie Superalgebras* (*Advances in Mathematics*, 26, 1977, p. 8-96).

Institut Fourier, B.P. n° 116, 38402 *Saint-Martin-d'Hères Cedex.*

PROCEEDINGS OF THE MEETING «GEOMETRY AND PHYSICS»
FLORENCE, OCTOBER 12-15, 1982

Graded manifolds and graded Lie algebras

J. L. KOSZUL

Université de Grénoble, Math. Pures, B.p. 174 - 38402 Saint Martin D'Heres, France

Induced and coinduced modules play an important role in the theory of graded Lie algebras ([1], [2]). Of special interest is the following situation. Let $g = g_0 + + g_1$ be a graded Lie algebra. To any linear representation of g_0 corresponds an induced linear representation of g. In sections 1) and 2) we discuss a geometric version of this construction. Given a Lie group G_0, and assuming that the Lie algebra g_0 of G_0 is the even component of a graded Lie algebra g, to any C^∞-manifold X_0 equipped with an action of G_0 we associate a graded manifold (X_0, g). The underlying manifold is X_0 and the sheaf is a sheaf of coinduced modules. This is one of the simplest way to climb from the level of ordinary manifolds to the level of graded manifolds. Graded Lie groups are closely related to this construction. In section 3) we show the existence of exponential morphisms for graded Lie groups. We describe the composite of canonical odd coordinates with the exponential morphism. The last section is devoted to some elementary remarks on the local quotient of a graded manifold equipped with an involutive distribution.

For the basic notons on graded manifolds and graded Lie groups, we refer to the fundamental work of B. Kostant [4].

1. Coinduced modules and graded manifolds

Let g be a Lie algebra over a field k of characteristic zero. Let $E(g)$ be the universal envelopping algebra of g. For any subalgebra $b \subset g$, there exists a canonical homomorphism $E(b) \to E(g)$. Hence we may consider $E(g)$ as a left $E(b)$-module. If M is a left $E(b)$-module, the *coinduced* $E(g)$-module M^g is defined by

$$M^g = \mathrm{Hom}_{E(b)} (E(g), M)$$

and

$$(u\, \varphi)(v) = \varphi(vu)$$

for all $u,\ v \in E(g)$ and all $\varphi \in M^g$. Since there is no risk of confusion, we shall write $\mathrm{Hom}_b(E(g), M)$ instead of $\mathrm{Hom}_{E(b)}(E(g), M)$. If $b \neq g$ and $M \neq (0)$, the dimension of M^g over k is infinite.

From now on we assume g to be a graded finite-dimensional Lie algebra over $k : g = g_0 + g_1$ (with degrees in $\mathbb{Z}_2$). Let $b = b_0 + b_1$ be a graded subalgebra of g and $M = M_0 + M_1$ be a graded left $E(b)$-module. Then the coinduced module M^g is a graded left $E(g)$-module ([7])| We shall only deal with cases where $b = = b_0 = g_0$ and $M = M_0$. Then $M^g = \mathrm{Hom}_{g_0}(E(g), M)$ and for all homogeneous $u, v \in E(g)$ and $\varphi \in M^g$,

$$(u\,\varphi)(v) = (-1)^{|u|(|\varphi| + |v|)}\,\varphi(vu).$$

Observe that if $\varphi(vu) \neq 0$, then $|\varphi| + |u| + |v| = 0$ and $|u|(|\varphi| + |v|) = |u|$, mod 2.

We shall denote by l the canonical mapping $g \to E(g)$. Let $\Lambda(g_1)$ be the exterior algebra of the vector space g_1. We define a linear mapping $\gamma : \Lambda(g_1) \to E(g)$ by

$$\gamma(x_1, \ldots, x_p) = \frac{1}{p!} \sum_{\tau \in \mathfrak{S}(p)} sg(\tau)\, l(x_{\tau(1)}) \ldots l(x_{\tau(p)})$$

for all $p \geqslant 0$ and all $x_1, \ldots, x_p \in g_1$. One can easily show that γ is a homomorphism of graded coalgebras. Moreover:

LEMMA 1. *The mapping $u \otimes v \to u\,\gamma(v)$ from $E(g_0) \otimes \Lambda(g_1)$ into $E(g)$ is an isomorphism of graded left $E(g_0)$-modules.*

This is a consequence of the graded version of the Theorem of Poincaré-Birkhoff-Witt ([6]).

From Lemma 1, one has

LEMMA 2. *For any left $E(g_0)$-module M, the mapping $\varphi \mapsto \tilde{\varphi} = \varphi \circ \gamma$ is an isomorphism of the coinduced module $M^g = \mathrm{Hom}_{g_0}(E(g), M)$ onto the graded vector space $\mathcal{L}(\Lambda(g_1), M) = M \otimes \Lambda(g_1)'$.*

If M is finite-dimensional (over k), then the coinduced module M^g is finite-dimensional: $\dim M^g = \dim M.\ 2^{\dim g_1}$. The importance of coinduced modules over graded Lie algebras is, to a great extent, a consequence of this fact.

By means of the isomorphism $\varphi \mapsto \tilde{\varphi}$, we transfer to $\mathcal{L}(\Lambda(g_1), M)$ the structure of left $E(g)$-module on M^g. For any $u \in E(g)$ and any $\varphi \in M^g$ we put

$$u\tilde{\varphi} = (u\,\varphi) \circ \gamma.$$

We shall come back to this point in section 2. Let us just mention here the following qualitative results: Put $M\,\Lambda^p = M \otimes \Lambda^p(g_1)'$; then for any $p > 0$,

$$g_0(M\,\Lambda^p) \subset M\,\Lambda^p \qquad g_1(M\,\Lambda^p) \subset M\,\Lambda^{p-1} + M\,\Lambda^{p+1} + M\,\Lambda^{p+3} + \ldots$$

Now let X_0 be a C^∞-manifold. Let G_0 be a Lie group and $G_0 \times X_0 \to X_0$ be a C^∞-action of G_0 into X_0. More generally we assume that X_0 is equipped with an infinitesimal action of some Lie algebra g_0 over $\mathbb{R}$, i.e. a homomorphism $a \mapsto P_a$ of g_0 into the Lie algebra of C^∞-vector fields on X_0. Let F_{X_0} or simply F be the sheaf of C^∞-functions on X_0. For any non empty open set $U \subset X_0$, $F(U)$ is a left $E(g_0)$-module: for all $a \in g_0$ and all $f \in F(U)$, af is the Lie derivative $P_a.f$ of f with respect to P_a. Clearly F is a sheaf of $E(g_0)$-modules.

Assume now g_0 is the even component of a finite-dimensional graded Lie algebra $g = g_0 + g_1$ (over $\mathbb{R}$). We define a sheaf F^g on X_0 as follows: for any non empty open set $U \subset X_0$,

$$F^g(U) = F(U)^g = \mathrm{Hom}_{g_0}(E(g), F(U)).$$

We exploit the product $\Pi : F(U) \otimes F(U) \to F(U)$ and the coproduct $\Delta : E(g) \to \to E(g) \otimes E(g)$ to define a product in each $F^g(U)$ ([7]):

$$\varphi\psi = \Pi \circ (\varphi \otimes \psi) \circ \Delta.$$

Note that, for homogeneous $u, v \in E(g)$ and $\varphi, \psi \in F^g(U)$:

$$(\varphi \otimes \psi)\,(u \otimes v) = (-1)^{|\psi||u|}(\varphi(u) \otimes \psi(v)).$$

Each $F^g(U)$ is a graded $\mathbb{Z}_2$-commutative algebra: $\varphi\psi = (-1)^{|\varphi||\psi|}\,\psi\,\varphi$. In a similar way, $\mathcal{L}(\Lambda(g_1), F(U))$ is a graded $\mathbb{Z}_2$-commutative algebra which we may identify with the tensor product of algebras $F(U) \otimes \Lambda(g_1)'$. Since $\gamma : \Lambda(g_1) \to E(g)$ is a homomorphism of coalgebras, the canonical mapping $F^g(U) \to \mathcal{L}(\Lambda(g_1), F(U)) = = F(U) \otimes \Lambda(g_1)'$ is an isomorphism of algebras. It is now easy to see that F^g is a sheaf of graded $\mathbb{Z}_2$-commutative algebras over $\mathbb{R}$, which is isomorphic, in a natural way, to $F \otimes \Lambda(g_1)'$. Therefore the manifold X_0, equipped with the sheaf F^g is a *graded manifold* (X_0, g) ([4]). The underlying manifold is X_0. The dimension of (X_0, g) is $(\dim X_0, \dim g_1)$. The canonical homomorphism $E(g_0) \to \to E(g)$ induces for each open set $U \subset X_0$ a homomorphism from $F^g(U) = = \mathrm{Hom}_{g_0}(E(g), F(U))$ onto $F(U) = \mathrm{Hom}_{g_0}(E(g_0), F(U))$. This produces the canonical morphism $F^g \to F$.

The graded manifold (X_0, g) has several very special properties. To begin with, since F^g is isomorphic to $F \otimes \Lambda(g_1)'$, there exists a canonical morphism $F \to F^g$ which is a right inverse of $F^g \to F$. This lifting is not part of the structure of graded manifold. Moreover F^g is globally (and not only locally) isomorphic to the tensor product of F with an exterior algebra. In addition, there exists a canonical $\mathbb{Z}$-gradation: $F^g = \bigoplus_{p \in \mathbb{Z}} F \otimes \Lambda^p(g_1)$: only the underlying $\mathbb{Z}_2$-gradation is part of the structure of graded manifold.

Finally consider the structure of left $E(g)$-module on the $F^g(U)$; clearly F^g is a sheaf of left $E(g)$-module. Let us identify g with the image of $l: g \to E(g)$. Then g is the space of primitive elements in the coalgebra $E(g)$. It follows that, on each algebra $F^g(U)$ and for any homogeneous $x \in g$, the mapping $\varphi \mapsto x\varphi$ is a $\mathbb{Z}_2$-derivation of degree $|x|$. Thus we have an infinitesimal action of g into (X_0, g).

Next we shall produce several examples of induced manifolds (X_0, g).

Example 1. Let $g_0 = \mathbb{R}e_0$ be a one-dimensional Lie algebra. Let $P = P_{e_0}$ be a vector field on the manifold X_0. Let g be the graded Lie algebra of dimension (1, 1) such that $g = \mathbb{R}e_0 + \mathbb{R}e_1$ and

$$[e_0, e_0] = [e_0, e_1] = 0, \qquad [e_1, e_1] = 2e_0 .$$

Let ξ be the basis of g_1' such that $\xi(e_1) = 1$. Then the sheaf $F^g = F \otimes \Lambda(g_1)'$ is isomorphic to $F + F\xi$. The structure of $E(g)$-module on F^g is characterized by

$$e_0(f + g\xi) = P.f + (P.g)\,\xi,$$

$$e_1(f + g\xi) = g + (P.f)\,\xi,$$

where f and g are sections of F. With the addition of the odd coordinate ξ the derivation P becomes the square of a derivation of degree 1 (since $e_0 = e_1^2$ in $E(g)$).

Example 2. Let $X_0 = G_0$ be a Lie group acting on itself by left translations. Let g_0 be the Lie algebra of G_0. For any $a \in g_0$ the vector field P_a is the right invariant vector field R_a on G_0 taking the value a at the neutral point. Let $D = \mathbb{R} + \mathbb{R}e$ be the algebra of dual numerbs over $\mathbb{R}$ ($e^2 = 0$). Define a $\mathbb{Z}_2$-gradation on D by: $|1| = 0, |e| = 1$. Let $g = g_0 + eg_0$ be the graded Lie algebra $D \otimes g_0$. From this graded extension of g_0, we get a graded manifold (G_0, g) of dimension (dim G_0, dim G_0). It is easy to see that there exists a canonical isomorphism of the sheaf F^g onto the sheaf of differential forms on G_0. If we identify a differential form ω with a section of F^g, then

$$a\omega = L(R_a)\,\omega \qquad \text{(Lie derivative)}$$

$$(ea)\,\omega = i(R_a)\,\omega \qquad \text{(inner product)}$$

for any $a \in g_0$. In contrast with the first example, any homogeneous element in g defines a $\mathbb{Z}_2$-derivation which is homogeneous with respect to the $\mathbb{Z}$-gradation on F^g (of degree 0 or -1). The same circumstance occurs whenever $[g_1, g_1] = (0)$.

Example 3. Let again $X_0 = G_0$ be a Lie group acting on itself by left translations. Let $g = g_0 + g_1$ be any finite-dimensional graded Lie algebra having g_0 as even component. The general construction produces a graded manifold (G_0, g) of dimension $(\dim g_0, \dim g_1)$. This graded manifold is almost a graded Lie group in the sense of Konstant ([4]). In order to have a graded Lie group, one has to give, beside G_0 and g, a linear representation Ad_1 of G_0 in g_1 such that

(i) $$Ad_1(\exp(ta))\, x = x + t[a, x] + \ldots$$

for all $a \in g_0$ and all $x \in g_1$.
(ii) if Ad is the sum of Ad_1 and of the adjont representation Ad_0 of G_0, then $Ad(s)$ is an automorphism of g for all $s \in G_0$.

If G_0 is connected, (i) implies (ii). If G_0 is simply connected, such a representation Ad_1 exists and is unique.

From now on we assume that Ad_1 satisfying (i) and (ii) is given. Since $Ad(s) = (Ad_0(s), Ad_1(s))$ is an automorphism of g for all $s \in G_0$, the representation Ad extends to a homomorphism

$$Ad : G_0 \to Aut\,(E(g)).$$

This homomorphism Ad gives rise to new structures on the sheaf F^g. We shall denote by $u \mapsto \bar{u}$ the canonical involution on $E(g)$ such that $\bar{x} = -x$ for all $x \in g$ and $\overline{uv} = \bar{v}\,\bar{u}$ for all $u, v \in E(g)$. For any non empty open set $U \subset G_0$, let $\varphi \mapsto \varphi^*$ be the linear mapping of $F^g(U) = \mathrm{Hom}_{g_0}(E(g), F(U))$ into $F^g(U^{-1}) = \mathrm{Hom}_{g_0}(E(g), F(U^{-1}))$ which is defined by

$$\varphi^*(u)\,(s^{-1}) = \varphi(Ad(s)\,\bar{u})\,(s)$$

for all $s \in U$ and all $u \in E(g)$. It is easy to see that φ^* does belong to $F^g(U^{-1})$; moreover $\varphi \mapsto \varphi^*$ is an isomorphism of graded algebras for the $\mathbb{Z}_2$-gradation. In such a way we define an involutive automorphism of the graded manifold (X_0, g). This is the antipodal morphism of the graded Lie group ([4]). With the involution $\varphi \mapsto \varphi^*$ we define on each $F^g(U)$ a structure of right $E(g)$-module by

$$\varphi\, u = (\bar{u}\, \varphi^*)^*$$

for all $u \in E(g)$ and all $\varphi \in F^g(U)$. Then F^g becomes a sheaf of two-sided $E(g)$-modules:

$$(u\, \varphi)\, v = u\, (\varphi\, v).$$

If $a \in g_0$, then $(\varphi\, a)\,(u) = L_a \,.\, \varphi(u)$, the Lie derivative of $\varphi(u)$ with respect to the left-invariant vector field L_a on G_0 taking the value a at the neutral point. Therefore $\varphi\, a = 0$ for all $a \in g_0$ if and only if φ maps $E(g)$ into the field of constant functions.

Let us identify $F^g(G_0)$ with $F(G_0) \otimes \Lambda(g_1)'$. Put $\mathrm{F} = F(G_0) \otimes 1$ and $\Lambda^p = 1 \otimes \Lambda^p(g_1)'$. Then

$$\mathbf{F} = \mathbf{F}^* \qquad (\Lambda^p)^* \subset \mathbf{F}\,\Lambda^p$$

$$g_0\mathbf{F} \subset \mathbf{F}, \qquad g_0\Lambda^p \subset \Lambda^p$$

$$g_1\mathbf{F} = (0), \qquad g_1\Lambda^p \subset \Lambda^{p-1} + \Lambda^{p+1} + \dots$$

$$\mathbf{F}g_0 \subset \mathbf{F}, \qquad \Lambda^p g_0 = (0)$$

$$\mathbf{F}g_1 \subset \mathbf{F} \qquad \Lambda^p g_1 \subset \mathbf{F}(\Lambda^{p-1} + \Lambda^{p+1} + \dots).$$

There are two canonical «exterior factors» in $F^g(G_0)$: the subalgebra $\Lambda(g_1)'$, which is a left $E(g)$-submodule, and the subalgebra $(\Lambda(g_1)')^*$, which is a right $E(g)$-submodule.

Note that any graded Lie group can be obtained by the preceding construction.

2. The module $\mathcal{L}(\Lambda(g_1), M)$

Let g be a finite dimensional graded Lie algebra and M be a left $E(g_0)$-module. In this section, we shall describe with more details the transfer to $\mathcal{L}(\Lambda(g_1), M)$ of the structure of $E(g)$-module on $M^g = \mathrm{Hom}_{g_0}(E(g), M)$ by means of the isomorphism $\varphi \to \tilde{\varphi} = \varphi \circ \gamma$. Recall that $u\,\tilde{\varphi} = (u\,\varphi) \circ \gamma$. Therefore

$$(u\,\tilde{\varphi})\,(v) = (-1)^{|u|}\,\varphi(\gamma(v)\,u)$$

for all $u \in E(g)$ and all $v \in \Lambda(g_1)$.

Let $a \in g_0$ and $x_1, \dots, x_p \in g_1$; then

$$\gamma(x_1 \dots x_p)\,l(a) = l(a)\,\gamma(x_1 \dots x_p) - \sum_{i=1}^{i=p} \gamma(x_1 \dots [a, x_i] \dots x_p).$$

It follows that

$$(l(a)\,\tilde{\varphi})\,(x_1 \dots x_p) = l(a)\,\tilde{\varphi}(x_1 \dots x_p) - \sum_{i=1}^{i=p} \tilde{\varphi}(x_1 \dots [a, x_i] \dots x_p)$$

for all $\tilde{\varphi} \in \mathcal{L}(\Lambda(g_1), M)$.

Now we shall compute $l(y)\,\tilde{\varphi}$ for $y \in g_1$. Let l_1 be the restriction of $l : g \to E(g)$ to g_1. Then $l_1 \in \mathcal{L}(\Lambda^1(g_1), E(g)) \subset \mathcal{L}(\Lambda(g_1), E(g))$. Let λ be the canonical mapping $g_1 \to \Lambda(g_1)$. Then $\lambda \in \mathcal{L}(\Lambda^1(g_1), \Lambda(g_1)) \subset \mathcal{L}(\Lambda(g_1), \Lambda(g_1))$. Since $\Lambda(g_1)$ is a graded coalgebra, $\mathcal{L}(\Lambda(g_1), E(g))$ is a graded algebra. Similarly, $\mathcal{L}(\Lambda(g_1), \Lambda(g_1))$ is a graded algebra. In these algebras, we denote the product by a dot. One has

$$\exp l_1 = \gamma,$$

$$\exp \lambda = \mathrm{id}_{\Lambda(g_1)}.$$

Now, for a fixed $y \in g_1$, let $y_0 \in \mathcal{L}(\Lambda^0(g_1), E(g))$ be such that $y_0(1) = l(y)$. For all $p > 0$, we define $y_p \in \mathcal{L}(\Lambda(g_1), E(g))$ inductively by

$$y_p = y_{p-1} \cdot l_1 - l_1 \cdot y_{p-1}.$$

In such a way we obtain a sequence of skew-forms $y_0, y_1, \ldots$ with values in $E(g)$. It is clear that $y_p \in \mathcal{L}(\Lambda^p(g_1), E(g))$. Moreover

$$y_p(x_1 \ldots x_p) = l\left(\sum_{\tau \in \mathfrak{S}(p)} sg(\tau)\,[x_{\tau(1)}, [x_{\tau(2)} \ldots [x_{\tau(p)}, y] \ldots]]\right)$$

for all $x_1, \ldots x_p \in g_1$. It follows that $\mathrm{Im}\, y_p \subset l(g_1)$ if p is even and $\mathrm{Im}\, y_p \subset l(g_0)$ if p is odd. Therefore, if p is even, we may define $y'_p \in \mathcal{L}(\Lambda^p(g_1), \Lambda(g_1))$ by $y_p = \gamma \circ y'_p$.

LEMMA 3. *For any $y \in g_1$*

$$\gamma \cdot y_0 = \alpha_y \cdot \gamma + \gamma \circ (\beta_y \cdot \exp \lambda),$$

where

$$\alpha_y = \sum_{r > 0} \frac{2 - 2^{2r+1}}{2r!}\, b_{2r}\, y_{2r-1},$$

$$\beta_y = \sum_{r > 0} \frac{2^{2r}}{2r!}\, b_{2r}\, y'_{2r}.$$

Here b_p denotes the sequence of Bernoulli numbers.

To prove this, we express the $l^p . y_0$ and the $\gamma \circ (y'_{2r} . \lambda^{p-2r})$ in terms of the $ys . l^{p-s}$ (cf. [5]). For instance

$$l^p \cdot y_0 = \sum_{s=0}^{s=p} (-1)^s\, y_s \cdot l^{p-s}.$$

Then we compute $l^p . y_0$ in terms of the $\gamma \circ (y'_{2r} . l^{p-2r})$ and of the $y_s . l^{p-s}$ with odd s.

PROPOSITION 1. *Let M be a left $E(g_0)$-module and let y be an element of g_1. Then for any $\mathbb{Z}_2$-homogeneous $\tilde{\varphi} \in \mathcal{L}(\Lambda(g_1), M)$,*

$$(-1)^{|\tilde{\varphi}|}\, l(y)\, \tilde{\varphi} = \alpha_y \cdot \tilde{\varphi} + \tilde{\varphi}\, \gamma \circ (\beta_y \cdot \exp \lambda),$$

where α_y and β_y are as in Lemma 3.

This is just a translation of Lemma 3. Put $\tilde{\varphi} = \gamma \circ \varphi$. Then for all $v \in \Lambda(g_1)$

$$(y\tilde{\varphi})(v) = (y\varphi)(\gamma(v)) = -\varphi(\gamma(v)y).$$

Since $|l_0| = 1$, $\gamma(v)y = (-1)^{|v|}(\gamma \cdot y_0)(v)$. But $\varphi(\gamma(v)y) = 0$ unless $|\varphi| = |v| + 1$. Therefore, in view of Lemma 3

$$(-1)^{|\tilde{\varphi}_1|} l(y)\, \tilde{\varphi} = \varphi \circ (\alpha_y \cdot \gamma) + \tilde{\varphi} \circ (\beta_y \cdot \exp \lambda).$$

Observe that α_y maps $\Lambda(g_1)$ into $l(g_0) \subset E(g_0)$. Since φ is a homomorphism of $E(g_0)$-modules, we may write $\varphi \circ (\alpha_y \cdot \gamma) = \alpha_y \cdot (\varphi \circ \gamma) = \alpha_y \cdot \tilde{\varphi}$ where the product of forms $\alpha_y \cdot \varphi$ is defined by the bilinear mapping $E(g_0) \times M \to M$.

REMARK. If $[g_1, g_1] = (0)$, then $y_p = o$ for $p > 0$, hence $\alpha_y = 0$ and $\beta_y = y_0'$. Therefore, if $\tilde{\varphi} \in \mathcal{L}(\Lambda^p(g_1), M)$, then $l(y)\, \tilde{\varphi} \in \mathcal{L}(\Lambda^{p-1}(g_1), M)$. Since $(y_0' \cdot \exp \lambda)$ $(x_1 \ldots x_{p-1}) = yx_1 \ldots x_{p-1}$, this implies $l(y)\, \tilde{\varphi} = i(y)\, \tilde{\varphi}$ (inner product of $\tilde{\varphi}$ with respect to y).

If $[g_0, g_1] = (0)$, then $y_p = 0$ for $p > 1$, $\alpha_y = -\dfrac{1}{2} y_1$ and $\beta_y = y_0'$. Therefore, if $\tilde{\varphi} \in \mathcal{L}(\Lambda^p(g_1), M)$, then $l(y)\, \tilde{\varphi} \in \mathcal{L}(\Lambda^{p-1}(g_1), M) + \mathcal{L}(\Lambda^{p+1}(g_1), M)$. For $p = 0$, one has

$$(l(y)\, \tilde{\varphi})(x) = -\frac{1}{2}\, l([x, y])\, \tilde{\varphi}\,(1).$$

3. Exponential Morphisms for Graded Lie Groups

Let g be a graded Lie algebra over a field of characteristic equal to zero. We shall denote by $\underline{g}$ the graded abelian Lie algebra having the same underlying graded space. The universal envelopping algebra of $\underline{g}$ is the $\mathbb{Z}_2$-symmetric algebra $S(g)$, i.e. the quotient $(\otimes g)/N$, where N is the two-sided ideal generated by the $x \otimes y - (-1)^{|x||y|} y \otimes x$ with homogeneous $x, y \in g$. We extend the canonical mapping $l : g \to E(g)$ to $S(g)$ by setting $l(S^p(g)) = (0)$ when $p \neq 1$. Since $S(g)$ is a graded coalgebra and $E(g)$ is a graded algebra, $\mathcal{L}(S(g), E(g))$ is a graded algebra (with a $\mathbb{Z}_2$-gradation).

LEMMA 4. *The linear mapping $\gamma = \exp l$ is an isomporphism of $S(g)$ onto $E(g)$ regarded as graded coalgebras.*

This statement follows again from the graded version of the Theorem of Poincaré-Birkhoff-Witt ([6]).

In section 1) we denoted by γ the restriction of $\exp l$ to $\Lambda(g_1)$, which we identify to a subalgebra of $S(g)$. Since γ is an isomorphism of coalgebras, ${}^t\gamma : E(g)' \to S(g)'$ is an isomorphism of algebras. Our purpose is to give a geometric interpretation of ${}^t\gamma$ when g is a graded Lie algebra over $\mathbb{R}$.

First let us assume $g = g_0$ is the Lie algebra of a Lie group G_0. Then g_0 is the Lie algebra of the abelian Lie group g_0 (where the mapping $g_0 \times g_0 \to g_0$ is the addition). The universal envelopping algebra $E(g)$ is the space of distributions on G_0 whose support is the neutral point e of G_0 or the empty set. Therefore $E(g_0)'$ is the algebra of jets of C^∞-functions on G_0 at e. Hence there exists a canonical surjective homomorphism

$$j_e : F(G_0) \to E(g_0)'$$

where F denotes the sheaf of C^∞-functions on G_0. Similarly there exists a canonical surjective homomorphism

$$j_0 : \underline{F}(g_0) \to S(g_0)'$$

where $\underline{F}$ is the sheaf of C^∞-functions on the vector space g_0. Let $\exp : g_0 \to G_0$ be the exponential mapping; one knows that

$$j_0 \circ \exp = {}^t\gamma \circ j_e .$$

Now consider the graded case. Assume that $g = g_0 + g_1$ is the Lie algebra of a graded Lie group (G_0, A). We identify the sheaf A whith $F^g = \mathrm{Hom}_{g_0}(E(g), F)$ (cf. section 1)). We define a homomorphism $j_e : A\,(G_0) \to E(g)'$ by setting

$$(j_e \varphi)(u) = (\varphi(u))(e)$$

for all $\varphi \in A\,(G_0)$ and all $u \in E(g)$. One easely shows that j_e is surjective. We may regard $j_e \varphi$ as the «jet» of φ at $e \in G_0$.

Using the construction of section 1, example 3, we define a graded Lie group $(g_0, \underline{g}) = (g_0, \underline{A})$ where $\underline{A}$ is the sheaf $\mathrm{Hom}_{g_0}\,(S(g), \underline{F})$. Let $j_0 : \underline{A}\,(g_0) \to S(g)'$ be the homomorphism such that

$$(j_0\, \psi)(v) = (\varphi(v))(0)$$

for all $\psi \in \underline{A}\,(g_0)$ and all $v \in S(g)$.

Let F^ω be the sheaf of analytic functions on G_0. Clearly $F^\omega(G_0)$ is a $E(g_0)$--submodule of $F(G_0)$. We put $A^\omega(G_0) = \mathrm{Hom}_{g_0}(E(g),\ F^\omega(G_0)) \subset A\,(G_0)$. Similarly let $\underline{F}^\omega$ be the sheaf of analytic functions on g_0. Then $\underline{F}^\omega(g_0)$ is a $E(g_0)$ submodule of $\underline{F}(g_0)$. We put $A^\omega(g_0) = \mathrm{Hom}_{\underline{g}_0}(S(g), F^\omega(g_0))$.

THEOREM 1. ([3]) *There exists a unique morphism*

$$\theta : (g_0, \underline{A}) \to (G_0, A)$$

such that

(i) $\theta^* A^\omega(G_0) \subset \underline{A}^\omega(g_0)$,

(ii) $j_0 \circ \theta^* = {}^t\gamma \circ j_e$.

Recall that a morphism $\theta : (g_0, \underline{A}) \to (G_0, A)$ corresponds to a homomorphism $\theta^* : A(G_0) \to \underline{A}(g_0)$ ([4]). The proof of uniqueness is a straightforward. As for the existence, we shall only indicate how to define a homomorphism θ^* satisfying conditions (i) and (ii).

Let m be the right-ideal $l(g_0)\, E(g)$ in $E(g)$. It follows from Lemma 1 that

$$E(g) = m \oplus \gamma(\Lambda(g_1)).$$

For any $v \in S(g_0)$ let $\mu(v)$ be the endomorphism of the vector space $\Lambda(g_1)$ such that

$$\gamma(\mu(v)u) = \gamma(vu) \bmod m$$

for all $u \in \Lambda(g_1)$. Note that, in order to define vu, we identify $\Lambda(g_1)$ and $S(g_0)$ to subalgebras of $S(g)$.

LEMMA 5. *The serie* $\sum_{p \geq 0} \frac{1}{p!} \mu(a^p)$ *is convergent for all* $a \in g_0$.

We define an analytic mapping $h : g_0 \to \operatorname{End}(\Lambda(g_1))$ by

$$h(a) = \sum_{p \geq 0} \frac{1}{p!} \mu(a^p)$$

for all $a \in g_0$.

REMARK 1. Each $h(a)$ has degree 0 mod 2. More precisely

$$h(a)\, \Lambda^p(g_1) \subset \Lambda^p(g_1) + \Lambda^{p-2}(g_1) + \ldots$$

for all p. In particular $h(a)\, g_1 \subset g_1$. For the restriction $h(a)\,|\,g_1$, one has the explicit formula

$$h(a)\,|\,g_1 = \frac{I - e^{-ad(a)}}{ad(a)}$$

If $[g_1, g_1] = (0)$, then $h(a)\, \Lambda^p(g_1) \subset \Lambda^p(g_1)$ for all p.

REMARK 2. For any $a \in g_0$, ${}^t h(a)$ is an automorphism of the exterior algebra $\Lambda(g_1)'$.

Now we are in a position to define $\theta^* : A(G_0) \to \underline{A}(g_0)$. As a consequence of Lemma 1 we may assume $A(G_0) = F(G_0) \otimes \Lambda(g_1)'$ and $\underline{A}(g_0) = \underline{F}(g_0) \otimes \Lambda(g_1)'$. Then, if $f \in F(G_0)$, we define

$$\theta^*(f \otimes 1) = (f \circ \exp) \otimes 1$$

where exp is the exponential mapping $g_0 \to G_0$. If $\xi \in \Lambda(g_1)$, we define

$$\theta^*(1 \otimes \xi) = \sum_i \xi(h(\ )\,u_i)\,\eta_i$$

where (u_i) denotes a basis of $\Lambda(g_1)$ and (η_i) denotes the dual basis. More succintely, let us identify $A(G_0)$ and $\underline{A}(g_0)$ with $\mathcal{L}(\Lambda(g_1), F(G_0))$ and $\mathcal{L}(\Lambda(g_1), \underline{F}(g_0))$ respectively. Then for any $\varphi \in A(G_0)$ one has

$$((\theta^*\varphi)\,(u))\,(a) = (\varphi(h(a)\,u))\,(\exp\,(a)).$$

for all $u \in \Lambda(g_1)$ and all $a \in g_0$. Condition (i) is clearly satisfied. We omit the proof of (ii).

4. Involutive distributions on graded manifolds

In many occasions graded manifolds are constructed as quotient of previously given graded manifolds. For instance graded homogeneous manifolds are quotients of graded Lie groups by graded Lie subgroups ([4]).

Let (X_0, A) be a graded manifold of dimension (n_0, n_1) and let $\alpha : A \to F$ be the morphism of the sheaf A onto the sheaf of C^∞-functions on X_0. For any $x \in X_0$, let $m_x \subset A(X_0)$ be the kernel of the linear mapping $\varphi \mapsto (\alpha\varphi)\,(x)$. Then m_x is a graded maximal ideal of $A(X_0)$. The space m_x/m_x^2 is the cotangent space at x. We denote by $T_x(X_0, A)$ the tangent space at x, i.e. the dual of m_x/m_x^2; $T_x(X_0, A)$ is a graded vector space of dimension (n_0, n_1). For any $\mathbb{Z}_2$-derivation d of $A(X_0)$, $d(m_x^2) \subset m_x$; therefore d induces a linear mapping $m_x/m_x^2 \to$ $\to (A(X^0)/m_x = \mathbb{R}$ which is an element of $T_x(X_0, A)$. Thus for each point $x \in X_0$, one has a linear mapping

$$\tau_x : \mathrm{Der}\, A(X_0) \to T_x(X_0, A)$$

where $\mathrm{Der}\, A(X_0)$ is the $A(X_0)$-module of $\mathbb{Z}_2$-derivations of $A(X_0)$. This mapping τ_x factorizes through $\mathrm{Der}\, A(U)$ for any open neighborhood U of x.

Let $\mathrm{Der}\, A$ be the sheaf of $A(U)$-modules $\mathrm{Der}\, A(U)$ and let M be a subsheaf of $\mathrm{Der}\, A$ such that $M(U)$ is a $A(U)$-module for all U. We denote by TM_x the graded subspace $\tau_x(M(X_0))$ of $T_x(X_0, A)$. For any open neighborhood U of x, TM_x is also the image of $M(U)$. The sheaf M is called a *regular distribution* if, for each

$x \in X_0$, there exists an open neighborhood U of x such that $M(U)$ is a free $A(U)$-module ([2]). If M is a regular distribution, the dimension (p_0, p_1) of the graded space T_xM is locally constant. Note that, in contrast with the non-graded situation, the family TM_x $(x \in X_0)$ usually does not determine M. If $M(U)$ is a free module, then the rank of $M(U)$ is equal to dim TM_x for all $x \in U$.

With the usual bracket of $\mathbb{Z}_2$-derivations, Der A becomes a sheaf of graded Lie algebras. A regualr distribution M on (X_0, A) is said to be *involutive* il $M(U)$ is a graded Lie subalgebra of Der $A(U)$ for all U. The following graded version of the Frobenius Theorem was established by R. Giachetti and R. Ricci:

THEOREM 2 ([1]). *Let M be a regular involutive distribution of rank r on a graded manifold* (X_0, A). *Assume that* T_xM *is contained in the even component* $T_x(X_0, A)_0$ *of* $T_x(X_0, A)$ *for all* $x \in X_0$. *Then any point* $x \in X_0$ *ha a coordinate neighborhood U with a coordinate system* $x_0, \ldots, x_{n_0}, \xi_1, \ldots, \xi_{n_1}$ *such that* $\frac{\partial}{\partial x_1}, \ldots, \frac{\partial}{\partial x_r}$ *is a basis of M(U).*

An important consequence of this Theorem is the existence of local quotients. We assume that $M \subset$ Der A satisfies the same conditions as in Theorem 2. Then for a small open set $U \subset X_0$ there exists a graded manifold (Y, B) and a morphism of graded manifolds $\zeta : (U, A\,|\,U) \to (Y, B)$ such that ζ^* is an isomorphism of $B(Y)$ onto the subalgebra $A(U)^M \subset A(U)$, where $A(U)^M$ is the set of $\varphi \in A(U)$ with $d\varphi = 0$ for all $d \in M(U)$. In fact the existence of local quotient should be true for any regular involutive distribution, i.e. without the hypothesis $TM_x \subset T_x(X_0, A)_0$. It has been proved in many special cases where the distribution is given by the action of a graded Lie group ([4]). Here we shall consider only the purely odd case, i.e. a distribution generated by odd derivations. This is the opposite extreme of the situation in Theorem 2.

For simplicity, we assume X_0 to be a point. Then A is just a $\mathbb{Z}_2$-graded algebra isomorphic to the exterior algebra of a finite-dimensional vector space. The context is now entirely algebraic: we may take an arbitrary ground field k of characteristic $\neq 2$ and assume that A is isomorphic to $\Lambda(k^n)$. A sequence $a_1, \ldots, a_n \in A$ is called a coordinate system if

(i) $|a_i| = 1$ for all i,

(ii) $a_1 a_2, \ldots, a_n \neq 0$.

Clearly, any coordinate system is a set of generators for the algebra A. Let m be the maximal ideal of A and $\alpha : A \to k$ be the augmentation. Let $q : m \to m/m^2$ be the canonical mapping. Then $a_1, \ldots, a_n$ is a coordinate system if an only if $|a_i| = 1$ for all i and $q(a_i)$ is a basis of m/m^2. Let τ be the linear mapping Der $A \to T =$

$= (m/m^2)'$ such that

$$\langle \tau(d), q(a) \rangle = \alpha(da)$$

for all $d \in \mathrm{Der}\, A$ and all $a \in m$.

LEMMA 6. *Let $d_1, \ldots d_r$ be homogeneous derivations of A. Then $d_1, \ldots, d_r$ are linearly independant over A if an only if $\tau(d_1), \ldots \tau(d_r)$ are linearly independant over k.*

Proof. Assume $d_1, \ldots, d_r$ are linearly independant and $\Sigma_i c_i \tau(d_i) = 0$ with $c_1, \ldots, c_r \in k$. Then $(\Sigma_i c_i d_i)(m) \subset m$. Since $(\Sigma_i c_i d_i)(1) = 0$, one has $(\Sigma_i c_i d_i)(A) \subset m$. Now let v be a basis m^n. Then $\Sigma_i v c_i d_i = 0$. Therefore $vc_i = 0$ and $c_i = 0$ for all i. Assume now $\tau(d_1), \ldots, \tau(d_r)$ are linearly independant over k and $\Sigma_i a_i d_i = 0$ with $a_1, \ldots, a_r \in A$. Let $b_1, \ldots, b_r$ be elements of m such that $\langle \tau(d_i), q(b_j) \rangle = \delta_{ij}$. Then $d_i(b_i) = 1 \bmod m$ and $d_i(b_j) = 0 \bmod m$ for $i \neq j$. Let $s \geqslant 0$ be such that $a_i \in m^s$ for all i. Then $a_j = \Sigma_i a_i d_i(b_j) = 0 \bmod m^{s+1}$. Thus $a_j \in m^{s+1}$ for all j. Since $m^{n+1} = (0)$, this gives $a_j = 0$ for all j.

Note that any homogeneous derivation which is not a torsion element in Der A is of degree 1 mod 2.

LEMMA 7. *Let M be a free graded submodule of rank r in Der A such that $[M, M] \subset M$. There exists a homogeneous basis $d_1, \ldots, d_r$ of M such that $[d_i, d_j] = 0$ for all $1 \leqslant i, j \leqslant r$.*

Proof. Let $d_1^0, \ldots, d_r^0$ be a basis of M. From Lemma 6 we know that there exists a basis $e_1, \ldots, e_n$ of T such that $e_i = \tau(d_i^0)$ if $1 \leqslant i \leqslant r$. Since A is isomorphic to $\Lambda(k^n)$, there exists a homogeneous basis $d_1', \ldots, d_n'$ of Der A such that $\tau(d_i') = e_i$ and $[d_i', d_j'] = 0$ for $1 \leqslant i, j \leqslant n$. Using again Lemma 6, we see that $d_0^1, \ldots d_r^0$, $d_{r+1}', \ldots, d_n'$ is a basis of Der A . Therefore Der $A = M \oplus N$ where N is the submodule generated by $d_{r+1}', \ldots, d_n'$. For $1 \leqslant i \leqslant r$, we write $d_i' = d_i + d_i''$ with $d_i \in M$ and $d_i'' \in N$. Then $d_1, \ldots, d_r$ is a basis of M. On the other hand $[d_i, d_j] = [d_i' - d_i'', d_j' - d_j''] \in N$, since $[N, N] \subset N$ and $[d_k', N] \subset N$ for all k. Therefore $[d_i, d_j] \in N \cap M = (0)$ for $1 \leqslant i, j \leqslant r$.

PROPOSITION 2. *Let M be a free graded submodule of rank r in* Der A *such that $[M, M] \subset M$. Let A^M be the subalgebra consisting of those $a \in A$ such that $da = 0$ for all $d \in M$. Then, if n is the rank of Der A, the graded algebra A^M is isomorphic to $\Lambda(k^{n-r})$.*

Proof. It follows from Lemma 7 that it is sufficient to treat the case $r = 1$. Moreover, if $r = 1$, there exists a basis d of M such that $d^2 = \frac{2}{1}[d, d]$ O 0. Let $a \in m$ be such that $|a| = 1$ and $\langle \tau(d), q(a) \rangle = 1$, i.e. $da = 1 \bmod m$. Put $u = 1 - da$. Then $du = 0$ and $d(a(1 + u + \ldots)) = 1$. Set $x_1 = a(1 + u + \ldots)$; clearly $|x_1| = 1$ and $x_1 \in m - m^2$. Therefore x_1 belongs to a coordinate system $x_1, x_2, \ldots, x_n$. For $2 \leqslant i \leqslant n$, set $y_i = x_i - x_1 (dx_i)$. Then $u_i = x_i \bmod m + kx_1$ and $x_1, y_2, \ldots, y_n$ is a new coordinate system. But $dx_1 = 1$ and $dy_i = 0$ for $2 \leqslant i \leqslant n$. Therefore $A^M = \operatorname{Ker} d$ is the subalgebra generated by $y_2, \ldots, y_n$ and is isomorphic to $\Lambda(k^{n-r})$.

References

[1] D. Z. Djokovic, G. Hochschild, *Semi-simplicity of $\mathbb{Z}$-graded Lie Algebras*, Illinois J. Math. 20 (1976) 134 - 143.

[2] R. Giachetti, R. Ricci, *R-actions, Derivations and Frobenius Theorem on Graded Manifolds*, Firenze 1981, to appear in Adv. Math.

[3] F. M. Ismail, *Exponentielle et groupes de Lie graduésé* Thèse troisième cycle, Institut Fourier, Grenoble 1982.

[4] B. Kostant, *Graded Manifolds, Graded Lie Theory and Prequantization,* in «Differential Geometrical Methods in Mathematical Physic», Bonn 1975; Lecture Notes in mathematics 570, Springer, Berlin 1977.

[5] J. L. Koszul, *Sur le faisceau d'un groupe de Lie gradué et certaines représentations linéaires de son algèbre de Lie*, Publications I.R.M.A., Strasbourg, R.C.P. 35, vol. 30 (1982).

[6] J. Milnor, J. Moore, *On the Structure of Hopf Algebras,* Ann. of Math. 81 (1965), 211 - 265.

[7] M. Scheunert, *The theory of Lie Superalgebras,* Lectures Notes in mahematics 716, Springer, Berlin 1979.

Manuscript received: December 23, 1982.

Société Mathématique de France
Astérisque, hors série, 1985, p. 257-271

CROCHET DE SCHOUTEN-NIJENHUIS ET COHOMOLOGIE

PAR

Jean-Louis KOSZUL

C'est dans sa note de 1928 sur les nombres de Betti des espaces de groupes clos que É. CARTAN esquisse la méthode reposant sur la considération des invariants intégraux ([1]). Dans son mémoire à la Société Polonaise de Mathématiques en 1929 ([2]), il montre que cette méthode s'applique aux espaces clos homogènes et il indique alors explicitement comment construire, dans ce cas, le complexe des formes différentielles invariantes. Le complexe $\Lambda(\mathbf{g}')$ des formes alternées sur une algèbre de Lie $\mathbf{g}$ est un cas particulier de cette construction. A vrai dire, dans cet article, É. CARTAN ne fait pas explicitement mention de $\Lambda(\mathbf{g}')$, car il traite les groupes comme des espaces symétriques et s'intéresse donc aux formes différentielles qui sont invariantes à la fois par les translations à gauche et les translations à droite, ce qui correspond aux éléments de $\Lambda(\mathbf{g}')$ invariants par le prolongement de la représentation coadjointe. Néanmoins, on peut dire que dès 1929 une pièce essentielle de la théorie cohomologique des algèbres de Lie était en place. Cette théorie a pris la forme que nous lui connaissons en 1948 avec l'article où C. CHEVALLEY et S. EILENBERG définissent le complexe des formes alternées sur une algèbre de Lie $\mathbf{g}$ à valeurs dans un $\mathbf{g}$-module. Dans ce contexte, on trouve notamment deux extensions naturelles du complexe $\Lambda(\mathbf{g}')$ qui ont un support géométrique limpide, et que nous allons rappeler.

Soit $\mathbf{G}$ un groupe de Lie et soit $\mathbf{g}$ son algèbre de Lie, identifiée à l'espace des champs de vecteurs invariants à gauche sur G. L'algèbre de fonctions $C^\infty(G)$ est un $\mathbf{g}$-module et le complexe $\Omega(G)$ des formes différentielles extérieures sur G s'identifie au complexe $C^\infty(G) \otimes \Lambda(\mathbf{g}')$ des formes alternées sur $\mathbf{g}$ à valeurs dans $C^\infty(G)$. C'est une première extension du complexe $\Lambda(\mathbf{g}')$. Si l'on s'intéresse à la géométrie de la représentation coadjointe, on est conduit à considérer cette fois $\Lambda(\mathbf{g}')$ comme l'algèbre des tenseurs contravariants antisymétriques invariants par translations sur l'espace vectoriel $\mathfrak{g}'$, c'est-à-dire comme une sous-algèbre de l'algèbre $C^\infty(\mathfrak{g}')\otimes\Lambda(\mathfrak{g}')$ de tous les tenseurs contravariants antisymétriques sur $\mathfrak{g}'$. De ce point de vue, $\Lambda(\mathfrak{g}')$ est un sous-complexe du complexe $C^\infty(\mathfrak{g}') \otimes \Lambda(\mathfrak{g}')$ des formes alternées sur $\mathfrak{g}'$ à valeurs dans le $\mathfrak{g}$-module $C^\infty(\mathfrak{g}')$ défini par l'action coadjointe. Notons que les espaces $H^2(\mathfrak{g}, C^\infty(\mathfrak{g}'))$ et $H^2(\mathfrak{g}, C^\infty(\mathfrak{g}'))$ interviennent par exemple dans le problème de la linéarisation d'une structure de Poisson (*cf.* [5], [14]).

Avec $C^\infty(G)\otimes\Lambda(\mathfrak{g}')$ et $C^\infty(\mathfrak{g}')\otimes\Lambda(\mathfrak{g}')$, on a deux extensions du complexe $\Lambda(\mathfrak{g}')$ de nature bien différente. Dans $C^\infty(\mathfrak{g}') \otimes \Lambda(\mathfrak{g}')$ est défini le crochet de Schouten-Nijenhuis $[\ ,\ ]_S$ qui en fait une algèbre de Lie graduée, les éléments de degré p étant ceux de $C^\infty(\mathfrak{g}')\otimes\Lambda^{p+1}(\mathfrak{g}')$ ([9], [13]). L'opérateur différentiel d de ce complexe est de la forme $\mathrm{ad}_S(w)$ où $w \in \mathfrak{g} \otimes \Lambda^2(\mathfrak{g}')$ et $[w,w]_S = 0$. Ce tenseur w est la structure de Poisson standard sur $\mathfrak{g}'$. De l'identité de Jacobi pour $[\ ,\ ]_S$, il résulte que

$$d[a,b]_S = [da,b]_S + (-1)^{p-1}[a,db]_S$$

quels que soient $a \in C^\infty(\mathfrak{g}') \otimes \Lambda pP(\mathfrak{g}')$ et $b \in C^\infty(\mathfrak{g}') \otimes \Lambda(\mathfrak{g}')$. Par suite, le crochet de Schouten-Nijenhuis induit un crochet dans $H^*(\mathfrak{g}, C^\infty(\mathfrak{g}'))$.

Soit $S(\mathfrak{g})$ l'algèbre symétrique de $\mathfrak{g}$, identifiée à un sous-module de $C^\infty(\mathfrak{g}')$. Le sous-complexe $S(\mathfrak{g}') \otimes \Lambda(\mathfrak{g}')$ est stable par le crochet de Schouten-Nijenhuis, qui induit donc aussi un crochet dans $H^*(\mathfrak{g}, S(\mathfrak{g}))$. Ce dernier applique $H^p(\mathfrak{g}, S^r(\mathfrak{g})) \times H^q(\mathfrak{g}, S^s(\mathfrak{g}))$ dans $H^{p+q-1}(\mathfrak{g}, S^{r+s-1}(\mathfrak{g}))$. En particulier, on trouve une structure d'algèbre de Lie graduée dans $H^*(\mathfrak{g},\mathfrak{g})$. Cette structure a été mise en évidence et utilisée par D.S. Rim dans son travail sur les déformations des algèbres de Lie filtrées ([11]). Elle comporte une application quadratique $Sq : H^2(\mathfrak{g},\mathfrak{g}) \to H^3(\mathfrak{g},\mathfrak{g})$ qui joue un rôle important dans l'étude des déformations de l'algèbre de Lie $\mathfrak{g}$ (*cf.* G. Rauch [10]).

Toute structure de Poisson sur une variété donne de même un complexe muni du crochet de Schouten-Nijenhuis (*cf.* Lichnerowicz, [8], [15]). Dans ce qui suit, on indique des cas où ce crochet induit le crochet nul dans la cohomologie. Pour ce faire, il est utile d'exprimer le crochet de Schouten-Nijenhuis au moyen d'opérateurs différentiels d'ordre ≤ 2 dans l'algèbre des tenseurs contravariants antisymétriques; c'est à cela que sont consacrés les paragraphes 1 et 2.

1. Les opérateurs différentiels dans le contexte gradué

Soit $A = \bigoplus_{p\geq 0} A^p$ une algèbre graduée, avec degrés dans $\mathbf{Z}$, sur un corps de caractéristiques $\neq 2$. On suppose que A est $\mathbf{Z}_2$ *commutative*, c'est-à-dire que $ab = (-1)^{pq} ba$ lorsque $a \in A^p$ et $b \in A^q$. Soit $\mathrm{End}^k(A)$ l'espace vectoriel des endormorphismes de degré k de A. Sur $\mathrm{End}(A) = \bigoplus_{k\in\mathbf{Z}} \mathrm{End}^k(A)$ on définit un crochet en posant

$$[D_1, D_2] = D_1 D_2 - (-1)^{pq} D_2 D_1$$

pour $D_1 \in \mathrm{End}^P(A)$ et $D_2 \in \mathrm{End}^q(A)$. Avec ce crochet, $\mathrm{End}^*(A)$ est une algèbre de Lie graduée.

Quels que soient $p \in \mathbf{Z}$ et $r > 0$, on note $\mathcal{D}_r^p$ l'espace des opérateurs différentiels de degré p et d'ordre $\leq r$ dans A. L'espace $\mathcal{D}_0^p$ est l'espace, isomorphe à A^p, des endomorphismes de la forme $b \to ab$ où $a \in A^p$. Quels que soient $p, q \in \mathbf{Z}$ et $r, s > 0$, on a

$$\mathcal{D}_r^p \mathcal{D}_s^q \subset \mathcal{D}_{r+s}^{p+q}, \qquad [\mathcal{D}_r^p, \mathcal{D}_s^q] \subset \mathcal{D}_{r+s-1}^{p+q}.$$

En particulier, si D est un opérateur différentiel d'ordre r de degré impair k, alors $D^2 = \frac{1}{2}[D, D]$ est de degré $2k$ et d'ordre $\leq 2r - 1$.

Comme dans le cas non gradué, on caractérise les opérateurs différentiels d'ordre $\leq r$ en associant à tout endomorphisme de A une $(r+1)$-forme sur A à valeurs dans A. Soit λ l'application linéaire de A dans $A \otimes A$ définie par $\lambda(a) = a \otimes 1 - 1 \otimes a$ pour tout a. On munit $A \otimes A$ du produit qui en fait une algèbre $\mathbf{Z}_2$-commutative. Alors

$$\lambda(a)\lambda(b) = (-1)^{pq} \lambda(b)\lambda(a)$$

pour $a \in A^p$ et $b \in A^q$. Pour tout $r > 0$, soit λ^r l'application linéaire de $\bigotimes^r A$ dans $A \otimes A$ telle que

$$\lambda^r(a_1 \otimes \cdots \otimes a_r) = \lambda(a_1) \ \ldots \ \lambda(a_r).$$

Pour tout endomorphisme D de A et tout entier $r > 0$, on notera Φ_D^r la r-forme sur D à valeurs dans A définie par

$$\Phi_D^r(a_1, \ldots, a_r) = m \circ (D \otimes id_A)\lambda^r(a_1 \otimes \cdots \otimes a_r),$$

où $m(a \otimes b) = ab$.

Si $a, b, c \in A$ sont de degrés respectifs p, q, r, on a

$$(1.1) \quad \Phi_D^1(a) = D(a) - D(1)a,$$

$$(1.2) \quad \Phi_D^2(a, b) = D(ab) - D(a)b - (-1)^{pq} D(b)a + D(1)ab,$$

$$(1.3) \quad \begin{aligned} \Phi_D^3(a, b, c) = {} & D(abc) - D(ab)c - (-1)^{p(q+r)} D(bc)a \\ & - (-1)^{r(p+q)} D(ca)b + D(a)bc + (-1)^{p(q+r)} D(b)ca \\ & + (-1)^{r(p+q)} D(c)ab - D(1)abc. \end{aligned}$$

Pour tout $r > 1$, la forme Φ^r_D s'exprime au moyen de Φ^{r-1}_D. Ainsi

$$\Phi^3_D(a,b,c) = \Phi^2_D(a,bc) - \Phi^2_D(a,b)c - (-1)^{qr}\Phi^2_D(a,c)b. \tag{1.4}$$

Un calcul un peu laborieux donne la relation suivante :

(1.5) LEMME. — *Si $D \in \mathrm{End}^*(A)$ est de degré impair et si $D(1) = 0$, on a*

$$\sum_{\text{circ}}(-1)^{|a|(|c|+1)}\Phi^2_D(a,\Phi^2_D(b,c))$$
$$= D\Phi^3_D(a,b,c) - \Phi^3_{D^2}(a,b,c) + \sum_{\text{circ}}(-1)^{|a||c|}\Phi^3_D(D(a),b,c),$$

où $|a|$, $|b|$, $|c|$ désignent respectivement les degrés de a, b, c et où $\sum_{\text{circ}}$ indique une somme sur les permutations circulaires de a, b, c.

Soit $D \in \mathcal{D}^k_2$ un opérateur différentiel d'ordre ≤ 2, de degré impair k et tel que $D(1) = 0$. On lui associe un crochet $[\ ,\ ]_D$ dans A en posant

$$[a,b]_D = (-1)^p\Phi^2_D(a,b)$$

pour tout $a \in A^p$ et tout $b \in A$. Ce crochet ne dépend que de la classe de D modulo $\mathcal{D}^k_1$. Il est de degré k, mais de degré 0 si on adopte le degré $q + k$ sur A^q. Si $a \in A^p$ et $b \in A^q$, on a

$$[a,b]_D = -(-1)^{(p+k)(q+k)}[b,a]_D. \tag{1.6}$$

Vis à vis du produit dans A, le comportement de ce crochet est donné par la relation (1.4). Puisque $\Phi^3_D = 0$,

$$[a,bc]_D = [a,b]_Dc + (-1)^{(p+k)q}b[a,c]_D \tag{1.7}$$

pour $a \in A^p$, $b \in A^q$ et $c \in A$. Cela signifie que l'endomorphisme $\mathrm{ad}_D(a)$: $b \to [a,b]_D$ est une $\mathbf{Z}_2$-dérivation de degré $p + k$ de l'algèbre graduée A.

Compte tenu du lemme (1.5), on a d'autre part

$$\sum_{\text{circ}}(-1)^{(|a|+k)(|c|+k)}[a,[b,c]_D]_D = -(-1)^{|a|+|b|+|c|}\Phi^3_D(a,b,c).$$

Or l'identité de Jacobi pour le crochet $[\ ,\ ]_D$ s'obtient en annulant le premier membre de cette égalité. Par conséquent, *une condition nécessaire et suffisante pour que $[\ ,\ ]_D$ vérifie l'identité de Jacobi est que l'opérateur différentiel D^2* (qui est a priori d'ordre ≤ 3) *soit d'ordre* ≤ 2. Compte tenu de

(1.6), lorsque cette condition est vérifiée, et en particulier lorsque $D^2 = 0$, le crochet $[\ ,\ ]_D$ est une structure d'algèbre de Lie graduée sur l'espace gradué $\bigoplus_{p \geq k} \hat{A}^p$ où $\hat{A}^p = A^{p-k}$.

Compte tenu de (1.2), si D est un endomorphisme de A de degré impair k et si $D(1) = 0$, alors

$$\Phi^2_{D^2}(a,b) = D\Phi^2_D(a,b) + \Phi^2_D(D(a),b) + (-1)^p \Phi^2_D(a,D(b)),$$

quels que soient $a \in A^p$ et $b \in A$. Par conséquent, si de plus $D^2 = 0$, on a

$$D[a,b]_D = [Da,b]_D + (-1)^{p+k}[a,D(b)]_D, \tag{1.8}$$

ce qui signifie que D est une dérivation de degré k de l'algèbre de Lie graduée définie par $[\ ,\ ]_D$.

Exemple. — Soit $\mathbf{g}$ une algèbre de Lie et soit $A = \Lambda(\mathbf{g})$. L'opérateur différentiel du complexe $\Lambda(\mathbf{g}')$ est un opérateur de degré 1, d'ordre ≤ 1 et de carré nul. Son transposé ∂ est un opérateur différentiel dans A de degré -1, d'ordre ≤ 2 et de carré nul. Le crochet $[\ ,\ ]_\partial$ définit donc une structure d'algèbre de Lie graduée dans $\hat{A} = \bigoplus_{p \geq -1} \hat{A}^p$, où $\hat{A}^p = \Lambda^{p+1}(\mathbf{g})$. Sa restriction à $\mathbf{g}$ coïncide avec le crochet de $\mathbf{g}$. Cette propriété et les identités (1.6) et (1.7) le caractérisent. Cet exemple m'a été signalé par M. DUFLO. Si $\mathbf{g}$ est l'algèbre de Lie d'un groupe de Lie G, le crochet $[\ ,\ ]_\partial$ est la restriction du crochet de Schouten-Nijenhuis aux tenseurs contravariants antisymétriques invariants par translations à gauche sur G.

2. Crochet de Schouten-Nijenhuis et connexions

On désigne par M une variété différentielle paracompacte de dimension n et par $A(M) = \bigoplus_{p \geq 0} A^p(M)$ l'algèbre des champs de tenseurs contravariants antisymétriques sur M. C'est une algèbre $\mathbf{Z}_2$-commutative graduée engendrée par $A^0(M) = C^\infty(M)$ et par $A^1(M)$ qui est le module des champs de vecteurs sur M. Le crochet de Schouten-Nijenhuis dans $A(M)$ est une application $\mathbf{R}$-bilinéaire

$$[\ ,\ ]_S : A(M) \times A(M) \to A(M)$$

de degré -1 qui est caractérisée par les propriétés suivantes (*cf.* [9], [13]) :

(i) pour tout $X \in A^1(M)$, l'endomorphisme $\mathrm{ad}_S(X) : u \to [X,u]_S$ est la dérivation de Lie par rapport au champ X,

(ii) si $u \in A^p(M)$ et $v \in A^q(M)$, on a

$$[u,v]_S = -(-1)^{(p-1)(q-1)}[v,u]_S.$$

(iii) si $u \in \Lambda^p(M)$, $\mathrm{ad}_S(u)$ est une dérivation de degré $p-1$ de l'algèbre $A(M)$.

Avec le crochet de Schouten-Nijenhuis, l'espace gradué

$$\hat{A}(M) = \bigoplus_{p \geq -1} \hat{A}^p(M)$$

où $\hat{A}^p(M) = A^{p+1}(M)$, est une algèbre de Lie graduée.

On dira qu'un opérateur différentiel D dans $A(M)$ *engendre le crochet de Schouten-Nijenhuis* si D est d'ordre ≤ 2, de degré -1, et si $[\ ,\ ]_D = [\ ,\ ]_S$, autrement dit si

$$[u,v]_S = (-1)^p(D(uv) - D(u)v - (-1)^p uD(v))$$

quels que soient $u \in A^p(M)$ et $v \in A(M)$. D'après ce qu'on a vu au paragraphe 1, puisque $[\ ,\ ]_S$ vérifie l'identité de Jacobi, si D engendre $[\ ,\ ]_S$, alors D^2 est d'ordre ≤ 2. Dans ce paragraphe, on va voir que les opérateurs différentiels qui engendrent $[\ ,\ ]_S$ correspondent à des connexions linéaires dans le fibré vectoriel $\Lambda^n TM$.

Soit ∇ une connexion linéaire dans le fibré tangent TM. Pour tout champ de vecteurs X sur M, $Y \to [X,Y] - \nabla_X(Y)$ est un endomorphisme du module $A^1(M)$, autrement dit un tenseur de type (1,1) sur M. On notera $\mathrm{div}_\nabla(X)$ sa trace.

(2.1) LEMME. — *Pour toute connexion linéaire ∇ de torsion nulle dans TM, il existe un opérateur différentiel D_∇ qui engendre $[\ ,\ ]_S$ et un seul, tel que $D_\nabla(X) = -\mathrm{div}_\nabla(X)$ pour tout champ de vecteurs X sur M.*

En effet, si D_∇ engendre $[\ ,\ ]_S$, quels que soient $X, Y \in A^1(M)$, on a

$$[X,Y] = [X,Y]_S = -(D_\nabla(XY) - D_\nabla(X)Y + D_\nabla(Y)X),$$

donc

$$D_\nabla(XY) = \mathrm{div}_\nabla(Y)X - \mathrm{div}_\nabla(X)Y - [X,Y].$$

Puisque D_∇ est d'ordre ≤ 2 et de degré -1, il est déterminé par ses restrictions à $A^1(M)$ et $A^2(M)$, et ceci prouve l'unicité. Pour montrer l'existence de D_∇, on procède localement. Soit U un ouvert de M et soit $X_1, \ldots, X_n$ une base du module $A^1(U)$ des champs de vecteurs sur U. Soit $\alpha_1, \ldots, \alpha_n$ la base duale dans le module des 1-formes sur U. Alors

$$D_U = -\sum_{i=1}^{i=n} i(\alpha_i)\nabla_{X_i}$$

est un opérateur différentiel de degré -1, d'ordre ≤ 2 dans $A(U)$, indépendant du choix de la base (X_i). Quels que soient $X, Y \in A^1(U)$, on a

$$D_U(X) = -\sum_{i=1}^{i=n} \alpha_i(\nabla_{X_i} X) = -\sum_{i=1}^{i=n} \alpha_i(\nabla_X X_i - [X, X_i]) = -\operatorname{div}_\nabla(X),$$

$$\begin{aligned} D_U(XY) &= D_U(X)Y - XD_U(Y) + \nabla_Y(X) - \nabla_X(Y) \\ &= D_U(X)Y - XD_U(Y) - [X, Y]. \end{aligned}$$

Par suite, le crochet $[\ ,\ ]_{D_U}$ coïncide avec le crochet de Schouten-Nijenhuis sur $(A^0(U) + A^1(U))^2$. Par recollement, on obtient un opérateur D_∇ dans $A(M)$ qui engendre $[\ ,\ ]_S$ et tel que $D_\nabla(X) = -\operatorname{div}_\nabla(X)$ pour tout $X \in A^1(M)$.

Soit ∇ une connexion linéaire de torsion nulle dans TM. Puisque D_∇ engendre $[\ ,\ ]_S$, on sait que D_∇^2 est d'ordre ≤ 2. Or D_∇^2 est de degré -2. Par conséquent D_∇^2 est le produit intérieur par une 2-forme différentielle sur M. Il est facile d'expliciter cette forme au moyen du tenseur de courbure R_∇ de ∇. On a

$$D_\nabla^2 = i(\operatorname{Tr} R_\nabla), \tag{2.2}$$

où $\operatorname{Tr} R_\nabla$ est la 2-forme sur M telle que $(\operatorname{Tr} R_\nabla)(X, Y) = \operatorname{Trace} R_\nabla(X, Y)$ quels que soient $X, Y \in A^1(M)$.

On a donc une application canonique de l'espace affine des connexions linéaires de torsion nulle dans TM dans l'ensemble des opérateurs différentiels qui engendrent le crochet de Schouten-Nijenhuis. Cette application est surjective. En effet, si D est un opérateur qui engendre $[\ ,\ ]_S$ et si ∇° est une connexion linéaire de torsion nulle dans TM, $D - D_{\nabla^\circ}$ est un opérateur différentiel d'ordre ≤ 1, de degré -1. Par conséquent, $D - D_{\nabla^\circ}$ est un produit intérieur $i(\alpha)$, où α est une 1-forme sur M. Il existe une 1-forme β sur M à valeurs dans le fibré $\operatorname{End}(TM)$ telle que $\beta(X) = \operatorname{Trace} \alpha(X)$ et $\beta(X)Y = \beta(Y)X$ quels que soient $X, Y \in A^1(M)$. Soit ∇ la connexion linéaire dans TM définie par $\nabla_X Y = \nabla_X^\circ Y - \beta(X)Y$. Sa torsion est nulle et $D(X) = D_\nabla(X)$ pour tout $X \in A^1(M)$. Puisque D et D_∇ engendrent $[\ ,\ ]_S$, ceci entraîne que $D = D_\nabla$.

Soient maintenant ∇ et ∇' deux connexions linéaires de torsion nulle dans TM. Pour que $D_\nabla = D_{\nabla'}$, il faut et il suffit que ∇ et ∇' induisent la même connexion linéaire dans le fibré $\Lambda^n TM$. En effet, la relation $D_\nabla = D_{\nabla'}$ est visiblement équivalente à $\operatorname{div}_\nabla = \operatorname{div}_{\nabla'}$.

En observant que toute connexion linéaire dans $\Lambda^n TM$ est induite par une connexion linéaire dans TM, on arrive finalement au résultat suivant.

(2.3) PROPOSITION. — *L'application* $\nabla \to D_\nabla$ *se factorise en l'application qui associe à une connexion de torsion nulle dans* TM *la connexion induite dans* $\Lambda^n TM$ *et une bijection canonique de l'espace affine des connexions linéaires dans* $\Lambda^n TM$ *sur l'ensemble des opérateurs différentiels qui engendrent le crochet de Schouten-Nijenhuis. Dans cette bijection, les connexions de courbure nulle dans* $\Lambda^n TM$ *ont pour images les opérateurs de carré nul.*

Par exemple, si ∇ est la connexion de Levi-Civita associée à une métrique riemannienne sur M, D_∇ est de carré nul. Si M est orientable et si v est une section sans zéro de $\Lambda^n TM$, alors v détermine une connexion plate dans $\Lambda^n TM$ dont l'image est un opérateur de carré nul qui engendre le crochet de Schouten-Nijenhuis.

Soit D un opérateur différentiel qui engendre le crochet de Schouten-Nijenhuis. Pour toute p-forme différentielle ω sur M, le produit intérieur $i(\omega)$ est un opérateur de degré $-p$ et d'ordre $\leq p$, donc $[D, i(\omega)] = Di(\omega) - (-1)^p i(\omega)D$ est de degré $-(p+1)$ et d'ordre $\leq p+1$. C'est donc un produit intérieur par une $(p+1)$-forme. On constate que

$$Di(\omega) - (-1)^p i(\omega)D = -i(d\omega), \tag{2.4}$$

où $d\omega$ est la différentielle extérieure de ω. Si D' est un autre opérateur qui engendre le crochet $[\ ,\ ]_S$, alors $D' = D + i(\alpha)$, où α est une 1-forme, et la relation (2.4) montre que $(D')^2 = D^2 - i(d\alpha)$.

3. Le complexe associé à une structure de Poisson

Rappelons qu'une structure de Poisson sur la variété M est un 2-tenseur contravariant antisymétrique w tel que $[w, w]_S = 0$, ([8], [15]). On notera F_w le sous-module du module des champs de vecteurs sur M dont les éléments sont les $i(\alpha)w$, où α est une 1-forme sur M. Ce module est engendré par les champs hamiltoniens $[w, f]_S = i(df)w$ où $f \in C^\infty(M)$. Comme le crochet de deux champs hamiltoniens est hamiltonien, F_w est une sous-algèbre de Lie de $A^1(M)$. Pour tout point $p \in M$, les valeurs en p des éléments de F_w sont les vecteurs tangents en p à la "feuille symplectique" contenant p ([14]). Tout champ appartenant à F_w est ainsi tangent aux feuilles. Lorsque le rang de w est constant, cette propriété caractérise les éléments de F_w.

Soient w une structure de Poisson sur M et D un opérateur différentiel qui engendre le crochet de Schouten-Nijenhuis. Alors $D(w)$ est un champ de vecteurs sur M qui est déterminé, *modulo* F_w, par le tenseur w. La relation (1.2) montre que

$$2[D(w), w]_S = 2D^2(w)w - D^2(w^2).$$

Par conséquent, si $D^2 = 0$, le champ $D(w)$ est un automorphisme infinitésimal de la structure de Poisson. Quel que soit le choix de D, le champ $D(w)$ normalise le module F_w. Si le rang de w est constant sur un ouvert U de M, alors en tout point de U, le champ $D(w)$ est tangent aux feuilles symplectiques.

On notera d_w l'endomorphisme $\mathrm{ad}_S(w)$ de $A(M)$. C'est une dérivation de degré 1. Puisque

$$2\,\mathrm{ad}_S(w)^2 = [\mathrm{ad}_S(w), \mathrm{ad}_S(w)] = \mathrm{ad}_S([w,w]_S) = 0,$$

on a $d_w^2 = 0$. On notera $H_w^*(M)$ l'algèbre de cohomologie du complexe $(A(M), d_w)$. Cette cohomologie a été définie par A. LICHNEROWICZ dans [8] sous le nom de G-cohomologie. De l'identité de Jacobi, il résulte que

$$d_w[a,b]_S = [d_w(a), b]_S + (-1)^{p-1}[a, d_w(b)]_S$$

pour tout $a \in A^p(M)$ et tout $b \in A(M)$. Le crochet de Schouten-Nijenhuis induit donc un crochet dans $H_w^*(M)$. Ce crochet est une structure d'algèbre de Lie graduée dans

$$\hat{H}_w^*(M) = \bigoplus_{p \geq -1} \hat{H}_w^p(M),$$

où

$$\hat{H}_w^p(M) = H_w^{p+1}(M)$$

(*cf.* [8]). Il vérifie de plus la relation (1.7).

Puisque $[w,w]_S = 0$, w est un cocycle dont la classe appartient évidemment au *centre* de l'algèbre de Lie graduée $\hat{H}_w^*(M)$. Si D est un opérateur qui engendre le crochet $[\ ,\ ]_S$ et si $D^2 = 0$, alors (1.8),

$$D[w,b]_S = [D(w), b]_S - [w, D(b)]_S$$

pour tout $b \in A(M)$, donc $Dd_w + d_w D = \mathrm{ad}_S(D(w))$. Cela montre que la classe du cocycle $D(w)$ appartient également au *centre* de $\hat{H}_w^*(M)$.

Soit $\Omega(M) = \bigoplus_{p \geq 0} \Omega^p(M)$ l'algèbre des formes différentielles extérieures sur M et soit d la différentiation extérieure dans $\Omega(M)$. A la structure de Poisson w sur M, on associe l'opérateur

$$\Delta = [i(w), d] = i(w)d - di(w)$$

dans $\Omega(M)$. C'est un opérateur différentiel de degré -1 et d'ordre ≤ 2. On a visiblement

$$[d, \Delta] = d\Delta + \Delta d = 0. \tag{3.1}$$

Quels que soient $a, b \in A(M)$, on a $[[i(a), d], i(b)] = i([a,b]_S)$. Par suite

$$[\Delta, i(w)] = \Delta i(w) - i(w)\Delta = i([w,w]_S) = 0. \tag{3.2}$$

Des relations (3.1) et (3.2) résulte que $\Delta^2 = 0$. On définit donc dans $\Omega(M)$ un crochet $[\ ,\ ]_w$ de degré -1 qui donne une structure d'algèbre de Lie graduée dans $\hat{\Omega}(M)$ en posant

$$[\alpha, \beta]_w = [\alpha, \beta]_\Delta = (-1)^p \left(\Delta(\alpha\beta) - \Delta(\alpha)\beta - (-1)^p \alpha\Delta(\beta)\right)$$

pour tout $\alpha \in \Omega^p(M) = \hat{\Omega}^{p-1}(M)$ et tout $\beta \in \Omega(M)$. De la relation (3.1) résulte que pour $\alpha \in \Omega^p(M)$ et $\beta \in \Omega(M)$, on a

$$d[\alpha, \beta]_w = [d\alpha, \beta]_w + (-1)^{p-1}[\alpha, d\beta]_w.$$

Si $d\alpha = d\beta = 0$,

$$\begin{aligned}[\alpha, \beta]_w &= (-1)^{p-1} d\left(i(w)(\alpha\beta) - (i(w)\alpha)\beta - \alpha(i(w)\beta)\right) \\ &= (-1)^{p-1} d\Phi^2_{i(w)}(\alpha, \beta).\end{aligned}$$

Ceci montre que $[\ ,\ ]_w$ *induit le crochet nul dans* $H^*(\Omega(M)) = H^*(M)$. On remarque que si $f, g \in C^\infty(M)$, on a $[df, dg]_w = d\Phi^2_{i(w)}(df, dg) = -d\{f, g\}_w$, où $\{\ ,\ \}_w$ est le crochet de Poisson relatif à w.

La structure de Poisson w détermine d'autre part un homomorphisme γ_w de l'algèbre $\Omega(M)$dans l'algèbre $A(M)$. Cet homomorphisme est caractérisé par les conditions $\gamma_w(f) = f$ pour $f \in \Omega^0(M)$ et $\gamma_w(\alpha) = -i(\alpha)w$ pour $\alpha \in \Omega^1(M)$. L'image de γ_w est donc la sous-algèbre de $A(M)$ engendrée par les fonctions et le module F_w. Quelles que soient les formes $\alpha, \beta \in \Omega(M)$, on a

$$[\gamma_w(\alpha), \gamma_w(\beta)]_S = \gamma_w([\alpha, \beta]_w). \tag{3.3}$$

Cela se démontre en vérifiant la relation lorsque α et β sont des fonctions ou des 1-formes exactes. Pour tout $f \in \Omega^0(M)$, on a

$$(d_w\gamma_w - \gamma_w d)(f) = d_w(f) + i(df)w = 0.$$

Or le noyau de $d_w\gamma_w - \gamma_w d$ est une sous-algèbre de $\Omega(M)$ stable par d. Par conséquent $d_w\gamma_w = \gamma_w d$. Ainsi γ_w est un homomorphisme du complexe de de Rham dans le complexe $(A(M), d_w)$ et il induit donc un homomorphisme $H(\gamma_w) : H^*(M) \to H^*_w(M)$.

Le noyau de $\gamma_w : \Omega(M) \to A(M)$ est stable par $i(w)$. Il existe donc un opérateur différentiel K et un seul dans l'algèbre image de γ_w tel que

$K\gamma_w = \gamma_w i(w)$. Cet opérateur est de degré -2 et d'ordre ≤ 2. Posons $D = Kd_w - d_w K$. Il résulte de (3.3) que si a, b appartiennent à l'image de γ_w et si a est de degré p, alors $[a,b]_S = (-1)^p \Phi_D^2(a,b)$. Par conséquent, si de plus $d_w(a) = d_w(b) = 0$, alors $[a,b]_S = (-1)^{p+1} d_w \Phi_K^2(a,b)$. Ainsi, *le crochet de Schouten-Nijenhuis induit le crochet nul dans la cohomologie du sous-complexe* $\gamma_w(\Omega(M)) \subset A(M)$. A fortiori, le crochet induit par $[\ ,\ ]_S$ dans $H_w^*(M)$ a une restriction nulle sur l'image de $H(\gamma_w) : H^*(M) \to H_w^*(M)$.

Supposons maintenant la structure de Poisson w de rang égal en tout point à la dimension $n = 2m$ de M. Alors γ_w est un isomorphisme et la 2-forme ω telle que $\gamma_w(\omega) = w$ est une structure symplectique sur M. Pour toute p-forme α sur M, on a $i(\alpha)\gamma_w = (-1)^p \gamma_w i(\gamma_w(\alpha))$, par conséquent $i(\omega)\gamma_w = \gamma_w i(w)$ ou encore $K = i(\omega)$. On obtient donc un opérateur D qui engendre le crochet de Schouten-Nijenhuis en posant $D = i(\omega)d_w - d_w i(\omega)$. Cette formule est la réplique contravariante d'une formule usuelle en géométrie kaehlérienne. Les connexions linéaires ∇ de torsion nulle sur M telles que $D_\nabla = D$ sont les connexions pour lesquelles la différentielle covariante de la forme volume ω^m est nulle. Compte tenu de ce qui a été vu plus haut (*cf.* LICHNEROWICZ, [8]), *$H(\gamma_w)$ est un isomorphisme de $H^*(M)$ sur $H_w^*(M)$ et le crochet de Schouten-Nijenhuis induit le crochet nul dans $H_w(M)$.* Si $x_1, \ldots, x_{2m}$ sont des coordonnées symplectiques sur un ouvert U de M et si $\xi_i = \frac{\partial}{\partial x_i}$, on a

$$\omega = \sum_{i=1}^{i=m} dx_i dx_{m+i}, \qquad w = \sum_{i=1}^{i=m} \xi_i \xi_{m+i}$$

et

$$d_w(x_i) = -\xi_{m+i}, \qquad d_w(x_{m+i}) = \xi_i, \qquad d_w(\xi_i) = 0, \qquad d_w(\xi_{m+i}) = 0,$$

pour $1 \leq i \leq m$. Si l'on considère les x_i et les ξ_i comme des coordonnées respectivement paires et impaires sur la supervariété $(M, A(M))$, on a

$$D = -\sum_{i=1}^{i=n} \frac{\partial}{\partial \xi_i} \frac{\partial}{\partial x_i}.$$

É. CARTAN adoptait parfois cette manière d'écrire; on en trouve un bel exemple dans [3].

4. Le cas linéaire

Dans ce paragraphe, on désigne par $\mathbf{g}$ une algèbre de Lie de dimension n sur $\mathbf{R}$ et par $\mathbf{g}'$ l'espace dual de $\mathbf{g}$. On identifie $\mathbf{g}$ à l'espace des fonctions linéaires sur $\mathbf{g}'$ et on identifie $\mathbf{g}'$ à l'espace des champs de vecteurs invariants par translations sur $\mathbf{g}'$. L'algèbre $A(\mathbf{g}')$ des tenseurs contravariants antisymétriques sur $\mathbf{g}'$ est alors $C^\infty(\mathbf{g}') \otimes \Lambda(\mathbf{g}')$. Soit $x_1, \ldots, x_n$ une base de $\mathbf{g}$ et $\xi_1, \ldots, \xi_n$ la base duale. On note D l'opérateur différentiel qui engendre le crochet de Schouten-Nijenhuis dans $A(\mathbf{g}')$ et qui est associé à la connexion plate naturelle dans $T\mathbf{g}'$ (*cf.* § 2). En considérant les x_i et ξ_i comme des coordonnées, on a

$$D = -\sum_{i=1}^{i=n} \frac{\partial}{\partial \xi_i} \frac{\partial}{\partial x_i}.$$

On notera w la structure de Poisson standard sur $\mathbf{g}'$ donnée par la théorie de KOSTANT-KIRILLOV-SOURIAU ([6], [7], [12], [15]). C'est le tenseur qui correspond au crochet $[\ ,\ ] : g \times g \to g$. On a

$$w = \frac{1}{2} \sum_{i=1}^{i=n} [x_i, x_j] \xi_i \xi_j.$$

Par suite

$$D(w) = -\sum_{i,j=1}^{i,j=n} \xi_i([x_i, x_j]) \xi_j = \sum_{j=1}^{j=n} (\mathrm{Tr}\ \mathrm{ad}(x_j)) \xi_j.$$

Le champ de vecteurs $D(w)$ est donc la forme Tr ad, considérée comme champ de vecteurs invariant par translations sur $\mathbf{g}'$. L'opérateur différentiel d_w est tel que

$$d_w(f) = \sum_{i,j=1}^{i,j=n} [x_i, x_j] \xi_i \frac{\partial f}{\partial x_j}, \qquad d_w(\xi) = -\frac{1}{2} \sum_{i,j=1}^{i,j=n} \xi([x_i, x_j]) \xi_i \xi_j.$$

pour tout $f \in C^\infty(\mathbf{g}')$ et tout $\xi \in \mathbf{g}'$. Ces formules montrent que, si l'on considère $A(\mathbf{g}')$ comme l'algèbre des formes alternées sur $\mathbf{g}$ à valeurs dans $C^\infty(\mathbf{g}')$, alors quels que soient $x, y, \in \mathbf{g}$, $(d_w(f))(x)$ est la dérivée de Lie de f par rapport au champ $-[w, x]_S$ et $(d_w(\xi)(x, y) = -\xi([x, y])$. Par suite *le complexe* $(A(\mathbf{g}'), d_w)$ *est le complexe des formes alternées sur* $\mathbf{g}$ *à valeurs dans le* $\mathbf{g}$*-module* $C^\infty(\mathbf{g}')$ *défini par la représentation coadjointe.* Pour tout $x \in \mathbf{g}$, on notera $\theta(x)$ la dérivation de Lie par rapport au champ de vecteurs

$-[w,x]_S$. On a $\theta(x) = -\operatorname{ad}_S([w,x]_S) = d_w i(x) + i(x) d_w$ où $i(x) = -\operatorname{ad}_S(x)$ est le produit intérieur par x dans le facteur $\Lambda(\mathbf{g}')$ de $A(\mathbf{g}')$. En coordonnées,

$$\theta(x) = \sum_{k=1}^{k=n} [x, x_k] \frac{\partial}{\partial x_k} + \sum_{i,j=1}^{i,j=n} \xi_j([x_i, x]) \xi_i \frac{\partial}{\partial \xi_j}. \tag{4.1}$$

Dans la suite, nous identifions l'algèbre symétrique $S(\mathbf{g})$ à la sous-algèbre de $C^\infty(\mathbf{g}')$ formée par les fonctions polynômiales sur $\mathbf{g}'$. Alors $S(\mathbf{g}) \otimes \Lambda(\mathbf{g}')$ est une sous-algèbre de $A(\mathbf{g}')$ stable par d_w, par les $\theta(x)$ et par l'opérateur D. C'est donc aussi une sous-algèbre de Lie de $A(\mathbf{g}')$ pour le crochet de Schouten-Nijenhuis, qui induit par conséquent un crochet dans la cohomologie du complexe $(S(\mathbf{g}) \otimes \Lambda(\mathbf{g}'), d_w)$ c'est-à-dire dans $H^*(\mathbf{g}, S(\mathbf{g}))$.

(4.2) PROPOSITION. — *Si* $\mathbf{g}$ *est une algèbre de Lie semi-simple, le crochet de Schouten-Nijenhuis dans* $S(\mathbf{g}) \otimes \Lambda(\mathbf{g}')$ *induit le crochet nul dans* $H^*(\mathbf{g}, S(\mathbf{g}))$.

Démonstration. — Si $\mathbf{g}$ est semi-simple, le $\mathbf{g}$-module $S(\mathbf{g})$ est somme directe de la sous-algèbre $S(\mathbf{g})^{\mathbf{g}}$, intersection des noyaux des $\theta(x) \mid S(\mathbf{g})$, et du sous-module $\theta(\mathbf{g})S(\mathbf{g})$, somme des $\theta(x)S(\mathbf{g})$ où x parcourt $\mathbf{g}$. On sait d'autre part que

$$H^*(\mathbf{g}, S(\mathbf{g})) = S(\mathbf{g})^{\mathbf{g}} \otimes H^*(\mathbf{g}, \mathbf{R}) = S(\mathbf{g}^{\mathbf{g}} \otimes \Lambda(\mathbf{g}')^{\mathbf{g}}.$$

L'algèbre $H^*(\mathbf{g}, S(\mathbf{g}))$ est donc engendrée par les classes des cocycles appartenant à $S(\mathbf{g})^{\mathbf{g}}$ et à $\Lambda(\mathbf{g}')^{\mathbf{g}}$. Compte tenu de la relation (1.7), il suffit de montrer que $[u,v]_S$ est un cobord lorsque u et v appartiennent à $S(\mathbf{g})^{\mathbf{g}}$ ou $\Lambda(\mathbf{g}')^{\mathbf{g}}$. Puisque $[u,v]_S = 0$ lorsque $u, v \in \Lambda(\mathbf{g}')$, on se limitera au cas $u \in S^p(\mathbf{g})^{\mathbf{g}}$ et $v \in \Lambda(\mathbf{g}')^{\mathbf{g}}$. Dans ce cas

$$[u,v]_S = (-1)^p \left(D(uv) - D(u)v - (-1)^p u D(v)\right) = (-1)^p D(uv)$$

et par suite

$$(-1)^p [u,v]_S = \sum_{i=1}^{i=n} [\xi_i, u]_S \frac{\partial v}{\partial \xi_i}.$$

Puisque $[\mathbf{g}, \mathbf{g}] = \mathbf{g}$, tout $\eta \in \mathbf{g}'$ est de la forme

$$\eta = -\sum_{k=1}^{k=n} \xi_k \operatorname{ad}(z_k) = -\sum_{k=1}^{k=n} [[w, z_k]_S, \xi_k]_S$$

et par conséquent

$$[\eta, u]_S = \sum_{k=1}^{k=n} \theta(z_k) \frac{\partial u}{\partial x_k}.$$

Il en résulte que $[\xi_i, u]_S \in \theta(\mathbf{g})S(\mathbf{g})$ pour tout i et que

$$[u, v]_S \in \theta(\mathbf{g})S(\mathbf{g}) \otimes \Lambda(\mathbf{g}').$$

Puisque $\mathbf{g}$ est semi-simple, la cohomologie du sous-complexe $\theta(\mathbf{g})S(\mathbf{g}) \otimes \Lambda(\mathbf{g}')$ est nulle et $[u, v]_S$ est donc un cobord.

On peut aussi démontrer cela par une méthode plus proche de ce qui a été fait au §3, en s'appuyant sur une formule qui exprime D comme crochet de d_w et d'un opérateur différentiel d'ordre 3, *modulo un opérateur nul sur* $S(\mathbf{g})^{\mathbf{g}} \otimes \Lambda(\mathbf{g}')$. Soit B la forme de Killing de $\mathbf{g}$ et soit x'_i $(1 \leq i \leq n)$ la base de $\mathbf{g}$ telle que $B(x_i, x'_j) = \delta_{ij}$.

Soit

$$L = \sum_{i,j,k=1}^{i,j,k=n} B([x'_i, x'_j], x_k) \frac{\partial}{\partial x_k} \frac{\partial}{\partial \xi_i} \frac{\partial}{\partial \xi_j}.$$

C'est un opérateur différentiel d'ordre ≤ 3 et de degré -2 dans $A(\mathbf{g}')$. Pour tout $x \in \mathbf{g}$, soit

$$\theta^S(x) = \sum_{k=1}^{k=n} [x, x_k] \frac{\partial}{\partial x_k}.$$

C'est la dérivation de $A(\mathbf{g}')$ nulle sur $\Lambda(\mathbf{g}')$ qui coïncide avec $\theta(x)$ sur $C^\infty(\mathbf{g}')$ (*cf.* (4.1)).

(4.3) PROPOSITION. — *Avec les notations qui précèdent, on a*

$$D = Ld_w - d_w L - 2P,$$

où

$$P = \sum_{i,j,k}^{i,j,k} \xi_k([x_i, x_j]) \frac{\partial}{\partial \xi_k} \frac{\partial}{\partial \xi_i} \theta^s(x'_j).$$

Notons $C^\infty(\mathbf{g}')^{\mathbf{g}}$ la sous-algèbre des fonctions invariantes par la représentation coadjointe. La proposition montre que si

$$a, b \in C^\infty(\mathbf{g}')^{\mathbf{g}} \otimes \Lambda(\mathbf{g}') \quad \text{et si} \quad d_w(a) = d_w(b) = 0,$$

alors

$$[a, b]_S = (-1)^{p-1} d_w \Phi^2_L(a, b),$$

où p désigne le degré de a. Le crochet des classes de a et de b est donc nul et l'opérateur L permet de donner une primitive canonique du cocycle $[a, b]_S$.

REFERENCES

[1] CARTAN (É.). — Sur les nombres de Betti des espaces de groupes clos, *C.R. Acad. Sc. Paris*, t. **87**, 1928, p. 196–198.

[2] CARTAN (É.). — Sur les invariants intégraux de certains espaces homogènes clos et les propriétés topologiques de ces espaces, *Ann. Soc. Pol. Math.*, t. **8**, 1929, p. 181–225.

[3] CARTAN (É.). — Sur les transformations de Băcklund, *Bull. Soc. Math. France*, t. **43**, 1915, p. 6–24.

[4] CHEVALLEY (C.) et EILENBERG (S.). — Cohomology Theory of Lie groups and Lie algebras, *Trans. of Amer. Math. Soc.*, t. **63**, 1948, p. 85–124.

[5] CONN (J-F.). — Normal forms for analytic Poisson structures (preprint).

[6] KOSTANT (B.). — Orbits, symplectic structures and representation Theory, *Proc. U.S. Japan Seminar in Diff. Geometry*, [Kyoto, 1965]. — Tokyo, Nippon Hyoronisha, 1965.

[7] KIRILLOV (A.A). — *Éléments de la théorie des représentations.* — Mir, Moscou, 1974.

[8] LICHNEROWICZ (A.). — Les variétés de Poisson et leurs algèbres de Lie associées, *J. Differential Geometry*, t. **12**, 1977, p. 253–300.

[9] NIJENHUIS (A.). — Jacobi-type identities for bilinear differential concomitants of certain tensor fields, I, *Indag. Math.*, t. **17**, 1955, p. 390–403.

[10] RAUCH (G.). — Effacement de déformation, *Ann. Inst. Fourier*, t. **221**, 1972, p. 239–269.

[11] RIM (D.S). — Deformation of transitive Lie algebras, *Ann. of Math.*, t. **83**, 1966, p. 339–357.

[12] SOURIAU (J-M.). — Quantification géométrique, *Comm. Math. Phys.*, t. **1**, 1966, p. 374–398.

[13] SCHOUTEN (J.A.). — On the differential operators of first order in tensor calculus, *Convegno Int. Geom. Diff. Italia*, [1953], p. 1–7. — Roma, Ed. Cremonese, 1954.

[14] WEINSTEIN (A.). — The local structure of Poisson manifolds, *J. Differential Geometry*, t. **18**, 1983, p. 523–557.

[15] LICHNEROWICZ (A.). — Déformations de l'algèbre de Lie de Poisson d'une variété symplectique, *Pub. del V congreso de la Ag. de Matemáticos de Expresión Latina*, [1977], p. 194–206. — Madrid, 1978.

Jean-Louis KOSZUL,
Institut Fourier,
Université de Grenoble I,
B. P. 74,
38402 Saint-Martin-d'Hères Cedex.

SERIES IN PURE MATHEMATICS

Part I. Monographs and Textbooks

Volume 1: Total Mean Curvature and Submanifolds on Finite Type
B Y Chen

Volume 3: Structures on Manifolds
K Yano & M Kon

Volume 4: Goldbach Conjecture
Wang Yuan (editor)

Volume 6: Metric Rigidity Theorems on Hermitian Locally Symmetric Manifolds
Ngaiming Mok

Volume 7: The Geometry of Spherical Space Form Groups
Peter B Gilkey

Volume 9: Complex Analysis
T O Moore & E H Hadlock

Volume 10: Compact Riemann Surfaces and Algebraic Curves
Kichoon Yang

Volume 13: Introduction to Compact Lie Groups
Howard D Fegan

Volume 16: Boundary Value Problems for Analytic Functions
Jian-Ke Lu

Part II. Lecture Notes

Volume 2: A Survey of Trace Forms of Algebraic Number Fields
P E Conner & R Perlis

Volume 5: Measures on Infinite Dimensional Spaces
Y Yamasaki

Volume 8: Class Number Parity
P E Conner & J Hurrelbrink

Volume 11: Topics in Mathematical Analysis
Th M Rassias (editor)

Volume 12: A Concise Introduction to the Theory of Integration
Daniel W Stroock

Part III. Collected Works

Volume 14: Selected Papers of Wilhelm P. A. Klingenberg

Volume 15: Collected Papers of Y. Matsushima

Volume 18: Selected Papers of M. Toda
M. Wadati (editor)

